Oliver Ibert · Hans Joachim Kujath (Hrsg.)

Räume der Wissensarbeit

Oliver Ibert
Hans Joachim Kujath (Hrsg.)

Räume der Wissensarbeit

Zur Funktion von Nähe und
Distanz in der Wissensökonomie

VS VERLAG

Bibliografische Information der Deutschen Nationalbibliothek
Die Deutsche Nationalbibliothek verzeichnet diese Publikation in der
Deutschen Nationalbibliografie; detaillierte bibliografische Daten sind im Internet über
<http://dnb.d-nb.de> abrufbar.

1. Auflage 2011

Alle Rechte vorbehalten
© VS Verlag für Sozialwissenschaften | Springer Fachmedien Wiesbaden GmbH 2011

Lektorat: Dorothee Koch | Monika Mülhausen

VS Verlag für Sozialwissenschaften ist eine Marke von Springer Fachmedien.
Springer Fachmedien ist Teil der Fachverlagsgruppe Springer Science+Business Media.
www.vs-verlag.de

Umschlaggestaltung: KünkelLopka Medienentwicklung, Heidelberg
Gedruckt auf säurefreiem und chlorfrei gebleichtem Papier
Printed in Germany

ISBN 978-3-531-17707-6

Inhalt

II   Wissensregionen

Hans Joachim Kujath, Axel Stein

Michaela Trippl, Franz Tödtling

Oliver Plum, Robert Hassink

Dietrich Henckel, Benjamin Herkommer

III   Wissenskommunikation

Peter Meusburger, Gertraud Koch, Gabriela B. Christmann

Ricarda Bouncken

Gertraud Koch

Manfred Moldaschl

Vorwort

Mit dem Begriff *Wissensarbeit* wird ein sich in den ökonomischen Beziehungen ausbreitender Typus von Wert schöpfenden Tätigkeiten umschrieben, der sich nicht nur auf die Nutzung, Aneignung und ökonomische Verwertung von Wissen, sondern vor allem auch auf die Erzeugung neuen Wissens bezieht. Damit wird Wissen in einen dynamischen Kontext gestellt, die Kreativität menschlichen Handelns, die Organisation von Innovationsprozessen und die Rolle von Entrepreneurship rücken ins Zentrum des Interesses. Was aber sind die Charakteristika von Wissensarbeit? Welche Herausforderungen ergeben sich aus dem systematischen Umgang mit Wissen in ökonomischen Verwertungsprozessen? Welche individuellen, sozialen, organisatorischen und institutionellen Kontexte sind in diesem Zusammenhang geeignet, eine Brücke zwischen der begrenzten Aufnahmefähigkeit von Wissen durch Individuen und Organisationen einerseits und der benötigten Wissensmenge andererseits zu schlagen? Welche besonderen unternehmerischen Organisations- und Steuerungsformen setzen sich für die Wissensarbeit durch? Welche Rolle spielt die Lokalität in der Wissensarbeit und wie wird Wissen räumlich mobil? Was ist der Einfluss verschiedener (kognitiver, sozialer, institutioneller, kultureller, geographischer) Näheformen auf kreative Prozesse? Und wie werden die Näheformen dabei kombiniert? Über welche Kanäle und mit welchen Mechanismen wird dazu kommuniziert? Wann ist Nähe, wann ist Distanz förderlich für kreative Prozesse?

Der vorliegende Band „Räume der Wissensarbeit" sucht Antworten auf diese Fragen. Er beruht auf Wort- und Textbeiträgen eines DFG-Rundgesprächs zum Thema „Räume der Wissensarbeit – Theoretische und methodische Fragen zur Rolle von Nähe und Distanz in der wissensbasierten Wirtschaft", das von der Forschungsabteilung „Dynamiken von Wirtschaftsräumen" des Leibniz-Instituts für Regionalentwicklung und Strukturplanung (IRS) konzipiert und am 30. und 31. März 2009 in Erkner durchgeführt wurde. An dem DFG-Rundgespräch haben Vertreterinnen und Vertreter unterschiedlicher sozialwissenschaftlicher Fachdisziplinen, der Wirtschafts- und Humangeographie, Wissenssoziologie, Psychologie, Betriebs- und Volkswirtschaft, Rechtswissenschaften, Politologie sowie Kommunikationswissenschaften teilgenommen. In drei Themenkreisen, die sich (1) mit der sich verändernden Rolle von Wissen in der Arbeit, (2) mit den vielfältigen Übergangsformen zwischen der Industrie- und Wissensarbeit und (3) mit dem spezifischen Dilemma zwischen sozialer Produktion und individueller Nutzung und ökonomischer Ausbeutung von Wissen befassten, wurden Positionen zum Verhältnis von Wissen und Arbeit sowie zu den Formen von Nähe und Distanz in den Prozessen der Wissensarbeit formuliert.

Die vorliegenden Beiträge geben den erreichten Stand der interdisziplinären Auseinandersetzung zu Fragen von Nähe und Distanz in der Transformation und ökonomischen Verwertung von Wissen wieder. Durch mehrere Interaktionsphasen im Rundgespräch sowie im Anschluss daran konnte erreicht werden, dass die unterschiedlichen fachdisziplinären Sichtweisen sich in ihrer Problemwahrnehmung annäherten und sich daraus neue Kombinationsmöglichkeiten von unterschiedlichen Zugangsweisen zum Thema ergaben. Um die Ergebnisse dieses Diskussionsprozesses auch einer breiteren Öffentlichkeit zur Verfügung zu stellen, haben sich die Teilnehmer des Rundgesprächs in ihrer Mehrzahl bereit erklärt, ihre Kurzbeiträge und Statements weiter auszuformulieren und in diesen Sammelband einzubringen.

Die Herausgeber danken den Autorinnen und Autoren dafür, sich auf dieses interdisziplinäre Projekt eingelassen zu haben. Ein besonderer Dank gilt der Deutschen Forschungsgemeinschaft (DFG) für die finanzielle Förderung des Rundgesprächs und dem Leibniz-Institut für Regionalentwicklung und Strukturplanung (IRS) für die organisatorische und finanzielle Unterstützung sowohl der Veranstaltung als auch dieser Veröffentlichung. Ein großes Verdienst hat sich Felix Müller erworben, der als Lektor aller Beiträge und mit formalen und konstruktiven inhaltlichen Korrekturvorschlägen wesentlich zum Gelingen der Veröffentlichung beigetragen hat. Schließlich sind wir Petra Geral und Petra Koch verpflichtet, mit deren engagierter Hilfe das Manuskript zur Druckreife gebracht werden konnte.

Erkner im Juni 2011

Oliver Ibert und Hans Joachim Kujath

Wissensarbeit aus räumlicher Perspektive – Begriffliche Grundlagen und Neuausrichtungen im Diskurs

Oliver Ibert, Hans Joachim Kujath

Der Begriff der Wissensarbeit genießt in der gegenwärtigen ökonomischen Praxis wie im breiteren sozialwissenschaftlichen Diskurs eine außerordentlich hohe strategische Bedeutung. Die Kombination und Zusammenfügung der Teilbegriffe „Wissen" und „Arbeit" ergibt eine Formel von höchster Sprengkraft. Ähnlich wie der Stein der Weisen für Alchemisten das Versprechen verkörpert, gewöhnliche Metalle in pures Gold zu verwandeln, verspricht der Begriff Wissensarbeit der Schlüssel zu sein für jene Wert schöpfende Tätigkeit, also Arbeit, mit deren Hilfe es gelingt den heute wertvollsten Rohstoff zu mehren, nämlich Wissen. Was sollte in einer Wirtschaftsform, deren Spezifik durch das Attribut wissensbasiert ausgedrückt wird, die aber häufig gleich noch knapper direkt als Wissensökonomie bezeichnet wird, wichtiger sein, als der Prozess der Generierung neuen Wissens?

Das Gold der heutigen Moderne unterscheidet sich in vielerlei Hinsicht von jenem der Alchemisten. Wissensarbeit, so wird immer wieder betont, sei kollaborativ und interaktiv (Lundvall 1988). Anders als beim Anhäufen von Gold, ist es bei der Mehrung von Wissen nicht ratsam, den Bestand der bereits besessen wird, vor anderen wegzusperren und zu verbergen. Paradoxerweise vermehrt Wissen sich, wenn es geteilt wird (Belk 2010). Während Gold als das beständigste aller Metalle gilt, ist der Wert des Wissens stark situationsabhängig und damit zeitlich begrenzt. Wertvoll sind weniger umfassende Bestände von Wissen, als vielmehr Wissensunterschiede. Der Markt prämiert Wissen mit Monopolrenten nur solange ein Wissensvorsprung besteht – und Vorsprünge sind vergänglich.

Zwei Tendenzen werden immer wieder herausgearbeitet, um die Charakteristika der Transformation der organisierten Wertschöpfung zu beschreiben: die Professionalisierung der Wissensarbeit und deren Reflexivität. Professionalisierung meint, eine quantitative Ausweitung der Teile der Bevölkerung, deren Beschäftigung primär oder sogar ausschließlich darin besteht, neues Wissen zu produzieren (Dostal 1993). In der modernen Wissensökonomie erlangen die systematische Forschung und Entwicklung, die zielgerichtete Entwicklung des Humankapitals vermittels Bildung und Training, das Wissensmanagement und die Organisation von Märkten für die Nutzung von Wissen eine strategische Bedeutung (Drucker 1993; Willke 1998; Park 2000). Zweitens besteht das Neue an der wirtschaftlichen Verwertung von Wissen darin, dass Wissen zunehmend reflexiv wird. Indem es auf die Wissensproduktion selber angewandt wird, steigert es seine eigene Leistungsfähigkeit (Giddens 1990; Drucker 1993; Lash/Urry 1994; Willke 1998; Jessop 2000; Strulik 2004; Stark 2009).

Angesichts der skizzierten Paradoxien und Herausforderungen sowie der neuen Steuerungsformen zur Generierung und Verwertung von Wissen verwundert es wenig, dass Wissensarbeit die Neugierde vieler Wissenschaftler und wissenschaftlicher Disziplinen auf sich gezogen hat. Ziel dieses Sammelbandes ist es, die Potenziale eines spezifischen Wegs für den inter-disziplinären Dialog auszuloten. Die räumliche Perspektive auf Wissensarbeit umschreibt ein im Entstehen begriffenes Feld, in dem sich gegenwärtig verschiedene disziplinäre Diskursstränge aufeinander zu bewegen und auf dem Verständigung erfolgen könnte. Auf der einen Seite wird dabei in vielen raumwissenschaftlichen Disziplinen, insbesondere in der Wirtschaftsgeographie und der Regionalökonomie gegenwärtig ein knowledge turn konstatiert, also eine Fokussierung auf das Thema Wissen wie sie zuvor in den Raumwissenschaften allenfalls in der Wissenschafts- und Bildungsgeographie (Meusburger 1998; Livingstone 2003) innerhalb der Sozialgeographie vorzufinden war. Auf der anderen Seite wird für viele der Disziplinen, die sich bisher um die Thematik Wissen verdient gemacht haben ein spatial turn konstatiert, insbesondere für die Wissenschaftssoziologie (Knorr Cetina 1999; Latour 2005), die Organisationswissenschaften (Sydow 2002; Amin/Cohendet 2004; Kornberger/Clegg 2004; Wilson et al. 2008), sowie die Informationswissenschaften (Kirsh 1995; 1996) und Kommunikationswissenschaften (Olson/Olson 2000).

Die räumlichen Kategorien Nähe und Distanz liefern dabei eine Heuristik, die für viele Disziplinen anschlussfähig ist und in den meisten der hier versammelten Beiträge benutzt wird. Beide Begriffe spezifizieren Beziehungen, diese können sich dabei im physischen Raum (physische Distanz) oder zwischen Akteuren (relationale Distanz) entfalten. Nähe und Distanz sind dabei nie beschränkt auf ihre physisch-räumliche Dimension, sondern haben immer weitere, kulturelle Konnotationen (Boschma 2005; Knoben/Oerlemans 2006). Sie sind aber auch nie rein metaphorisch gemeint, denn kognitive oder organisationale Distanzen haben immer auch eine physisch-materielle Ausdrucksform (Ibert 2011; Kujath et al. 2008).

In diesem einleitenden Aufsatz werden wir in einem ersten Schritt einige weitere Besonderheiten dieser Form von Arbeit herausarbeiten. Dies geschieht im Kontrast zur klassischen Industriearbeit und wird genauer erläutert am Verhältnis zwischen intellektuellen und manuellen Tätigkeiten. Daran anschließend diskutieren wir die besonderen Herausforderungen, die sich aus dem systematischen Umgang mit Wissen in ökonomischen Verwertungsprozessen ergeben, bevor wir schließlich die besonderen unternehmerischen Organisations- und Steuerungsformen für die Wissensarbeit diskutieren. Im zweiten Teil wird die – implizite oder explizite – Rezeption des Begriffs der Wissensarbeit in der Geographie durchleuchtet und, unter Bezug auf die Beiträge in diesem Band, deren Neuausrichtung skizziert. Ausgehend vom etablierten Verständnis von Nähe und Distanz, die wir in der Tradition der „territorialen Innovationsmodelle" sehen, ist es das Ziel dieses Einleitungsaufsatzes, zu zeigen, inwieweit diese Tradition fortentwickelt werden konnte und welcher aktuelle Forschungsbedarf sich aus diesen Fortentwicklungen ergibt.

Dieser Sammelband umfasst Beiträge verschiedener wissenschaftlicher Disziplinen, denen gemeinsam ist, dass sie aus einer räumlichen Perspektive argumentieren. Aus diesem Blickwinkel interessieren sich die Beiträge einmal für die Ebene der Beziehungen der Wissensarbeit, dann für sich im Zuge der Wissensarbeit konstituierende Territorien, die Wissensregionen, und schließlich für Kommunikationsprozesse im Zuge von Wissensarbeit.

1 Zum Begriff der Wissensarbeit

1.1 Zum Wandel des Verhältnisses zwischen manueller Arbeit und Wissensarbeit

Die Spezifika von Wissensarbeit stechen besonders deutlich hervor, werden sie mit den Merkmalen manueller Arbeit in den sich historisch wandelnden unternehmerischen Kontexten verglichen. Ein Blick auf die historische Entwicklung des Verhältnisses zwischen beiden Formen der Arbeit während der industriellen Entwicklung belegt dabei einen Wandlungsprozess von Wissens- ebenso wie Handarbeit, der aufgrund immanenter Widersprüche zwischen beiden Arbeitsformen zur Entstehung der heute verbreiteten Formen von Wissensarbeit geführt hat. Marx (1969: 531) wies mit Blick auf die Entwicklung industrieller Arbeit und das Entstehen der Industriearbeiterschaft im 19. Jahrhundert auf eine systematische Trennung zwischen manueller und geistiger Arbeit hin, auf den sich herausbildenden Gegensatz von Kopf- und Handarbeit als eine Folge der sich vertiefenden industriellen Arbeitsteilung. Die Leistungen eines „manuellen Arbeiters" lassen sich in diesem arbeitsteiligen System als Ausführung von einfachen Handgriffen beschreiben, die sinnlich nachvollziehbar sind und deren Output genau zu umreißen, zu bemessen und zu bewerten ist, zum Beispiel durch die Stückkosten einer

bestimmten von Handarbeit erbrachten Leistung. Diese Form systematisierter manueller Arbeit beinhaltet eine fortschreitende Dequalifizierung der Arbeitenden,
die Beherrschung dieser Arbeit durch in Maschinerie vergegenständlichtes Wissen
(„Entfremdung") sowie die Monopolisierung des Wissens auf Seiten der Arbeitgeber und Unternehmensleitungen, die ihre Herrschaft Kraft Wissens sichern. Die
von Marx entwickelte „Ausbeutungsthese" der industriegesellschaftlichen Arbeitswelt basiert auf der Annahme, manuelle Arbeit verfüge innerhalb der kapita-
listischen Produktions- und Reproduktionsprozesse über keine eigenen kognitiven
Ressourcen, die selbstbestimmtes, eigenverantwortliches Arbeiten ermöglichen
sowie Erfindungen und Innovationen hervorbringen können (Stehr 2001: 241). Sie
findet in der tayloristischen Arbeitsorganisation mit ihrer weitgehenden Zerlegung
des Arbeitsprozesses in präzise messbare Teilschritte, der extremen Vertiefung der
Arbeitsteilung, der weitgehenden Dequalifizierung der Produktionsarbeiter sowie
einer verschärften Kontrolle des Arbeitsprozesses durch das Management einen
zugespitzten Ausdruck. Eine strikte Trennung der Produktentwicklung und des
Produktdesigns von der eigentlichen Fertigung sowie die Trennung der Produkti-
onssteuerung von den ausführenden, auf begrenzte Handgriffe reduzierten manuellen Tätigkeiten sind Merkmale dieses Produktionssystems (Herrigel/Zeitlin 2009).
Auch wenn dieses System standardisierter Massenproduktion in unterschiedlichen
organisatorischen Lösungen in Erscheinung tritt, ist es doch berechtigt, es unter
dem Begriff „Taylorismus", anknüpfend an die vom Automobilproduzenten Ford
erstmals eingeführte Fließbandarbeit, als einer besonderen historischen Epoche
der Wirtschaftsentwicklung und Arbeitsweise zusammenzufassen (Clawson 1980,
Hirsch/Roth 1986).

Noch heute sind diese Formen manueller Arbeit und das Massenproduktions-
regime des „Taylorismus" sowie die damit verbundene Beherrschung der manuellen Arbeit durch Wissen verbreitet, jedoch stößt das System der tayloristischen
Arbeitsteilung immer deutlicher an immanente Grenzen, die sich einerseits aus der
wachsenden Komplexität und Volatilität des wissenschaftlich gesteuerten Produktionssystems ergeben, und andererseits eine Folge des sich global ausweitenden
Innovationswettbewerbs sind. Technologieeinsatz macht einen wachsenden Teil
der gering qualifizierten Arbeit überflüssig und fordert andererseits von der verblei-
benden Handarbeit praktisches Können und zunehmend auch auf wissenschaftlich
technologischem Wissen beruhende Fähigkeiten (Brödner 2010: 458). Der globale Innovationswettbewerb schließlich verlangt von den Unternehmen, kollektive
Lernprozesse zu organisieren, die sich von den Arbeitsroutinen der manuellen Industriearbeit und diesem System zugrundeliegenden Denkmustern abwenden. Es
zeichnet sich heute die Herausbildung einer neuen Arbeitsteilung ab, in der nicht
nur die Qualifikationsanforderungen an den Arbeiter steigen, sondern eine kreative

Anwendung von Wissen in den Produktionsprozessen sogar eine Grundvoraussetzung ist, um Produktivitäts- und Innovationsreserven zu entdecken und zu heben. „It is expected that the traditional 'job' will fade and knowledge entrepreneurs will replace traditional service and factory workers in the more flexible workplace of tomorrow" (Park 2000: 2). Wissen als Fähigkeit zum Handeln scheint nun nicht mehr dominierend und steuernd auf ihm untergeordnete Routinetätigkeit einzuwirken. Im Gegenteil: Die Beschäftigten werden als Wissensträger tendenziell wieder zu Eigentümern ihrer Produktionsmittel, die sie weniger abhängig von der technischen Ausstattung ihres Arbeitsplatzes machen. Man kann dies als Subjektivierung, verbunden mit einer zunehmenden Eigenverantwortung, im Unterschied zur Objektivierung und Entfremdung von Arbeit bezeichnen (Brödner 2010: 477). Die neuen Formen wissensbasierter Arbeit entziehen sich damit auch der für die traditionelle industrielle Produktion charakteristischen Kontrolle und Messbarkeit des Output pro Zeiteinheit.

Wissen wird für den Arbeitsprozess als Handlungsvermögen benötigt, das sich im Arbeitsprozess weiterentwickelt, sowie durch Bildung, Aus- und Weiterbildung systematisch an sich verändernde Herausforderungen anpasst. Je nach dem Grad der wissenschaftlichen Basierung lässt sich das im Arbeitsprozess entwickelnde Handlungsvermögen als „craft/task knowing" oder als „professional knowing" beschreiben (Amin/Roberts 2008: 358). Drucker (1994: 60) erläutert am Beispiel eines Neurochirurgen, wie sich unter den veränderten Bedingungen manuelle Fähigkeiten, also praktisches Können und auf Wissenschaft gründendes Fachwissen zu „professional knowing" verbinden: „An absence of manual skill disqualifies one for work as a neurosurgeon. But manual skill alone, no matter how advanced, will never enable anyone to be a neurosurgeon. The education that is required for neurosurgery and other kinds of knowledge work can be acquired only through formal schooling. It cannot be acquired through apprenticeship." Die in der Industriegesellschaft zu beobachtende Zuspitzung der Trennung von Hand- und Kopfarbeit (Taylorismus, Fordismus) beginnt sich also unter den Bedingungen zunehmender Wissensbasierung von Arbeit aufzulösen und damit zwangsläufig auch die Subordination manueller Arbeit unter den Herrschafts- und Machtanspruch der Organisation (Stehr 2001: 244). Nonaka/Takeuchi (1995: 152) sowie Capurro (1998) bezeichnen diesen Typ Arbeiter als Wissensanwender (knowledge operator), weil er implizites Wissen in Form von Fertigkeiten weiterentwickelt, die ihrerseits auf praktischen Erfahrungen sowie Fachwissen beruhen. Sie zählen zu den Wissensanwendern ein breites Spektrum von Personen, das von den Angestellten zum Beispiel in einer Verkaufsabteilung bis hin zu den Facharbeitern in der Montage eines Industriebetriebes reicht.

Dem stehen die „knowledge specialists" gegenüber. Sie erbringen Beratungs- und Dienstleistungen auf den verschiedensten Feldern wirtschaftlichen Handelns oder sind auf Forschungs- und Entwicklungsleistungen spezialisiert. Von anderen Autoren werden sie auch als Wissensarbeiter bezeichnet, um deutlich zu machen, dass ihr Arbeitsfeld die Wissensarbeit ist (Stehr 2001: 252 ff.; Willke 2001: 19 ff.). Arbeiter dieses Typs arbeiten mit Informationen, Ideen und Fachkenntnissen und erzeugen als Output Ideen, Konzepte, Strategien. Ihre Arbeit besteht vor allem darin, Wissen zu erschließen, das bisher noch nicht in die unternehmerischen Verwertungsprozesse eingeflossen ist (zum Beispiel wissenschaftliches Wissen, Kundenwissen, kulturelles und Freizeit bezogenes Wissen aber auch brach liegendes Wissen innerhalb der eigenen Organisation), oder durch neuartige Kombination von Wissensbeständen, die bisher nichts miteinander zu tun hatten (zum Beispiel technologisches Wissen und Modewissen), neues Wissen zu schaffen. Dabei gehen sie mit strukturiertem explizitem Wissen in Form von technischen, wissenschaftlichen und anderen quantifizierbaren Daten um und suchen nach Explizierungsmöglichkeiten von implizitem Wissen. Für Machlup ist Wissensarbeit die Produktion und Vermittlung von Wissen, das heißt eine Arbeit durch die Produzenten und andere etwas lernen, das sie vorher nicht wussten (Machlup 1962: 7). Der Wissensspezialist unterscheidet sich vom Wissenspraktiker dadurch, dass sich seine Kenntnisse nicht in Gegenständen, Prozessen manifestieren, die zu einem gewichtigen Teil auf implizitem Wissen basieren, das durch Imitieren, Ausprobieren und Partizipieren angeeignet und genutzt wird (Stehr 2001: 264). Er arbeitet vielmehr mit analytischem und synthetischem Wissen, das zwar handlungsrelevant und nützlich sein muss, sonst fände es keinen Abnehmer, aber von den Wissensarbeitern in der Regel selbst nicht produktiv eingesetzt wird.

Der Differenzierung zwischen „knowledge specialists" und „knowledge operators" folgend unterteilt Park die wissensbasierte Wirtschaft in zwei Bereiche: „Knowledge industries are those whose output is knowledge such as patents, inventions, and new products, as well as services that are mainly knowledge, while knowledge-based industries are those whose main product or service is dependent on technology or knowledge. Knowledge industries and knowledge-based industries are interdependent since knowledge is output from the former and input to the latter, and they are together making the knowledge-based economy" (Park 2000: 2). Vor allem die von Wissensspezialisten erbrachten Leistungen entwickeln sich zu einer stark expandierenden, inzwischen dominanten Tätigkeit im Wirtschaftsgeschehen. Sie folgen der ständig wachsenden Nachfrage nach Expertise auf Seiten der innovationsgetriebenen, global ausgerichteten Wirtschaft. Expertise wird nicht nur für die Implementierung des Wandels von Gütern und Dienstleistungen benötigt, sondern auch für die Gestaltung unternehmensinterner Prozesse

(Wissensmanagement) sowie die Organisation globaler Wirtschafts- und Wissensbeziehungen (Maskell et al. 1998: 24; Franz 2002). Organisierte Wissensarbeit entwickelt sich zur Operationsweise in einem breiten Spektrum wirtschaftlich relevanter Funktionsbereiche wie den Transaktionsdienstleistungen (Rechtsberatung, Wirtschaftsberatung, Marketing), Transformationsdienstleistungen (Ingenieurdienstleister, Technikberater), den Forschungs- und Entwicklungsabteilungen der High-Tech Industrien sowie der Informations- und Medienindustrie (Softwareindustrie, Medien, Kunst und Kultur) (Kujath/Schmidt 2010).

1.2 Wissensarbeit – Reflexivität und Interaktion

Strambach (2008: 160) beschreibt den in der Wissensarbeit stattfindenden Prozess der Wissenstransformation als „knowledge value chain", der drei Phasen des Umgangs mit Wissen durchläuft: Sie unterscheidet zwischen den Phasen (1) Erkunden/Entdecken, (2) Testen/Prüfen und (3) (kommerzieller) Nutzung. Bezugnehmend auf March (1991), definiert sie die Phase der Wissenserkundung als einen Prozess des Suchens und Findens neuer wirtschaftlicher Nutzungsmöglichkeiten, das heißt auch der Einbeziehung und neuartigen Kombination von Wissensbeständen, die bisher den ökonomischen Verwertungsprozessen fern standen oder nichts miteinander zu tun hatten. Die Phase des Prüfens und Testens beinhaltet Experimentier- und Validierungsaktivitäten mit dem Ziel, das Wissen zielgenauer auf die kommerzielle Nachfrage zu richten. Schließlich wird daraus das nützliche Wissensprodukt für den kommerziellen Einsatz. Insbesondere die Explorationsphase der Wissensproduktion ist mit hohen Ansprüchen an die Kreativität und Innovationsfähigkeit von Personen und Organisationen sowie mit der Institutionalisierung reflexiver Mechanismen verbunden. Wissensgenerierung in dieser Phase ist mit großer Unsicherheit und mit Risiken in Bezug auf das Ergebnis behaftet, liegen doch über den ökonomischen Nutzen neuer Erkenntnisse noch keine Erfahrungen vor (Strambach 2008: 160). Im Prozess der Suche nach wirtschaftlich nutzbaren neuen Erkenntnissen wird also beständig mit Nichtwissen, das heißt mit den „Grenzen der Durchschaubarkeit der Welt und der Explizierbarkeit" (Brödner 2010: 456) bewusst umgegangen. Ignoranz, also Nichtwissen des Nichtwissens wird in Unsicherheit und Ungewissheit transformiert, in Wissen des Nichtwissens. Wissen kann also auf sich selbst angewendet werden, was die Bereitschaft voraussetzt, Erwartungen zu revidieren, wenn sie durch die Realität widerlegt werden, das heißt sich ein Widerspruch zwischen den Annahmen und den empirischen Beobachtungen auftut (Krohn 1997: 64). Wissen steht damit permanent auf dem Prüfstand und muss sich in verschiedenen Situationen bewähren. Durch Reflexion, das heißt Anwenden auf sich selbst, trägt es zu seiner Weiterentwicklung bei

(Giddens 1990, Drucker 1993; Lash/Urry 1994; Heidenreich 2003; Stark 2009). Das Prinzip des Forschens, das heißt des hypothetischen und experimentellen, lernenden Umgangs mit Information wird zu einem allgemeinen Handlungsmodus der Wissensarbeit, was die Bereitschaft einschließt, eingelebte Handlungs- und Wahrnehmungsmuster, Gewissheiten permanent auf den Prüfstand zu stellen.

Ein wesentliches Merkmal der Suche nach Antworten auf neue Problem- und Fragestellungen scheint darin zu bestehen, Wissen aus anderen Umwelten in die eigene Praxis zu integrieren, beziehungsweise heterogenes, verteiltes Wissen zu sammeln, zu kombinieren und zu neuem Probleme lösendem Wissen zu verdichten. In seinem Entstehungsprozess ist Wissen zunächst fragmentiert und an bestimmte Wissensdomänen gebunden. Um komplexe Probleme und Fragestellungen zu lösen, ist aber die Zusammenführung verschiedener Wissensdomänen erforderlich, was für die auf einzelne Wissensdomänen spezialisierten Unternehmen bedeutet, Zugang zu neuen Fachgebieten oder Partnern zu suchen, die häufig nicht in der eigenen Organisation zu finden sind (von Einem 2009; Malmberg/ Power 2005). In ihrem Drang immer weitere Neuigkeitspotenziale auszuschöpfen, ist Wissensarbeit gezwungen, nicht nur externes disziplinäres Wissen einzubeziehen, sondern auch bisher außerhalb der wirtschaftlich genutzten Wissensdomänen vorhandenes Wissen der Kultur, der Wissenschaft oder Freizeit zu nutzen. Wissensarbeit beinhaltet also Interaktion und Kommunikation über die eigenen kognitiven Grenzen hinweg, eine Verständigung zwischen unterschiedlichen, zum Teil entfernten Wissensdomänen. Sie ist in ihrem Kern ein interaktiver Prozess des „knowing", in dem kognitive Brücken zwischen unterschiedlichen Wissensdomänen geschlagen werden (Ibert 2007). Dieser voraussetzungsvolle und aufwändige Prozess der Zusammenführung von Wissen, das sich in großer kognitiver Distanz zueinander befindet, betrifft die inhaltliche Seite des Wissens, aber auch die Sprache, die Regeln der Kommunikation und Zusammenarbeit und nicht zuletzt das kognitive Modell, das heißt das Wissen, welches zur Durchführung einer Aufgabe notwendig ist, und die Mechanismen zur Verarbeitung dieses Wissens. Sie schließt spezifische „boundary spanning activities" ein, die häufig von hierauf spezialisierten Wissensarbeitern, den „boundary spanners", übernommen werden. Von solchen Wissensarbeitern wird erwartet, dass sie in unterschiedlichen Wissenskontexten an verschiedenen Standorten verankert und in der Lage sind, durch De- und Rekontextualisierung über die kulturellen Wissensgrenzen hinweg Übersetzungsleistungen zu erbringen.

Interaktive Wissensarbeit bewirkt damit aber auch, dass sich die Akteure in einem ständigen Konflikt zwischen den Ansprüchen des Schutzes der eigenen Wissensbestände und der Gewährung von Zugang zum eigenen Wissen bewegen. Chesbrough (2003) argumentiert, dass das meiste neue Wissen außerhalb eines

Unternehmens zu finden sei und es infolgedessen eine riskante Innovationsstrategie sei, sich nach außen abzuschirmen und Möglichkeiten der Nutzung externen Wissens außer Acht zu lassen. Unternehmen könnten auch nicht verhindern, dass eigenes Wissen abfließe. Da hoch qualifizierte Wissensarbeiter im Besitz wichtiger Wissensbestandteile sind, führe ein Jobwechsel automatisch zu einem Wissensabfluss zugunsten anderer Firmen. Des Weiteren bewirken Spin-off Prozesse, dass gute und wirtschaftlich vielversprechende Ideen außerhalb des Mutterunternehmens weiterentwickelt werden. Schließlich kann eine Zusammenarbeit mit Firmen in einer Wertschöpfungskette ohne interaktive Wissensarbeit nicht funktionieren. Innovationen können ohne Abstimmung zwischen den Partnern nicht realisiert werden. Folgerichtig forcieren viele Firmen interaktive Prozesse der Wissensproduktion, um auf diese Weise die Effektivität und Effizienz ihrer Innovationsleistungen zu steigern, zum Beispiel durch Kooperation mit Zulieferern, Kunden und Wettbewerbern, Endverbrauchern, Universitäten oder auch durch aktive Förderung von Spin-offs, mit denen man vertraglich verbunden bleibt. Mit dem von Chesbrough (2003) und von Hippel (2005) propagierten Ansatz der Open Innovation halten sich die Unternehmen und ihre Wissensarbeiter zum einen den Zugang zu externen Wissensquellen offen und zum anderen nutzen sie die Möglichkeit aus dem abfließenden Wissen weiterhin Nutzen zu ziehen, indem sie diesen Prozess in ihre eigenen ökonomischen Handlungsstrategien einbauen und sich an der ökonomischen Ausbeutung des abfließenden Wissens beteiligen zum Beispiel durch Förderung von Spin-Off Unternehmen. Gleichwohl führt die Verschiebung in Richtung Open Innovation nicht zur Aufhebung des Konflikts zwischen Wissensverwertung und Urheberschaft, und selbst wenn der Schutz des Wissens nicht im Vordergrund stehen sollte, vertrauen die Unternehmen doch häufig darauf, dass ihr auf Vorwissen basierendes Wissen einen Vorsprung sichert, der einer (zeitweiligen) Monopolisierung von Wissen gleichkommt (Cantner 2011). Generell dürfte in der ersten Phase des Wissenstransformationsprozesses, in der Phase des Erkundens/Entdeckens, die der wirtschaftlichen Verwertung von Wissen noch relativ fern steht, die Bereitschaft, Wissen und damit auch die Risiken zu teilen, größer sein als in den beiden anderen Phasen der Wissenstransformation, den Phasen des Testens/Prüfens und der Erarbeitung kommerziell nutzbaren Wissens.

1.3 Organisation von Wissensarbeit

Die Art und Weise wie diese Prozesse organisiert werden und wie die Zusammenführung von Wissen durch kommunikative Zusammenarbeit (Wissensteilung) gelingt, ist letztlich entscheidend für die Innovationsfähigkeit von Unternehmen und ihrer Wissensarbeiter (Drucker 1994). Wissensarbeit als ein Prozess des hand-

lungsbezogenen interaktiven Lernens und die in den traditionellen Unternehmensstrukturen hierarchisch organisierten Arbeitsformen folgen allerdings unterschiedlichen Logiken. Während interaktive Lernprozesse auf Veränderungen zielen, die
auch eine flexible Organisationsstruktur notwendig erscheinen lassen, dienen Un-
ternehmensorganisationen eher der Verstetigung und Stabilisierung von Arbeitsprozessen. Vor allem die auf Lernen und Innovationen ausgerichtete Arbeit von
Wissensspezialisten lässt folglich auch einen Perspektivwechsel in den Regimen
der Arbeitsorganisation erwarten, der sich in einer größeren Offenheit der Arbeitsbedingungen sowie des Arbeitsablaufs manifestieren müsste.

Ein solcher Perspektivwechsel wird von verschieden Wirtschaftssoziologen
bereits seit den 80er Jahren des letzten Jahrhunderts beobachtet und mit Begriffen
wie *unternehmensinterner* und *-externer Netzwerkbildung* beschrieben (Piore/Sa-
bel 1984; Hirst/Zeitlin 1991; Crouch et al. 2001). Allerdings beziehen sich diese
Beobachtungen noch primär auf die Veränderungen im Produktionssystem, also
auf die Organisation und Koordination wirtschaftlichen Handelns im Zusammenhang mit der Erstellung und dem Absatz von Produkten und Leistungen. Während die tayloristische Organisation für die Massenproduktion und standardisierte
Endprodukte ausgelegt war und durch ein hierarchisch aufgebautes arbeitsteiliges
System der Trennung von Hand und Kopfarbeit, der Trennung von Steuerung und
Ausführung geprägt war, kommt es seit Mitte der 1980er Jahre nach Ansicht von
Wirtschafts- und Organisationssoziologen zu einem Mismatch zwischen diesen
Prinzipen und der volatilen, unvorhersehbaren und rasch wechselnden Entwicklung im Marktumfeld der Firmen (Herrigel/Zeitlin 2009). Neue Flexibilitätsan-
forderungen, verbunden mit dem Zwang zur Verkürzung der Zeiten für die Produktentwicklung, lassen demnach neue Organisationsformen zwingend notwendig
werden, die das alte System des „Taylorismus" durchdringen oder an seine Stelle
neue Organisationsformen der Arbeit setzen. Teams und Arbeitsgruppen von Beschäftigten mit unterschiedlichen Qualifikationen entstehen als tragende Subor-
ganisationen innerhalb der Firmen, um Experimentierfreudigkeit und Risikobe-
reitschaft zu stimulieren (Osterman 1999; Helper/McDuffie/Sabel 2000). Neben
die vertikal strukturierten Großorganisationen treten immer häufiger auch desin-
tegrierte Lösungen der Zusammenarbeit zwischen hochspezialisierten Firmen, für
die sich ein breites Spektrum organisatorischer Lösungen wie Joint Ventures oder
projektförmige Formen der Zusammenarbeit entwickelt haben.

Implizit wird bereits die Bedeutung der Wissenstransformation und der Interaktion beziehungsweise Kommunikation zwischen den Akteuren behandelt, wenn
zum Beispiel von den wechselseitigen Austauschbeziehungen der spezialisierten
Akteure unterschiedlicher Firmen und der Bedeutung dieser Interaktionsbeziehungen für eine Beschleunigung von Innovationsprozessen gesprochen wird. Er-

wähnt wird auch die Bedeutung von Vertrauen und gemeinsamen Orientierungen für den Erfolg koordinierter wirtschaftlicher Zusammenarbeit, die sich in einer Balance zwischen Kooperation und Wettbewerb bewegt (Grabher/Powell 2004a; Smith-Doerr/Powell 2005). Obwohl immer wieder am Rande angesprochen, wird allerdings noch nicht berücksichtigt, dass die Koordination von Wissen generierenden Aktivitäten (Wissensmanagement) zu einem zentralen Handlungsfeld von Unternehmen neben dem Management von Produktionsabläufen aufsteigt. Zwar erfolgt auch die Wissensarbeit zunehmend in arbeitsteiligen Prozessen, jedoch in organisatorischen Logiken, die auf die besonderen Anforderungen der Wissensgenerierung Rücksicht nehmen (Helmstädter 1999). Wie bereits angedeutet, sehen sich die Unternehmen genötigt, aufgrund ihrer Spezialisierung und damit organisatorischen Fragmentierung ihres Spezialwissens Mechanismen zu entwickeln, die es ihnen ermöglichen, systematisch unternehmensexternes Wissen für ihre Interessen und ihre Unternehmenszusammenhänge zu identifizieren, zu erschließen und als Ressource in die eigenen produktionsrelevanten Wissenszusammenhänge einzubauen (Caspers/Kreis-Hoyler 2004). Nooteboom (1992) weist zum Beispiel darauf hin, dass für die Teilung von Wissen die unterschiedlichen Erfahrungs- und Arbeitskontexte der Akteure, beziehungsweise die kognitiven Distanzen zwischen ihnen überwunden werden müssten. Und da jeder Mensch aufgrund unterschiedlicher Erfahrungen differierende implizite Wissensstrukturen habe, sei es notwendig, in einen längeren Interaktions- und Kommunikationsprozess einzutreten. Ferner müssten Anreize für die Mitglieder der Organisation geschaffen werden, intern generiertes Wissen zu suchen und in der konkreten Praxis anzuwenden (Helbrecht 2011). Hierarchien wie in den traditionellen, die Produktionsorganisation in den Mittelpunkt rückenden Industriebetrieben seien zwar in der Lage, bestehendes Wissen effizient einzusetzen und die Kompetenzen von Mitarbeitern gezielt zu nutzen, nicht aber Wissen zu teilen und unterschiedliches Wissen kreativ zu bündeln. Lundvall (2006: 9) folgert daraus: „This is why we see a drive towards flat organisations with strong focus on decentralisation and horizontal communication. In many instances relational contracting and networking enhance functional flexibility since it gives access to complementary external competence that it would take too long to build in-house."

Es gibt zwar immer wieder Versuche, auch intellektuell ausgerichtete Arbeit Rationalisierungs- und Kontrollprozessen zu unterwerfen, das heißt das für die manuelle Industriearbeit entwickelte System zu übernehmen, doch geht der Wissensarbeit in derartigen bürokratisierten Organisationen zwangsläufig die Fähigkeit kreativ zu handeln verloren. Gerade die Wissensproduktion lasse sich kaum im Sinne einer Abarbeitung von klar definierten Aufgaben und Zeitvorgaben steuern und Wissensspezialisten könnten nicht zur Kreativität gezwungen werden. Nicht die

Menschen als Träger des Humankapitals könnten folglich Objekt der Regulierung sein, sondern ihre Umwelten und räumlichen Kontexte, in denen sie sich bewegen (Helbrecht 2011; Thrift 2000). Es setzt sich vor diesem Hintergrund die Erkenntnis durch, dass Wissensarbeit spezifischer Organisationsformen und Raumkonfigurationen bedarf, innerhalb derer das individuelle Arbeitsvermögen sich entfalten kann und vermittels Kommunikation neue Erkenntnisse generieren und in die eigenen Wissenskontexte integrieren kann (Meusburger/Koch/Christmann/ 2011 in diesem Band). Strulik (2010: 516) erwähnt des Weiteren den Zusammenhang zwischen kommunikativer Wissensarbeit und der Flexibilität von Organisationsstrukturen und -prozessen, die zu einer verbesserten Passung an die sich beschleunigenden Veränderungen in der Organisationsumwelt beitragen können, das heißt nicht nur den internen Informationsfluss verbessern sondern auch die Interaktion beziehungsweise Kommunikation mit der Umwelt erleichtern können.

Wie im Einzelnen die Organisationsformen interaktiver, kommunikativer Wissensgenerierung optimal aussehen können, ist noch keineswegs geklärt. Dies zeigen vor allem die verschiedenen Varianten interaktive Wissensarbeit global zu organisieren. Die Versuche reichen von innerorganisatorischen Arrangements eines Unternehmens, das über ein System von Filialen zu den global verteilten Wissensbasen Zugang sucht, bis hin zu loseren Formen der Zusammenarbeit (Faulconbridge/Hall/Beaverstock 2008; Herrigel/Zeitlin 2009). Zwei Formen der Organisation einer kommunikativ gestalteten Wissensteilung scheinen sich aber als besonders tragfähig zu erweisen.

Kooperationsnetzwerke: Sie beziehen sich auf die interaktive Wissensarbeit im Rahmen einer unternehmerischen Zusammenarbeit mit Zulieferern und Kunden in der Wertschöpfungskette oder mit Konkurrenten, mit dem Ziel der Zusammenführung von Wissen in horizontalen Allianzen. In solchen oft temporären Netzwerken kommt es zu verschiedenen Formen persönlicher Zusammenarbeit in unterschiedlichster Form zum Beispiel in Arbeitsgemeinschaften, Projekten und Forschungspartnerschaften (Kujath, Schmidt 2010: 178). Die bedeutende Rolle von derartigen formellen Netzwerken leitet sich vor allem daraus ab, dass es den Unternehmen immer schwerer fällt, ganz unterschiedliche hoch spezialisierte Wissensdomänen im Rahmen einer hierarchisch integrierten Betriebsorganisation so produktiv zusammenzubringen, dass wirtschaftlich relevante Wissensvorsprünge erzeugt werden können. Unternehmen sind vielmehr zunehmend gezwungen, sich auf ihre wichtigsten Wissensdomänen zu konzentrieren und alle anderen Wissensdomänen zu externalisieren, obwohl damit die Verletzbarkeit des Unternehmens zunimmt.

Zur Minimierung des strategischen Risikos der Externalisierung wird eine Bindung über Kooperationen und Subcontracting entlang der Wertschöpfungskette, in gemeinsamen Forschungspartnerschaften oder Projekten herzustellen versucht (vgl. Kujath 2009: 205ff.). Es handelt sich hierbei um eine vertraglich geregelte Zusammenarbeit, in der unterschiedliches Wissen zusammengeführt, neues Wissens gemeinsam generiert und geteilt wird. Eine solch enge Kopplung von Wissensträgern in Netzwerken wird in der Regel nicht als eine Mischform zwischen Markt und Hierarchie angesehen, sondern als eine eigene Organisationsform zwischen den beiden. Ziel und Zweck interorganisatorischer Wissensnetzwerke und in diese eingewobener persönlicher Netzwerke sind die gemeinsame Nutzenmaximierung mittels Wissenserzeugung und Wissensnutzung im Rahmen einer „symbiotischen" Beziehung. Die Partner, zum Beispiel Kunden, Zulieferer, Konkurrenten, verfolgen jeweils eigene Unternehmensziele, fügen aber beispielsweise in temporären Projektzusammenhängen ihre Kompetenzen und ihr Wissen zusammen. Dabei zeichnen sich interorganisatorische Wissensnetzwerke durch Prozesse wie Selbstorganisation und -steuerung aus, womit einerseits eine geregelte Zusammenarbeit für einen mittleren Zeitraum gesichert wird, andererseits aber auch die Nachteile hierarchischer Organisationen vermieden werden. Nooteboom (1992) weist darauf hin, dass Daten und Informationen vergleichsweise problemlos auszutauschen sind. Wissenstransfer hingegen bedinge die Fähigkeit, Sachverhalte zu erklären und die vom Sender verbreitete Information zu verstehen und zu verarbeiten, was eine für einen mittleren Zeitraum geregelte Kommunikation zwischen den Akteuren der Wertschöpfungskette oder einer Allianz voraussetze.

Praktikergemeinschaften: Eine für die interaktive, auf zwischenmenschlichen Kontakten beruhende Wissensarbeit spezifische Organisationsform sind Praktikergemeinschaften. Ihr Charakteristikum ist, dass aufgrund der Personengebundenheit der Wissensgenerierung aus gemeinsamen Forschungszusammenhängen, gemeinsamer Ausbildung, aus gemeinsamen Erfahrungen im Berufsleben oder des Konsums und Alltagslebens spezifische soziale Gemeinschaften entstehen. Derartige Gemeinschaften verbinden Personen mit gemeinsamen Interessen, Fragestellungen oder Problemstellungen und dienen dem Erfahrungsaustausch, der Wissensbeschaffung oder auch der Organisation von Lernprozessen in der Regel neben oder außerhalb der unternehmerischen Zusammenhänge. Sie kennzeichnet ein gemeinsamer Bezug zur selben Praxis sowie zu Problemen dieser Praxis, die Gegenstand gemeinsamer Beratschlagung und Hilfe sind und zugleich dazu beitragen, dass sie einen sich im Kommunikationsprozess ständig weiterentwickelnden Wissensspeicher darstellen. Sie funktionieren als „social learning systems", in denen Probleme gelöst, Ideen geteilt, Standards gesetzt, Tools entwickelt und Beziehungen aufgebaut werden (Ibert 2010: 148, Wenger/Dermott/Snyder 2003). Gemeinschaften dieses Typs sind informelle wissensbasierte Strukturen. Sie gründen sich auf Eigenverantwortung und Selbstorganisation, und bilden einen eigenständigen, auf Freundschaft, Bekanntschaft, Loyalität, gemeinsamer Identität oder gemeinsamen Interessen basierenden Kreis von Personen.

Praktikergemeinschaften dienen der Teilung und Weiterentwicklung von Wissen, zum Beispiel in der Gestalt „kollegialer Gemeinschaften" von Experten, die sich außerhalb und neben den konkurrierenden Unternehmen bilden. Die in gemeinsamer Berufspraxis entstehenden fachspezifischen Sprach- und Kodesysteme sowie Handlungslogiken ergeben einen institutionellen Kontext, der die Ausbildung und Stabilisierung derartiger Gemeinschaften begünstigt. Sender und Empfänger in solchen Gemeinschaften nutzen die gleiche Fachsprache, was deren wechselseitige „absortive capacity" erhöht und den Zusammenhalt der Gemeinschaften stärkt. Zündorf (1994) beschreibt, wie Experten innerhalb ihrer kollegialen Gemeinschaften zur Ausbreitung von Expertenwissen zwischen den Betrieben beitragen und ihre Wissensbestände durch Kommunikation mit Fachkollegen vergrößern, das heißt die Grenzen der formalen Organisationen überbrücken und auf diese Weise die kollektive Wissensbasis, die persönlichen Fähigkeiten der Experten und damit das Wissen jeder einzelnen Organisation vergrößern. Auch Saxenian (1992) untersuchte schon in den 1990er Jahren am Beispiel der Halbleiter- und Softwareindustrie in Silicon Valley das Entstehen von Foren und Kommunikationsnetzen quer zu den dort ansässigen Unternehmen: „These forums encourage members to meet with industrial leaders, share technical information, develop business skills, establish commercial and social relationships, and learn about new opportunities" (Saxenian 1992: 326). In solchen Gemeinschaften wird also Wissen generiert, welches einerseits Einblicke in die Entwicklung von Produkten, Verfahren und Geschäftsfeldern gewährt, andererseits aber auch zur Orientierung im wirtschaftlichen und fachlichen Umfeld beiträgt, ihr Beziehungswissen erweitert und von Fall zu Fall auch in die Verabredung einer (zeitlich befristeten) formalisierten Zusammenarbeit in Projekten münden kann. Die Mitglieder solcher Gemeinschaften tragen als Nebeneffekt ihrer Kommunikationsprozesse gleichzeitig zur Stabilisierung und Weiterentwicklung ihres fachspezifischen „Kode-Buches" und auf diese Weise zu einer weiteren Festigung der Gemeinschaft unabhängig von der Unternehmenszugehörigkeit ihrer Mitglieder bei. Schließlich können sich im Prozess der Zusammenarbeit implizite und explizite Regeln herausbilden, die die Art und Weise des Umgangs mit Wissen festlegen und auf diese Weise ebenfalls eine Stärkung der fachlichen Gemeinschaft als eine Form der Wissensteilung und -generierung bewirken (Breschi/Lissoni 2001, Schmidt 2011).

Neben Gemeinschaften von Experten wird eine weit verbreitete Form gemeinschaftlicher Wissensteilung und gemeinschaftlichen Lernens, die sich in starkem Maße auf Alltagswissen und konkrete Problemstellungen bezieht, immer häufiger und intensiver in die Innovationsprozesse der Wirtschaft einbezogen. Wenger

(2007) verortet die Aktivitäten dieser Gemeinschaften in sozialen Kontexten des Alltagslebens. Mit dem Begriff „situated learning" umschreibt er einen sozialen Prozess gemeinsamen Lernens, der sich um Dinge des täglichen Lebens entwickelt und in einen spezifischen sozialen Kontext eingebettet ist. Verstärkt durch das WEB 2.0 genießen Communities dieses Typs zum Beispiel als semiprofessionelle Nutzergemeinschaften eine zunehmende Wertschätzung als Wissensproduzenten für die unternehmerischen Wissens- und Handlungskontexte (von Hippel/ von Krogh 2003, von Hippel 2005). Unternehmen werden sich der Leistungen dieser betrieblich nicht gebundenen, offenen Communities zunehmend bewusst und unterstützen diese immer häufiger, ungeachtet der damit einhergehenden Gefahr, eigenes an den Betrieb gebundenes Wissen zu „kollektivieren", weil sie von diesen als Ideengeber Innovationsimpulse erwarten.

Nutzergemeinschaften sind heute vor allem in den neuen Ansätzen der Open Innovation von zentraler Bedeutung (Chesbrough 2003). Wissen wird hier nicht mehr als exklusives Eigentum von Unternehmen verstanden, sondern verteilt sich auf Mitarbeiter, Kunden, Zulieferer, Wettbewerber sowie Wissenschaft und Forschung. Hier bilden zum Beispiel Nutzergemeinschaften aus Individuen und Kunden ein Fachpublikum, das mehr oder weniger direkt an den unternehmerischen Innovationsprozessen teilnehmen und oft entscheidende Anregungen vermitteln kann. Noch einen Schritt weiter gehen die virtuellen Interessen-Communities (Grabher/Ibert/Flohr 2008), in denen ohne eine Mitwirkung von Unternehmen Produkte wie Software, Featurefilme oder Medikamente organisiert entwickelt werden. Eine Unterscheidung zwischen Anbieter und Abnehmer, Hersteller und Nutzer, Autor und Publikum lässt sich innerhalb derartiger Arbeits- und Nutzungszusammenhänge nicht mehr vornehmen. Moderne digitale Technologien sind zudem inzwischen so preisgünstig zu erwerben, dass auch Hobbyisten und Enthusiasten die Produktentwicklung in ihrem privaten Raum realisieren können. Bei vielen neuen Formaten der Content-Erzeugung (Blogs, Online Zeitungen) lösen sich klassische Zuschreibungen wie „Autorenschaft", „Urheberschaft" und „Verwertungsrechte" auf (Boczkowski 2004).

2 Neujustierungen der Diskussion um Wissensarbeit und Raum

Die Diskussion um den Zusammenhang zwischen Wissensarbeit und Raum hat eine Tradition, im Zuge derer sich ein gemeinsam geteiltes Argumentationssystem herausgebildet hat, das zusammengefasst als territoriales Modell der Innovationserzeugung (Moulaert/Sekia 2003) bezeichnet worden ist. Dieses Modell soll im Folgenden als eine Folie dienen, vor deren Hintergrund die in den Bei-

trägen dieses Sammelbandes vorgenommenen Neujustierungen sich herausarbeiten lassen. Neujustierungen lassen sich entlang der folgenden fünf Dimensionen
veranschaulichen: von physischer Nähe zu multidimensionalen Konzepten von
Nähe; von dauerhafter Ko-Lokation zu temporärer Ko-Präsenz; von physischer
und relationaler Nähe zu Distanz; von Wissen als ökonomischem Gut zu Wissen
als Fähigkeit zum praktischen Handeln; von der Betrachtung von Territorien zur
Betrachtung raum-zeitlicher Prozesse.

2.1 Von dauerhafter Ko-Lokation zu temporärer Ko-Präsenz

Territorialisierte Innovationsmodelle, zu denen insbesondere die Konzepte der Industrial Districts, der Milieux Innovateur, der Regional Systems of Innovation, der
Cluster sowie der Learning Region zählen (Moulaert/Sekia 2003), haben bei allen
begrifflichen Differenzen im Detail doch gemeinsam, dass in ihnen die Vorzüge
und Wettbewerbsvorteile von räumlichen Systemen der permanenten Ko-Lokation
von Organisationen, die funktional in der Wissensarbeit zusammenhängen, in den
Fokus des Interesses rücken. Räumliche Nähe zwischen Unternehmen sowie weiteren für Innovationsprozesse und Wissensproduktion wichtige Organisationen,
etwa Forschungslabore oder Universitäten, erleichtert die innovationsbezogene
Interaktion der Akteure.

Insbesondere wird argumentiert, dass die von hoher inhaltlicher und sozialer
Unsicherheit geprägte Kollaboration bei der Wissensproduktion auf die Vorzüge von Face-to-face Interaktion nur schwer verzichten könne (Storper/Venables
2004). Face-to-face Interaktion ermöglicht es, auf mehreren Kanälen gleichzeitig zu senden und zu empfangen, wodurch sich die ausgetauschten Informationen
wechselseitig komplementieren und insgesamt eine Ambiguität in der Kommunikation gesenkt wird. In Face-to-face Interaktion werden auch unbewusste Signale
mittransportiert, was es den Akteuren erleichtere, auch die sozialen Ungewisshei-
ten (zum Beispiel in Bezug auf die Motive der Interaktionspartner oder auf deren
Zuverlässigkeit) in Innovationsprozessen besser einschätzen zu können.

Eine weitere wichtige Argumentationslinie in territorialen Innovationsmodellen betrifft den innerhalb einer Region gemeinsam geteilten institutionellen Kontext (Storper 1995). Räumliche Nähe impliziert damit auch eine Ähnlichkeit der
Akteure in Bezug auf ihre Realitätswahrnehmung sowie ihren Sprachgebrauch.
Diese „gemeinsame Interaktionslogik" (Maillat 1998: 12) bildet eine wichtige
Ressource, um sich zu gemeinsamem Handeln zu koordinieren sowie auch über
unterschiedliche Wissensbestände hinweg zu Einigungen zu kommen.

Schließlich betonen beinahe alle territorialisierten Konzepte der Innovation
die Bedeutung von beruflicher Mobilität auf dem regionalen Arbeitsmarkt. Die

Ko-Lokation vieler konkurrenzfähiger Unternehmen mit ähnlicher Spezialisierung erleichtere die berufliche Mobilität der Akteure ohne dass diese dafür auch räumlich mobil sein müssen (Vinodrai 2006). Der dabei nicht intendierte Transfer personengebundenen Wissens zwischen den Unternehmen macht einen guten Teil des von Unternehmen kontrollierten Wissens öffentlich, allerdings vor allem für Unternehmen in der Region. Auf diese Art verwandeln sich unternehmerische Wettbewerbsvorteile einzelner Marktakteure innerhalb territorialer Innovationssysteme schnell in regionale Standortvorteile (Angel 2000).

Diese Grundlinien in der Betrachtung dauerhafter Ko-Lokation werden im neueren Diskurs durch weitere feinere Verästelungen präzisiert. Für die praktische Wissensarbeit ist eigentlich faktische wechselseitige Erreichbarkeit der entscheidenden Akteure (Asheim/Coenen/Vang 2007) weitaus entscheidender als die bloße physische Nähe in nachbarschaftlichen Konstellationen. Dieser Idee folgend wird im Diskurs zunehmend die Bedeutung von temporärer Nähe betont (Rallet/Torre 2009). Für intensive, auch zahlreiche aufeinander folgende persönliche Treffen sei letztlich keine permanente Ko-Lokation notwendig, es reiche völlig aus, wenn sich für die Akteure häufigere, zeitlich befristete Gelegenheiten böten, in denen sie sich persönlich austauschen können. Insbesondere größere Events, wie zum Beispiel Messen (Power/Jannsson 2008, Bathelt/Schuldt 2008) oder wissenschaftliche Kongresse (Fritsch 2011 in diesem Band), bieten konkrete Anlässe, zu denen ansonsten im physischen Raum verstreute Akteure für ein gewisses Zeitfenster eine Konstellation der Ko-Lokation bilden, aus der sich dann wiederum zahlreiche Gelegenheiten für geplante und ungeplante persönliche Treffen ergeben. In ihrem Gesamteffekt schaffen viele zeitlich befristete, räumlich kompakte Situationen der Ko-Lokation eine Ökologie der Interaktion, die als „global buzz" (Schuldt/ Bathelt 2009) bezeichnet worden ist und die in ihren wesentlichen Qualitäten dem local buzz territorialisierter Innovationszusammenhänge ähneln. Diese temporären Cluster werden dabei als wichtige Komplemente permanenter Cluster (Trippl/ Tödtling 2011 sowie Fritsch 2011 in diesem Band) und als Konkretisierung globaler Pipelines (Maskell/Bathelt/Malmberg 2006) betrachtet.

Diese Überlegungen leiten eine weitere Verschiebung des Diskurses ein. Wenn Erreichbarkeit das eigentliche Kriterium darstelle, dann sei es sinnvoller, statt von geographischer, räumlicher oder physischer Nähe, gemessen in kilometrischer Distanz (Boschma 2005) doch besser gleich direkt von zeitlicher Nähe zu sprechen (Henckel/Herkommer 2011 in diesem Band). Die vereinfachende Annahme, die gegenseitige Erreichbarkeit verändere sich proportional zur physischen Distanz wird dabei aufgegeben und dahingehend präzisiert, dass es sinnvoller sei die zeitlichen Opportunitätskosten für die Realisierung eines Treffens in Rechnung zu stellen. Zeitliche Erreichbarkeit und physische Distanz korrelieren dabei nur indirekt miteinander, weitaus wichtiger zur Bestimmung der Opportunitätskosten ist die Verfügung über moderne Mobilitätstechniken, die Zeiteffizienz bestimmter Raumstrukturen sowie die Position in Bezug auf moderne Mobilitätsinfrastrukturen wie zum Beispiel Flughäfen oder Schnellzugbahnhöfe. Dass die Unterschiede zwischen Erreichbarkeit und physischer Distanz beträchtlich sein können, lässt sich erkennen wenn zeitlich verzerrte „Torsionskarten" (Henckel/ Herkommer 2011 in diesem Band) und längentreue kartographische Darstellungen des physischen Raums übereinander gelegt und die Abweichungen betrachtet werden. Es gibt sowohl physisch nahe Orte, die schwer erreichbar sein können als auch physisch distanzierte Räume, die regelmäßig von Verkehrsmitteln bedient werden und dadurch faktisch gut erreichbar sind.

In letzter Konsequenz etabliert sich eine begriffliche Trennung zwischen Ko-Präsenz und Ko-Lokation. Diese begriffliche Differenzierung macht zwei Konnotationen explizit, die sehr häufig im Begriff der räumlichen oder geographischen Nähe vermengt werden. Dabei beschränkt sich der Begriff der Ko-Lokation auf Konstellationen im physischen Raum, bei denen sich Elemente zur selben Zeit an unterschiedlichen Orten befinden. Ko-Lokation umschreibt dabei einen stabilen Zustand zwischen immobilen Elementen, das heißt, meist sind die Elemente, auf die der Begriff angewendet wird, Standorte und nicht Akteure. Die Konstellation dieser Standorte im Raum wird als räumliche Nähe bezeichnet, wenn die Akteure, die diese Standorte regelmäßig frequentieren, sich wechselseitig ohne größeren Aufwand – geplant oder ungeplant – treffen könnten. Ko-Präsenz hingegen meint Konstellationen, bei denen sich die fraglichen Elemente zur selben Zeit am selben Ort aufhalten. Es benennt damit einen nur flüchtigen Zustand, der zwischen grundsätzlich mobilen Akteuren auftritt, das tatsächliche – vorübergehende – Treffen. Ko-Lokation und Ko-Präsenz sind insofern aufeinander bezogen, weil sich aus einer Konstellation der Ko-Lokation Interaktionen in Ko-Präsenz ergeben können, aber natürlich keineswegs sich ergeben müssen.

2.2 Von Wissen als ökonomischem Gut zu Wissen als Fähigkeit zum praktischen Handeln

Territoriale Innovationsmodelle schließen an eine in der Ökonomie etablierte Verwendung des Wissensbegriffs an (zum Beispiel Huggins/Izushi 2007; Brandt 2008). Dort wird Wissen als ein nicht-rivales und nicht-exkludierbares ökonomisches Gut konzeptionalisiert. Nicht-rival bedeutet, dass die Benutzung des Gutes durch einen Akteur die Benutzung durch weitere Akteure nicht automatisch verhindert. Auch wenn viele Menschen dasselbe Wissen nutzen, vermindert sich dieses nicht in seinem Umfang (Cantner 2011, in diesem Band). Nicht-exkludierbar bedeutet hingegen, dass es für den Besitzer eines Gutes nicht ohne weiteres möglich ist, andere von der Nutzung auszuschließen. In dem Moment, in dem Wissen offenbart wird, ist es für den Eigentümer kaum möglich, andere daran zu hindern, dieses Wissen in ihrem Handeln zu berücksichtigen – sprich dieses Wissen ebenfalls zu nutzen.

Güter, die nicht rival und nicht exkludierend sind, werden in der Ökonomie als öffentliche, und damit zugleich auch quasi ubiquitäre Güter konzeptionalisiert. Da diese Gleichsetzung aber mit der Komplexität der Realität unvereinbar sind, werden beide Klassifizierungen im ökonomischen Diskurs insofern differenziert, als zunehmend anerkannt wird, dass die Merkmalskombination nicht-rival und nicht-exkludierbar lediglich auf bestimmte Anteile menschlichen Wissens zutrifft, auf anderen wiederum nicht oder nur eingeschränkt. Durch die Unterscheidung zwischen codified knowledge und tacit knowledge, also explizitem und implizitem Wissen, wird anerkannt, dass immer nur ein Teil des Wissens explizit kodifiziert wird, wohingegen die dem Wissen zugrundeliegenden Vorannahmen implizit bleiben (Polanyi 1966). Kodifiziertes Wissen ist insofern ein öffentliches Gut, als dass die Entzifferung der Symbole das darin enthaltene Wissen nicht schmälert und folglich die rivalisierende Nutzung durch Andere nicht automatisch ausschließt (Maskell/Malmberg 1999). Ebenso schwierig ist es, andere von der Rezeption einmal kodifizierten Wissens auszuschließen. Durch institutionelle Schutzmaßnahmen, etwa dem Patentschutz, kann kodifiziertes Wissen aber zeitlich befristet in ein latent öffentliches Gut (Cantner 2011 in diesem Band) transformiert werden. Das Wissen wird durch das Patent veröffentlicht, im Gegenzug erhält der Patenthalter ein zeitlich befristetes Monopol der Wissensverwertung. Durch die Publikation könnte es prinzipiell von dritter Seite genutzt werden, doch dieses Potenzial bleibt ein latentes, solange der Patentschutz eine kommerzielle Nutzung verhindert.

Die im Akt der Kodifizierung implizit angewandten Vorannahmen, das tacit knowledge hingegen, bleiben dem Rezipienten verborgen. Daraus kann abgeleitet werden, dass diese Dimension des Wissens als exklusiv zu gelten habe. Weiterhin wird argumentiert, diese Dimension des Wissens sei stark personengebunden. Es sei beispielsweise weitgehend unmöglich, die Nutzbarkeit von tacit knowledge zu ermöglichen, indem es artikuliert wird (Gertler 2003) (niemand hat Fahrradfahren erlernt bloß indem es erklärt wurde). Hieraus wird eine generelle Schwäche der gütertheoretischen Konzeptualisierung von Wissen ersichtlich: Die für Güter konstitutive Prämisse der Konsumierbarkeit (egal wie exklusiv oder rival) ist überhaupt nur für die Person gegeben, die Trägerin des tacit knowledge ist. Allerdings wird ebenfalls ersichtlich, warum die wirtschaftliche Wertschöpfung aus Wissen zum Teil auch ohne institutionelle Schutzmechanismen als privates Gut konzeptualisiert werden kann – aufgrund von Rivalität und Exkludierbarkeit auf Arbeitsmärkten.

Oft wird die analytische Unterscheidung zwischen tacit knowledge und co-dified knowledge vor allem in der Wirtschaftsgeographie und Ökonomie vereinfachend als eine faktische Unterscheidung zwischen verschiedenen Formen des Wissens konzeptionalisiert, wobei die eine Form als ubiquitär verfügbar, die andere als privat verstanden wird (stellvertretend für viele Maskell/Malmberg 1999). Michael Fritsch sowie Peter Meusburger, Gertraud Koch und Gabriela Christmann (2011, in diesem Band) machen hingegen in ihren Beiträgen deutlich, dass kodifiziertes Wissen nicht automatisch und voraussetzungslos von jedem Akteur verstanden wird (ausführlich auch in Meusburger 2009). Sie kommen dabei dem Verständnis von Polanyi näher, der die von ihm etablierte Unterscheidung nicht auf verschiedene Arten des Wissens bezogen hat, sondern auf verschiedene Schichten des menschlichen Wissens (Polanyi 1966). Um symbolisch verschlüsseltes Wissen auch verstehen und nutzen zu können ist es unumgänglich, zumindest außerordentlich hilfreich, komplementär dazu die diesem Wissen zugrunde liegenden implizite Vorannahmen zu kennen (Fritsch 2011 in diesem Band). Darin liegt sicherlich auch ein Teil der Erklärung, warum Imitatoren Wissen nicht kostenfrei imitieren können (Cantner 2011 in diesem Band). Vielmehr ist Imitation nur möglich, wenn zuvor in Fähigkeiten investiert worden ist, um das verschlüsselte Wissen auch verstehen und anwenden zu können.

Die aktuellen Verschiebungen der Argumentationslinien, wie sie sich in diesem Sammelband abzeichnen, gehen aber weit über diese Bemühungen, Wissen als ökonomisches Gut präziser zu fassen, hinaus. In seinem Beitrag kritisiert Manfred Moldaschl eine Verdinglichung des Wissens (Moldaschl 2011), das eben nicht geradeheraus als Produktionsfaktor oder ökonomisches Gut verstanden werden dürfe, sondern als eine Größe, die nur im praktischen Einsatz – in der Arbeit – Werte schafft. Der Ansatz, Wissen als ein Objekt zu verstehen, wird von vielen hier versammelten Beiträge (Meusburger/Koch/Christmann 2011; Ibert 2011; Helbrecht 2011) aufgegeben und durch einen Ansatz ersetzt, in dem Wissen als Handlungsfähigkeit (Stehr 2001) angesehen wird und damit untrennbar mit praktischem Handeln verwoben ist (Amin/Cohendet 2004; Ibert 2007).

Aus dieser Perspektive wird deutlich, dass Wissen sich den ökonomischen Taxonomien zur Unterscheidung ökonomischer Güter entzieht. Zunächst einmal betont die Praxisperspektive, dass Wissen ein relationaler Effekt ist. Es handelt sich dabei also weniger um ein abgrenzbares Objekt (Amin/Cohendet 2004; Ibert 2007), sondern um eine Beziehung zwischen dem wissenden Individuum und seiner sozialen, kulturellen, organisatorischen und auch technisch-materiellen Umwelt in der dieses Individuum wissend handelt.

Weiter wird deutlich, dass Wissen sozial geteilt wird (Belk 2010), was eine Einordnung sowohl in die Dimension der Rivalität als auch in die Dimension der Ausschließbarkeit unpraktikabel erscheinen lässt. Hinsichtlich der Rivalität stellt sich bei geteiltem Wissen nicht primär die Frage, ob die Nutzung durch einen Akteur die Nutzung durch einen anderen ausschließt oder nicht. Vielmehr gehört Wissen zu jenen kollektiven Errungenschaften, die sich paradoxerweise vermehren wenn sie mit anderen geteilt werden (ein weiteres Beispiel sind Sprachen). Hinsichtlich der Ausschließbarkeit ist geteiltes Wissen immer zugleich beides, es ist Teil von kulturell geteilten Praktiken (etwa in epistemischen Gemeinschaften) und es grenzt jene aus, die nicht enkulturiert sind. Insgesamt liegt der Verdacht nahe, dass die Konzipierung von Wissen als ökonomisches Gut weniger dazu dient, das Wesen des Wissens besser zu verstehen, als vielmehr ein hochkomplexes Phänomen, dass für die Ökonomie zunehmend bedeutsam wird, möglichst geradlinig in ökonomische Theorien überführen zu können.

Wissen als Teil von Praxis zu verstehen betont, dass Gewusstes untrennbar an kompetent ausgeführten Handlungen hängt. Wissen existiert nicht für sich, sondern offenbart sich nur im wissenden, für den jeweiligen Kontext adäquaten Handeln (Ibert 2007). Diese performativen Qualitäten des Wissens (Helbrecht 2011) betonen den Umstand, dass Wissen grundsätzlich kontextuell eingebettet ist. Wissen ist keine Ressource, die immer und überall den gleichen Wert besitzt, sondern es hängt immer vom relationalen Gefüge ab, welchen Wert Wissen einnehmen kann (Bathelt/Glückler 2005). Entscheidend, so Manfred Moldaschl (2011, in diesem Band) ist dabei keineswegs das bloße Vorhandensein von Wissen, sondern, ob Wissen durch Arbeit in Wert gesetzt wird.

In zeitlicher Hinsicht ist es beispielsweise äußerst kritisch, wann ein ökonomischer Akteur eine Information in seinen Wissensbestand einbauen kann. Ökonomisch monopolisiert wird nicht das Wissen selber, sondern durch kreative Akte produzierte Wissensvorsprünge (Meusburger/Koch/Christmann 2011; Henckel/ Herkommer 2011) oder technologische Distanzen (Cantner 2011). Auch in räumlicher Hinsicht kann ein und derselbe Wissenskorpus unterschiedliche Bewertungen oder Auslegungen erfahren je nachdem, in welchem lokalen Kontext er rezipiert wird (deLaet 2000; Livingstone 2003). Die Mobilität von Wissen über physische Distanzen ist demzufolge voraussetzungsvoll. Sie ist relativ einfach, solange der kulturelle Kontext stabil bleibt. Andernfalls muss eine Übersetzungsleistung vollbracht werden, die die Einpassung in einen abweichenden kulturellen Kontext erlaubt. Diese Transformation von Wissen kann selber als eine kreative Leistung bewertet werden (Helbrecht 2011; Moldaschl 2011).

Räumliche Kontextualisierung bezieht sich nicht allein auf territorial spezifische Regeln und Normen, sondern auch sehr unmittelbar auf die materiellen

Eigenschaften von Orten. So sensibilisiert uns die Praxisperspektive auf Wissen
für die Bedeutung von Artefakten in Wissenspraktiken (Knorr Cetina 1981, 1999;
Latour 1987, 2005; Ibert 2006, 2010; Cacciatori 2009; Tryggestad/Georg/Hernes
2010), die an praktischem Handeln partizipieren, da sie bestimmte Tätigkeiten
ermöglichen, erleichtern, unterstützen aber auch erschweren oder gänzlich verhindern (Law 1986a).

Der Idee der Performance liegt der Gedanke zugrunde, dass im Handeln immer
auch Unvorhergesehenes oder Überraschendes passieren kann und es damit grundsätzlich ergebnis-offen ist (Helbrecht 2011). Auch die Partizipation von Dingen an
Handlungen bedeutet nicht, dass diese die entsprechenden Handlungen determinie-
ren, sehr wohl aber strukturieren. Das damit verbundene mehr oder weniger hohe
Maß an Kontingenz eröffnet Spielräume für abweichendes und damit potenziell
kreatives Verhalten eröffnet (Bouncken 2011). Die Idee der Performance verbindet
zwei wichtige Aspekte von Wissensarbeit. Auf der einen Seite bedeutet Performance
Wiederholbarkeit, die Basis für die Bewährung und Validierung von Wissen. Auf
der anderen Seite eröffnen die Kontingenzen und Unsicherheiten jeder Performance
einen Spielraum, in dem Veränderungen des Gewussten möglich sind.

Die Beziehung zwischen Wissen und Raum sieht in beiden skizzierten Zugängen, Wissen als Objekt und Wissen als Praxis fundamental anders aus. Das
Verständnis von Wissen als Gut/Objekt legt es Nahe, die Bedingungen für den
Austausch von Wissen näher zu analysieren. Dabei wird deutlich, dass unterschiedliche Formen von Wissen unterschiedliche Distanzempfindlichkeiten aufweisen.
In Textform kodifiziertes Wissen lässt sich leicht vervielfältigen und schnell und
kostengünstig verschicken. Das Erlernen von tacit knowledge erfolgt hingegen
meist durch die Übernahme von individuellen Verhaltensweisen, was wiederum
nur in enger und regelmäßiger persönlicher Zusammenarbeit möglich ist. Deshalb gilt tacit knowledge als hochgradig distanzempfindlich, da die betreffenden
Personen nur voneinander lernen können, wenn sie sich regelmäßig persönlich
treffen. Einer der Vorzüge von Agglomerationen dauerhafter Ko-Lokation liege
darin begründet, dass in derartigen Raumstrukturen die Zirkulation dieses Wissens
besonders reibungsarm funktioniere.

Der Praxisansatz hingegen interessiert sich vor allem für die Passung aber
auch Diskrepanzen zwischen Wissenspraxis und lokalen Kontexten, für das Ausmaß an geteiltem Kontext (Hinds/Mortensen 2005). Dabei ist die physische Distanz zwischen Kontexten der Ausübung von Praxis sekundär. Entscheidend für die
zu leistende Übersetzungsarbeit ist vielmehr, wie ähnlich (oder eben unähnlich)
die Kontextbedingungen an zwei unterschiedlichen Orten sind. Demnach können
Informationen, die zwischen ähnlich beschaffenen Orten zirkulieren leichter in
die dort beheimateten Praktiken integriert werden und umstandsloser praktisch

folgenreich werden. Bei sehr unterschiedlich beschaffenen Orten hingegen sind umfänglichere Übersetzungsleistungen notwendig, bevor Wissen, das hier gültig ist dort nutzbar gemacht werden kann. Die Wahrscheinlichkeit, dass Wissen sich bei dieser Transferleistung auch grundsätzlich ändert, also tatsächlich nicht bloß eine räumliche Verschiebung von Wissen, sondern die Entwicklung neuen Wissens erfolgt ist, ist in diesem Fall höher.

Eine weitere Nuance zur Beziehung zwischen Wissen und Raum ergänzt Gertraud Koch in ihrem Beitrag. Sie behandelt dort den Raum als eine Kategorie des Wissens. Die Verbindung zwischen Wissen und Raum stellt sich also auch darüber her, dass Akteure sich dahingehend unterscheiden, was sie über den sie umgebenden Raum wissen und nach welcher Logik sie ihre räumliche Umwelt, in der sie situiert sind, strukturieren. Dieses unbewusst gewusste Wissen über den Raum wiederum hat unmittelbare Konsequenzen für die Art und Weise, wie Wissensarbeiter den Raum nutzen und wie sie die sie betreffenden Arbeitsprozesse im Raum organisieren (Koch 2011). Eine Idee, die in Ilse Helbrechts Begriff der „globalen Expertise" (2011) spezifiziert wird. So spiegeln etwa globale Wertschöpfungsketten, in denen durch eine räumliche Arbeitsteilung die jeweiligen Vorzüge von sehr unterschiedlichen, weltweit verteilten Standorten, so verknüpft werden, dass für ein Unternehmen daraus Vorteile erwachsen, sehr viel über das von den Akteuren über die jeweiligen Orte und Räume angesammelte Wissen wider.

2.3 Von physischer Nähe zu multidimensionalen Konzepten von Nähe

Die internen Logiken von Prozessen der Wissensarbeit dienen als eine weitere Ebene der Erklärung, warum Unternehmen und Organisationen sich räumlich konzentrieren (Malmberg/Maskell 2002). In diesem Diskurs dominieren Argumente, die begründen wie und warum physische Nähe lernförderlich wirken kann. Diese Argumente beruhen im Wesentlichen darauf, dass Wissensproduktion zunehmend als interaktiver Prozess zu verstehen sei und konzentrieren sich dann darauf, die räumlichen Bedingungen für das Zustandekommen von Interaktion zu untersuchen. Dabei kommen den unmittelbaren persönlichen Begegnungen und dem Gespräch von Angesicht zu Angesicht – den Face-to-Face-Interaktionen – zentrale strategische Bedeutungen zu. Diese Face-to-Face-Interaktionen können dabei unter Bedingungen von Ko-Lokation zu geringeren Kosten durchgeführt werden als unter räumlich dispersen Standortmustern. Insbesondere im Anfangsstadium von wichtigen Arbeitskontakten, in denen zwischen den Akteuren kein oder nur wenig persönliches Vertrauen herrsche, ist das häufige auch spontane Treffen schwer verzichtbar. Die Anbahnung vertrauensvoller Beziehungen falle leichter, wenn es möglich ist, Akteure häufiger zu treffen, um über deren Hand-

lungsabsichten genauer im Bilde zu sein und um sie nach erbrachten Vertrauens-
vorschüssen sporadisch zu überwachen. Ko-Lokation wirkt dabei ko-konstitutiv
auf den Aufbau vertrauensvoller Beziehungen. Diese Argumentationslinien sind
inzwischen so vertraut, dass sie hier nicht ausführlicher referiert werden sollen
(eine exzellente Zusammenfassung bieten Malmberg/Maskell 2006).

Diese Reflexionen über die Wirkung physischer Nähe belegen, dass häufig
gar nicht die kilometrische Distanz (Boschma 2005) im Zentrum des Interesses
steht, sondern lediglich ihre vermittelte Wirkung auf als wichtig erachtete Vorbedingungen für kollaborative Wissensarbeit. Nähe im physischen Raum im Sinne
von Ko-Lokation ist sozial folgenreich, weil (besser: wenn) sie die Herstellung
von Ko-Präsenz an einem Ort ermöglicht und erleichtert. Ko-Lokation bietet Bedingungen, unter denen sich individuelle Aktionsräume überlagern können and
damit die Voraussetzungen für die Entwicklung der eigentlich als wichtig erachte-
ten sozialen Faktoren, also beispielsweise der Herstellung von persönlichem Vertrauen oder von intensiver Kollaboration, geschaffen oder gar gefördert werden.

Die Erkenntnis, dass die eigentlichen Qualitäten wissensbezogener Interaktionen weniger in den physisch-räumlichen als vielmehr in den sozialen Beziehungen der Akteure zu suchen sind hat dazu geführt, dass der Diskurs um die förderlichen Funktionen von Nähe erweitert wurde um weitere Dimensionen von – dies-
mal relationaler – Nähe. Dabei werden die metaphorischen Konnotationen, die
das Begriffspaar Nähe und Distanz transportieren, in ihrem analytischen Potenzial
ausgenutzt. Im Vordergrund stehen hier die in sozialen Beziehungen zum Tragen
kommenden Differenzen zwischen den Akteuren. Es wird dabei weiterhin davon
ausgegangen, dass Nähe die Qualität von Wissensarbeit verbessere (Bouncken
2011), zugleich wird aber die Möglichkeit stärker in Erwägung gezogen, dass die
Nähe im physischen Raum auch substituiert werden könne, durch relationale Nähe
(Boschma 2005). Der Diskurs drehte sich bisher vor allem darum, verschiedene
Dimensionen „raumloser" (Knoben/Oerlemans 2006) Konzepte von Nähe herauszuarbeiten und deren vermittelnde Wirkungen zu spezifizieren. Im Verlauf dieser
Diskussionen haben sich einige Dimensionen als besonders wichtig entpuppt, vor
allem organisationale, institutionelle, soziale und kognitive Nähe (Boschma 2005;
Knoben/Oerlemans 2006; Trippl/Tödtling 2011; Kujath/Stein 2011).

Es ist unklar, wohin diese Diskussion um die Ausdifferenzierung von Taxonomien von Nähe führen wird. Zwar verfestigen sich einige von allen Autoren
als relevant betrachteten Dimensionen, doch darüber hinaus scheint es beinahe
unmöglich, die Zahl der Dimensionen vollständig zu erfassen. Es kommen immer
wieder Vorschläge auf, neue Dimensionen hinzuzufügen. In diesem Band sind
es Ricarda Bouncken, die vorschlägt, neben der bereits seit längerem etablierten
Dimension der kognitiven Nähe (Nooteboom 2000, auch Fritsch 2011) auch die

„emotionale" und „psychische" Nähe zwischen den Akteuren stärker zu berücksichtigen (Bouncken 2011). Zudem schlagen Michaela Trippl und Franz Tödtling (2011) vor, den Diskurs um die Dimension „funktionaler Nähe" zu erweitern. Im Beitrag von Uwe Cantner wird mit dem Begriff der „technologischen" Distanz (Cantner 2011) eine weitere Dimension in den Diskurs eingeführt, die bisher nur vereinzelt (Zeller 2004) als zentral gesehen wurde.

Weitere ungeklärte Fragen im Diskurs betreffen die Abgrenzungen zwischen den Dimensionen sowie ihre Hierarchisierung (vgl. zum Beispiel die Unterschiede in der Strukturierung des Diskurses, wie sie in den Reviews von Boschma 2005 sowie Knoben/Oerlemans 2006 angeboten werden). So schlagen Michaela Trippl und Franz Tödtling in ihrem Beitrag (2011) vor, aus dem ansonsten sehr breit benutzten Begriff der institutionellen Nähe das Feld der „kulturellen Nähe" als Sonderfall institutioneller Nähe zu unterscheiden. Oliver Ibert (2010, 2011) hingegen definiert relationale Nähe als all jene Beziehungen, in denen kulturelle Differenzen wirksam werden. Wobei Kultur hier in einem breiten Verständnis benutzt wird als geteiltes System von Werten und Regeln (vgl. auch Schoenberger 1997). In diesem breiten Verständnis von Kultur erscheinen Institutionen, Organisationen, wissenschaftliche Disziplinen als Varianten kulturell erzeugter Unterscheidungen. Diese unterschiedlichen Akzentsetzungen hinsichtlich der inneren Hierarchie der Dimensionen machen deutlich, dass die Autoren offensichtlich theoretische Vorannahmen in den Diskurs um Nähe (und Distanz) importieren, meist ohne dies explizit zu machen.

Ein pragmatischer Ausweg aus der Diskussion um die richtige Anzahl, Abgrenzung und Abstufung unterschiedlicher Dimensionen von Nähe (und Distanz) ist es, relationale Distanz als heuristischen Begriff zu verwenden, der zwar einerseits fokussiert ist auf kulturell erzeugte Differenzen, sich andererseits aber im Vorhinein nicht näher auf bestimmte Dimensionen festlegt und damit für die empirische Analyse trotz Fokussierung hinreichend offen für Entdeckungen bleibt (Ibert 2010, 2011). Statt bestehende Taxonomien weiter zu differenzieren oder die Abgrenzung der Dimensionen neu auszuloten wird diese Frage als eine offene, empirisch noch zu spezifizierende behandelt.

2.4 Von Nähe zu physischer und relationaler Distanz

Der bisherige Diskurs um Raum und Wissen ist auf physische und relationale Nähe fixiert. Diese Verzerrung zugunsten von Nähe (Grabher/Ibert 2006) scheint vor allem auf das gesteigerte Interesse der geographischen Fachcommunity an der Wirkung von physischer Nähe geschuldet zu sein. Wenn mit der gestiegenen Fähigkeit der Distanzüberwindung immer wieder auch der Tod der Geographie begründet wird, so scheint mit dem Fortbestehen der Bedeutung physischer Nähe das Überleben der Geographie gesichert. Es ist wichtig festzuhalten, dass die Konzentration auf die Bedeutung physischer Nähe primär als analytischer Fokus zu verstehen ist. Die Teilnehmer an dieser Diskussion sind primär daran interessiert, die Existenz und die Wirkungsweise von hoch konkurrenzfähigen Wissensclustern zu erklären – und genau dazu liefern die Überlegungen zur Bedeutung physischer (und relationaler) Nähe funktionale Antworten. Dieser analytische Fokus beinhalte aber weder die Aussage, dass distanzierte Beziehungen deswegen als unwichtig zu betrachten seien, noch dass diese weniger bedeutsam seien als nahe Beziehungen (Malmberg/Maskell 2006).

Im Unterschied zu früheren Beiträgen öffnet sich der Diskurs aber heute zusehends auf die bisher vernachlässigten Themen. Physisch und sozial distanzierte Beziehungen werden zunehmend auch als räumliche und damit für die Geographie relevante Beziehungen ernst genommen (Kujath/Stein 2011). Der Gesamteindruck wird dadurch zunehmend korrigiert, wodurch es immer deutlicher wird, dass die Bedeutung von physischer Nähe in der Vergangenheit überschätzt worden sei (Fritsch 2011). Die Aktionsräume in der aktuellen Wissensökonomie haben längst eine globale Reichweite erreicht (Helbrecht 2011). In der Folge spaltet sich die Diskussion auf.

Die Frage der Substituierbarkeit von physischer Nähe durch physisch distanzierte Interaktionen erkennt zwar auf der einen Seite den ermöglichenden Charakter neuer Technologien zur Distanzüberwindung an, unterzieht die sich neu ergebenden Möglichkeiten aber dann einer kritischen Prüfung. Es wird vor allem danach gefragt, welche Beziehungen, die bisher primär auf Face-to-face-Interaktionen angewiesen waren durch medial vermittelte Kommunikation funktional ersetzt werden können (Meusburger/Koch/Christmann 2011). Die Technologien werden dabei vor allem in ihrem Potenzial bewertet, inwieweit sie Interaktion in Ko-Präsenz simulieren können (Olson/Olson 2000). Peter Meusburger, Gertraud Koch und Gabriela Christmann kommen in einer ausführlichen Diskussion zu dem Ergebnis, dass die Potenziale klassische Formen der Wissenskollaboration zu ersetzen nach wie vor äußerst begrenzt seien (2011) und dass sich durch die neuen Technologien weder etwas daran ändern werde, dass es weiterhin räumliche Unterschiede in der Verteilung des Wissens geben werde noch daran, dass Wissen sich vornehmlich in einigen wenigen Zentren konzentrieren werde.

Sie kommen zu dem Schluss, dass die eigentlich interessanten Befunde zur Wirkung der neuen Technologien auf die Wissensarbeit weniger die Frage der Substituierbarkeit als vielmehr die Frage der Komplementarität von Nähe und Distanz betreffen. Hier geht es primär darum, die bisher vernachlässigten produktiven Funktionen von Distanz systematischer als bisher einzufangen. Die zusätzlichen und neu sich formierenden Möglichkeiten der virtuellen Zusammenarbeit ermöglichen neue Formen der Wissenskollaboration, die bisher so nicht möglich gewesen wären und versprechen daher spezifische produktive Beiträge in der Wissensarbeit zu liefern. Diese Arbeitsformen dürften dabei nicht isoliert betrachtet werden, denn sie stehen in einem hochkomplexen Wechselverhältnis zu realräumlichen Interaktionen. Sie plädieren für ein mikro-geographisches Untersuchungsdesign, das bevorzugt in hochgradig informatisierten Arbeitsumgebungen anzusiedeln sei, um das Zusammenspiel dieser beiden Realitätsebenen einzufangen (Meusburger/ Koch/Christmann 2011).

Die Frage der Komplementarität durchzieht auch weitere Beiträge in diesem Sammelband, die sich mit dem Thema Nähe und Distanz auseinander setzen, wenn auch auf etwas andere Art. Der seither dominierende Fokus auf Nähe hat dazu geführt, dass Distanz vorwiegend als negatives Spiegelbild von Nähe begriffen wurde. Insofern Nähe als wichtige Bedingung für erfolgreiches Lernen begriffen worden ist, wurden Distanzen einfach die gegenteilige Wirkung zugeschrieben. Dementsprechend wurde Distanz als eine Barriere interpretiert, die Wissensarbeit stört und die es überwinden gelte. Diese Denkfigur wird von einigen der in diesem Band versammelten Beiträge bewusst durchkreuzt. So betrachten zum Beispiel Michaela Trippl und Franz Tödtling in Anlehnung an die Arbeiten von Uzzy (1997), Nooteboom (2000) und Boschma (2005) nicht etwa die größtmögliche Nähe als lernförderlich, sondern vielmehr moderate Grade an Distanz. Dabei ergeben sich Lernfunktionen in umgekehrter U-Form, die jeweils ein optimales Mischverhältnis von Nähe und Distanz markieren. Dabei gelten jene Unterschiede als Innovationen fördernd, die auf der einen Seite so klein sind, dass sie überbrückbar bleiben und damit Verständigung grundsätzlich erlauben, auf der anderen Seite aber auch hinreichend groß sind, um wechselseitige Neuheit zu garantieren (Trippl/Tödtling 2011, Tab. 3).

Während in der Beschäftigung mit Nähe das Thema der Distanz nur implizit angelegt war, findet hier eine Umorientierung statt. Indem nicht nur danach gefragt wird, wie am besten zwischen Akteuren vermittelt werden kann, sondern auch danach gefragt wird, welches Potenzial für gegenseitiges Lernen in einer Beziehung steckt, wird Distanz als eine eigenständige analytische Kategorie anerkannt und in ihrer Produktivität diskutiert. So betrachtet der Beitrag von Uwe Cantner (2011) technologische Distanz nicht als störende Barriere, die es im Zuge von Innovationsprozessen zu überwinden gilt, sondern im Gegenteil, als eine gewollte und bewusst produzierte und reproduzierte Barriere, die den Wissensvorsprung gegenüber Imitatoren garantiert und damit dem Unternehmer den Monopolgewinn aus einer Innovation sichert.

Auch im Beitrag von Oliver Ibert (2011) wird Distanz als eine Ressource interpretiert, die Anlässe für Lernprozesse bietet. Im Unterschied zu Michaela Trippl und Franz Tödtling (2011) wird hier aber nicht primär das für Lernprozesse optimale Niveau an Distanz in jeder Dimension gesucht, sondern vielmehr die Möglichkeit zur Diskussion gestellt, dass Beziehungen zwischen Akteuren in der Regel mehrdimensionale Konstellationen darstellen. Verschiedene Dimensionen von Nähe und Distanz können zugleich existieren, so dass es möglich ist, Distanz, die entlang einer Dimension auftritt, durch Nähe, die in einer oder mehrerer anderer Dimensionen vorliegt, zu überbrücken (nicht zu substituieren). In der Praxis sind es vor allem solche mehrdimensionalen Konstellationen, in denen Lernen produktiv wird wie auch Kujath und Stein (2011) in ihrem Beitrag betonen. Typisch sei es zudem, dass derartige mehrdimensionale Beziehungen der Distanz eine einzelne Dimension, in der Differenz dominiert, stark betonen (Koch 2011), wohingegen Nähe sich durch diffusere, vielschichtige Konstellationen konkretisiert.

2.5   *Von der Betrachtung von Territorien zur Betrachtung raum-zeitlicher Prozesse*

Der territoriale Ansatz konzipiert den Zusammenhang zwischen Wissen und Raum, indem Raumeinheiten auf der Mesoebene zum Gegenstand der Betrachtung erhoben werden, meist Regionen aber zunehmend auch Städte oder Stadtquartiere (vgl. etwa Oßenbrügge/Pohl/Vogelpohl 2009). Diese Strategie spiegelt sich im Beitrag von Michaela Trippl und Franz Tödtling (2011) wider, in dem es um Regionale Innovationssysteme geht, im Beitrag von Oliver Plum und Robert Hassink (2011), die die Region als politische Handlungsebene thematisieren sowie im Beitrag von Dietrich Henckel und Benjamin Herkommer (2011), denen es um die Stadt als Aktions- und Handlungsraum der Akteure der Wissensökonomie und dessen Zeiteffizienz geht.

Dieser Analyse von Raumeinheiten werden zunehmend Analysen zur Seite gestellt, die noch kleinere Raumeinheiten thematisieren und dabei die Mikroebene der konkreten interpersonalen Zusammenarbeit fokussieren (Meusburger/Koch/Christmann 2011; Ibert 2006; 2010). Wissensarbeit umfasst Tätigkeiten, die sich nicht über traditionelle Methoden der Kontrolle steuern lassen. Ohne intrinsisches Interesse an den Ergebnissen der Arbeit können diese Arten der Wertschöpfung nicht zum Erfolg führen (Wilkesmann 2010). Diesen Einsichten folgend geht es beim Management von Wissensarbeit zunehmend weniger um eine direkte Gestaltung der Arbeitsbedingungen – sprich durch vorgegebene Arbeitszeiten oder eng definierte Arbeitsziele – als vielmehr um eine Kontextsteuerung (Helbrecht 2011). In die konkreten Orte der Wissensproduktion werden Gelegenheiten gleichsam eingeschrieben, etwa Anlässe zum Zusammentreffen oder zum Rückzug, zur offenen Interaktion sowie zum konzentrierten Nachdenken. Der physischen Gestaltung von Büroräumen oder ganzer Campi liegt nicht selten die Intention zugrunde, dass dabei räumliche Strukturen geschaffen werden, die eine Durchdringung unterschiedlicher Wissensdomänen ermöglichen oder sogar befördern sollen. Entsprechend diesem zunehmenden Interesse an der Mikrogeographie der Kontextsteuerung von Prozessen der Wissensarbeit (Thrift 2000), werden auch in diesem Sammelband mikrogeographische Untersuchungen von konkreten Interaktionen an Arbeitsplätzen (Meusburger/Koch/Christmann 2011) sowie von Örtlichkeiten, an denen sich unterschiedliche Handlungslogiken durchdringen können (Galison 1997 „trading zones") als vielversprechende zukünftige Forschungsfelder identifiziert (Bouncken 2011, Ibert 2011; Koch 2011).

Neben dieser Erweiterung des territorialen Ansatzes um die Mikroebene wird in diesem Sammelband noch eine andere Erweiterungen der Perspektive vorgeschlagen: die Betrachtung raum-zeitlicher Pfade (Ibert/Thiel 2009) gewinnt an Bedeutung um die Räumlichkeit der Wissensarbeit zu betrachten. Dabei stehen nicht mehr Raumeinheiten, sondern Prozesse oder Teilprozesse der Wissensproduktion im Mittelpunkt des Interesses. Der Raum ist dabei nicht mehr primär Untersuchungsgegenstand, als vielmehr eine Perspektive aus der heraus sich Wissensarbeit in seiner raum-zeitlichen Prozessualität analysieren lässt. Dieser Ansatz schärft das Bewusstsein für den Umstand, dass Innovationsprozesse häufig räumlich fragmentiert sind (Kujath/Stein 2011 in diesem Band), etwa innerhalb multi-nationaler Unternehmen (Kuemmerle 1997), entlang von Wertschöpfungsketten (Schmitz/Strambach 2009) oder innerhalb global spezialisierter Netzwerke (Ernst 2006).

Bei der Untersuchung von Pfaden geht es darum, die räumliche und zeitliche Dimension systematisch integriert zu denken. Diese Forschungsrichtung ist dadurch gekennzeichnet, dass sie Ideen, Innovationen, Menschen oder Produkten durch Raum und Zeit folgt. Zwei Beispiele für diesen Forschungsansatz finden sich in den Beiträgen von Uwe Cantner und Michael Fritsch.

Uwe Cantner (2011) stellt in seiner Analyse fest, dass nicht unbedingt ein Patent den besten Schutz vor einer Imitation bietet, sondern oftmals die raumzeitliche Situiertheit einer Technologie an sich schon eine Anwendung in einem anderen Kontext so weit erschwert, dass die Imitationskosten stark steigen, in Einzelfällen sogar die Entwicklungskosten übersteigen können. Die meisten Ideen seien keine „diskreten Innovationen", die für sich isoliert übernommen werden können, sondern können nur genutzt werden, wenn ein generelles Vorverständnis sowie ein Wissen um den Kontext, in dem diese Idee zuerst entstanden ist, vorhanden sind. Der Beitrag von Michael Fritsch deutet an, dass die Mobilität von Wissen eine Übersetzungsleistung darstellt, die in räumlicher Hinsicht hochgradig selektiv wirkt. Er benennt einige der Voraussetzungen, die erfüllt sein müssen, damit ein Ort gleichsam „empfänglich" ist für eine Idee. Konkret muss ein Zugang zur einschlägigen Literatur sowie den entsprechenden Fachkonferenzen gewährleistet sein. Zudem ist es entscheidend, die Materialien, Ausstattungsgegenstände sowie wichtigen Rohstoffe lokal verfügbar zu haben. Interessanterweise ist eine frühe Adaption der Lasertechnologie durch das Wissenschaftssystem der DDR nicht, wie sich leicht annehmen ließe, an Zensur oder beschränkter Reisefreiheit gescheitert (also an eingeschränktem Zugang zu Literatur oder Konferenzen), sondern allem Anschein nach vor allem an nicht verfügbaren Apparaten und Rohstoffen (hier das geeignete Lasermedium) (Fritsch 2011). Eine Fortführung dieser Gedanken verspräche eine qualitative Konkretisierung des Begriffs der „absorptiven Kapazität" (Cohen und Levinthal 1990; auch Fritsch 2011), die ja in diesem Sinne weniger als eine Eigenschaft von Organisationen als vielmehr eine Positionierung eines Unternehmens zu vorhandenen oder sich entwickelnden Wissensdomänen erscheint.

Literatur

Amin, Ash/Cohendet, Patrick (2004): Architectures of Knowledge. Firms, Capabilities, and Communities. Oxford: Oxford University Press
Amin, Ash/Roberts, Joanne (2008): Knowing in action: Beyond communities of practice. In: Research Policy Jg. 37, H. 2, 353-369
Angel, David (2000): High-technology agglomeration and the labor market: The case of Silicon Valley. In: Kenney (2000): 124-140
Asheim, Bjørn T./Coenen, Lars/Vang, Jan (2007): Face-to-face, buzz, and knowledge bases: sociospatial implications for learning, innovation, and innovation policy. In: Environment and Planning C Government and Policy Jg. 25, H. 5, 655-670
Bathelt, Harald/Glückler, Johannes (2005): Resources in economic geography: from substantive concepts towards a relational perspective. In: Environment and Planning A Jg. 37, H. 9, 1545-1563
Bathelt, Harald/Schuldt, Nina (2008): Between luminaries and meat grinders: International trade fairs as temporary clusters. In: Regional Studies Jg. 42, H. 6, 853-868
Belk, Russel (2010): Sharing. In: Journal of Consumer Research Jg. 36, H. 5, 715-734
Boczkowski, Pablo J. (2004): Digitizing the News: Innovation in Online Newspapers. Cambridge (Mass.), MIT Press
Böschen, Stefan/Schulz-Schaeffer, Ingo (Hrsg.) (2003): Wissenschaft in der Wissensgesellschaft. Opladen: Westdeutscher Verlag
Boschma, Ron (2005): Proximity and innovation: A critical assessment. In: Regional Studies Jg. 39, H. 1, 61-74
Bouncken, Ricarda (2011): Kommunikationsbarrieren und Pfadabhängigkeiten – Die ambivalente Wirkung unterschiedlicher Näheformen auf kollaborative Wissensarbeit. In: Ibert/Kujath (2011): 251-267

Brandt, Arno (2008): Sind Cluster machbar? Zur ökonomischen Bedeutung von Clustern und zur politischen Gestaltbarkeit von Clusterkonzepten. In: Kiese/Schätzl (2008): 111-126

Breschi, Stefano/Lissoni, Francesco (2001): Knowledge spillovers and local innovation systems: A critical survey. In: Industrial and Corporate Change Jg. 10, H. 4, 975-1005

Brödner, Peter (2010): Wissensteilung und Wissenstransformation. In: Moldaschl/Stehr (2010): 455-480

Brödner, Peter/Helmstädter, Ernst/Widmaier, Brigitta (Hrsg.) (1999): Wissensteilung. Zur Dynamik von Innovation und kollektivem Lernen. München: Hampp

Bryson, John, R./Daniels, Peter, W./Henry, Nick/Pollard, Jane (Hrsg.) (2000): Knowledge, Space, Economy. London, New York: Routledge

Cacciatori, Eugenia (2009): Memory objects in project environments. Storing, retrieving and adapting learning in projekct-based firms. In: Research Policy Jg. 37, H. 9, 1591-1601

Cantner, Uwe (2011): Nähe und Distanz bei Wissensgenerierung und verbreitung. Zur Rolle intellektueller Eigentumsrechte. In: Ibert/Kujath (2011): 83-102

Capurro, Rafael (1998): Wissensmanagement in Theorie und Praxis. In: Bibliothek. Forschung und Praxis Jg. 22, H. 3, 346-355

Caspers, Rolf/Kreis-Hoyler, Petra (2004): Konzeptionelle Grundlagen der Produktion, Verbreitung und Nutzung von Wissen in Wirtschaft und Gesellschaft. In: Caspers/Bickhoff/Bieger (2004): 18-57

Caspers, Rolf/Bickhoff, Nils/Bieger, Thomas (Hrsg.) (2004): Interorganisatorische Wissensnetzwerke. Mit Kooperationen zum Erfolg. Berlin: Springer

Chesbrough, Henry (2003): Open Innovation: The New Imperative for Creating and Profiting from Technology. Boston: Harvard Business School Press

Clawson, Dan (1980): Bureaucracy and the Labor Process. The Transformation of the U.S. Industry 1860-1920. London: SAGE Publications.

Cohen, Wesley M./Levinthal, Daniel A. (1990): Absorptive capacity: A new perspective on learning and innovation – technology, organisations, and innovation. In: Administrative Science Quarterly, Jg. 35, H. 1, 128-152

Crouch, Colin/Le Gales, Patrick/Trigilia, Carlo/Voelzkow, Helmut (Hrsg.) (2001): Local Production Systems in Europe. Oxford: Oxford University Press

de Laet, Marianne (2000): Patents, travels, space: Ethnographic encounters with objects in transit. In: Environment and Planning D: Society and Space 18, 149-169

Dosi, Giovanni/Freeman, Christopher/Nelson, Richard/Silverberg, Gerald R./Soete, Luc L. G. (Hrsg.) (1988): Technical Change and Economic Theory. London: Pinter

Dostal, Werner (1993): Das Vier-„Sektoren"-Modell 1882-2010. Nürnberg

Drucker, Peter (1993): Post-Capitalist Society. Oxford: Butterworth-Heinemann

Drucker, Peter (1994): The age of social transformation. In: The Atlantic Monthly November 1994, Jg. 274, H. 5, 53-80

Ernst, Dieter (2006): Innovation Offshoring. Asia's Emerging Role in Global Innovation Networks. East-West Centre Special Report 10

Faulconbridge, James R./Hall, Sarah J. E./Beaverstock, Jonathan V. (2008): New insights into the internationalization of producer services. Organizational strategies and spatial economies for global headhunting firms. In: Environment and Planning A Jg. 40, H. 1, 210-234

Franz, Peter (2002): Regionale Wettbewerbsfähigkeit durch Erzielung von Wissensvorsprüngen? Für und Wider neuerer Theorieansätze. In: Heinrich/Kujath (2002): 39-56

Fritsch, Michael (2011): Implizites Wissen, Geographie und Innovation – Widersprüche von plausiblen Hypothesen und mindestens ebenso plausibler Evidenz. In: Ibert/Kujath (2011): 71-82

Fuchs, Gerhard/Shapira, Philip (Hrsg.) (2005): Rethinking Regional Innovation and Change. Path Dependency or Regional Breakthrough? New York: Springer

Galison, Peter (1997): Image and logic: a material culture of microphysics. Chicago, University of Chicago Press

Gertler, Meric S. (2003): Tacit knowledge and the economic geography of context, or: The undefinable tacitness of being (there). In: Journal of Economic Geography Jg. 3, H. 1, 75-99

Giddens, Anthony (1990): The Consequences of Modernity. Cambridge: Cambridge University Press

Grabher, Gernot/Ibert, Oliver (2006): Bad company? The ambiguities of personal knowledge networks. In: Journal of Economic Geography Jg. 6, H. 3, 251-271

Grabher, Gernot/Ibert, Oliver/Flohr, Saskia (2008): The neglected king: The customer in the new knowledge ecology of innovation. In: Economic Geography Jg. 84, H. 3, 253-280

Grabher, Gernot/Powell, Walter W. (2004a): Exploring the webs of economic life. In: Grabher/Powell (2004b): 1-36

Grabher, Gernot/Powell, Walter W. (Hrsg.) (2004b): Networks. Critical Studies of Economic Institutions. Cheltenham: Edward Elgar

Heidenreich, Martin (2003): Die Debatte um die Wissensgesellschaft. In: Böschen/Schulz-Schaeffer (2003): 25-51

Heinrich, Caroline/Kujath, Hans Joachim (Hrsg.) (2002): Die Bedeutung von externen Effekten und Kollektivgütern für die Regionale Entwicklung. Stadt- und Regionalwissenschaften/Urban and Regional Sciences, Band 1. Münster: LIT Verlag

Helbrecht, Ilse (2011): Die Welt als Horizont – Zur Produktion globaler Expertise in der Weltgesellschaft. In: Ibert/Kujath (2011): 103-124

Helmstädter, Ernst (1999): Arbeitsteilung und Wissensteilung – Ihre institutionenökonomische Begründung. In: Brödner/Helmstädter/Widmaier (1999): 33-54

Helper, Susan/MacDuffie, Jean Paul/Sabel, Charles F. (2000): Pragmatic collaborations: Advancing knowledge while controlling opportunism. In: Industrial and Corporate Change Jg. 9, H. 3, 443-483

Henckel, Dietrich/Herkommer, Benjamin (2011): Zeit und Nähe in der Wissensgesellschaft. In: Ibert/Kujath (2011): 189-217

Herrigel, Gary/Zeitlin, Jonathan (2009): Inter-firm relations in global manufacturing: Disintegrated production and its globalization. In: Morgan et al. (2009): 527-561

Hinds, Pamela/Mortensen, Mark (2005): Understanding conflict in geographically distributed teams. The moderating effects of shared identity, shared context and spontaneous communication. In: Organization Science Jg. 16, H. 3, 290-307

Hirsch, Joachim/Roth, Roland (1986): Das neue Gesicht des Kapitalismus. Vom Fordismus zum Post-Fordismus. Hamburg: VSA-Verlag

Hirst, Paul/Zeitlin, Jonathan (1991): Flexible specialization versus post-Fordism: Theory, evidence and policy implications. In: Economy and Society Jg. 20, H. 1, 1-55

Huggins, Robert/Izushi, Hiro (2007): Competing for Knowledge: Creating, Connecting, and Growing. London, Routledge

Ibert, Oliver (2006): Zur Lokalisierung von Wissen durch Praxis: Die Konstitution von Orten des Lernens über Routinen, Objekte und Zirkulation. In: Geographische Zeitschrift Jg. 94, H. 4, 98-115

Ibert, Oliver (2007): Towards a geography of knowledge creation: The ambivalences between „knowledge as an object" and „knowing in practice". In: Regional Studies Jg. 41, H. 1, 103-114

Ibert, Oliver (2010): Relational Distance: Sociocultural and time-spatial tensions in innovation practices. In: Environment and Planning A, Jg. 42, H. 1, 187-204

Ibert, Oliver (2011): Dynamische Geographien der Wissensproduktion – Die Bedeutung physischer wie relationaler Distanzen in interaktiven Lernprozessen. In: Ibert/Kujath (2011): 49-69

Ibert, Oliver/Kujath, Hans Joachim (Hrsg.) (2011): Räume der Wissensarbeit. Neue Perspektiven auf Prozesse kollaborativen Lernens. Wiesbaden: VS-Verlag

Ibert, Oliver/Thiel, Joachim (2009): Situierte Analyse, dynamische Räumlichkeiten: Ausgangspunkte, Perspektiven und Potenziale einer Zeitgeographie der wissensbasierten Ökonomie. In: Zeitschrift für Wirtschaftsgeographie Jg. 53, H. 4, 209-223

Jessop, Bob (2000): The state and the contradictions of the knowledge-driven economy. In: Bryson et al. (2000): 63-78

Kenney, Martin (Hrsg.) (2000): Understanding Silicon Valley. The Anatomy of an Entrepreneurial Region. Stanford, CA: Stanford University Press

Kiese, Matthias/Schätzl, Ludwig (Hrsg.) (2008): Cluster und Regionalentwicklung: Theorie, Beratung und praktische Umsetzung. Detmold: Rohn

Kilper, Heiderose (Hrsg.) (2010): Governance und Raum. Baden-Baden: Nomos

Kirsh, David (1995): The intelligent use of space. In: Artificial Intelligence Jg. 73, H. 1, 31-68

Kirsh, David (1996): Adapting the environment instead of oneself. In: Adaptive Behavior Jg. 4, H. 3/4, 415-452

Knoben, Joris/Oerlemans, Leon A. G. (2006): Proximity and inter-organizational collaboration: A literature review. In: International Journal of Management Reviews Jg. 8, H. 2, 71-89

Knorr Cetina, Karin (1981): The Manufacture of Knowledge. Oxford: Pergamon

Knorr Cetina, Karin (1999): Epistemic Cultures: How Sciences Make Knowledge. Cambridge: Cambridge University Press

Koch, Gertraud (2011): Raum als Wissenskategorie – Raumkonzepte und -praktiken in Prozessen der Wissenserzeugung. In: Ibert/Kujath (2011): 269-285

Kornberger, Martin/Clegg, Steward R. (2004): Bringing space back in: Organizing the generative building. In: Organization Studies Jg. 25, H. 7, 1095-1114

Krohn, Wolfgang (1997): Rekursive Lernprozesse. Experimentelle Praktiken in der Gesellschaft. Das Beispiel der Abfallwirtschaft. In: Rammert/Bechmann (1997): 65-89

Kuemmerle, Walter (1997): Building effective R&D capabilities abroad. In: Harvard Business Review March-April, 61-70

Kujath, Hans Joachim (2005a): Die neue Rolle der Metropolregionen in der Wissensökonomie. In: Kujath (2005b): 23-64

Kujath, Hans Joachim (Hrsg.) (2005b): Knoten im Netz. Zur neuen Rolle der Metropolregionen in der Dienstleistungswirtschaft und Wissensökonomie. Stadt- und Regionalwissenschaften/Urban and Regional Sciences, Band 4. Münster: LIT Verlag

Kujath, Hans Joachim (2009): Von der Stadtregion zur polyzentrischen Megastadtregion. Der Wandel des deutschen Städtesystems unter dem Einfluss der Wissensökonomie. In: RegioPol, Zeitschrift für Regionalwirtschaft, Heft 1/2009: S. 201-215

Kujath, Hans Joachim/Pflanz, Kai/Stein, Axel/Zillmer, Sabine (2008): Raumentwicklungspolitische Ansätze zur Förderung der Wissensgesellschaft. BBR Werkstatt Praxis 58. Bonn: BBR

Kujath, Hans Joachim/Schmidt, Suntje (2010): Räume der Wissensarbeit und des Lernens – Koordinationsmechanismen der Wissensgenerierung in der Wissensökonomie. In: Kilper (2010): 161-188

Kujath, Hans Joachim/Stein, Axel (2011): Standortentwicklung in internationalen Beziehungssystemen der Wissensökonomie. In: Ibert/Kujath (2011): 127-154

Lash, Scott/Urry, John (1994): Economies of Signs and Space. London: Sage

Latour, Bruno (1987): Science in Action: How to Follow Scientists and Engineers through Society. Cambridge (MA): Harvard University Press

Latour, Bruno (2005): Reassembling the Social. An Introduction into Actor-Network Theory. Oxford: Oxford University Press

Law, John (1986a): On the methods of long-distance control: Vessels, navigation and the Portuguese route to India. In: Law (1986b): 234-263

Law, John (ed.) (1986b): Power, Action and Believe. A New Sociology of Knowledge? London et al: Routledge and Keegan Paul

Livingstone, David N. (2003): Putting Science in its Place: Geographies of Scientific Knowledge. Chicago: University of Chicago Press

Lundvall, Bengt-Åke (1988): Innovation as an interactive process: from producer-user interaction to the National System of Innovation. In: Dosi et al. (1988): 349-369

Lundvall, Bengt-Åke (2006): Knowledge management in the learning economy. In: DRUID Working Paper 06 (6) – Copenhagen Business School, department of Industrial Economics and Strategy/Aalborg University, Department of Business Studies

Machlup, Fritz (1962): The Production and Distribution of Knowledge in the United States. Princeton, NJ: Princeton University Press

Maillat, Denis (1998): Vom „Industrial District" zum innovativen Milieu: ein Beitrag zur Analyse der lokalisierten Produktionssysteme. In: Geographische Zeitschrift Jg. 86, H. 1, 1-15

Malmberg, Anders/Maskell, Peter (2002): The elusive concept of agglomeration economies: Towards a knowledge-based theory of spatial clustering. In: Environment and Planning A, Jg, 34, H. 3, 429-449

Malmberg, Anders/Maskell, Peter (2006): Localized learning revisited. In: Growth and Change, Jg. 37, H. 1, 1-18

Malmberg, Anders/Power, Dominic (2005): On the role of global demand in local innovation processes. In: Fuchs/Shapira (2005): 273-290

March, James G. (1991): Exploration and exploitation in organizational learning. In: Organization Science Jg. 2, H. 1, 71-87

Marx, Karl (1969): Das Kapital, Erster Band. Berlin: Dietz Verlag

Maskell, Peter/Bathelt, Harald/Malmberg, Anders (2006): Building global knowledge pipelines: The role of temporary clusters. In: European Planning Studies Jg. 14, H. 8, 997-1013

Maskell, Peter/Eskelinen, Heikki/Hannibalsson, Ingjaldur/Malmberg, Anders/Vatne, Eirik (1998): Competetiveness, Localised Learning and Regional Development. Specialization and Prosperity in Small Open Economies. London: Routledge

Maskell, Peter/Malmberg, Anders (1999): The competitiveness of firms and regions: 'Ubiquitification' and the importance of localized learning. In: European Urban and Regional Studies Jg. 6, H. 1, 9-25

Meusburger, Peter (1998): Bildungsgeographie. Wissen und Ausbildung in der räumlichen Dimension. Heidelberg und Berlin: Springer

Meusburger, Peter (2009): Spatial mobility of knowledge: A proposal for a more realistic communication model. In: disP Jg. 177, H. 2, 29-39

Meusburger, Peter/Koch, Gertraud/Christmann, Gabriela B. (2011): Nähe- und Distanz-Praktiken in der Wissenserzeugung – Zur Notwendigkeit einer kontextbezogenen Analyse. In: Ibert/Kujath (2011): 221-249

Moldaschl, Manfred (2011): Zirkuläre Wissensdiskurse – Einige Einsprüche gegen gewisse Gewissheiten. In: Ibert/Kujath (2011): 287-303

Moldaschl, Manfred/Stehr, Nico (Hrsg.) (2010): Wissensökonomie und Innovation. Beiträge zur Ökonomie der Wissensgesellschaft. Marburg: Metropolis

Morgan, Glenn/Campbell, John/Crouch, Colin/Kristensen, Peer Hull/Pedersen, Oven Kai/ Whitley, Richard (Hrsg.) (2009): The Oxford Handbook of Comparative Institutional Analysis. Oxford: Oxford University Press

Moulaert, Frank/Sekia, Farid (2003): Territorial innovation models: a critical survey. In: Regional Studies Jg. 37, H. 3, 289-302

Nonaka, Ikujiro/Takeuchi, Hirotaka (1995): The knowledge-creating company: How Japanese companies create the dynamics of innovation. New York: Oxford University Press

Nooteboom, Bart (1992): Toward a dynamic theory of transactions. In: Journal of Evolutionary Economics Jg. 2, H. 4, 281-299

Nooteboom, Bart (2000): Learning by interaction, absorptive capacity, cognitive distance and governance. In: Journal of Management and Governance Jg. 4, H. 1-2, 69-92

Olson, Gary M./Olson, Judith S. (2000): Distance matters. In: Human-Computer Interactions Jg. 15, H. 2, 139-178

Oßenbrügge, Jürgen/Pohl, Thomas/Vogelpohl, Anne (2009): Entgrenzte Zeitregime und wirtschafts-räumliche Konzentrationen. Der Kreativsektor des Hamburger Schanzenviertels in zeitgeographischer Perspektive. In: Zeitschrift für Wirtschaftsgeographie Jg. 53, H. 4, 249-263

Osterman, Paul (1999): Securing Prosperity. The American Labor Market: How It Has Changed and What to Do About it. Princeton, NJ: Princeton University Press

Park, Sam Ock (2000): Knowledge-Based Industry and Regional Growth. ISWG Working Papers 02/2000. Institut für Wirtschafts- und Sozialgeographie, Johann Wolfgang Goethe-Universität. Frankfurt

Piore, Michael J./Sabel, Charles F. (1984): The Second Industrial Divide. New York: Basic Books.

Plum, Oliver/Hassink, Robert (2011): Wissensbasen als Typisierung für eine maßgeschneiderte regionale Innovationspolitik von morgen? In: Ibert/Kujath (2011): 171-188

Polanyi, Michael (1966): The Tacit Dimension. London: Routledge

Porter, Michael E. (1990): The Competitive Advantage of Nations. New York: Free Press

Power, Dominic/Jansson, Johan (2008): Cyclical clusters in global circuits: Overlapping spaces in furniture trade fairs. In: Economic Geography Jg. 84, H. 4, 423-449

Rallet, Alain/Torre, André (2009): Temporary geographical proximity for business and work coordination. When, how and where? In: SPACESonline Jg. 7, H. 2, 2-25

Rammert, Werner/Bechmann, Gottard (Hrsg.) (1997): Technik und Gesellschaft. Jahrbuch 9: Innovation – Prozesse, Produkte, Politik. Frankfurt a. M., New York: Campus

Saxenian, Anna L. (1992): Divergent pattern of business organization in Silicon Valley. In: Storper/Scott (1992): 316-331

Schmidt, Suntje (2011): Wissensspillover in der Wissensökonomie. Kanäle, Effekte und räumliche Ausprägungen. Münster, New York: LIT

Schmitz, Hubert/Strambach, Simone (2009): Organisational decomposition of innovation and global distribution of innovation activities: Insides and research agenda. In: International Journal for Learning, Innovation and Development Jg. 2, H. 4, 231-249

Schoenberger, Erica (1997): The Cultural Crisis of the Firm. Cambridge, MA and Oxford, UK: Blackwell

Schuldt, Nina/Bathelt, Harald (2009): Reflexive Zeit- und Raumkonstruktionen und die Rolle des Global Buzz auf Messeveranstaltungen. In: Zeitschrift für Wirtschaftsgeographie Jg. 53, H. 4, 235-248

Smelser, Neil/Swedberg, Richard (Hrsg.) (2005): The Handbook of Economic Sociology, 2nd ed., Princeton, NJ: Princeton University Press

Smith-Doerr, L./Powell, Walter W. (2005): Networks and Economic Life. In: Smelser/Swedberg (2005): 379-402

Stark, David (2009): The Sense of Dissonance. Accounts of Worth in Economic Processes: Princeton University Press

Stehr, Nico (2001): Wissen und Wirtschaften. Die gesellschaftlichen Grundlagen moderner Ökonomie. Frankfurt am Main: Suhrkamp

Storper, Michael (1995): The resurgence of regional economies. Ten years later. In: European Urban and Regional Studies Jg. 2, H. 3, 191-221

Storper, Michael/Scott, Allen J. (Hrsg.) (1992): Pathways to Industrialization and Regional Development. London: Routlegde

Storper, Michael/Venables, Anthony J. (2004): Buzz: Face-to-face contact and the urban economy. In: Journal of Economic Geography Jg. 4, H. 4, 351-370

Strambach, Simone (2008): Knowledge-Intensive Business Services (KIBS) as drivers of multilevel knowledge dynamics. In: IJSTM International Journal of Service and Technology Management Jg. 10, H. 2/3/4, 152-174

Strulik, Torsten (2004): Nichtwissen und Vertrauen in der Wissensökonomie. Frankfurt, New York: Campus

Strulik, Torsten (2010): Die Verwertung von Nichtwissen. Konzeptionelle Überlegungen und empirische Befunde zum Phänomen Wissensarbeit. In: Moldaschl/Stehr (2010): 505-532

Sydow, Jörg (2002): Towards a Spatial Turn in Organization Science? – A Long Wait. SE-CONS Discussion Forum 8. www.wiwiss.fu-berlin.de/institute/management/sydow/media/pdf/Sydow-Towards_a_Spatial_Turn_in_Organization_Science.pdf

Sydow, Jörg/Windeler, Arnold (Hrsg.) (1994): Management interorganisationaler Beziehungen. Vertrauen, Kontrolle und Informationstechnik. Opladen: Westdeutscher Verlag: S. 244-257.

Thrift, Nigel (2000): Performing cultures in the new economy. Annals of the Association of American Geographers Jg. 90, H. 4, 674-692

Trippl, Michaela/Tödtling, Franz (2011): Regionale Innovationssysteme und Wissenstransfer im Spannungsfeld unterschiedlicher Näheformen. In: Ibert/Kujath (2011): 155-169

Tryggestad, Kjell/Georg, Susse/Hernes, Tor (2010): Constructing buildings and design ambitions. In: Construction Management and Economics Jg. 28, H. 6, 695-705

Uzzi, B. (1997): Social Structure and competition in interfirm networks: the paradox of embeddedness. In: Administrative Science Quarterly Jg. 42, H. 1, 35-67

Vinodrai, Tara (2006): Reproducing Toronto's design ecology: Career paths, intermediaries, and local labor markets: In: Economic Geography Jg. 82, H. 3, 237-263

von Einem, Eberhard (2009): Wissensabsorption – die Stadt als Magnet. In: disP Jg. 177, H. 2, 48-69

von Hippel, Eric (1994): Sticky information and the locus of problem solving: Implications for innovation. In: Management Science Jg. 40, H. 4, 429-439

von Hippel, Eric (2005): Democratizing Innovation. Cambridge, London: The MIT Press

von Hippel, Eric/von Krogh, Georg (2003): Open source software and the „private collective" innovation model: Issues for organization science. In: Organization Science Jg. 14, H. 2, 209-223

Wenger, Etienne (2007): Communities of Practice. A Brief Introduction. www.ewenger.com/theory/

Wenger, Etienne/McDermott, Richard/Snyder, William M. (2003): Cultivating Communities of Practice. Boston: Harvard Business School Press

Wilkesmann, Uwe (2010): Die Organisation von Wissensarbeit. Die Dysfunktionalität von Kontrolle und Anreizen bei Wissensarbeit. In: Moldaschl/Stehr (2010): 481-504

Willke, Helmut (1998): Organisierte Wissensarbeit. In: Zeitschrift für Soziologie Jg. 27, H. 3, 161-177

Willke, Helmut (2001): Systemisches Wissensmanagement. Stuttgart: Lucius & Lucius

Wilson, Jeanne M./O'Leary, Michael B./Metiu, Anca/Quintus, Jett (2008): Perceived proximity in virtual work: explaining the paradox of far-but-close. In: Organization Studies Jg. 29, H. 7, 979-1002

Zeller, Christian (2004): North Atlantic innovative relations of Swiss pharmaceuticals and the proximities with regional biotech areas. In: Economic Geography Jg. 80, H. 1, 83-111

Zündorf, Lutz (1994): Manager- und Expertennetzwerke in innovativen Problemverarbeitungsprozessen. In: Sydow/Windeler (1994): 244-257

I   Wissensbeziehungen

Dynamische Geographien der Wissensproduktion – Die Bedeutung physischer wie relationaler Distanzen in interaktiven Lernprozessen

Oliver Ibert

1 Diversität und Raum

Die Idee der Diversität nimmt eine zentrale Position in Theorien innovationsorientierter Wissensarbeit ein. Schumpeter (1947) hat Innovationen als „neue Kombinationen" bezeichnet und damit die Zusammenführung einstmals getrennter Wissensbestände als wesentliche Quelle für Innovationen unterstrichen. Dem folgend kann die in Innovationsprozessen ausgeführte Wissensarbeit als die Schaffung oder Entdeckung und anschließende Ausnutzung von Diversität konzipiert werden. Innovation entsteht, mit anderen Worten, aus den Dissonanzen interferierender divergierender Logiken (Stark 2009).

Die Idee des Raumes wiederum ist stark mit der Vorstellung von Diversität verknüpft. Wenn wir unter Diversität einen Zustand verstehen, bei dem mindestens zwei unterschiedliche Elemente gleichzeitig existieren, dann haben wir bereits zwangsläufig – ob implizit oder explizit – die Existenz von Raum mitgedacht. Denn Raum ist eine „Ordnung der Existenzen im Beisammen, wie die Zeit eine Ordnung des Nacheinander ist" (Leibniz, 1715/1716 zitiert nach Löw 2001: 27). Mit anderen Worten: Raum ist die leere Stelle, die sich zwischen unterschiedlichen Einheiten öffnet. Ohne Raum wäre das Unterschiedliche nicht unterschiedlich, sondern eins. Deswegen bezeichnet Doreen Massey (2005) die Ideen von Raum und Diversität als füreinander ko-konstitutiv.

Mit diesem Nexus zwischen Raum und Diversität ist die Räumlichkeit von Wissensarbeit nicht mehr bloß ein Randaspekt, der außerhalb der Geographie niemanden interessiert, sondern wird – wie im Folgenden gezeigt werden soll – zentral zum Verständnis kollaborativer Lern- und Innovationsprozesse. Darin könnte eine Ursache liegen, warum viele der Disziplinen, die sich mit Eigenschaften und Entstehungsbedingungen menschlichen Wissens auseinander setzen, implizit oder explizit die große Bedeutung der Geographie thematisieren (zum Beispiel Knorr Cetina 1981; Law 1986a; Latour 1987; Shapin 1988; 1998; Hagel/Brown/Davison 2010), ohne dass daran von vornherein ein originäres disziplinäres Interesse bestünde.

In diesem Beitrag möchte ich diskutieren, inwieweit das Begriffspaar „Nähe" und „Distanz" eine fruchtbare Heuristik zur systematischeren Erkundung von Wissensarbeit in Innovationsprozessen darstellt, und inwiefern es hilfreich ist, um die Wirkung des Raumes in der Wissensarbeit erfassen und bemessen zu können.[1] Das Ziel lautet, operationale Definitionen für diese Kategorien herauszuarbeiten, die für eine empirische Analyse ertragreich eingesetzt werden können. Die Argumentation verläuft in folgenden Schritten: Erstens werden die Kategorien Nähe und Distanz auf einer formalen Ebene in ihrem wechselseitigen Bezug ausgeschärft. Zweitens wird auf der Basis ein Vorschlag unterbreitet, wie diese formalen Überlegungen für eine sozialwissenschaftliche Analyse fruchtbar gemacht werden können. Drittens schließlich wird konkretisiert, wie das Gegensatzpaar für eine empirische Analyse von innovationsbezogenen Lernprozessen eingesetzt werden kann. Im Anschluss an die aktuelle Diskussion in der Wirtschaftsgeographie und Regionalökonomie bieten sich zwei Herangehensweisen an, Raum ins Zentrum der Analyse von Innovationsprozessen zu rücken; eine mit dem Fokus auf den physischen Raum und eine mit dem Fokus auf relationale dynamische Räumlichkeiten.

2   Nähe und Distanz – eine formale Annäherung

Das Begriffspaar Nähe und Distanz benennt eine *Beziehung*. Die Begriffe sind sinnvoll verwendet, wenn eine irgendwie geartete Ungleichheit zwischen zwei oder mehr Entitäten besteht. Indem den fraglichen Entitäten in einer bestimmten Hinsicht das Attribut der Verschiedenheit zugesprochen wird, treten sie in eine Beziehung zueinander, sie werden vergleichbar. Zwei kontra-intuitive Konnotationen dieses Grundverständnisses sind hervorzuheben:

---

1   Ich bin den Mitstreitern aus der Forschungsabteilung „Dynamiken von Wirtschaftsräumen" im IRS-Leitprojekt „Nähe und Distanz in der Wissensökonomie: Analyse von Innovationsprozessen in ausgewählten Räumen Deutschlands" Felix C. Müller, Kai Pflanz, Suntje Schmidt, Axel Stein, Manuela Wolke und Sabine Zillmer verbunden für ihre wertvollen Kommentare zu diesen Gedanken während unserer zahlreichen Projektbesprechungen. Gabriela Christmann und Gregor Prinzensing haben weitere wertvolle Kommentare beigesteuert. Weiterhin gebührt den Teilnehmerinnen und Teilnehmern der Fachsitzung 47 „Jenseits der physischen Distanz: Zur Bedeutung unterschiedlicher Formen von Nähe in der wissensbasierten Wirtschaft" auf dem Geographentag vom 19. bis 26. September 2009 in Wien, insbesondere den beiden Sitzungsleitern Hans Joachim Kujath und Franz Tödtling, Dank für ihre Anmerkungen zur früheren Version dieses Beitrags. Wichtiges Feedback zum Thema der physischen Nähe habe ich zudem aus dem Kreis des 10. Rauischholzhausener Symposiums für Wirtschaftsgeographie vom 23. bis 25. April 2009 erhalten.

Erstens benennt auch der Begriff der Nähe ein Auseinanderfallen. Wären zwei Elemente sich unendlich nahe, dann wäre die Kategorie nicht mehr sinnvoll. Sie nähmen dann eine identische Position ein und wären nicht mehr Element*e*, sondern *ein* Element. Nähe ist nicht Identität, sondern Unterschied, auch wenn es bloß ein relativ kleiner Unterschied ist.

Zweitens bedeutet Beziehung aber auch, dass die Lücke, die die Basis der Unterscheidung ausmacht, überbrückbar bleiben muss. Durch die Umschreibung einer Beziehung als mehr oder weniger distanziert wird eine Ebene, auf der die fraglichen Entitäten liegen, identifiziert und etabliert. Über die gemeinsame Ebene wird Vergleichbarkeit hergestellt, über die unterschiedlichen Positionen auf dieser gemeinsamen Ebene wird der betreffende Unterschied ausgedrückt. Lägen die fraglichen Elemente so weit auseinander, dass zwischen ihnen gar kein Zusammenhang mehr bestünde, wäre die Kategorie der Distanz nicht mehr angemessen. Der Simmelsche Bewohner des Sirius (Simmel 1908a) ist beispielsweise nicht räumlich und sozial distanziert, sondern existiert vollkommen separat in einer Welt für sich. Die Differenz ist so umfassend, dass eine Beziehung weder in physischer noch in kultureller Hinsicht mehr herstellbar wäre (vgl. auch Lem 1981). In diesem Fall ließe sich keine gemeinsame Ebene mehr bilden, auf der unterschiedliche Ausprägungen auftreten. Den Kategorien Nähe und Distanz ist also gemeinsam, dass beide eine sich auftuende Lücke thematisieren. Diese Lücke ist hinreichend groß, dass sie als Basis für eine Unterscheidung fungieren kann, und hinreichend klein, dass sie überbrückbar bleibt.

Weiterhin ist wichtig festzuhalten, dass die Begriffe zwei Tendenzen innerhalb eines breiten Kontinuums an möglichen Beziehungen benennen. Die Begriffe sind also keine Gegensätze, die einander ausschließen, sondern betonen lediglich eine graduell steigerbare Intensität einer Ungleichheit. Ein hohes Maß an Nähe lässt sich zum Beispiel auch ausdrücken als ein geringes Maß an Distanz und umgekehrt. Nähe und Distanz benennen also zunächst einmal nur unterschiedliche *Intensitäten*, nicht aber unterschiedliche *Qualitäten* in der betreffenden Unterscheidung. Wenn im Folgenden von Nähe und Distanz gesprochen wird, so sind im ersten Fall kleinere Distanzen, im letzten Fall größere Distanzen gemeint.

Ein weiteres wichtiges Merkmal ist die *Gleichzeitigkeit* (Massey 2005). Nah oder fern sind sich Elemente, die zur selben Zeit nicht dieselbe Position einnehmen. Die Intensität des Unterschiedes in einer Beziehung ist allerdings deswegen kein unveränderlicher Zustand. Implizit unterstellt wird beim Konstatieren unterschiedlich großer Distanzen, dass diese, einen entsprechenden Aufwand vorausgesetzt, im Zeitverlauf überwunden werden können. Insofern ist mit Distanz immer auch ein *Potenzial* benannt, den entscheidenden Unterschied überwinden zu können, wobei Nähe mit einem hohen Potenzial, Distanz mit einem geringen Potenzial zur Überwindung eines Unterschiedes assoziiert ist.

Abbildung 1: Nähe und Distanz

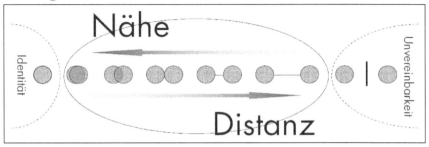

Quelle: Entwurf von Felix C. Müller

Zusammengefasst benennen Nähe und Distanz die Intensität in einer Beziehung der
Gleichzeitigkeit, die im ersten Fall ein relativ hohes, im zweiten ein relativ geringes Potenzial der Überbrückbarkeit der betreffenden Unterscheidung aufweisen.

3   Nähe und Distanz – sozialwissenschaftliche Konkretisierungen

In der sozialwissenschaftlichen Analyse, speziell von Wissensarbeit, wird eine
wichtige Unterscheidung prominent diskutiert, die Unterscheidung zwischen
„physischen" und „relationalen" Distanzen (Amin/Cohendet 2004; Gertler 2004;
Boschma 2005; Fridholm 2010; Ibert 2010). Dieses Begriffspaar bemisst nicht
mehr – wie zuvor – die graduelle Intensität eines Unterschiedes, sondern benennt
qualitativ andersartige Skalen der Unterscheidung (Blanc/Sierra 1999; Torre/Gilly
2000; Gertler 2004).
    Physische Distanz meint dabei eine Beziehung, bei der die fraglichen Ele-
mente unterschiedliche Positionen im physischen Raum einnehmen. *Relationale
Distanz* hingegen bezeichnet Beziehungen von mehr oder weniger großer Ähnlichkeit. Im Proximity-Diskurs wird spezifiziert, worin diese Ähnlichkeit bestehen könnte: organisationale, institutionelle, kognitive Distanz (Boschma 2005).
All diesen Ausdrucksformen ist gemeinsam, dass sie Beziehungen thematisieren,
die sich durch unterschiedliche Positionierungen in kulturellen Systemen ergeben.
Mit anderen Worten: Der Begriff relationaler Distanz umfasst verschiedene Ausdrucksformen kultureller Fremdheit (Simmel 1908a; Schütz 1964a; Gertler 1995;
2004; Schoenberger 1997). Es wird somit nur grob eine Ebene benannt auf der
Unterschiedlichkeit thematisiert werden kann, im konkreten Fall können der fraglichen Unterscheidung aber ganz unterschiedliche Ursachen zugrunde liegen.

Weiter werden in beiden Fällen jeweils andere Untersuchungseinheiten ins Zentrum der Analyse gerückt. Bei der Betrachtung physischer Distanzen scheint es am sinnvollsten, *Orte* als Untersuchungseinheiten auszuwählen. Da Individuen sich ständig im Raum bewegen (Löw 2001), liegt es weitaus näher, unterschiedliche „Positionen" im physischen Raum nicht den Individuen zuzuschreiben, sondern besser relativ statischen Analyseeinheiten, in der Regel Orten: „Place is the distinction between here and there, and it is what allows people to appreciate near and far" (Gieryn, 2000: 464). Unbewegliche Güter fungieren als stabile „Drehpunkte" (Simmel 1903; auch Hägerstrand 1970), um die herum sich labile Beziehungsformen und soziale Wechselwirkungen gruppieren. „Die Bedeutung als Drehpunkt soziologischer Beziehungen kommt der fixierten Örtlichkeit überall dort zu, wo die Berührung oder Vereinigung sonst voneinander unabhängiger Elemente nur an einem bestimmten Platze geschehen kann" (Simmel, 1903: 41).

Relationale Distanz hingegen fokussiert auf Träger kulturellen Wissens. Kulturelle Unterschiede werden nicht durch das Nebeneinander von Territorien sozial folgenreich, sondern in der Interaktion unter kulturell Fremden. Wenn diese sich ernsthaft aufeinander einlassen, prallen divergierende Werte und Ansichten aufeinander. Während physische Distanzen zwischen Orten Aussagen über die Wahrscheinlichkeit des Zusammentreffens von Akteuren zulassen, für die diese Orte „Drehpunkte für soziologische Beziehungen" (Simmel 1903) bilden, treten relationale Distanzen also nur in der Interaktion auf. Physische Distanzen erlauben allenfalls indirekte Rückschlüsse über die Dynamiken in der Interaktion (Häußermann/Siebel 2002), im Falle relationaler Distanzen stehen hingegen Richtung und Ergebnisse dieser Dynamiken im Vordergrund der Analyse.

Wie lässt sich die Existenz einer Beziehung im physischen Raum oder der kulturellen Fremdheit operational konkretisieren?

3.1 Beziehungen im physischen Raum

Wenn Distanz verstanden wird als Potenzial zur Herstellung von Identität, so muss zunächst eine Vorstellung von dieser Situation der Identität gewonnen werden. Im Falle physischer Distanzen sind die Arbeiten von Erving Goffman instruktiv. Goffman zufolge entstehen soziale Situationen allein durch die Ko-Präsenz zweier oder mehrerer Individuen. Wenn zwei Menschen etwa an einer Bushaltestelle warten, dann verwandelt sich das Beisammen der Individuen, ohne dass es dafür einer Intention oder eines irgendwie gearteten individuellen Zutuns bedarf, in eine soziale Situation, der sich alle Beteiligten stellen müssen. Die Wartenden sind sich körperlich so nahe gekommen, dass sie füreinander die zentralen Bezugspunkte werden. Allein die Tatsache der Anwesenheit eines anderen Menschen nötigt

ihnen bestimmte Verhaltensweisen auf, die sich nur sozial verstehen lassen. Beispielsweise erwarten beide Individuen voneinander, dass das jeweils andere ein
Verhalten an den Tag legt, das generelle „Ansprechbarkeit" signalisiert, wissen
zugleich aber, dass es legitime und illegitime Anlässe sowie passende und un-
passende Rollenkonstellationen für eine tatsächliche Kontaktaufnahme gibt. Abweichungen von diesen Erwartungen werden von der Gesellschaft streng geahn-
det (Goffman 1963). Die unmittelbare gegenseitige sinnliche Wahrnehmbarkeit
(Simmel 1903; Boden/Molotch 1994) und die wechselseitige Verfügbarkeit und
Ausgesetztheit bis hin zu Gefährdung (Goffman 1963) bewirken, dass Situationen
der Ko-Präsenz selten neutral oder gleichgültig beurteilt, sondern meist entweder
eindeutig als unangenehm oder als verlockend erlebt werden (Simmel 1903).

Wenn physische Distanzen unterschiedliche Konstellationen benennen, bei
denen sich die fraglichen Elemente zur selben Zeit *nicht* am selben Ort befinden,
dann spricht einiges dafür, dass ein sozial gehaltvolles Verständnis von physischer
Nähe zugleich von diesen von Goffman als „soziale Situationen" bezeichneten
Konstellationen unterschieden und zu ihnen in Beziehung gesetzt werden sollten.
Ko-Präsenz bedeutet, dass zwei Menschen sich zur selben Zeit am selben Ort befinden. Im sozialen Sinne markieren diese Situationen also den Teil des Spektrums
an Distanzrelationen, der auf einer formalen Ebene als Konstellationen größtmög-
licher Nähe im Raum beschrieben worden ist. Zwei Individuen kommen sich so
nahe, dass sie aus soziologischer Sicht als zwei Akteure zu betrachten sind, die in
ein und derselben Situation handeln.

Es ist wichtig, an dieser Stelle explizit zu machen, dass sich das Soziale an
diesen Situationen unabhängig von möglicherweise empfundenen Sympathien
oder Ähnlichkeiten allein aufgrund der physischen Ko-Präsenz bildet. Sozial sind
diese Situationen in dem Sinne, dass das beobachtbare Verhalten der Individuen
seinen Sinn durch die Anwesenheit der anderen Personen erhält. Mikrogeographische Muster in der zwischenmenschlichen Kommunikation, das sogenannte „pro-
xemische Verhalten" (Hall 1963), das etwa das Zusammenrücken von Personen
oder ein Sich-Abwenden oder Einander-Zuwenden beschreibt, sind als physisch-
materieller Ausdruck kulturell vorgeprägter Beziehungsdynamiken *in* sozialen Situationen zu interpretieren. Da proxemisches Verhalten nur bei bereits erreichter
Ko-Präsenz auftritt, lässt es sich nicht durch die Kategorien der physischen Nähe
oder Distanz wie sie in diesem Papier benutzt werden, beschreiben.

Physische Distanz beschreibt ausschließlich Konstellationen, bei denen Ko-
Präsenz *nicht* gegeben ist und demnach auch keine soziale Situation beobachtbar
ist. Physische Distanz – verstanden als Potenzial – beeinflusst die Wahrscheinlichkeit, mit der Konstellationen von Ko-Präsenz auftreten können. Unterschiedlich große physische Distanzen meinen also Konstellationen, bei denen Ko-Prä-

senz nicht realisiert ist, sehr wohl aber in Zukunft mit mehr (im Falle physischer Distanz) oder weniger (im Falle physischer Nähe) großem Aufwand eingerichtet werden *könnte*. Im Unterschied zu Situationen der Ko-Präsenz, die per se sozial aufgeladen sind, stellt sich der soziale Gehalt von physischen Distanzen also nur vermittelt her. „Soziales Handeln (einschließlich des Unterlassens und Duldens) kann orientiert werden am vergangenen, gegenwärtigen oder für zukünftig zu erwartenden Verhalten anderer. Die ‚anderen' können Einzelne und Bekannte oder unbestimmt Viele und ganz Unbekannte sein" (Weber, 2002: 11). Physische Distanzen wirken sich darauf aus, wie lebendig das tatsächliche Zustandekommen einer sozialen Begegnung als Möglichkeit im Raum schwebt. Dies reicht aus, um die *Erwartungshaltung* der Akteure hinsichtlich zukünftig sich herstellender sozialer Situationen und damit ihre Kalküle und ihre Handlungsoptionen zu strukturieren.

3.2 Beziehungen im relationalen Raum

Relationale Distanz benennt unterschiedliche Positionen in kulturell vermittelten Systemen von Normen, Werten und Regeln und damit ebenfalls ein Potenzial zur Erreichung von Identität. Es geht hierbei nicht um die Frage, wie wahrscheinlich ein physisches Zusammentreffen ist, sondern wie groß das Potenzial zur Verständigung beim Zustandekommen von Interaktion ist. Relationale Distanz bemisst sich also daran, wie voraussetzungsvoll eine Interaktion ist. Kulturelle Fremdheit erhöht den Aufwand für eine Verständigung und die Wahrscheinlichkeit für das Auftreten von Missverständnissen bis hin zu Konflikten und Identitätskrisen (Simmel 1908a; Park 1928; Schütz 1964a).

Unterschiedliche Positionierungen in Systemen kulturell vermittelter Werte sind nicht alleine Abweichungen auf der Ebene abstrakter Werte oder Ideale. Vielmehr muss Kultur als untrennbar mit praktischem Handeln verbunden gedacht werden. Kulturelle Normen und Regeln sind unseren Handlungen inhärent, sie sind in dem, was wir tun, vorausgesetzt. Insofern meint Kultur immer beides: "It embraces material practices […] *and* ways of thinking" (Schoenberger 1997: 120; eigene Hervorhebung). Relationale Distanz ist also nicht allein eine kommunikative Störung (Meusburger 2009), sondern umfasst auch die Ebene von Handlungen und insbesondere Routinen und Gewohnheiten (Gertler 2004). Relationale Distanz streut Sand in ansonsten reibungslose Abläufe und sperrt sich gegen eingespielte Routinen. Schließlich äußert sich die enge Verzahnung von normativen Orientierungen und praktischem Handeln auch in Diskrepanzen bei der Nutzung und Bewertung des physischen Raums (Ibert 2010).

Wenn Individuen interagieren, dann selten als „ganze" Persönlichkeiten. Bei einer anspruchslosen Markttransaktion oder einer flüchtigen Begegnung im öffentlichen Raum (Bahrdt 1961) berühren Individuen einander beispielsweise nur mit dem Rand ihrer Existenzen. In derartigen sozialen Interaktionen bewirken unterschiedliche Positionierungen in kulturell vermittelten Normensystemen meist keine größeren Verwerfungen. Kulturelle Fremdheit wird meist nur dann sozial folgenreich, wenn die Akteure mit größeren Anteilen ihrer Persönlichkeit involviert sind. Wie tiefgreifend und mit welchen Facetten der eigenen Persönlichkeit Akteure interagieren, hängt entscheidend vom funktionalen Zusammenhang ab. Relationale Distanz ist also ein Begriff, der sich nur für die Analyse sozialer und funktionaler Interaktionen eignet, die die Persönlichkeiten der involvierten Individuen in größerem Umfang umfassen.

Der Proximity-Diskurs kundschaftet die Vielgestaltigkeit relationaler Distanzen aus. Die Autoren (Blanc/Sierra 1999; Torre/Gilly 2000; Boschma 2005) unterscheiden unter anderem zwischen organisationalen, institutionellen, sozialen, kognitiven und technischen Distanzen. Unterschiedliche Positionierungen in all diesen Dimensionen können die Selbstverständlichkeit und Reibungslosigkeit von Übereinkünften schmälern. Die Abweichungen zwischen den vorgeschlagenen Taxonomien, die sowohl den Auflösungsgrad der Differenzierung als auch die Abgrenzungen zwischen den Dimensionen betreffen, sind ein Hinweis darauf, dass die Vielschichtigkeit in Systemen kulturell vermittelter Werte sich so komplex darstellt, dass sie sich nicht anhand einer einzigen Ordnungslogik kommensurabel und vollständig erfassen lässt.

Wenn das Auftreten relationaler Distanzen *ex ante* kaum zu systematisieren ist, und wenn sowohl die Intensität als auch die tatsächliche Ausprägung der interkulturellen Interferenz sich in verschiedenen funktionalen Zusammenhängen sehr unterschiedlich ausprägen können, ist es in der empirischen Forschung am sinnvollsten, relationale Distanz als eine heuristische Größe einzusetzen (Ibert 2010), deren Inhalt sich am empirischen Fall konkretisieren lässt.

4   Relationale und physische Distanzen in der Analyse kollaborativer Innovationsprozesse

Die Unterscheidung zwischen physischer und relationaler Distanz ist analytischer Natur. In der Praxis sind beide Ebenen untrennbar ineinander verwoben. Eine Beziehung im physischen Raum ist beispielsweise nicht an sich als „nah" oder „distanziert" einzustufen, sondern nur in Bezug auf individuelle Opportunitätskosten. Nahe sind Orte, die ohne großen zeitlichen (Hägerstrand 1970) oder finanziellen Aufwand erreicht werden können. Physische Distanz wird weniger als kilometrische Distanz, sondern als faktische Erreichbarkeit erlebt (Asheim/Coenen/Vang

2007). Doch damit ist das Physische aufs Engste mit kulturellen Bewertungen, der sozialen Verteilung von Ressourcen und der Verfügbarkeit von Transporttechnologie verknüpft.

Umgekehrt sind aber auch kulturelle Unterschiede nicht unabhängig vom physisch-materiellen Raum zu denken. Weltsichten oder Werthaltungen existieren nicht für sich, sondern sie erweisen ihren Wert in praktischen Handlungszusammenhängen. Kulturell Fremde nutzen den physischen Raum auf jeweils unterschiedliche Weise. Wahrscheinlich frequentieren oder nutzen sie dabei unterschiedlich ausgestaltete Orte oder würden denselben Orten unterschiedliche Bedeutung zumessen. Auch können sie sich mit größerer Wahrscheinlichkeit zufällig durch die Nutzung derselben wohl frequentierten Orte (Bourdieu 1997) über den Weg laufen.

Relationale und physische Distanzen benennen demzufolge nicht unterschiedliche Gegenstände der Betrachtung, sondern stellen lediglich unterschiedliche Perspektiven dar, mit denen dieselbe Realität betrachtet werden kann. Beide Perspektiven auf den Raum haben in der Analyse innovationsbezogener Interaktionen produktive Funktionen: *Physische Distanzen* sind entscheidend, um die grundlegenden Möglichkeiten und Wahrscheinlichkeiten näher zu analysieren, ob und wie persönliche Treffen am selben Ort und zur selben Zeit zustande kommen oder welche Möglichkeiten für Akteure bestehen, sich phasenweise von äußeren Einflüssen anderer isolieren zu können (Ibert/Thiel 2009; Oßenbrügge/Pohl/Vogelpohl 2009). *Relationale Distanzen* hingegen sind wichtig, weil kulturell vermittelte Unterschiede nicht nur als Quelle für Missverständnisse, Inkongruenzen in Handlungsmustern und konfliktreiche Auseinandersetzungen wirksam werden, sondern vor allem auch als Anlass für Lernprozesse (Stark 2009). Viele Merkmale von relationaler Distanz, wie zum Beispiel die Störung von Routinen oder die Hinterfragung von Selbstverständlichkeiten, bringen Bedingungen hervor, wie sie gerade für innovationsbezogenes, also Struktur änderndes Lernen benötigt werden. Relationale Distanz ist ein heuristischer Begriff, mit dessen Hilfe es gelingen kann, innovative Spannungen freizulegen und Wege zu identifizieren, wie kulturell erzeugte Unterschiede produktiv aufeinander bezogen werden können (Ibert 2010).

4.1 Physische Distanzen: Bedingungen für das Zustandekommen von Ko-Präsenz

Innovationsbezogene Lernprozesse sind wiederholt als interaktiv bezeichnet worden (Lundvall 1988). Insbesondere das Zustandekommen von unmittelbarer, Face-to-Face-Interaktion (Storper/Venables 2004) wird an kritischen Stellen im Innovationsprozess als unverzichtbar angesehen. Auch wenn physische Distanzen in keinem kausalen Zusammenhang zu Ausgang und Verlauf der Interaktionen stehen, so bilden doch die Strukturen und die Verteilung von Orten im physischen Raum einen Kontext, durch den Festlegungen erfolgen hinsichtlich möglicher und unmöglicher, wahrscheinlicher und unwahrscheinlicher Interaktionen und Begegnungen. Dabei geht es nicht nur um Interaktionen zwischen Personen, sondern auch um die Frage, ob Personen über Zugang zu Artefakten verfügen und ob in Dokumenten kodifiziertes Wissen in einer Akteurskonstellation verfügbar ist oder nicht.

Die Analyse eines derartigen Kontextes soll im Folgenden konkretisiert werden. Als erstes wichtiges Element können die Simmelschen soziologischen „Drehpunkte" identifiziert werden. Welches sind die fixen Orte in Innovationsprozessen, um die herum sich die dynamischen Interaktionen entfalten? An welchen Orten finden die Entwicklungsarbeiten statt und welche externen Lokalitäten sind beteiligt (siehe zum Beispiel von Hippel 1994; Livingstone 2003)?

Weiterhin lassen sich auch die mobilen Elemente des Innovationsprozesses identifizieren. Wissen kann vor allem in drei Materialisierungen über physische Distanz hinweg wirken: über „documents, devices and drilled people" (Law 1986a: 234).

In *Dokumenten* sind Erkenntnisse materialisiert, die damit mobilisierbar gemacht werden für einen Transfer durch den Raum und persistent für einen Transfer durch die Zeit. Auch wenn die Anordnung der Symbole durch die Materialisierung fixiert ist, kann die Rezeption dieser Dokumente in anderen kulturellen Kontexten nicht allein aus ihrem Inhalt abgeleitet werden. Das darin enthaltene Wissen wird auf neue Kontextbedingungen übersetzt (de Laet 2000) und dabei notwendigerweise über Interpretationen verändert (Livingstone 2003). Weiter ist wichtig festzuhalten, dass der Akt der Publikation in Dokumenten aufbewahrtes Wissen nicht ubiquitär verfügbar macht. Durch Kodifizierung wird Wissen *ver-öffentlicht*, zugleich wird der Adressatenkreis begrenzt auf jene Personen, die den gewählten Code beherrschen und aufgrund ihrer Vorbildung den Inhalt verstehen können (Meusburger 2009). Schließlich kann auch nicht jedes Wissen auf diese Art mobilisiert werden: Unbewusst Gewusstes und Unartikulierbares (Gertler 2004) entziehen sich der Dokumentation. Generell kann festgehalten werden, dass in Dokumenten kodifiziertes und fixiertes Wissen immer auf impliziten Annahmen beruht (Polanyi 1966), die im Dokument nicht explizit gemacht sind und die einen Bezug zu kulturellen Praktiken aufweisen, ohne den diese Dokumente schwer zu verstehen sind. Gleichzeitig können Dokumente sich nicht dagegen wehren, wenn das in ihnen kodifizierte Wissen im Lichte anderer impliziter Vorannahmen interpretiert wird und sich auf diese Art transformiert. David Livingstone (2003) konnte zum Beispiel an der Rezeptionsgeschichte der Evolutionstheorie zeigen, wie sehr die Überzeugungskraft der Theorie in unterschiedlichen räumlichen Kontexten variierte und als wie biegsam deren Hauptaussagen sich erwiesen, je nach kulturellem Kontext der Rezeption.

Wissen kann zudem reisen, wenn *Artefakte*, in die es eingearbeitet ist, beweglich sind. Artefakte sind so konstruiert, dass sie mit ihrer technischen und sozialen Umwelt interagieren (Suchman 1987). Durch ihre Verschiebung im Raum wird diese Interaktion gestört, zumindest immer dann, wenn die betreffende Lokalität die Vorbedingungen zur Nutzung eines Artefakts nicht in gleichem Maße bereithält wie der Herkunftskontext. Im Falle solcher Interaktionsstörungen zwischen Artefakt und lokalem Kontext ergeben sich Lernanlässe, die als Wissenstransfer interpretiert werden können. Die Art dieses Transfers bewegt sich zwischen zwei Extremen. Artefakte, die sehr klar definierte Schnittstellen besitzen und deren Innenleben hochgradig stabil und nach außen abgeschirmt funktioniert, werden als „immutable mobiles" (Latour 1987) bezeichnet. Sie gehen Verbindungen mit verschiedenartigsten Kontexten über wohl spezifizierte Schnittstellen ein, ohne sich im Innern zu verändern. Sie können nur benutzt werden, wenn sie so, wie sie sind, als Fakten anerkannt werden. Im Falle von Kompatibilitätsproblemen bleibt dann nur die Anpassung des Kontextes an die von den Schnittstellen des Artefakts vorgegebenen Anschlüsse. Bei noch unfertigen Technologien hingegen können sich Objekt und Kontext in einem Prozess der wechselseitigen Anpassung aufeinander zu entwickeln (von Hippel/Tyre 1995; Gertler 1995).

Schließlich kann Wissen reisen, wenn gut ausgebildete *Menschen*, die Expertise verkörpern (Latour/Woolgar 1979), sich im Raum bewegen und dabei auch in anderen sozial-räumlichen Kontexten praktisch wirkungsvoll handeln (Jöns 2003). Persönliche Mobilität ist am wirksamsten, wenn die Personen in für ihre Fähigkeiten anschlussfähige Kontexte reisen, also in lokale Bedingungen hinein kommen, welche die Ausübung ihrer Praxis weitgehend unterstützen und in ein soziales Umfeld, das ihre Fachsprache schätzt und versteht (Thrift 1999). Ausgebildete Personen sind zudem in der Lage, sich selbst die förderlichen lokalen Arbeitsbedingungen für die Ausübung ihrer Praxis zu schaffen (Kirsh 1996), vorausgesetzt sie verfügen über die dafür notwendige Ressourcenkontrolle.

Doch gelten Reisen als eine „Unbehülflichkeit und Undifferenziertheit, weil die Person eben all das Äußere und Innere ihrer Persönlichkeit, das mit dem gerade vorliegenden Sachgehalt nichts zu tun hat, als Tara mitschleppen muss" (Simmel 1903: 64 f.). Auch die Bewegung physischer Güter und Dokumente durch den Raum gilt als langsam, kostspielig, in seiner Wirkung anfällig und mühsam. Gerade als Wissensarbeit titulierte Aktivitäten zeichnen sich dadurch aus, dass sie bestimmte Effekte unmittelbaren physischen Zusammentreffens ausnutzen, ohne dass es tatsächlich zu diesen Zusammenkünften kommt. Mindestens die folgenden

Fälle von derartiger *virtueller* Interaktion können als Ersatz, Erweiterung oder Ergänzung der oben erwähnten Mobilitätsformen auftreten. Durch *synchrone und asynchrone Kommunikation* zwischen Personen ist es möglich, Informationen, Nachrichten oder Daten zirkulieren zu lassen, ohne dass die Interaktionspartner dafür ihre gewohnte Umgebung verlassen müssen. In aller Regel treten diese Kommunikationsformen nicht an die Stelle korporealer Treffen, sondern sind in der Praxis auf das Feinste mit diesen verwoben. Sie bahnen derartige Treffen an, bereiten sie vor oder nach. Der Stellenwert derartiger Konstellationen wird kontrovers diskutiert. Auf der einen Seite herrscht die Einschätzung vor, dass Face-to-Face-Interaktion die effektivste Interaktionstechnologie bleibe (Storper und Venables 2004), um die Unsicherheiten und Mehrdeutigkeiten wissensbezogener Interaktionen verarbeiten zu können. Auf der anderen Seite zeigen neuere Untersuchungen, dass auch rein oder überwiegend virtuell agierende Online Communities nicht nur Informationen, sondern auch tiefgreifenderes technisches Wissen austauschen und sogar selbstorganisiert arbeitsteilig Wissen zu produzieren in der Lage sind (Grabher/Ibert 2010).

Die *Übersendung von Blaupausen* stellt eine virtuelle Interaktion dar, die Qualitäten der Mobilität von Artefakten in sich birgt. Nicht das Artefakt selbst wird mobilisiert, sondern Daten, aus denen sich diese Objekte am Ort des Empfangs rekonstruieren lassen – also statt einer Maschine ein Bauplan, statt einer Substanz eine chemische Formel oder statt einer Ware eine Produktkennziffer. Die Übersendung von Blaupausen setzt allerdings eine hinreichende Kontext*ähnlichkeit* zwischen den lokalen Handlungszusammenhängen der Interaktionspartner voraus. Der Bauplan kann nur zu einer Maschine rekonstruiert werden, wenn Ersatzteile und Werkzeug vorhanden sind, die chemische Formel benötigt ein Labor mit entsprechender Ausrüstung und die Produktkennziffer hilft nur demjenigen, der Zugang zu den entsprechenden Warenlagern besitzt.

4.2 Relationale Distanzen: Bedingungen für das Zustandekommen von Lernprozessen

Während die Überbrückung physischer Distanz durch Mobilität bewerkstelligt werden kann, sind relationale Distanzen nur zu überwinden durch wechselseitiges Verständnis und letztlich durch die Revidierung und Relativierung kulturell vermittelter Werte bei den Beteiligten, sprich durch Lernen.

Bart Nooteboom (2001) analysiert die Wirkung kognitiver Distanz auf Lernprozesse als Funktion des Zusammenwirkens von Neuheitspotenzial und Verständlichkeit. Ausgeprägte kognitive Nähe erlaube eine schnelle und unkomplizierte Verständigung, berge aber nur reduziertes Innovationspotenzial. Große kognitive Distanzen versprechen zwar ein gesteigertes Innovationspotenzial, dieses Versprechen erfüllt sich aber selten aufgrund sich verschärfender Kommunikationsprobleme. Kognitive Distanz – so das Fazit – wirke am ehesten innovationsförderlich, wenn sie sich auf einem mittleren Niveau einpendele – hinreichend groß für interessante Neuerungen und hinreichend klein für reibungsarme Verständigungsprozesse.

In einer ähnlichen Logik argumentiert Brian Uzzi (1997) hinsichtlich sozialer Distanzen. Ein zunehmender Grad an sozialer Einbettung zwischen Akteuren erleichtere zunächst die Verständigung zwischen den Beteiligten, erlaube einen reicheren Informationsaustausch und erhöhe deren Handlungsfähigkeit, da gegenseitiges persönliches Vertrauen sie davon entlastet, sich gegenseitig überwachen zu müssen. Doch gibt es offensichtlich einen kritischen Punkt, an dem zusätzliche soziale Einbettung anfängt, auch kontraproduktive Wirkungen zu entfalten. Beispielsweise kann die Abhängigkeit von wichtigen Kooperationspartnern dazu führen, anfällig zu werden, falls diese überraschend ausscheiden. Zudem entwickelt sich große soziale Nähe in dyadischen Konstellationen oft weiter zu übereingebetteten Netzwerken (Uzzi 1997). Aus einer persönlichen Beziehung entwickelt sich ein gemeinsamer Freundeskreis, in dem dann strategisch wenig ertragreiche redundante Kontakte vorherrschen. Derartige Netzwerke zeichnen sich dadurch aus, dass sie sehr aufwendig in der Unterhaltung und zugleich wenig anregend hinsichtlich abweichender Ideen sind (Burt 1992). Als guter Kompromiss zwischen Über- und Untereinbettung gelten daher „integrierte Netzwerke" (Uzzi 1997), in denen sich starke persönliche Kontakte und schwache, unpersönliche Kontakte die Waage halten.

So überzeugend diese Analysen für sich genommen sind, sie liefern kaum Anhaltspunkte dafür, wie sich relationale Distanzen entlang unterschiedlicher Dimensionen zueinander verhalten. Die Fragen, ob und wie diese Dimensionen in konkreten Fällen lernbezogener Interaktion einander überlagern (Menzel 2008), sind noch weitgehend unbeantwortet. Eine mehrdimensionale Betrachtung blieb, wenn sie denn versucht wurde, bislang vor allem auf das Problem reduziert, wie Nähe produziert werden kann. Dabei wird vernachlässigt, dass Innovationsprozesse relationale Distanzen auch produktiv nutzen könnten. Eine weiter führende konzeptionelle Idee besagt, dass Innovationsprozesse aus Konstellationen erwachsen, in denen relationale Distanzen in Kraft gesetzt und genutzt werden, indem sie in einen verbindenden Kontext gebracht werden.

Ob sich kulturelle Unterschiede letztlich bloß als Quell für konflikträchtige Inkompatibilitäten erweisen oder ob aus den daraus resultierenden Dissonanzen tatsächlich gelernt werden kann, hängt davon ab, ob es gelingt, aus entsprechenden Unterschieden eine Grundlage für Übergangssituationen zu schaffen. Für derartige, hochgradig offene und widersprüchliche Situationen des „betwixt and between" (van Gennep 1960; Turner/Turner 1978) kursieren unterschiedliche Begrifflichkeiten wie organisatorische „liminality" (Garsten 1999; Czarniawska 2003; Tempest/Starkey 2004) „in between times" und „in between space" (Berthoin Antal 2006) oder „trading zones" (Galison 1997). Diesen Begriffen ist gemeinsam, dass sie Situationen benennen, in denen aus dem Nebeneinander divergierender Anforderungen gelernt werden kann und dadurch etwas Neues entsteht. Derartige Situationen können vielfältige Gestalt annehmen. Für eine empirische Untersuchung hat der Begriff der relationalen Distanz vor allem eine heuristische Funktion. Er sensibilisiert dafür, in Innovationsprozessen nach kulturellen Unterschieden zu fahnden, die auf die Art produktiv zueinander in Beziehung gesetzt werden konnten. Mit anderen Worten, es geht um Situationen, die sich durch die Spannung von Differenz *und* durch einen gemeinsamen Rahmen auszeichnen.

Dies soll kurz und ohne Anspruch auf Systematik oder gar Vollständigkeit illustriert werden. Spannungen können entstehen, wenn Akteure sich unterschiedlich institutionell verorten, wenn sie etwa unterschiedliche gesellschaftliche Subsysteme repräsentieren wie Wissenschaft, Wirtschaft, Kirche oder Kunst. Weiterhin können relationale Distanzen auch innerhalb eines institutionellen Bezugssystems auftreten, wenn dies sich ausgeprägt nach innen differenziert. Ein Beispiel wären Spannungen in inter-disziplinären Kollaborationen innerhalb der Wissenschaft. Spannungen können entstehen durch das Zusammenkommen von Akteuren unterschiedlicher organisatorischer Zugehörigkeit, die sich unterscheiden hinsichtlich der erlernten Routinen oder der von ihrer Organisation vorgegebenen Ziele. Kulturelle Spannungen sind aus der Migrationsforschung bekannt, wo vor allem unterschiedliche nationale oder religiöse Identitäten spannungsreich aufeinander stoßen können. Sub-kulturelle Spannungen werden als einfluss- und spannungsreiche Innovationsquellen in der Weiterentwicklung der Künste, etwa beim Cross-Over von Musikstilen, thematisiert.

Derartige Spannungen können produktiv aufeinander bezogen werden, wenn sie in gemeinsamen, oft neu gegründeten Organisationen zusammenwirken. Insbesondere temporäre Organisationen (Projekte) schaffen einen gemeinsamen interorganisatorischen Kontext, indem sie die Zeitbudgets von Akteuren synchronisieren und gemeinsame Ziele setzen. Intermediäre Organisationen hingegen kreieren einen gemeinsamen Rahmen, der inter-institutionelle Kollaboration ermöglicht. Sie sind auf der Grenze zwischen institutionalisierten gesellschaftlichen Systemen angesiedelt, etwa zwischen Privatwirtschaft und Staat. In beiden Fällen können die jeweiligen relationalen Distanzen in Wert gesetzt werden, wenn sie in die gemeinsame Erstellung von Produkten einfließen, etwa im Falle eines gemeinsamen Förderantrags (Berthoin Antal 2006), wenn Praktiker in einen ihnen fremden Kontext zeitweilig integriert werden (Knorr Cetina 1981; Houde 2007) oder wenn sie an einem gemeinsam entwickelten Artefakt arbeiten (boundary object) (Star/ Griesemer 1989; Galison 1997). Schließlich können kulturell angelegte Spannungen über die Entwicklung von persönlichen, vertrauensvollen Beziehungen von konflikt- in lehrreiche Konstellationen verwandelt werden (Uzzi 1997).

5 Potenziale der Analyse

Nähe und Distanz benennen Beziehungen der Gleichzeitigkeit. Sie benennen einen Unterschied, weil nur unterschiedliche Elemente in Beziehung zueinander stehen. Sie implizieren Gleichzeitigkeit, weil Diversität nur relevant wird, wenn sie zu einem bestimmten Zeitpunkt existiert. Mit Beziehung ist gemeint, dass die unterschiedlichen Positionen zwar auseinanderfallen, dabei aber grundsätzlich überbrückbar bleiben.

Nähe und Distanz benennen einen graduellen Unterschied in einer bestimmten Dimension. In diesem Fall geht es lediglich um die Intensität der Spannung, die in der Beziehung angelegt ist. Die Vokabeln relational versus physisch benennen dagegen unterschiedliche Dimensionen, entlang derer Unterschiede auftreten können. Konkret geht es darum, ob sich eine Differenz in Beziehungen der Fremdheit innerhalb von Systemen kultureller Normen und Werte ergibt, oder ob sie in unterschiedlichen Positionierungen im physischen Raum besteht. In konkreten Innovationsprozessen werden immer beide Formen von Distanz auftreten und auch Gegenstand der Gestaltung und des Kalküls der Akteure sein. Die analytische Unterscheidung erlaubt es aber, diese praktischen Konkretisierungen aus zwei verschiedenen Blickwinkeln zu betrachten.

Dies stellt eine wichtige Erweiterung des Diskurses dar, weil mit dem stillschweigenden epistemischen Privileg in der Wirtschaftsgeographie zugunsten von Nähe gebrochen wird. Die Räumlichkeit von Prozessen der Wissensproduktion wird häufig und vorschnell gleichgesetzt mit der Frage nach der förderlichen Wirkung von Nähe. Dies hat dazu geführt, dass relevante Themen und Praktiken der Analyse entgehen. Der hier ausgekundschaftete Weg eröffnet die Möglichkeiten, geringe *und* größere Distanzen, die von Wissenspraktiken produziert und ausgebeutet werden, in den Blick zu bekommen. Damit geraten neue Forschungsgegenstände in den Fokus oder werden aufgewertet, etwa Wissensmobilität, virtuelle Wissenskollaboration. Zudem eröffnen sich konzeptionelle Potenziale, weil die produktiven Beiträge physisch wie relational distanzierter Beziehungen bisher noch nicht ausreichend gewürdigt worden sind. Schließlich hilft diese Perspektive, einige unrealistische Befunde einer Geographie der Nähe zu relativieren, die bisweilen eine Tendenz zeigte, Innovationsprozesse als lokal begrenzt, harmonisch und vertrauensvoll zu beschreiben. Die hier entworfene Position betont dagegen – erstens – dass Innovationsprozesse in aller Regel multi-lokale Phänomene sind, das heißt bei der Entfaltung einer Idee und ihrer praktische Umsetzung werden verschiedene Lokalitäten miteinander verknüpft. Auch wenn lokale Arbeitszusammenhänge enorm wichtig sind, die Lokalität der Praktiken konstituiert sich nicht aus der Abgeschlossenheit des Ortes, sondern aus den vielfältigen Beziehungen und externen Verknüpfungen, die dieser zu anderen Lokalitäten eingeht (Massey 1994). Zweitens wird stärker betont, dass die Ausbeutung und Erzeugung von Diversität beinahe unweigerlich auch Konflikte und Widersprüche erzeugt. Diese sind nicht zwangsläufig als Innovationswiderstände zu werten. Vielmehr können sie auch interpretiert werden als der unvermeidliche Preis, der für die Chance zu zahlen ist, auf eine Innovation zu stoßen. Distanz ist nicht nur ein Problem, sondern auch eine Ressource.

Bei der Unterscheidung zwischen physischer und relationaler Distanz handelt es sich um eine analytische Unterscheidung. Sie benennt also nicht unterschiedliche Praktiken, sondern schärft lediglich das Bewusstsein für unterschiedliche bedeutungsvolle Perspektiven zur Untersuchung innovationsbezogener Praktiken. Beide Perspektiven bringen dabei jeweils spezifische Qualitäten ein:

Physische Distanzen helfen vor allem, den Kontext für das Zustandekommen von Interaktionen im Rahmen innovationsorientierten Lernens näher zu analysieren. So wirkt physische Nähe beispielsweise produktiv als Generator von Gelegenheiten (Oßenbrügge/Pohl/Vogelpohl 2009). Als Beziehung zwischen Orten befördert sie bestimmte Kontaktmöglichkeiten und Interaktionen, wohingegen sie andere unwahrscheinlich oder sogar unmöglich macht. Große physische Distanzen werden wichtig, wenn Auswahlmöglichkeiten erhöht werden sollen oder wenn der Suchfokus nach Expertise eng und der Qualitätsanspruch zugleich hoch ist. Auch Prozesse der Standardisierung von Wissen, in denen ein zunächst lokal erprobtes Wissen in unterschiedliche lokale Kontexte exportiert wird, um dessen Grad an Anschlussfähigkeit zu erweitern, gehen üblicherweise mit einer erhöhten Mobilität über physische Distanzen einher (von Hippel/Tyre 1995; Gertler 1995). In diesen Fällen erweitern sich Interaktionsmuster beinahe zwangsläufig im physischen Raum und verdichten sich zu komplexen Geographien temporärer Orte und beschleunigter Mobilität (Grabher/Ibert/Flohr 2008; Ibert/Thiel 2009). Insgesamt ist aber zu konstatieren, dass die Betrachtung physischer Distanzen begrenzt bleibt auf die Erkundung sehr allgemeiner Kontextbedingungen für Interaktionen, die in Bezug auf Lernprozesse großen Spielraum für Kontingenz lassen (Bathelt/Glückler 2003). Ein und derselbe Kontext kann auf sehr unterschiedliche Arten praktisch genutzt werden und wirkt damit nur sehr unspezifisch auf das konkrete Verhalten der Akteure. Der Umstand, dass jede Praxis im physischen Raum verortet sein muss, bedeutet nicht, dass der physische Raum diese Praxis verursacht. *Relationale Distanzen* hingegen rücken kulturell vermittelte Unterschiede als Anlass für Lernprozesse ins Zentrum des Interesses und schärfen die Analyse für die wesentlichen Spannungen, aus denen Lernprozesse sich speisen. Größere, intensivere relationale Distanzen benennen alle möglichen Formen kulturell produzierter Fremdheit, denen gemeinsam ist, dass sie es erlauben, Gewohnheiten in neuem Licht zu betrachten, das Offensichtliche als solches zu entlarven und das stillschweigend Akzeptierte explizit zu machen. Kurz: relationale Distanz eröffnet Gelegenheiten für Lernprozesse.

Geringere relationale Distanzen, oder Beziehungen *relationaler Nähe*, sind hingegen wichtig, weil sie quer zu relationalen und physischen Distanzen Bezüge herstellen (Amin/Cohendet 2004; Grabher/Ibert/Flohr 2008). Damit kann erklärt werden, wie und warum das Lernpotenzial kultureller Unterschiede sich letztlich realisiert, wie eine Situation des Übergangs geschaffen werden kann, in der aus voneinander abweichenden Weltsichten und Interpretationsmustern etwas Neues entsteht. Relationale Distanz ist eine wichtige Kategorie, weil sie den Untersuchungsprozess auf die Quellen für Innovationsprozesse fokussiert; relationale Nähe, weil dadurch verständlich wird, mithilfe welcher Mechanismen die Potenziale innovationsträchtiger Spannung erschlossen werden können.

Anders als physische Distanzen lassen sich relationale Distanzen nur bei bereits realisierten Interaktionen feststellen. All jene kulturellen Differenzen, die nicht zum Tragen kommen, entweder weil keine Interaktion der Träger kulturellen Wissens vorliegt, oder weil die Interaktion so oberflächlich bleibt, dass die fraglichen Differenzen nicht zum Tragen kommen, bleiben unberücksichtigt. Es ist geradezu notwendig, dass der Begriff anders als die Diskussionsbeiträge der französischen „Proximity School" unbestimmt lässt, entlang welcher Dimension die Beziehung von Fremdheit auftritt und über welche Dimension eine Vermittlung kultureller Differenzen hergestellt wird. Diese kategoriale Offenheit hat den Vorteil, dass die empirische Analyse sich auf die jeweils in konkreten Interaktionen aktiven, also Spannung erzeugenden oder Differenz vermittelnden Dimensionen konzentrieren kann.

Literatur

Amin, Ash/Cohendet, Patrick (2004): Architectures of Knowledge. Firms, Capabilities, and Communities. Oxford: Oxford University Press

Asheim, Bjørn T./Coenen, Lars/Vang, Jan (2007): Face-to-face, buzz, and knowledge bases: sociospatial implications for learning, innovation, and innovation policy. In: Environment and Planning C Government and Policy Jg. 25, H. 5, 655-670

Bahrdt, Hans Paul (1961): Die moderne Großstadt. Soziologische Überlegungen zum Städtebau. Rheinbeck: Rowohlt

Bathelt, Harald/Glückler, Johannes (2003): Toward a relational economic geography. In: Journal of Economic Geography Jg. 3, H. 2, 117-44

Berthoin Antal, Ariane (2006): Reflections on the need for between-times and between-places. In: Journal of Management Inquiry Jg. 15, H. 2, 154-166

Blanc, Helene/Sierra, Christophe (1999): The internationalization of R&D by multinationals: A trade-off between external and internal proximity. In: Cambridge Journal of Economics Jg. 23, H. 2, 187-206

Boden, Deirde/Molotch, Harvey (1994): The compulsion of proximity. In: Friedland/Boden (1994): 257-286

Boschma, Ron (2005): Proximity and innovation: A critical assessment. In: Regional Studies Jg. 39, H. 1, 61-74

Bourdieu, Pierre (1997): Ortseffekte. In: Bourdieu et al. (1997): 159-167

Bourdieu, Pierre/Balazs, Gabrielle/Beaud, Stéphane/Broccolichi, Sylvain/Champagne, Patrick/Christin, Rosine/Lenoir, Remi/OEuvrard, Francoise/Pialoux, Michel/Sayad, Abdelmalek/Schultheis, Franz/Soulié, Charles (1997): Das Elend der Welt. Zeugnisse und Diagnosen alltäglichen Leidens an der Gesellschaft. Konstanz: UVK

Burt, Ronald S. (1992): Structural Holes. The Social Structure of Competition. Cambridge, MA: Harvard University Press

Czarniawska, Barbara (2003): Consulting as liminal space. In: Human Relations Jg. 56, March, 267-291

de Laet, Marianne (2000): Patents, travels, space: ethnographic encounters with objects in transit. In: Environment and Planning D: Society and Space Jg. 18, H. 2, 149-169

Dosi, Giovanni/Freeman, Christopher/Nelson, Richard/Silverberg, Gerald/Soete, Luc (Hrsg.) (1988): Technical Change and Economic Theory. London: Pinter

Fridholm, Tobias (2010): Working Together. Exploring Relational Tensions in Swedish Academia. Uppsala: Uppsala Universitet

Friedland, Roger/Boden, Deirde (Hrsg.) (1994): Nowhere: Space, Time and Modernity. Berkley, CA: University of California Press

Galison, Peter (1997): Image & Logic: A Material Culture of Microphysics. Chicago: The University of Chicago Press

Garsten, Christina (1999): Betwixt and between: temporary employees as liminal subjects in flexible organizations. In: Organization Studies Jg. 20, H. 4, 601-617

Gertler, Meric S. (1995): 'Being there': Proximity, organization, and culture in the development and adoption of advanced manufacturing technologies. In: Economic Geography Jg. 71, H. 1, 1-26

Gertler, Meric S. (2004): Manufacturing Culture. The Institutional Geography of industrial Practice. Oxford: Oxford University Press

Gieryn, Thomas F. (2000): A space for place in sociology. In: Annual Review of Sociology Jg. 26, H. 1, 463-496

Goffman, Erving (1963): Behaviour in Public Places. Notes on the Social Organization of Gatherings. New York: The Free Press

Grabher, Gernot/Ibert, Oliver (2010): Distance as asset? Collaborative knowledge production in virtual hybrid communities. Paper presented at the 26th Colloquium of the European Group of Organization Studies (EGOS), sub-theme 13 „Space in Interorganizational Relations: Place, Proximity and Localization", Lisbon, June 28th-July 3rd

Grabher, Gernot/Ibert, Oliver/Flohr, Saskia (2008): The neglected king: The customer in the new knowledge ecology of innovation. In: Economic Geography Jg. 84, H. 3, 253-280

Hagel, John/Brown John Seely/Davison, Lang (2010): The Power of Pull. How Small Moves, Smartly Made, Can Set Big Things in Motion. New York: Basic Books

Hägerstrand, Torsten (1970): What about people in regional science? In: Papers of the Regional Science Association Jg. 24, H. 1, 7-21

Häußermann, Hartmut/Siebel, Walter (2002): Die Mühen der Differenzierung. In: Löw (2002): 29-67

Hall, Edward T. (1963): A system for the notation of proxemic behaviour. In: American Anthropologist Jg. 65, H. 5, 1003-1026

Houde, Joseph (2007): Analogically situated experiences: creating insight through novel contexts. In: Academy of Management Learning & Education J. 6, H. 3, 321-331

Ibert, Oliver (2010): Relational Distance: Socio-cultural and time-spatial tensions in innovations practices. In: Environment and Planning A Jg. 42, H. 1, 187-204

Ibert, Oliver/Thiel, Joachim (2009): Situierte Analyse, dynamische Räumlichkeiten. Ansatzpunkte, Perspektiven und Potentiale einer Zeitgeographie der wissensbasierten Ökonomie. In: Zeitschrift für Wirtschaftsgeographie Jg. 53, H. 4, 209-223

Jöns, Heike (2003): Grenzüberschreitende Mobilität und Kooperation in den Wissenschaften. Deutschlandaufenthalte US-amerikanischer Humboldt-Forschungspreisträger aus einer erweiterten Akteursnetzwerkperspektive. Heidelberger Geographische Arbeiten 116, Heidelberg

Kirsh, David (1996): Adapting the environment instead of oneself. In: Adaptive Behaviour Jg. 4, H. 3-4, 415-452

Knorr Cetina, Karin (1981): The Manufacture of Knowledge. Oxford: Pergamon

Latour, Bruno (1987): Science in Action: How to Follow Scientists and Engineers through Society. Cambridge, MA: Harvard University Press

Latour, Bruno/Woolgar, Steve (1979): Laboratory Life. The Social Construction of Scientific Facts. London: Sage

Law, John (1986a): On the methods of long-distance control: Vessels, navigation and the Portuguese route to India. In: Law (1986b): 234-263

Law, John (Hrsg.) (1986b): Power, Action and Believe. A New Sociology of Knowledge? London: Routledge & Kegan Paul

Lem, Stanislaw (1981): Die Stimme des Herrn. Roman. Frankfurt/Main: Suhrkamp

Livingstone, David (2003): Putting Science in its Place: Geographies of scientific know-
ledge. Chicago, University of Chicago Press
Löw, Martina (2001): Raumsoziologie. Frankfurt/Main: Suhrkamp
Löw, Martina (Hrsg.) (2002): Differenzierungen des Städtischen. Stadt, Raum und Gesell-
schaft Band 15. Opladen: Leske+Budrich
Lundvall, Bengt-Åke (1988): Innovation as an interactive process: from producer-user in-
teraction to the National System of Innovation. In: Dosi et al. (1988): 349-369
Massey, Doreen (1994): Space, Place, and Gender. Minneapolis: University of Minnesota
Press
Massey, Doreen (2005): For Space. London, Thousand Oaks, New Dehli: Sage
Massey, Doreen/Allen, John/Sarre, Phillip (Hrsg.) (1999): Human Geography Today. Cam-
bridge: Polity Press
Menzel, Max-Peter (2008): Dynamic proximities – changing relations by creating and
bridging distances. Papers in Evolutionary Economic Geography (PEEG) 0816,
Utrecht University, Section of Economic Geography
Meusburger, Peter (2009): Spatial mobility of knowledge: A proposal for a more realistic
communication model. In: disP 177, H. 2/2009, 29-39
Nooteboom, Bart (2001): Learning and Innovation in Organizations and Economies. Ox-
ford: Oxford University Press
Oßenbrügge, Jürgen/Pohl, Thomas/Vogelpohl, Anne (2009): Entgrenzte Zeitregime und
wirtschaftsräumliche Konzentrationen. Der Kreativsektor des Hamburger Schanzen-
viertels in zeitgeographischer Perspektive. In: Zeitschrift für Wirtschaftsgeographie
Jg. 53, H. 4, 249-263
Park, Robert E. (1928): Human migration and the marginal man. In: American Journal of
Sociology Jg. 33, H. 6, 881-893
Polanyi, Michael (1966): The Tacit Dimension. London: Routledge
Schumpeter, Joseph A. (1947): The creative response in economic history. In: The Journal
of Economic History Jg. 7, H. 2, 149-159
Schütz, Alfred (1964a): The stranger. An essay in social psychology. In: Schütz (1964b):
91-105
Schütz, Alfred (1964b): Collected papers II: Studies in social theory. Edited and introduced
by Arvid Brodersen. The Hague: Martinus Nijhoff
Schoenberger, Erica (1997): The Cultural Crisis of the Firm. Cambridge, MA, Oxford:
Blackwell
Shapin, Steven (1988): The house of experiment in seventeenth-century England. In: Isis
Jg. 79, H. 2, 373-404
Shapin, Steven (1998): Placing the view from nowhere: historical and sociological prob-
lems in the location of science. In: Transaction of the Institute of British Geographers
Jg. 23, H. 1, 5-12
Simmel, Georg (1903) Soziologie des Raumes. Jahrbuch für Gesetzgebung, Verwaltung
und Volkswirtschaft im Deutschen Reich 27, 27-71
Simmel, Georg (1908a): Exkurs über den Fremden. In: Simmel (1908b): 685-691
Simmel, Georg (1908b): Soziologie. Leipzig: Duncker & Humblot

Star, Susan L./Griesemer, James R. (1989): Institutional ecology, 'translation' and boundary objects: Amateurs and professionals in Berkley's Museum of Vertebrate Zoology, 1907-39. In: Social Studies of Science Jg. 19, H. 3, 387-420

Stark, David (2009): The Sense of Dissonance. Accounts of Worth in Economic Life. Princeton: Princeton University Press

Storper, Michael/Venables, Anthony J. (2004): Buzz: Face-to-face contact and the urban economy. In: Journal of Economic Geography 4, H. 4, 351-370

Suchman, Lucy A. (1987): Plans and Situated Actions. The Problem of Human-Machine Communication. New York: Cambridge University Press

Tempest, Sue/Starkey, Kenneth (2004): The effects of liminality on individual and organizational learning. In: Organization Studies Jg. 25, H. 4, 507-527

Thrift, Nigel (1999): Steps to an ecology of place. In: Massey/Allen/Sarre (1999): 295-322

Torre, Andre/Gilly, Jean-Pierre (2000): On the analytical dimension of proximity dynamics. In: Regional Studies Jg. 34, H. 2, 169-180

Turner, Victor/Turner, Edith (1978): Image and Pilgrimage in Christian Culture – Anthropological Perspectives. Oxford, Basil Blackwell.

Uzzi, Brian (1997): Social structure and competition in inter-firm networks: the paradox of embeddedness. In: Administrative Science Quarterly Jg. 42, H. 1, 35-67

van Gennep, Arnold (1960): The Rites of Passage. London: Routledge & Kegan Paul

von Hippel, Eric (1994): Sticky information and the locus of problem-solving: implications for innovation. In: Management Science Jg. 40, H. 4, 429-439

von Hippel, Eric/Tyre, Marcie (1995): How learning by doing is done: problem identification in novel process equipment. In: Research Policy Jg. 24, H. 1, 1-12

Weber, Max (2002): Wirtschaft und Gesellschaft. Grundriss der verstehenden Soziologie. 5. Auflage. Tübingen: Mohr Siebeck

Implizites Wissen, Geographie und Innovation – Widersprüche von plausiblen Hypothesen und mindestens ebenso plausibler empirischer Evidenz

Michael Fritsch

1   Wissen und Innovation im Raum

Es gibt vielfältige Belege dafür, dass Innovationsaktivitäten räumlich konzentriert stattfinden (Asheim/Gertler 2005; Feldman 1994). Dies zeigt sich insbesondere anhand von regionalen Clustern von Betrieben, die in einem bestimmten technologischen Gebiet spezialisiert sind. Prominente innovative Cluster sind etwa das Silicon Valley und die Route 128 in den USA (Saxenian 1994), die Industrial Districts in Italien (Pyke/Beccatini/Sengenberger 1990) sowie die Medizintechnik-Produzenten in der süddeutschen Kleinstadt Tuttlingen (Binder/Sautter 2006). Die gängige Erklärung für solche Cluster-Phänomene basiert vor allem auf der Bedeutung von implizitem Wissen („tacit knowledge") für Innovationsprozesse (Audretsch/Feldman 1996; Cooke/Morgan 1998; Maskell/Malmberg 1999). Implizites Wissen ist dadurch gekennzeichnet, dass es nicht kodifiziert ist und im Wesentlichen nur durch direkte Face-to-Face-Kontakte weitergegeben werden kann (Polanyi 1966; Nonaka/Takeuchi 1995).

Im Folgenden werde ich Argumente dafür anführen, dass die Bedeutung von räumlicher Nähe und des Transfers impliziten Wissens für die Erklärung der regionalen Verteilung von Innovationsaktivitäten in der Literatur stark überschätzt wird. Dazu wird zunächst das übliche Erklärungsmuster etwas eingehender erläutert (Abschnitt 2). Zur Relativierung der Bedeutung räumlicher Nähe für den Transfer impliziten Wissens sollen zwei Gegenbeispiele dienen. Dabei handelt es sich einmal um räumliche Nähe zwischen Venture Capital-Firmen und ihren Portfolio-Unternehmen (Abschnitt 3). Zum anderen hinterfrage ich die Bedeutung impliziten Wissens im Zusammenhang mit der frühen Forschung zur Laser-Technologie in Deutschland (Abschnitt 4). Abschließend werden Schlussfolgerungen gezogen und weiterer Forschungsbedarf benannt (Abschnitt 5).

2   Implizites Wissen, Face-to-Face-Kontakte und räumliche Nähe

Innovationsprozesse sind durch ein hohes Maß an Arbeitsteiligkeit gekennzeichnet, wobei es deutliche Anzeichen dafür gibt, dass die Intensität einer solchen innovativen Arbeitsteilung während der letzten Jahrzehnte wesentlich zugenommen
hat (Hagedoorn 2002). Arbeitsteilige Innovation erfordert Wissensteilung, also die
Übertragung sowohl von kodifiziertem als auch von implizitem Wissen. Dabei ist
das implizite Wissen häufig komplementär zum kodifizierten Wissen. Um das kodifizierte Wissen vollständig ausschöpfen zu können, benötigt man dann das entsprechende implizite Wissen. Im Gegensatz zum kodifizierten Wissen, das etwa
in Form von Schriftstücken oder Dateien vorliegt, und relativ problemlos und zu
allenfalls geringen Kosten über weite Distanzen übertragen werden kann, stellt der
Transfer impliziten Wissens wegen der dafür erforderlichen Face-to-Face-Kontakte den Engpassfaktor dar. Folglich kann die Übertragung von implizitem Wissen
wesentliche Auswirkungen auf die Organisation der innovativen Arbeitsteilung
haben, auch wenn der ganz überwiegende Teil des notwendigen Transfers das problemlos zu übertragende kodifizierte Wissen betrifft. Man kann davon ausgehen,
dass der Anteil an notwendigem impliziten Wissen in frühen Phasen des Innovationsprozesses relativ hoch ist, da viele potenziell kodifizierbare Wissensteile
aufgrund des für eine Kodifizierung erforderlichen Aufwands, insbesondere des
entsprechenden Zeitbedarfs, noch nicht in nachvollziehbarer Weise dokumentiert
sind (Nelson/Winter 1982; Cowan/David/Foray 2000).

Die Übertragung von implizitem Wissen ist an eine Reihe von Voraussetzungen gebunden. Eine wesentliche Vorbedingung besteht im Vorhandensein entsprechender absorptiver Kapazität des Adressaten eines Wissenstransfers (Cohen/
Levinthal 1989; Zahra/George 2002). Damit ist gemeint, dass der Empfänger
impliziten Wissens über die Fähigkeit verfügen muss, das relevante Wissen zu
identifizieren, es aufzunehmen und für die eigenen Zwecke zu nutzen, was auch
unter dem Begriff der kognitiven Nähe subsumiert werden kann (Boschma 2005).
Weitere Probleme beim Wissenstransfer bestehen in asymmetrischer Information
der Beteiligten (der Wissens-Geber kann den Wert des zu übertragenden Wissens
im Vorhinein besser abschätzen als der Empfänger) sowie in der Gefahr eines
unkontrollierten Wissensabflusses (der Wissens-Geber kann eine von ihm nicht
gewollte Verwendung des übertragenden Wissens im Zweifel nicht verhindern)
(Geroski 1996). Aus diesen Gründen erfordert der Transfer impliziten Wissens
häufig Vertrauen der betreffenden Akteure und damit soziale Nähe, deren Entstehen beziehungsweise Intensität wiederum durch Face-to-Face-Kontakte begünstigt wird, womit wiederum die räumliche Nähe ins Spiel kommt (Boschma 2005;
Gertler 2007).

Die entscheidende Frage für die räumlichen Implikationen, die sich aus einem notwendigen Transfer impliziten Wissens ergeben, besteht darin, wie wichtig hierfür dauerhafte Ko-Lokation der Beteiligten ist. Erfordert die Übertragung impliziten Wissens *permanente* räumliche Nähe oder reicht es aus, wenn diese räumliche Nähe lediglich *temporär* gegeben ist, also etwa im Rahmen von Kurzaufenthalten beim Innovationspartner oder im Rahmen kurzzeitiger räumlicher Cluster, wie sie zum Beispiel Konferenzen, Messen und sonstige Zusammenkünfte darstellen (Boschma 2005; Maskell/Bathelt/Malmberg 2006)? Wenn wesentliche Erfordernisse für den Aufbau von Vertrauen und für den Transfer von implizitem Wissen durch temporäre räumliche Nähe hergestellt werden können, dann bestehen für die räumliche Organisation innovativer Arbeitsteilung offenbar weit mehr Freiheitsgrade in Bezug auf Ko-Lokation als in der Literatur allgemein unterstellt wird. Sollte temporäre räumliche Nähe ausreichend sein, dann eröffnet dies für die Akteure insbesondere die Möglichkeit zur innovativen Arbeitsteilung mit mehreren Partnern an unterschiedlichen Standorten und somit zum Wissenstransfer zwischen verschiedenen Kontexten beziehungsweise Orten. Da durch Einbeziehung mehrerer Partner die Wissensbasis reichhaltiger und in der Regel auch vielfältiger wird, dürfte damit auch die Qualität der innovativen Arbeitsteilung ansteigen (Granovetter 1973; Jacobs 1969). Folglich kann es dann nicht darum gehen, die Ko-Lokation zu maximieren sondern sie zu optimieren!

Für die innovative Arbeitsteilung innerhalb und zwischen verschiedenen regionalen Kontexten sind zwei Faktoren von großer Bedeutung. Dabei handelt es sich einmal um die Anzahl und die Vielfältigkeit der in räumlicher Nähe vorhandenen potenziell relevanten Kontakte, was vor allem die Größe einer Region, die Aktivitätsdichte und die sektorale Struktur der Aktivitäten betrifft. Der zweite Faktor ist die Erreichbarkeit von weiter entfernten Standorten, also die wirtschaftsgeographische Lage und die Verkehrsinfrastruktur, wie zum Beispiel das Vorhandensein eines ICE-Anschlusses oder die Nähe zu einem internationalen Flughafen. Sofern temporäre räumliche Nähe für den Transfer impliziten Wissens ausreicht, spricht unter dem Aspekt der Verfügbarkeit von Wissen wenig dagegen, dass man auch in einer verkehrsmäßig einigermaßen gut angebundenen Einöde innovativ sein kann! In diesem Falle ergeben sich Beschränkungen bei der räumlichen Organisation von arbeitsteiligen Innovationsprozessen eventuell eher aus Wohnortpräferenzen, etwa aus der Attraktivität des Standortes für gut qualifiziertes Forschungs- und Entwicklungspersonal, als der Notwendigkeit des Wissenstransfers.

3   Beispiel Venture Capital-Investitionen

Die dargestellten Überlegungen lassen sich recht gut am Beispiel der räumlichen Nähe zwischen den Gebern von Venture Capital und den Firmen, in die sie investieren, illustrieren. Lange Zeit ging man davon aus, dass eine Venture Capital-Investition räumliche Nähe zwischen dem Geber und dem Nehmer voraussetzt. Hierfür werden im Wesentlichen zwei Begründungen angeführt, die beide mit implizitem Wissen zu tun haben: Erstens können ein dichtes regionales Netzwerk an persönlichen Kontakten und räumliche Nähe zu Gründungen dabei hilfreich sein, lohnende Investments zu identifizieren. Und zweitens kann das Management von Venture Capital-Investitionen, insbesondere die Kontrolle und Beratung der betreffenden Firmen, die Übertragung impliziten Wissens und somit häufige Face-to-Face-Kontakte erfordern, die mit entsprechenden Kosten der Raumüberwindung verbunden sind (Stummer 2002; Fritsch/Schilder 2008).

Empirische Untersuchungen der Venture Capital-Industrie in den USA zeigen tatsächlich eine stark ausgeprägte Ko-Lokation zwischen Kapitalgebern und ihren Portfolio-Firmen, was die Notwendigkeit räumlicher Nähe zwischen Investor und Investment zu bestätigen scheint (Martin 1989; Sorenson/Stuart 2001). Auf der Grundlage dieser räumlichen Muster und von Interviews mit Venture Capital-Managern leitete Zook (2002) die so genannte Ein-Stunden-Regel (One-Hour-Rule) ab, die besagt, dass Geber nur in solche Firmen investieren, die sich in einer Entfernung von maximal einer Stunde Reisezeit befinden. Florida und Kenney (1988) unterstellen eine maximale Entfernung von 150-250 Meilen für Investitionen, während Sapienza, Manigart und Vermeir (1996) für Großbritannien eine maximale Reisezeit von anderthalb bis zwei Stunden annehmen. Aus der vermuteten räumlichen Beschränktheit des Aktionsradius' von Venture Capital-Firmen wird dann die Befürchtung abgeleitet, dass innovative Gründungen in Regionen, die weit von den Standorten der Geber entfernt sind, an einer Unterversorgung mit Risikokapital, einem regionalen „Equity Gap" zu leiden hätten.

Die in der Literatur bisher weitgehend unbestrittene Hypothese, dass Venture Capital-Investitionen räumliche Nähe zwischen dem Geber und dem Nehmer voraussetzen, ist vor dem Hintergrund der starken räumlichen Konzentration von Innovationsaktivitäten in den Ländern, in denen dies bisher vorwiegend analysiert wurde (USA und Großbritannien) allerdings nicht unproblematisch. Wenn nämlich Innovationsaktivitäten fast vollständig in wenigen regionalen Clustern konzentriert sind, dann ergibt sich hieraus wohl nahezu automatisch auch eine entsprechende Konzentration der Venture Capital-Geber. Existieren infolge der starken räumlichen Konzentration hochklassiger Innovationsaktivitäten kaum potenzielle Investments außerhalb der Cluster, so lässt sich aus dem Befund einer starken Ko-Lokation von Kapitalgebern und -Nehmern aber wohl nicht auf eine mangelnde Bereitschaft schließen, in geographisch weiter entfernte Firmen zu investieren.

In der Bundesrepublik Deutschland, die bekanntlich durch eine vergleichsweise dezentrale räumliche Struktur von Innovationsaktivitäten gekennzeichnet ist, finden sich viele Venture Capital-Gesellschaften in Zentren wie München, Frankfurt, Hamburg, Düsseldorf und Berlin, aber auch in kleineren Städten. Solche Gesellschaften siedeln sich bevorzugt an Orten an, die durch eine gute interregionale Verkehrsanbindung und Nähe zu anderen Finanzanbietern, gekennzeichnet sind. Da im Umkreis solcher Zentren häufig relativ viele innovative Firmen gegründet werden, ist dann auch ein gewisses Maß an Ko-Lokation zwischen Venture Capital-Gebern und ihren Portfolio-Firmen gegeben, was mit der These von der großen Bedeutung impliziten Wissens kompatibel wäre. Eine andere Erklärung könnte sein, dass viele Venture Capital-Manager aus der Finanzbranche oder aus innovativen Firmen stammen und somit das regionale Angebot an qualifiziertem Personal das entscheidende Kriterium bei der Standortwahl darstellt. Entsprechende empirische Untersuchungen (Fritsch/Schilder 2008, 2010) ergeben, dass in Deutschland die Ein-Stunden-Regel nicht gilt, eine große räumliche Entfernung zu einer Firma offenbar kein ernsthaftes Hindernis für die Vergabe von Venture Capital darstellt. Dies zeigt sich auch in Interviews mit Managern der Branche, die übereinstimmend den wesentlichen Engpass für ihre Investitionen im Fehlen hinreichend geeigneter Firmengründungen sahen und nachdrücklich versicherten, dass räumliche Entfernung zu einem potenziellen Investment keine Rolle spielt, wenn die Unternehmen nur interessant genug seien (Fritsch/Schilder 2008).

Ein wichtiges Mittel zur Überwindung räumlicher Distanz im Falle von Venture Capital-Investitionen stellt offenbar die Syndizierung dar. Im Falle syndizierter Investitionen beteiligen sich mehrere Gesellschaften an einer Firma. Dabei lassen sich die Kosten der im Rahmen des Beteiligungsmanagements erforderlichen Raumüberwindung dadurch minimieren, dass diejenige Gesellschaft, deren Sitz sich räumlich am nächsten zum Investitionsobjekt befindet, den wesentlichen Teil der Betreuungsarbeit leistet (Fritsch/Schilder 2010). Die Analyse belegt, dass räumliche Nähe für den Transfer von implizitem Wissen durchaus von Vorteil sein kann, große Entfernungen aber durch die Wahl einer geeigneten Organisationsform ohne Weiteres bewältigt werden können, ohne dass es hierbei zu wesentlichen Engpässen kommt.

Im Ergebnis zeigt sich, dass in der Bundesrepublik Deutschland von der Existenz regionaler Equity-Gaps, also mangelnder Verfügbarkeit von Risikokapital aufgrund des Fehlens entsprechender Anbieter in der Region, keine Rede sein kann. Auch die vielfältigen Investitionen von Venture Capital-Firmen über Ländergrenzen hinweg weisen deutlich auf eine untergeordnete Bedeutung von räumlicher Nähe zum Investitionsobjekt hin. Dies bestätigt sich auch im Rahmen regionaler Fallstudien. Beispielsweise wurden während der letzten Jahre im Freistaat Thüringen pro Erwerbstätigen die zweithöchsten Venture Capital-Investitionen in Deutschland eingeworben, obwohl in Thüringen selbst so gut wie keine privaten Venture Capital-Gesellschaften ansässig sind (Fritsch et al. 2009).

4   Beispiel Laser-Forschung

Der Begriff Laser (ein Akronym für „*L*ight *A*mplification by *S*timulated *E*mission of *R*adiation") umfasst ein breites Spektrum von Anwendungen von verstärktem, kohärentem Licht. Dieses kohärente Licht wird erzeugt, indem einem geeigneten Medium (zum Beispiel Kristalle, Gase, Halbleiter) Energie zugeführt wird (Bromberg 1991; Bertolotti 2005; Albrecht 1997). Eine wesentliche theoretische Grundlage der Laser-Technologie wurde um das Jahr 1917 von Albert Einstein gelegt, indem er Max Plancks Quantentheorie des Lichts modifizierte. In den 1950er Jahren gelang es, einen entsprechenden Effekt mit Gasen als Medium zu erzeugen (so genannter Maser). Mit einem festen Material als Medium wurde der Lasereffekt erstmalig im Frühjahr 1960 von einer Arbeitsgruppe unter Leitung von Theodore H. Maiman in den Laboratorien der Hughes Aircraft Company in Malibu (Kalifornien, USA) realisiert, gefolgt von der Arbeitsgruppe von Arthur L. Schawlow an den Bell Telephone Laboratories in Murray Hill (New Jersey, USA). Die Nachricht von diesem technologischen Durchbruch verbreitete sich zunächst durch Vorträge auf wissenschaftlichen Konferenzen und persönliche Kontakte. Im Herbst 1960 erschienen dann die ersten Publikationen von Maiman und Schawlow, in denen die Versuchsaufbauten genauer beschrieben wurden.

Ein wesentlicher Meilenstein der frühen Laser-Forschung in Deutschland war die im Sommer 1960, also noch vor der Publikation der Ergebnisse von Maiman und Schalow (!), erfolgte Entscheidung der Firma Siemens, drei miteinander konkurrierende Arbeitsgruppen für Laser-Forschung einzurichten (ausführlich hierzu Albrecht 1997 sowie auch Fritsch/Medrano 2010). Einer dieser Arbeitsgruppen gelang es bereits Ende des Jahres 1960, kurz nach Aufnahme ihrer Tätigkeit, den Maiman-Laser zu reproduzieren; im Februar 1961 wurde von dieser Arbeitsgruppe eine deutlich verbesserte Version des Maiman-Lasers implementiert. In den folgenden Jahren dominierte die Firma Siemens am Standort München die Laserforschung in Deutschland.

Der frühe, groß angelegte und technologisch erfolgreiche Einstieg der Firma Siemens in die Laser-Forschung wirft die Frage auf, wie es den Siemens-Forschern allein auf der Grundlage des Transfers von kodifiziertem Wissen – den Aufsätzen von Maiman und Schawlow – und ganz offensichtlich ohne Übertragung von wesentlichem impliziten Wissen, gelingen konnte, den Maiman-Laser derart früh zu reproduzieren und zu verbessern. Hierzu waren mehrere Dinge erforderlich. Zunächst einmal benötigte man entsprechende Kenntnisse auf den Gebieten Physik und Elektrotechnik sowie geeignete Laboreinrichtungen. Weiterhin erforderlich war ein für die Erzeugung des Laser-Effektes geeignetes Medium. Die erforderlichen Kenntnisse auf den Gebieten Physik und Elektrotechnik entsprachen dem allgemeinen Standard des Faches und waren in Forschungseinrichtungen dieser Disziplinen regelmäßig vorhanden. Entsprechende Laboreinrichtungen stellten für eine große, auf dem Gebiet der Elektrotechnik tätige Firma wie Siemens keinen Engpass dar. Und auch das für den Maiman-Laser benötigte Medium, ein Rubin-Kristall von hohem Reinheitsgrad, ließ sich von den Siemens-Forschern ohne große Probleme beschaffen. Das erforderliche implizite Wissen bezog sich vor allem auf die Handhabung von Apparaturen und war offenbar nicht von wesentlicher Bedeutung.[1]

Auch bei der räumlichen Verbreitung der Laser-Forschung in Deutschland scheinen Ko-Lokation und räumliche Mobilität von Wissensträgern nur eine untergeordnete Rolle gespielt zu haben. Jedenfalls ist großräumige Mobilität von Laser-Erfindern für die ersten Jahrzehnte der Laser-Forschung in Deutschland kaum nachweisbar (Fritsch/Medrano 2010). Ebenso spielte die standortübergreifende Zusammenarbeit, gemessen etwa an Ko-Patenten und Ko-Publikationen, während dieser Zeit kaum eine Rolle. Die größte Bedeutung für den Transfer impliziten Wissens hatten wahrscheinlich wissenschaftliche Konferenzen, also temporäre Cluster, die sich seit Beginn der 1960er Jahre zunehmend intensiv der Laser-Forschung widmeten (Albrecht 1997). Dass an nahezu allen Standorten, an denen Laser-Forschung in den ersten Jahren stattfand, eine Hochschule mit einem Fachbereich für Physik und/oder Elektrotechnik vorhanden war, deutet hingegen auf die Bedeutung eines anderen Faktors, nämlich des Vorhandenseins entsprechenden akademischen Wissens am Standort als Voraussetzung für Laser-Forschung hin.

Allerdings war der Wissenstransfer über Köpfe für die längerfristige Entwicklung der Laser-Forschung in Deutschland durchaus nicht ganz unbedeutend. Zwei wesentliche Personen seien hier hervorgehoben. Im Oktober 1960 übernahm Hermann Haken, der in den USA engen Kontakt mit der Schawlow-Gruppe in den Bell Laboratorien hatte, einen Lehrstuhl für theoretische Physik an der Universität Stuttgart. Ein Freund Hermann Hakens und direkter Mitarbeiter von Schawlow, Wolfgang Kaiser, hielt sich im Sommer 1962 als Gastwissenschaftler

---

1   Tatsächlich ist kein Transfer impliziten Wissens aus den Arbeitsgruppen von Maiman und Schawlow in das Siemens-Team bekannt (Albrecht 1997).

an der Universität Stuttgart auf, wo er an der Realisierung eines Lasers mitwirkte. Nach einem weiteren Aufenthalt in den USA übernahm Wolfgang Kaiser dann im Jahr 1964 den Lehrstuhl für Experimentalphysik an der Technischen Universität München. Beide Wissenschaftler, Hermann Haken und Wolfgang Kaiser, spielten eine wesentliche Rolle bei der Entwicklung der theoretischen und experimentellen Laser-Forschung in Deutschland. Auf die frühe Umsetzung des Lasers in Deutschland und die räumliche Diffusion von Laser-Forschung innerhalb Deutschlands hatten sie aber keinen Einfluss!

Für den frühen Einstieg der Firma Siemens in die Laserforschung und die Konzentration der entsprechenden Forschungs- und Entwicklungsaktivitäten in München bietet sich eine andere Erklärung an, die nicht auf den Besonderheiten impliziten Wissens aufbaut. Diese Erklärung liegt zum einen in der Größe, dem Diversifikationsgrad und der Marktstellung von Siemens; zum anderen spielte wahrscheinlich eine Rolle, dass Siemens bereits während der 1950er Jahre am Standort München Forschungen zum Vorläufer des Lasers, den Maser, durchgeführt hat (Albrecht 1997). Der sehr frühe Einstieg von Siemens in die Laserforschung stellte einen überaus mutigen, wenn nicht gar waghalsigen Schritt dar, da zu dem frühen Zeitpunkt noch gar nicht abzusehen war, wann die neue Technologie in marktfähige Produkte eingesetzt werden kann und was die wirtschaftlich lohnenden Geschäftsfelder sein werden. Wenn überhaupt, so konnte zu diesem Zeitpunkt nur ein sehr großes und sehr breit diversifiziertes Unternehmen wie Siemens ein solches immenses Risiko auf sich nehmen. Kleinunternehmen wären hiermit hoffnungslos überfordert gewesen. Die Anwesenheit der Firma Siemens in München ist wohl als entscheidend dafür anzusehen, dass die frühe Laser-Forschung in dieser Region begann, wobei auch die in dieser Region bereits vorhandene Infrastruktur an öffentlichen Forschungseinrichtungen eine Rolle gespielt haben mag. Der Transfer impliziten Wissens war hierfür und für die weitere räumliche Verbreitung der Laser-Forschung vergleichsweise unbedeutend.

Interessant ist in diesem Zusammenhang, warum die Realisierung des Laser-Effektes in der DDR erst circa zwei Jahre später als in Westdeutschland gelang, obwohl Wissenschaftler aus der DDR nachweislich an den gleichen wissenschaftlichen Konferenzen wie ihre westdeutschen Kollegen teilnahmen und zur gleichen Zeit Zugang zu den entsprechenden Publikationen hatten (Albrecht 1997, 2005). Der Grund für die späte Umsetzung der neuen Technologie bestand hier – abgesehen von der Inflexibilität planwirtschaftlicher Forschungsorganisation – in Problemen bei der Bereitstellung entsprechender technischer Einrichtungen sowie insbesondere bei der Beschaffung des erforderlichen Laser-Mediums (Albrecht 1997, 2005). Auch für die Aufnahme der Laser-Forschung in der DDR spielte der Transfer von implizitem Wissen keine wesentliche Rolle.

5   Zu einer besseren Erklärung der räumlichen Struktur von Innovationsaktivitäten

Beide hier ausgeführten Beispiele, die räumliche Struktur von Venture Capital-Investitionen und die Entstehung der frühen Laser-Forschung in Deutschland, ergeben starke Hinweise darauf, dass sowohl die Bedeutung des Transfers von implizitem Wissen als auch die von räumlicher Nähe für Innovationsaktivitäten in der Literatur stark überschätzt werden. Hinsichtlich der Laserforschung mag man einwenden, dass hier die Wissensbasis akademischer Natur war, das Wissen also weitgehend in kodifizierter Form, hier: dokumentiert in Form von wissenschaftlichen Aufsätzen, vorlag, und somit relativ leicht über weite Distanzen kommuniziert werden konnte (Asheim/Gertler 2005). Der kaum nennenswerte Entfernungswiderstand von Venture Capital-Investitionen deutet allerdings darauf hin, dass diese Schlussfolgerung durchaus auf Bereiche nicht-akademischen Wissens übertragen werden kann.

Damit soll nicht bestritten werden, dass räumliche Nähe zu vielen anderen Akteuren unter Umständen erhebliche Vorteile hat. Tatsächlich kann räumliche Nähe von Akteuren insbesondere für den Transfer impliziten Wissens durchaus von Bedeutung sein, allerdings ist ihr Stellenwert wesentlich geringer, als in der Literatur gemeinhin unterstellt wird. Dabei werden mögliche Nachteile der Ko-Lokation wie etwa die Gefahr des unkontrollierten Abflusses von Wissen (zum Beispiel durch Abwerbung von Fachkräften durch Konkurrenten) und eine übermäßige Konzentration des Wissensaustauschs auf das lokale Netzwerk (Lock-in-Effekt) leicht übersehen. Es kann nicht darum gehen, die räumliche Nähe zu maximieren, sondern unter Berücksichtigung anderer Erfordernisse zu optimieren!

Was die Erklärung der Existenz von räumlich Clustern angeht, in denen Innovationsaktivitäten regional konzentriert sind, weisen neuere Forschungsergebnisse klar darauf hin, dass solche Cluster vor allem durch Spin-Off-Gründungen entstehen (Klepper 2007; Bünstorf/Klepper 2009, 2010). Demnach ergibt sich die räumliche Konzentration der Betriebe gewissermaßen durch eine Art „Zellteilung" bestehender Betriebe, nämlich indem dort Beschäftigte eigene Unternehmen gründen, die in der Nähe ihres Wohnortes und somit in der Regel nicht weit entfernt vom Herkunftsbetrieb angesiedelt sind. Die dadurch entstehenden Agglomerationsvorteile mögen sich positiv auf Innovationsaktivitäten auswirken, stellen aber nicht die eigentliche Triebkraft für die räumliche Verteilung der Innovationstätigkeit dar.

Als Konsequenz aus der Erkenntnis, dass dem Transfer impliziten Wissens vielfach keine wesentliche, geschweige denn eine dominierende Rolle für die räumliche Struktur der Wissensarbeit zukommt, folgt, dass nach weiteren und tragfähigeren Erklärungen gesucht werden muss. Hierzu sollten insbesondere Bereiche mit unterschiedlichen Charakteristika der zu Grunde liegenden Wissensbasis untersucht werden. Der vorhandene Kenntnisstand reicht nicht aus, um eine Förderung der Herausbildung räumlicher Cluster durch die Politik etwa in Form regionaler Schwerpunkbildung der Förderung rückhaltlos zu empfehlen. Diese Schlussfolgerung bezieht sich nicht auf die Förderung der Vernetzung und damit der innovative Arbeitsteilung zwischen vorhandenen Akteuren, für deren Rechtfertigung sich eine Reihe guter Gründe anführen lassen (hierzu etwa Nooteboom/ Stam 2008).

Literatur

Albrecht, Helmuth (1997): Laserforschung in Deutschland 1960-970. Eine vergleichende Studie zur Frühgeschichte von Laserforschung und Lasertechnik in der Bundesrepublik Deutschland und der Deutschen Demokratischen Republik. Habilitationsschrift. Stuttgart: Technische Universität Stuttgart

Albrecht, Helmuth (2005): Laser für den Sozialismus – Der Wettlauf um die Realisierung des ersten Laser-Effekts in der DDR. In: Splinter et al. (2005): 471-491

Asheim, Björn/Gertler, Meric (2005): Regional innovation systems and the geographical foundations of innovation. In: Fagerberg/Mowery/Nelson (2005): 291-317

Audretsch, David B./Feldman, Maryann (1996): R&D spillovers and the geography of innovation and production. In: American Economic Review Jg. 86, H. 3, 630-640

Bertolotti, Mario (2005): The History of the Laser. Bristol: Institute of Physics Publishing

Binder, Ralf/Sautter, Björn (2006): Entrepreneurship in cluster – the surgical instrument cluster of Tuttlingen, Germany. In: Fritsch/Schmude (2006): 143-169

Boschma, Ron (2005): Proximity and innovation: a critical assessment. In: Regional Studies Jg. 39, H. 1, 61-74

Bromberg, Joan Lisa (1991): The Laser in America 1950-1970. Cambridge, MA: MIT Press

Bünstorf, Guido/Klepper, Steven (2009): Heritage and agglomeration: the Akron tyre cluster revisited. In: Economic Journal Jg. 119, H. 537, 705-733

Bünstorf, Guido/Klepper, Steven (2010): Why does entry cluster geographically?: evidence from the U.S. tire industry. In: Journal of Urban Economics Jg. 68, H. 2, 103-114

Cohen, Wesley/Levinthal, Daniel A. (1989): Innovation and learning: The two faces of R&D – implications for the analysis of R&D investment. In: Economic Journal Jg. 99, H. 397, 569-596

Cooke, Phillip/Morgan, Kevin (1998): The Associational Economy. Oxford: Oxford University Press

Cowan, Robin/David, Paul A./Foray, Dominique (2000): The explicit economics of knowledge codification and tacitness. In: Industrial and Corporate Change Jg. 9, H. 2, 211-253

Fagerberg, Jan/Mowery, David C./Nelson, Richard R. (Hrsg.) (2005): The Oxford Handbook of Innovation. Oxford: Oxford University Press

Feldman, Maryann (1994): The Geography of Innovation. Dordrecht: Kluwer.

Florida, Richard/Kenney, Martin (1988): Venture Capital, high technology and regional development. In: Regional Studies Jg. 22, H. 1, 33-48

Fritsch, Michael/Schmude, Joachim (Hrsg.) (2006): Entrepreneurship in the Region. New York: Springer

Fritsch, Michael/Schilder, Dirk (2008): Does Venture Capital investment really require spatial proximity?: an empirical investigation. In: Environment and Planning A Jg. 40, H. 9, 2114-2131

Fritsch, Michael/Erbe, Arnulf/Noseleit, Florian/Schröter, Alexandra (2009): Innovationspotenziale in Thüringen – Stand und Perspektiven. Erfurt: Stiftung für Technologie, Innovation und Forschung Thüringen (STIFT)

Fritsch, Michael/Medrano, Luis F. (2010): The Spatial Diffusion of a Knowledge Base-Laser Technology Research in West Germany, 1960-2005. Jena Economic Research Papers # 048-2010, Friedrich-Schiller-Universität und Max-Planck Institut für Ökonomik Jena

Fritsch, Michael/Schilder, Dirk (2010): The Regional Supply of Venture Capital – Can Syndication overcome Bottlenecks? Jena Economic Research Papers # 069-2010, Friedrich-Schiller-Universität und Max-Planck Institut für Ökonomik Jena

Geroski, Paul A. (1996): Markets for technology: knowledge, innovation and appropriability. In: Stoneman (1996): 90-131

Gertler, Meric (2007): Tacit knowledge in production systems: how important is geography? In: Polenske (2007): 87-111

Granovetter, Mark (1973): The strength of weak ties. In: American Journal of Sociology Jg. 78, H. 6, 1360-1380

Hagedoorn, John (2002): Inter-firm R&D partnerships: an overview of major trends and patterns since 1960. In: Research Policy Jg. 31, H. 4, 477-472

Jacobs, Jane (1969): The Economy of Cities. New York: Vintage

Klepper, Steven (2007): Disagreement, spinoffs, and the evolution of detroit as the capital of the U.S. Automobile Industry. In: Management Science Jg. 53, H. 4, 616-631

Martin, Ron (1989): The growth and geographical anatomy of Venture Capitalism in the United Kingdom. In: Regional Studies Jg. 23, H. 3, 389-403

Maskell, Peter/Malmberg, Anders (1999): Localized learning and industrial competitiveness. In: Cambridge Journal of Economics, Jg. 23, H. 2, 167-186

Maskell, Peter/Bathelt, Harald/Malmberg, Anders (2006): Building global knowledge pipelines: the role of temporary clusters. In: European Planning Studies Jg. 14, H. 8, 997-1013

Nelson, Richard/Winter, Sidney G. (1982): An Evolutionary Theory of Economic Change. Cambridge (MA): Harvard University Press

Nonaka, Ikujiro/Takeuchi, Hirotaka (1995): The Knowledge Creating Company. Oxford: Oxford University Press

Nooteboom, Bart/Stam, Eric (2008): Conclusions for innovation policy: opening in fours. In: Nooteboom/Stam (2008): 343-366

Nooteboom, Bart/Stam, Eric (Hrsg.) (2008): Micro-Foundations for Innovation Policy. Amsterdam: Amsterdam University Press

Polanyi, Michael (1966): The Tacit Dimension. New York: Doubleday

Polenske, Karen (Hrsg.) (2007): The Economic Geography of Innovation. Cambridge: Cambridge University Press

Pyke, Frank/Becattini, Giacomo/Sengenberger, Werner (Hrsg.) (1990): Industrial Districts and Inter-Firm Cooperation in Italy. Genf: International Institute for Labor Studies

Sapienza, Harry J./Manigart, Sophie/Vermeir, Wim (1996): Venture Capitalist governance and value added in four countries. In: Journal of Business Venturing Jg. 11, H. 6, 439-469

Saxenian, Annalee (1994): Regional Advantage: Culture and Competition in Silicon Valley and Route 128. Cambridge (MA): Harvard University Press

Sorensen, Olav/Stuart, Toby E. (2001): Syndication networks and the spatial distribution of Venture Capital investments. In: American Journal of Sociology Jg. 106, H. 6, 1546-1588

Splinter, Susan/Gerstengarbe, Sybille/Remane, Horst/Parthier, Benno (Hrsg.) (2005): Physica et Historia. Stuttgart: Deutsche Akademie der Naturforscher Leopoldina

Stoneman, Paul (Hrsg.) (1996): Handbook of the Economics of Innovation and Technological Change. Oxford: Blackwell

Stummer, Frank (2002): Venture-Capital-Partnerschaften – Eine Analyse auf der Basis der Neuen Institutionenökonomik. Wiesbaden: Deutscher Universitäts-Verlag

Zahra, Shaker/George, Gerard (2002): Absorptive capacity: a review, reconceptualization and extension. In: Academy of Management Review Jg. 27, H. 2, 85-203

Zook, Matthew (2002): Grounded capital: venture financing and the geography of the internet industry, 1994-2000. In: Journal of Economic Geography Jg. 2, H. 2, 151-177

Nähe und Distanz bei Wissensgenerierung und -verbreitung – Zur Rolle intellektueller Eigentumsrechte

Uwe Cantner

1 Innovation, Imitation und Patentschutz

Akteure, die neue Ideen „produzieren", – so genannte Inventoren – fügen Bekanntem etwas Neues hinzu. Sie schaffen ein diese Neuerung ausmachendes neues Wissen (Know-how und Kompetenzen), das andere Akteure so noch nicht aufweisen oder zur Verfügung haben. Auf diese Weise bauen Inventoren eine technologische oder kognitive Distanz zwischen sich und anderen auf.

Im ökonomischen Kontext beabsichtigen inventive Akteure, den Neuigkeitsgehalt ihrer Idee und damit die technologische Distanz zu anderen ökonomisch zu nutzen. Sie werden dann zu Innovatoren. Konkurrenten werden versuchen, die aufgebaute technologische und kognitive Distanz zu überwinden, um so auch am ökonomischen Erfolg der Neuerung partizipieren zu können. Sie werden damit zu Imitatoren. Der sich hieraus ergebende Wettlauf von Innovatoren und Imitatoren kann demnach als eine stete Veränderung der technologischen Distanz zwischen ihnen und der somit bei ihnen jeweils anfallenden ökonomischen Renditen verstanden werden. In diesem Zusammenhang geht es letztendlich also um die Frage, wer in welchem Maße aus der Neuerung die Renditen erzielen kann, sowie dazu vorgelagert, wie sich daraus Anreize ergeben, in die Generierung von neuem Wissen, also in Forschung und Entwicklung (F&E), zu investieren. Unter welchen Bedingungen also kann es Innovatoren gelingen, aus der neuen Idee eine ökonomische Rendite zu erzielen? Welche Rolle spielt dabei die geschaffene technologische Distanz? Und in gleicher Weise, unter welchen Bedingungen gelingt Konkurrenten die Imitation?

Um mit einer neuen Idee Rendite erzielen zu können sollte sie möglichst oft Anwendung finden, das heißt verkauft werden. Nun gibt es aus Sicht eines Innovators zwei Ausprägungen dieser Verbreitung, eine erwünschte und eine unerwünschte. Die erwünschte Verbreitung zielt prinzipiell darauf ab, dass die neue Idee auf entsprechende Nachfrage trifft, das heißt dass Nachfrager bereit sind, für die neue Idee, sei es beispielsweise ein neues Konsumgut, einen Preis zu bezahlen.

Dazu müssen Nachfrager hinreichend gut über die Eigenschaften der Neuerung informiert sein – für „eine Katze im Sack" werden sie nicht bereit sein zu zahlen. Entsprechend müssen hier technologische Distanzen – zumindest bis zu einem gewissen Grad – abgebaut werden. Dieser Aspekt soll im weiteren Verlauf des Beitrags nicht weiter verfolgt werden.

Die aus Sicht des Innovators unerwünschte Verbreitung stellt auf Konkurrenten als Imitatoren ab. Diese mögen die neue Idee übernehmen – zu geringen wenn nicht gar ohne Kosten –, daraufhin das neue Konsumgut, um im Beispiel zu bleiben, ebenfalls produzieren und auf dem Markt sogar günstiger anbieten – da sie die Forschungs- und Entwicklungsausgaben nicht zu erwirtschaften haben. In diesem Fall ist es für den Innovator erforderlich, dass technologische Distanzen zu Konkurrenten bestehen bleiben. Dann nämlich steht potenziellen Imitatoren das notwendige Wissen zur Imitation nicht zur Verfügung, mit der Konsequenz, dass ihnen ein Eintritt in den Markt des Innovators nicht möglich sein wird. Für den Fall, dass sich technologische Distanzen nicht so leicht aufrecht erhalten lassen, können Innovatoren bestimmte Schutzmechanismen und dabei insbesondere Schutzrechte einsetzen, die eine Imitation verhindern. Die angesprochenen Schutzrechte werden, in aller Regel in Form des Patentschutzes, als Instrument zur Erhaltung von Innovationsanreizen gesehen.

Vor diesem allgemeinen Hintergrund befasst sich dieser Beitrag mit der Bedeutung des Patentschutzes für die ökonomische Nutzung einer neuen Idee. Damit unmittelbar verbunden sind Fragen zu den Anreizen, sich in Innovationsprojekten zu engagieren, zur Notwendigkeit und Ausgestaltung des Patentschutzes, sowie dessen Funktion bei der Verbreitung neuen Wissens. Diese Aspekte sollen in den nachfolgenden Ausführungen beleuchtet werden. Außen vor bleiben müssen dabei alle Fragen die Marktstruktur und Wohlfahrtswirkungen betreffen.

Ausgangspunkt stellen in Abschnitt 2 jüngere Entwicklungen im Patentschutzrecht und der sich darum rankenden kontroversen Diskussion dar. Diese Kontroverse kann auf unterschiedliche analytische Konzeptionen zurückgeführt werden, die sich vor allem in der Auffassung dazu unterscheiden, wie leicht es Imitatoren fällt, die neue Idee eines Innovators zu übernehmen, das heißt die technologische oder kognitive Distanz zum Innovator zu überbrücken. Sind sich Innovator und Imitator technologisch nahe (fern), dann ist eine Imitation vergleichsweise leicht (schwer) beziehungsweise mit wenig (viel) Kosten verbunden. Die Abschnitte 3 und 4 sind diesen unterschiedlichen Positionen gewidmet. Entsprechende empirische Bestandsaufnahmen zu unternehmerischen Anstrengungen, Imitation zu verhindern oder einzuschränken, sowie eine Analyse weiterer unternehmerischer Motive, für neue Ideen/Patente anzumelden, enthält Abschnitt 5. Abschnitt 6 beschließt diesen Beitrag mit einer perspektivischen Zusammenfassung.

2 Neuere Entwicklungen in der Patentgesetzgebung

Betrachtet man in Abbildung 1 die Patentierungsaktivitäten am europäischen Patentamt (EPO), am US-amerikanischen Patentamt (USPTO) und am japanischen Patentamt (JPO) über den 20-Jahreszeitraum von 1982 bis 2002, so zeigt sich eine Zunahme der Patentanmeldungen bei allen drei Ämtern. Besonders starke Anstiege sind für das amerikanische sowie für das japanische Patentamt zu verzeichnen. Erklärungen zu diesen Entwicklungen kann man auf verschiedenen Ebenen suchen, wie etwa einer erhöhten Innovationstätigkeit oder einer Stärkung intellektueller Eigentumsrechte. Auf die dabei kontrovers geführten Diskussionen soll hier nicht weiter eingegangen werden (vgl. hierzu etwa Encaoua/Guellec/Martinez 2006). Es soll vielmehr nur der Hinweis erfolgen, dass Vieles dafür spricht, dass neueren Regelungen in der Patentrechtsprechung eine besonders starke Wirkung zugemessen wird.

Abbildung 1: Entwicklung des Patentaufkommens 1982-2002 (nach OECD 2004)

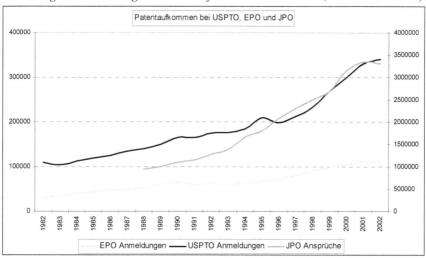

Zu neueren Maßnahmen, die in den USA im Wesentlichen in den 80er Jahren des letzten Jahrhunderts eingeführt wurden, zählen der so genannte Easy-Court-Access (ein leichter Zugang zu den Gerichten) sowie die Ausweitung des Patentschutzes auf neue Gebiete, wie etwa die Biotechnologie, die Softwareproduktion und auch die Entwicklung von Geschäftsmethoden. Wirkungen in die gleiche Richtung entfalten die Ausdehnung des Patentschutzes auf Universitätserfindungen sowie internationale Anpassungen und Angleichungen in der Patentrechtsprechung.

Die benannten Neuregelungen sind nicht ohne intensive Diskussion eingeführt worden und haben dabei schon altbekannte Kontroversen über das Design von Patentsystemen aufleben lassen. Hierbei gibt es auf der einen Seite Vertreter, die mehr und mehr eine Reform der Patentsrechtsregelungen in Richtung einer Stärkung durch Ausdehnung des Schutzes betreiben. Diese Ausdehnung betrifft sowohl die Breite des Patents, dessen Laufzeit sowie eine Ausweitung des Patentschutzes auch auf nicht-technische Erfindungen. Auf der anderen Seite finden sich Vertreter, die für eine Verringerung der Schutzwirkung von Patenten stehen; es gibt sogar Vertreter, die ganz von einer Abschaffung des Patentschutzes sprechen.

Entlang welcher Linien argumentieren die jeweiligen Vertreter dieser beiden konträren Positionen? Um diese zu verstehen, sollen die beiden gegensätzlichen Positionen im Weiteren von ihren jeweiligen theoretischen Grundlagen her entwickelt werden. Genau genommen geht es bei dieser Kontroverse um die Frage, inwieweit eine Zuweisung intellektueller Eigentumsrechte notwendig ist, um aus neuen Ideen und damit aus neu geschaffenen technologischen und kognitiven Distanzen Renditen zu erzielen. Hierzu werden Entscheidungen zur Generierung neuen Wissens in Abschnitt 3 im Rahmen des anreizorientierten Ansatzes zur Innovationstätigkeit diskutiert. Abschnitt 4 führt die Diskussion dann im Rahmen des wissensbasierten Ansatzes fort.

3 Innovationsentscheidungen als Investitionskalkül für Forschung und Entwicklung

3.1 Die Produktion von Neuerungen – ein erster Blick

Die traditionelle ökonomische Begründung intellektueller Eigentumsrechte setzt am Prozess der Generierung von Neuerungen an. In aller Regel erfolgt die Produktion neuen Wissens unter Einsatz bestimmter Ressourcen. Deren Einsatz folgt einer Investitionsentscheidung. Die dabei anfallenden Kosten bezeichnet man als Forschungs- und Entwicklungsausgaben. Mit ihnen ist die Hoffnung verbunden, dass aus der Arbeit von Wissenschaftlern und Ingenieuren sowie die Bereitstellung von geeigneten Forschungsinfrastrukturen Ideen für neue Produkte oder neue Verfahren generiert werden.

Investitionsentscheidungen werden ganz allgemein nur dann vorgenommen, wenn sich Investoren davon eine entsprechende Rendite versprechen können. Auch an Innovationsentscheidungen wird dieses Kriterium angelegt, wobei ein

Innovator darauf achten muss, dass die Forschungs- und Entwicklungsausgaben für das neue Wissen sowie die anfallenden Produktionskosten der Innovation durch Umsätze gedeckt sind. Darüber hinaus mag der Innovator auch noch einen zusätzlichen Profit oder eine Rente auf seine neuen Ideen erzielen. Nur wenn ein Innovator die Erwartung hat, mit seiner Investition eine positive Rendite erzielen zu können, wird er Willens sein diese vorzunehmen, nur dann hat er einen Anreiz, in Forschung und Entwicklung zu investieren (anreizorientierter Ansatz).

3.2 Zum ökonomischen Charakter neuen Wissens – ein erster Blick

Inwieweit kann nun ein Innovator von einer positiven Rendite seiner Forschungs- und Entwicklungsinvestition ausgehen? Kann die durch die Investitionen erzielte neue Idee auf dem Markt auch verkauft werden? Die Antwort auf diese Frage findet sich in der Diskussion um den ökonomischen Charakter von Gütern, die man in private und öffentliche Güter einteilen kann. Zur entsprechenden Klassifizierung finden zum einen das Kriterium der Rivalität in der Nutzung und zum anderen das Kriterium der Ausschließbarkeit durch den Preis Anwendung. So sind private Güter durch Rivalität und Ausschließbarkeit und öffentliche Güter durch Nicht-Rivalität und Nicht-Ausschließbarkeit gekennzeichnet.

Welchen ökonomischen Charakter weist vor diesem Hintergrund neues Wissen auf? Zunächst einmal handelt es sich beim Wissen um ein immaterielles Gut, das heißt, es nutzt sich bei Gebrauch oder Verwendung nicht ab. Entsprechend besteht in dessen Nutzung keine Rivalität: Eine neue Idee kann im Prinzip von unendlich vielen Nutzern verwendet werden und zwar jeweils zu 100 Prozent – sie muss nicht aufgeteilt werden. Diskutiert man das Prinzip der Ausschließbarkeit im Zusammenhang mit Innovationen, so werden die Möglichkeiten der Appropriation oder Aneignung der Erträge aus dem neuen Wissen analysiert. Was ist hiermit gemeint? Durch eine neue Idee eröffnen sich dem Innovator Möglichkeiten, sie zu verkaufen und Profite zu erzielen. Über die Umsätze müssen zumindest die Investitionen in Forschung und Entwicklung, sowie die weiteren Produktionskosten der Neuerung gedeckt sein. Als Restgröße mag sich ein Profit auf die Neuerung ergeben. Damit diese Umsätze auch kostendeckend sind, muss der Innovator einen entsprechenden Preis verlangen, der zumindest die Forschungs- und Entwicklungskosten sowie die Produktionskosten pro Einheit deckt – und darüber hinausgehend auch noch einen Ertrag erzielt.

Da es sich bei dem produzierten neuen Wissen um ein nicht-rivales Gut handelt, kann ein anderer Marktteilnehmer dieses ebenfalls in vollem Umfang nutzen, ohne dafür einen Preis zu bezahlen. In diesem Fall imitiert er. Hierdurch erspart sich der Imitator die Forschungs- und Entwicklungsinvestition und hat nur noch die weiteren Produktionskosten zu tragen. Entsprechend kann er auf dem Markt einen Preis unterhalb des Preises des Innovators verlangen und damit diesen aus dem Markt treiben. Erwartet ein Innovator nun eine derartige Situation, in der er sich die Erträge seines Engagements nicht aneignen kann, so wird er eine Investition in Forschung und Entwicklung unterlassen.

Dieser Argumentation folgend handelt es sich bei neuem Wissen um ein öffentliches Gut (Arrow 1962). Eine für diese Charakterisierung notwendige Anforderung an den Imitator ist, dass dieser das hinter der neuen Idee stehende Wissen auch versteht und entsprechendes Vorwissen aufweist. Es handelt sich also um die Figur des *homo oeconomicus,* der mit allem notwendigen Wissen und allen erforderlichen Fähigkeiten ausgestattet ist. In diesem Fall besteht keinerlei technologische oder kognitive Distanz zwischen Innovator und Imitator, so dass letzterer ohne eigene Aufwendungen das neue Wissen übernehmen kann.

Akzeptiert man diese Argumentation, so ist auf breiter Ebene von einem Marktversagenstatbestand auszugehen, aufgrund dessen Forschungs- und Entwicklungsinvestitionen unterbleiben und Innovationstätigkeit nicht zu beobachten sein sollte. Im Kern besteht hier ein Anreizproblem: der Charakter technologischen Wissens als öffentliches Gut erlaubt es potenziellen Imitatoren dieses Wissen zu übernehmen und auf dem Markt eine bessere Position als ein Innovator einnehmen zu können. Dieser antizipiert derartige Situationen und unterlässt Investitionen in die Wissensproduktion.

3.3 Patente als Lösung der Anreizproblematik

Wie kann diese Anreizproblematik gelöst werden? Die Literatur hält hier zwei prinzipielle Lösungen vor. Zum Ersten kann eine Gesellschaft sich darauf verständigen, die Suche und Produktion von neuem Wissen selbst vorzunehmen und dies im Rahmen von Universitäten und öffentlichen Forschungseinrichtungen über Steuern finanziert durchzuführen. Deren Existenz kann auf diese Art und Weise gerechtfertigt werden. Möchte man allerdings auf privatwirtschaftlicher Ebene Innovationsanreize erhalten (und vieles spricht dafür, dass eine privatwirtschaftliche Innovationstätigkeit einer öffentlichen überlegen ist), so ist das Instrumentarium des intellektuellen Eigentumsschutzes ein probates Mittel (Nordhaus 1969). Hierzu zählen insbesondere der Patentschutz, aber auch Copyright, Markenschutz und andere rechtliche Instrumente. Genau genommen wird auf diese Weise das öffentliche Gut *neu geschaffenes Wissen* in das private Gut *Patent* transformiert und damit der Marktmangel beseitigt.

Im Rahmen der Innovationstätigkeit nimmt die rechtliche Institution des Patents eine prominente Stellung ein. Hierbei geht der Innovator einen Vertrag mit der Gesellschaft ein, die es dem Innovator gestattet, das neue Wissen exklusiv in einer gewissen Breite und für eine gewisse Dauer ganz alleine nutzen und ökonomische Erträge erzielen zu können. Im Gegenzug stellt der Innovator das neue Wissen in der Patentschrift niedergeschrieben der Gesellschaft zur Verfügung. Somit übernimmt ein Patent einerseits ein Schutzfunktion und andererseits eine Informationsfunktion.

Mit dem Patentschutz ist demnach das der Innovationstätigkeit innewohnende Anreizproblem auf privatwirtschaftlicher Ebene gelöst. Ein Patent sichert die alleinige ökonomische Nutzung neu geschaffener technologischer und kognitiver Distanzen dem Innovator zu, auch wenn diese Distanzen dann *de facto* nicht mehr bestehen. Und je stärker ausgeprägt und breiter die Schutzwirkung im Patentrecht geregelt ist, desto größer wird der Anreiz potenzieller Innovatoren sein, Forschungs- und Entwicklungsausgaben in die Suche nach neuem Wissen zu investieren. Entsprechend sollten sich auf breiter Ebene Innovationsaktivitäten entfalten – zumindest auf Basis dieser Logik.[1] Entsprechend müssten strengere Patentschutzregelungen die Innovationsentscheidung eines Innovators positiv beeinflussen, so dass insgesamt die Intensität der Innovationstätigkeit (Patentaktivitäten) ganz allgemein ansteigen müsste. Befürworter eines weiteren Ausbaus des Patentschutzes nehmen diese Argumentation für sich in Anspruch.

3.4 Sequenzielle und komplexe Innovationstätigkeit

Die Argumentation des vorangegangenen Abschnitts basierte auf der Vorstellung, dass über die Zeit betrachtet Innovationsprojekte unabhängig voneinander initiiert und durchgeführt werden. Aus empirischer Sicht ist allerdings festzuhalten, dass Innovationsaktivitäten in aller Regel auf Wissen zurückgreifen, das in bereits vorher durchgeführten Innovationsprojekten generiert wurde. Man spricht in diesem Fall von so genannter sequenzieller oder komplexer Innovationstätigkeit (Bessen/ Maskin 2006).

Für die Produktion neuen technologischen Wissens hat das die folgende Konsequenz: nicht nur, dass hierzu Forschungs- und Entwicklungsinvestitionen benötigt werden, sondern dass zusätzlich auch das Wissen aus vorausgegangenen Innovationen in den Forschungs- und Entwicklungsprozess eingebunden wird. In diesem Zusammenhang stellt sich wiederholt die Frage nach der Wirkung des

---

1   Allerdings geht die Gewährung des Patentschutzes für neues technologisches Wissen für die Gesellschaft nicht ohne „Kosten" einher. Über ein Patent wird dem Innovator eine Monopolsituation eingeräumt. Diese Monopolsituation verhindert den Wettbewerb mit Imitatoren (ein gewünschtes Ergebnis) sowie auch mit konkurrierenden anderen Innovatoren (ein möglicherweise unerwünschtes Ergebnis). Insgesamt wird so der Wettbewerb eingeschränkt und die Gesellschaft hat die bekannten Monopolverluste zu tragen (eine geringere Menge zu höherem Preis).

Patentschutzes als Instrument zur Lösung der oben angesprochenen Anreizprob-lematik.[2]

Hierzu seien zwei Innovatoren betrachtet: A beabsichtige in Periode t und B in der Folgeperiode t+1 jeweils ein Innovationsprojekt durchzuführen. Innovator A investiere hierzu zunächst Forschungs- und Entwicklungsausgaben und bean-trage, nach erfolgreicher Generierung einer Idee für ein neuartiges Produkt, ein Patent. B innoviere in der Periode t+1, wozu Forschungs- und Entwicklungsaus-gaben anfallen sowie Wissen aus der vorausgegangenen Innovation des A benötigt wird. Diese Kombination führe dann zu einem neuen Produkt, das ebenfalls ein Patentschutz genießt.

Wie wirkt in dieser Situation nun eine Verstärkung des Patentschutzes? Zu-nächst einmal wird der Innovationsanreiz des A hierdurch unmittelbar erhöht, gerade so wie oben beschrieben. Für B hingegen bedeutet eine Erhöhung des Pa-tentschutzes, dass er über das Wissen aus der Vorläuferinnovation des A weniger leicht verfügen kann. Entsprechend wird er einen geringeren Anreiz verspüren, in weitere Forschung und Entwicklung zu investieren. Dem entgegenzusetzen ist allerdings, dass ein höherer Patentschutz für die eigene neue Idee in t+1 den Inno-vationsanreiz des B wieder verstärkt.

Anhand dieses Beispiels zeigt sich, dass bei sequenziellen und komplexen Innovationen, eine Verstärkung des Patentschutzes eine nicht eindeutige Wirkung auf den Innovationsanreiz ausübt. So nimmt die positive Anreizwirkung eines Pa-tentschutzes für eine Neuerung in t+1 mit der Stärke des Patentschutzes zu. Dem entgegen nimmt die Anreizwirkung des Patentschutzes für eine Neuerung aus der Vorperiode t mit der Stärke des Patentschutzes ab. Kombiniert man beide Effekte multiplikativ, so ergibt sich ein umgedreht u-förmiger Verlauf. Dieser besagt, dass, verzichtet man ganz auf Patentschutzregelungen, die Anreize für Innovationsent-scheidungen erstickt werden. Fährt man die Schutzwirkung langsam nach oben, so nehmen die Anreize zu. Überschreitet die Patentschutzwirkung allerdings ein bestimmtes Niveau, dann nehmen die Anreize auch wieder ab, um ab einer be-stimmten Schutzwirkung ganz zu versiegen.

Für Innovationsaktivitäten im Kontext sequenzieller und komplexer techno-logischer Beziehungen gilt gleichfalls, dass ein zunehmender Patentschutz für die eigene Innovation die Innovationsentscheidung befördert. Für die allgemeine In-

---

2   In diesem Zusammenhang mag man sich fragen, ob nicht über die Informationsfunktion des Patents bei A der Innovator B erst auf die Neuerung des A hingewiesen wird. Im Rahmen des hier zugrundegelegten anreizorientierten Ansatzes zur Innovationstätigkeit spielt diese Informa-tionsfunktion keine Rolle, da beim unterstellten Bild des *homo oeconomicus* Informationsunter-schiede zwischen den beteiligten Innovatoren A und B ohnehin nicht auftreten. Die Innovation des A kennt und versteht B unmittelbar und nur der Patentschutz verbietet ihm eine ökonomische Nutzung dieser Neuerung.

novationstätigkeit über die Zeit hinweg betrachtet hingegen, ist die Wirkung eines verstärkten Patentschutzes nicht eindeutig. Die Beschränkung der ökonomischen Nutzung neuen Wissens und damit die diesbezügliche Aufrechterhaltung technologischer und kognitiver Distanzen mögen so im Kontext sequentieller Innovationen zu einer Intensivierung aber auch zu einer Abschwächung der Innovationsneigung führen.

4 Innovationsentscheidungen und die Rolle von Wissen und Kompetenzen

4.1 Die Produktion von Innovationen – die Rolle vorhandenen Wissens

Die vorangegangenen Abschnitte betrachteten die Produktion von neuem Wissen als ein einfaches Investitionsprojekt in Forschungs- und Entwicklungstätigkeiten, in dem im sequenziellen Innovationskontext auch das Wissen von Vorläuferinnovationen eingeht. Diese Sicht auf Innovationsaktivitäten simplifiziert nicht unerheblich, denn würde man dieser Beschreibung zustimmen, dann müssten bei gegebenen technologischen Möglichkeiten Innovationsaktivitäten auf sehr breiter Ebene zu beobachten sein. Ein empirischer Fakt ist jedoch, dass Neuerungsaktivitäten ein vergleichsweise seltenes Phänomen darstellen, bei dem sich nur einige wenige Akteure als innovative Akteure herausstellen. Darüber hinaus zeigen sich hinsichtlich des Innovationsaufkommens nicht unerhebliche geographische und zeitliche Unterschiede. Welche Determinanten der Innovationstätigkeit, zusätzlich zu den Forschungs- und Entwicklungsausgaben und den Patentschutzregelungen, gilt es vor diesem Hintergrund noch zu berücksichtigen?

Mit der Akkumulation technologischen Wissens, den technologischen und ökonomischen Kompetenzen von Akteuren sowie deren kreativen Fähigkeiten befasst sich die innovationsökonomische Forschung seit Anfang der 1980er Jahre. Ein wesentliches Charakteristikum dieser Ansätze ist, dass sie Innovationsaktivitäten nicht als einfache Investitionsaufgabe im Sinne eines Nutzen-Kosten-Vergleichs betrachten, sondern als einen Experimentier- und Suchprozess (trial and error), dessen ungewisser Ausgang auch vom Wissen, den Erfahrungen und der Kreativität der Innovatoren abhängt (wissensorientierter Ansatz). Diese andere Sicht verändert vergleichsweise wenig an der Annahme des Ziels einer positiven Rendite. Doch hinsichtlich der Prozesse und der Umstände, unter denen diese Renditen erzielt werden können, wird ein anderes Bild gezeichnet. Ebenso verändert sich auch die Beziehung oder das Spannungsverhältnis zwischen Innovator und Imitator.

In gleicher Weise wie der Erfolg der Innovatoren von deren akkumulierten Wissen und spezifischen Fähigkeiten abhängt, so kann auch der Imitationserfolg auf diese Faktoren zurückgeführt werden. Oben beim anreizorientierten Ansatz wurden Imitatoren so verstanden, dass sie das durch Innovatoren neu generierte Wissen sofort auch übernehmen und umsetzen können, d.h. zwischen Innovator und Imitator keine (oder nur sehr kurz eine) technologische oder kognitive Distanz bestehe. Geht man im Rahmen des wissensorientierten Ansatzes von diesem Bild ab, dann weisen Imitatoren oft wenig perfekte Fähigkeiten auf, ein an anderer Stelle generiertes Wissens unmittelbar zu verstehen und umzusetzen. Die absorptiven Fähigkeiten (Cohen/Levinthal 1989) dieser potenziellen Imitatoren sind unterschiedlich stark ausgeprägt. Entsprechend ist davon auszugehen, dass zwischen Akteuren technologische oder kognitive Unterschiede bestehen, die sich weder schnell noch kostenlos abbauen lassen. Selbst die Funktion eines Patents als Informationsquelle kann diesen Zusammenhang nicht aufheben, da zwischen Information und Wissen (oder Know-how) unterschieden werden muss.

4.2 Eine alternative ökonomische Charakterisierung neuen Wissens – ein zweiter Blick

Welche Konsequenzen ergeben sich aus diesem veränderten Bild bei Innovator und Imitator für die oben angesprochene Anreizproblematik? Hierzu sei noch einmal auf den ökonomischen Charakter neuen technologischen Wissens eingegangen. Dessen simple Klassifizierung als öffentliches Gut lässt sich im vorliegenden Kontext nicht mehr aufrechterhalten. Zwei zusätzliche Begriffe helfen hier weiter, zum einen das Konzept eines latent öffentlichen Gutes (Nelson 1989) und zum anderen das Konzept *taziten Wissens* (Polanyi 1967), das als privates ökonomisches Gut (Nelson 1989) zu klassifizieren ist.

Der Zugang zu diesen beiden Begriffen gelingt über die Unterscheidung zwischen Information und Wissen, die bei der traditionellen Betrachtung nicht geführt wird. Bei Information handelt es sich um die Kodifizierung bestimmten Wissens in Signale. Deren Übertragung von einer Person zu einer anderen betrifft nur die Information, nicht aber das dahinter stehende Wissen. Auch die Decodierung der Signale bewirkt noch keine Wissensübertragung, sondern erst die entsprechende Interpretation der empfangenen Signale und damit deren Verbindung zum vorhandenen Wissen des Empfängers. Diese Darstellung führt unmittelbar zum Konzept der absorptiven Fähigkeiten des Informationsempfängers.

Diese Informations- und Wissensübertragung kann nun gestört oder verzögert erfolgen, wobei der technologischen oder kognitiven Distanz zwischen Sender und Empfänger von Informationen eine zentrale Bedeutung zukommt. So mag ein weiterer Nutzer oder Imitator neuen Wissens zunächst entweder einige Zeit warten (es besteht ein zeitlicher Vorsprung oder es wirken Lernkurveneffekte) oder aber in die eigenen Fähigkeiten investieren müssen, bevor er das neue Wissen verstehen und nutzen kann. Das Warten kann etwa mit der Dauer eines existierenden Patentschutzes in Verbindung gebracht werden, das Investieren mit dem Aufbau von für das Verständnis neuen technologischen Wissens notwendigen Kenntnissen und Fähigkeiten. In solchen Fällen spricht man von Wissen als einem latent öffentlichen Gut: erst dann, wenn bestimmte Umstände eingetreten sind, entfaltet dieses Wissen seinen Charakter als öffentliches Gut.

Mit dem Begriff des taziten Wissens ist der Umstand angesprochen, dass in manchen Fällen neues technologisches Wissen nicht in Signale und damit in Information umgesetzt werden kann. Dies bedeutet insbesondere, dass der Innovator, selbst wenn er wollte, die neue Idee weder aufschreiben noch artikulieren kann. Tritt dieser Fall ein, dann kann das neue Wissen nicht (oder nur sehr langsam) in Form von Informationen (Signale) an potenzielle Imitatoren fließen, so dass die dazugehörige technologische Distanz zwischen Innovator und Imitator länger Bestand hat.

4.3 Zum Patent alternativer Schutzmechanismen

Welche Konsequenzen hat diese Beschreibung technologischen Wissens für die Anreizproblematik? Die Situation stellt sich wie folgt dar: Ein Innovator weise spezifisches Wissen und kreative Fähigkeiten auf, die es ihm ermöglichen unter Einsatz von Forschungs- und Entwicklungsausgaben sowie anschließenden Produktionskosten eine neue Idee auf den Markt zu bringen. Ein Imitator würde für das gleiche neue Produkt Produktionskosten in gleicher Höhe aufzuwenden haben sowie in seine eigenen absorptiven Fähigkeiten investieren müssen, um so die technologische Distanz zum Innovator abzubauen. In dem Maße, wie diese Investitionen zunehmen, werden die Möglichkeiten des Imitators eingeschränkt, auf dem Markt eine bessere Position als der Innovator einnehmen zu können. Entsprechend wird das Anreizproblem eines Innovators weniger gravierend sein und die Notwendigkeit, ein Patent anzumelden, wird sich verringern.

So gesehen entfaltet der Prozess der Generierung neuen Wissens eine ihm innewohnende Schutzwirkung. Diese kann darauf zurückgeführt werden, dass vorhandenes Wissen und Kompetenz einerseits für weiteren Inventionserfolg bestimmend sind und sich andererseits kumulativ entwickeln und damit keinem Akteur kostenlos zur Verfügung stehen. Folglich weisen im Inventionsprozess aufgebaute technologische und kognitive Distanzen eine gewisse Persistenz auf, die ökonomisch genutzt werden kann. Diese äußert sich auf Seiten des Innovators in zeitlichen Vorsprüngen und/oder in Lernkurveneffekten; auf Seiten des Imitators stehen dafür Investitionen in absorptive Fähigkeiten.

4.4 Andere Einsatzmöglichkeiten eines Patents

Es stellt sich nun natürlich die Frage, warum Unternehmen überhaupt noch patentieren, wenn andere, als effektiver eingeschätzte Schutzmaßnahmen zur Verfügung stehen. Es mag durchaus sein, dass von ihnen eine zusätzliche Schutzwirkung ausgeht, wozu man jedoch Genaueres über die zeitliche Dauer und Breite des Wissensvorsprungs, wie auch die Lernkurveneffekte et cetera wissen müsste. Patente werden daneben aber auch strategisch eingesetzt, um Wettbewerb einzuschränken. Die Möglichkeiten, Gerichtsverfahren zu verhindern oder potenzielle Bewerber aus dem Markt heraus zu halten (vgl. Hall/Ziedonis 2001), können dementsprechend interpretiert werden.

Schließlich werden Patente auch verwendet, um die eigene Reputation zu erhöhen, um sie in Verhandlungen einzusetzen oder sie als eine Indikation der eigenen Leistungsfähigkeit zu nutzen. Dabei ist die Informationsfunktion eines Patents angesprochen – wie gesagt handelt es sich bei einem Patent um einen Vertrag zwischen Innovator und Gesellschaft, bei dem der Schutz gegen die Offenbarung des neuen technischen Wissens getauscht wird. Hierbei können einerseits auch den Innovationsanreiz reduzierende Effekte auftreten. So mag ein Patent potenziellen Imitatoren anzeigen, auf welchem Gebiet neues Wissen vorhanden ist und wofür es sich lohnt, entsprechende absorptive Fähigkeiten aufzubauen. Dies würde einen Innovator allerdings nicht dazu veranlassen, die Innovationsaktivitäten zu senken, sondern vielmehr von einer Patentierung seiner Neuerung abzusehen.

Andererseits tauschen Akteure im Rahmen kollektiver Invention und Innovation freiwillig Wissen untereinander aus und rekombinieren es, um so neues Wissen zu schaffen. Wie finden die verschiedenen Kooperationspartner mit spezifischen technologischen und kognitiven Vorsprüngen jedoch zueinander, um dann entsprechend relevantes Wissen austauschen zu können? In dem Maße wie potenzielle Kooperationspartner anzeigen können, welches technologische Wissen sie vorhalten und auch austauschen können, werden sie auch als Kooperationspartner identifiziert und akzeptiert. Patente können nun genau diese Signalwirkung entfalten. Eine Erweiterung der Patentschutzregelungen würde nun über die Erhöhung der Anreize, in Forschung und Entwicklung zu investieren, zu einem erhöhten Patentaufkommen führen, was seinerseits anzeigt, dass noch mehr geeignete Kooperationspartner vorhanden sind. So kann man in diesem Zusammenhang erwarten, dass von der Patentierung sowohl für einen Innovator als auch für die technologische Entwicklung insgesamt positive Effekte ausgehen.

5   Zur Empirie von Imitation und Patentschutz

Die vorangegangenen Ausführungen haben deutlich gemacht, dass der Patentschutz nicht unbedingt zur Erhaltung von Innovationsanreizen notwendig ist, da neues technologisches Wissen nicht notwendigerweise den Charakter eines reinen öffentlichen Gutes aufweist und der Abbau von technologisch-kognitiven Distanzen für den Imitator zudem nicht ohne Kosten zu haben ist. Diese Aspekte sind auch empirischen Analysen zugrunde gelegt worden.

5.1 Imitation

Zunächst sei hierzu auf Imitationskosten und auf eine Studie von Mansfield, Wagner und Schwartz aus dem Jahre 1981 eingegangen. In dieser Studie wurden in den USA 48 Innovationen aus den Bereichen Chemie, Pharmazie und Elektrotechnik/ Maschinenbau analysiert. Die Analyse beruht auf Informationen zu projektspezifischen Innovationskosten des Innovators sowie den dazugehörigen Imitationskosten eines Imitators. Aus beiden Werten kann ein Prozentsatz ermittelt werden, der den Anteil der Imitationskosten an den Innovationskosten angibt und der als Maß für die technologische Distanz zwischen Innovator und Imitator interpretiert werden kann.

Abbildung 2: Imitationskosten (aus Mansfield/Schwartz/Wagner 1981)

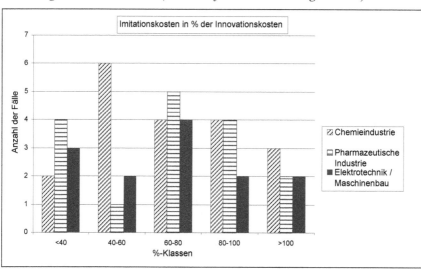

In Abbildung 2 sind diese Anteile für alle betrachteten Innovationsprojekte abgetragen. Auf der Ordinate finden sich die Prozentklassen, in die diese Anteile zu klassifizieren sind. Die erste Klasse gibt Anteile von weniger als 40 Prozent an, in der zweiten Klasse finden sich die Fälle mit 40 bis 60 Prozent und so weiter bis zu einer Klasse bei der die Imitationskosten sogar die Innovationskosten überschritten haben (mehr als 100 Prozent). Für jede dieser Klassen ist die Anzahl der Fälle in den jeweiligen Sektoren auf der Ordinate abgetragen. Aus dieser Abbildung entnimmt man unmittelbar, dass beim Großteil der Projekte die Imitationskosten zumindest 50 Prozent der ursprünglichen Innovationskosten ausmachen. Interessanter Weise ist die Klasse mit einem Prozentsatz „mehr als 100 Prozent" nicht vernachlässigbar niedrig besetzt. Insgesamt betrachtet legt diese Studie nahe, dass Imitation in aller Regel kein kostenloses Unterfangen darstellt, sondern zum Teil erhebliche Kosten mit sich bringt.

5.2 Innovation und Patentschutz

Als zweites sei auf die Effektivität des Patentschutzes eingegangen. Hierzu kann man auf Arbeiten von Cohen/Nelson/Walsh (2000) für die USA sowie auf eine Studie von Arundel (2001) für Europa zurückgreifen. In Abbildung 3 finden sich die Ergebnisse. Zunächst sind auf der Ordinate unterschiedliche Maßnahmen zur Verhinderung der Imitation gelistet. An oberster Stelle steht der Patentschutz, gefolgt von anderen rechtlichen Institutionen. Es handelt sich hier um Maßnahmen, die auf den Charakter technologischen Wissens als ein eher öffentliches Gut abstellen. Die daran anschließenden Maßnahmen der Geheimhaltung, des zeitlichen Vorsprungs, der Absatz begleitenden Maßnahmen, sowie des komplementären Produktionswissens unterstellen hingegen, dass es sich bei technologischem Wissen eher um ein latent öffentliches Gut handelt. Bei der Studie von Arundel (2001) finden sich die gleichen Kategorien mit Ausnahme der den Absatz begleitenden Maßnahmen.
    Die Werte zur Effektivität der jeweiligen Schutzwirkung sind wie folgt erhoben worden. In der Studie von Cohen/Nelson/Walsh (2000) wurden die Unternehmen danach befragt, für welchen prozentualen Anteil ihrer Innovationen die jeweilige Schutzmaßnahme eine effektive Wirkung entfalten konnte. Dabei wird zwischen Produktinnovationen mit dem dunkelgrauen Balken und Prozessinnovationen mit einem hellgrauen Balken unterschieden. Die Länge der Balken steht für den Grad der Schutzwirkung. Unschwer ist zu erkennen, dass die befragten Unternehmen dem Patentschutz eine Schutzwirkung zwischen 20 Prozent und 35 Prozent zusprechen. Diese Werte sind deutlich geringer als die Werte alternativer Schutzmaßnahmen: bei der Geheimhaltung rund 50 Prozent, beim zeitlichen Vorsprung knapp 40

bis 50 Prozent oder bei den Absatz begleitenden Maßnahmen zwischen 30 Prozent und 43 Prozent. Ebenso zeigt sich das komplementäre Produktionswissen mit einer Schutzwirkung von gut über 40 Prozent dem Patentschutz überlegen. Ein äquivalentes Bild ergibt sich auch aus der Studie von Arundel (2001). Hier wurde ausgewertet, welcher Prozentsatz der innovativen Unternehmen der jeweiligen Schutzmaßnahme den höchsten Grad an Schutzwirkung zumisst.

Abbildung 3: Effektivität alternativer Schutzmechanismen I

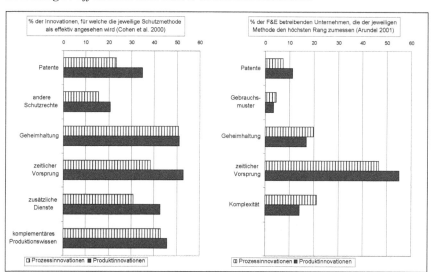

Fasst man diese beiden Studien in ihrem Ergebnis zusammen, so zeigt sich eindeutig, dass innovative Unternehmen dem Patentschutz selbst durchaus eine Schutzwirkung zumessen, die jedoch im Vergleich zu anderen Maßnahmen deutlich geringer ausfällt. Unternehmen können sich also auf noch andere Mechanismen als den Patentschutz verlassen. Entsprechend wird das theoretische Argument aus Abschnitt 3, dass allein der Patentschutz die Anreizproblematik lösen könne, nun auch durch empirische Beobachtungen in Frage gestellt. Die hohe Effektivität von Geheimhaltung und zeitlichem Vorsprung unterstützt dagegen die Argumentation aus Abschnitt 4, dass neues Wissen zumindest ein latent öffentliches Gut darstellt, wenn es nicht sogar tazit ist, woraus sich eine eigene Schutzwirkung ergibt.

In einer Erweiterung der Analyse der Patentschutzwirkung kann auch noch eine zeitliche Dimension betrachtet werden. Hierzu sei der Carnegie-Mellon Sur-

vey aus dem Jahr 1994 (Cohen/Nelson/Walsh 2000) mit den Ergebnissen des Yale
Survey aus dem Jahr 1983 (Levin et al. 1987) verglichen. Abbildung 4 zeigt den
Vergleich jeweils unterschieden nach Produkt- und Prozessinnovationen.

*Abbildung 4: Effektivität alternativer Schutzmechanismen in den USA 1983
versus 1994*

Effektivität der Schutzmethode bei Prozessinnovationen (Prozent der Antwortenden)

Rang Mechanismus	1.	2.	3.	4.	5.
Yale Survey 1983 (Levin et al. 1987)					
Patente	3	6	8	27	
Geheimhaltung	4	14	21	4	
zeitlicher Vorsprung	32	7	5	0	
absatzbegl. Maßnahmen	6	22	11	5	
Carnegie-Mellon Survey 1994 (Cohen/Nelson/Walsh 2000)					
Patente	0	5	4	14	21
Geheimhaltung	28	8	6	1	1
zeitl. Vorsprung	6	10	19	7	2
absatzbegl. Maßnahmen	1	2	10	21	10
Produktion	12	22	8	2	0

Effektivität der Schutzmethode bei Produktinnovationen (Prozent der Antwortenden)

Rang Mechanismus	1.	2.	3.	4.	5.
Yale Survey 1983 (Levin et al. 1987)					
Patente	5	6	20	13	
Geheimhaltung	0	0	19	25	
zeitl. Vorsprung	17	21	6	0	
absatzbegl. Maßnahmen	24	19	1	0	
Carnegie-Mellon Survey 1994 (Cohen/Nelson/Walsh 2000)					
Patente	3	4	5	12	20
Geheimhaltung	14	14	7	8	1
zeitlicher Vorsprung	22	6	10	4	2
absatzbegl. Maßnahmen	3	9	11	15	6
Produktion	4	14	13	7	6

Für die alternativen Mechanismen wurden die Unternehmen gebeten anzugeben, in wieweit diese bei ihrer Schutzwirkung auf den ersten, zweiten, dritten oder vierten Platz rangieren (beim Carnegie-Mellon Survey kommt auch noch der fünfte Platz hinzu). Aus den Antworten ergeben sich dann Verteilungen wie in Abbildung 4 ausgewiesen. Aus dem Vergleich der Verteilungen der Jahre 1983 und 1994 erkennt man für beide Innovationsarten, dass der Rang des Patentschutzes über die Zeit hinweg abgenommen und derjenige der Geheimhaltung zugenommen hat; der zeitliche Vorsprung ist bei Prozessinnovationen im Rang abgesunken, bei Produktinnovationen hingegen im Rang aufgestiegen. Ebenso hat die Bedeutung von Absatz begleitenden Maßnahmen bei Prozessinnovationen ab und bei Produktinnovationen zugenommen.

Fasst man diese Ergebnisse zusammen, so zeigt sich eindeutig, dass über die Zeit die Bedeutung des Patentschutzes abgenommen hat. Interessant ist, dass dies in einer Phase erfolgte, in der auf internationaler Ebene der Patentschutz allgemein gestärkt wurde.

5.3 Analyse weiterer Motive der Patentierung

Wenn vor diesem Hintergrund dennoch rege Patentierungsaktivitäten zu beobachten sind, dann stellt sich die Frage nach den dahinter stehenden Motiven. Eine erste Antwort darauf lautet, dass es Produktinnovationen gibt, die immer noch eines Patentschutzes bedürfen, vor allem aus der Pharmazie, der Chemie und der Biotechnologie. Sie werden als diskrete Innovationen bezeichnet, bei denen ein einfaches Re-engineering und damit schnelle Imitation möglich ist. Allerdings gibt es daneben aber auch Neuerungen, für die ein Patent beantragt wurde, obwohl die Gefahr der schnellen Imitation möglicherweise gar nicht gegeben war. Entsprechend müssten in diesen Fällen andere Motive als die des Imitationsschutzes vorliegen. Hierzu sei auf die Analyse von Cohen et al. (2000) hingewiesen, die verschiedene Gründe erhoben haben, warum Innovatoren den Patentschutz beantragen. Abbildung 5 gibt hierzu eine Übersicht.

Auf der Ordinate sind dort verschiedene Gründe für die Patentanmeldung abgetragen. Hierbei wird auch wieder zwischen Produkt- und Prozessinnovationen unterschieden. Zunächst einmal ist festzuhalten, dass der Grund, Imitation zu verhindern und Lizenzeinnahmen zu erzielen, dem eigentlichen Ansinnen des Patentschutzes entspricht. Die Befragten geben diesen Grund auch zu einem hohen Prozentsatz an.

Eine zweite Antwort lautet, dass Unternehmen Patente auch aus anderen Gründen als dem Imitationsschutz einsetzen. Hierzu gibt Abbildung 5 ebenfalls Aufschluss. Ein den Wettbewerb beschränkender Einsatz von Patenten kommt zum Tragen, wenn damit Gerichtsverfahren verhindert oder potenzielle Bewerber aus dem Markt herausgehalten (so genannte Blockadepatente) werden können. Daneben steht deren Reputationswirkung, wie sie bei Verhandlungen nützen oder wie sie als Indikation der eigenen Leistungsfähigkeit dienen kann. Vergleicht man diese verschiedenen Motive einer Patentierung, so fällt auf, dass die strategische Nutzung zur Wettbewerbsverhinderung nach der Verhinderung von Imitation den zweiten Rang einnimmt. Die Aspekte *Reputation* und *Signaling* zeigen sich nur knapp dahinter.

Abbildung 5: Patentierungsmotive

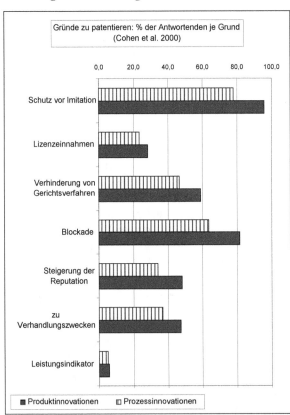

6   Plädoyer für eine Differenzierung des Patentsystems

Der Patentschutz stellt ein tradiertes und trotz vielfältiger Reformen immer noch vergleichsweise einfach konzipiertes Instrumentarium dar, um Innovationsanreize bei Innovatoren zumindest potenziell zu erhalten. Allerdings steht dieses System in Konkurrenz zu alternativen Mechanismen, die oftmals eine bessere Schutzwirkung entfalten. Gemein ist diesen Schutzmechanismen, dass sie einem Inventor ermöglichen, aus dem neu geschaffenen Wissen einen ökonomischen Ertrag zu erzielen. Dies gelingt dadurch, dass die technologische und kognitive Distanz, die ein Inventor zu Konkurrenten aufgebaut hat, durch diese nicht unmittelbar aufgeholt (etwa durch zeitlichen Vorsprung) oder unmittelbar imitiert und ökonomisch genutzt (intellektuelle Eigentumsrechte) werden kann. Vor diesem Hintergrund der Vielfalt an Schutzmechanismen stellt sich die Frage, inwieweit eine Regelung zu intellektuellen Eigentumsrechten notwendig ist und wie diese dann speziell auszugestalten und zu formulieren sind.

Die theoretische Diskussion sowie die Vorstellung ausgewählter empirischer Untersuchungsergebnisse legen es nahe, dass immer dann, wenn isolierte und wenig komplexe Innovationsaktivitäten überwiegen, einfache Imitation den Innovationsanreizen merklich entgegenwirken und so entsprechend auch Patentschutzregelungen wünschenswert sind. In dem Maße wie Innovationsvorhaben komplexerer und sequentieller Natur sind, wenn es auf die besonderen Kenntnisse und Fähigkeiten der Innovatoren wie auch Imitatoren ankommt, kann in vielen Fällen auf einen Patentschutz verzichtet werden. Imitation stellt in diesen Fälle für Innovatoren keine unmittelbare Gefährdung dar, so dass die Innovationsanreize wenig beeinflusst sein werden, denn der Prozess der Generierung neuen Wissens selbst entfaltet hier die notwendige Schutzwirkung. Darüber hinaus zeigt sich, dass die reine Schutzwirkung von Patenten nicht immer als Grund dient, eine Neuerung zum Patent anzumelden. Strategische Motive sowie die Signalwirkung von Patenten spielen eine nicht unerhebliche Rolle und sind kritisch zu hinterfragen.

Es folgt hieraus, dass der einfach konzipierte Patentschutz mit seiner „Onesize-fits-all" Regelung wohl nicht angemessen ist. Vielmehr müsste ein differenziertes Regelsystem eingesetzt werden, um der Verschiedenartigkeit der Innovationsprozesse und der jeweiligen Besonderheiten entsprechend Rechnung zu tragen. Ein derartiges System würde neben den schon als klassisch zu bezeichnenden Investitionsanreizen auch die Innovationsfähigkeiten der Akteure und deren Dynamik zu berücksichtigen haben. So sind manche Sektoren und Technologien auf strenge Patentschutzvorschriften angewiesen, wie etwa die pharmazeutische Industrie. Andere Sektoren wiederum, wie etwa in vielen Fällen der Maschinenbau, könnten durchaus gänzlich ohne Patentschutz auskommen.

Das Plädoyer für ein stärker differenziertes System des Patentschutzes ist sicherlich kühn. Man mag sich fragen, bis zu welchem Grad der Differenzierung solche
Regelungen entsprechend formuliert und dann auch durchgesetzt werden können.
Der Teufel steckt hier im Detail und wahrscheinlich müsste der legale Apparat
im Vergleich zur heutigen Situation um ein Vielfaches ausgeweitet werden. Die
Frage, ob hierdurch die Innovationstätigkeit effizienter wird und ob die Schutz-
regelungen helfen, die spezifischen Schutzbedürfnisse adäquat zu bedienen, kann
ohne weitergehende Analysen der entstehenden Nutzen und Kosten nicht beantwortet werden

Literatur

Arrow, Kenneth J. (1962): Economic welfare and the allocation of resources for invention.
    In: Nelson (1962): 609-25
Arundel, Anthony (2001): The relative effectiveness of patents and secrecy for appropria-
    tion. In: Research Policy Jg. 30, H. 4, 611-624
Bessen, James/Maskin, Eric (2006): Sequential Innovation, Patents, and Imitation. Wor-
    king Paper: Boston, University School of Law and Princeton University
Cohen, Wesley M./Levinthal, David A. (1989): Innovation and learning: the two faces of
    R&D. In: The Economic Journal Jg. 99, H. 397, 569-96
Cohen, Wesley M./Nelson, Richard R./Walsh, John P. (2000): Protecting their intellectual
    assets: appropriability conditions and why US manufacturing firms patent or not.
    NBER Working Paper 7552
Encaoua, David/Guellec, Dominique/Martinez, Catalina (2006): Patent systems for encou-
    raging innovation: lessons from economic analysis. In: Research Policy Jg. 35, H. 9,
    1423-1440
Hall, Browyn/Ziedonis, Rosemarie (2001): The patent paradox revisited: firm strategy and
    patenting in the US semiconductor industry. In: Rand Journal of Economics Jg. 32,
    H. 1, 101-128
Levin, Richard C./Klevorick, Alvin K./Nelson, Richard R./Winter, Sidney G. (1987):
    Appropriating the returns from industrial research and development. In: Brookings
    Papers on Economic Activity Jg. 18, H. 3, 783-831
Mansfield, Edwin/Schwartz, Mark/Wagner, Samuel (1981): Imitation costs and patents – an
    empirical study. In: Economic Journal Jg. 91, H. 364, 907-918
Nelson, Richard R. (Hrsg.) (1962): The Rate and Direction of Innovative Activity: Eco-
    nomic and Social Factors. Princeton: Princeton University Press
Nelson, Richard R. (1989): What is private and what is public about technology? In: Sci-
    ence, Technology & Human Values Jg. 14, H. 3, 229-241
Nordhaus, William (1969): Invention, Growth and Welfare. Cambridge, MA: MIT Press
OECD (2004): Patents and Innovation: Trends and Policy Challenges
Polanyi, Michael (1967): The Tacit Dimension. Garden City, NY: Doubleday Anchor

Die Welt als Horizont – Zur Produktion globaler Expertise in der Weltgesellschaft

Ilse Helbrecht

1   Globale Expertise als individuelle Kompetenz

Die ganze Welt ist heute Horizont individuellen und organisationalen Handelns. Dies war nicht immer so. Denn jede Gesellschaft und jedwede gesellschaftliche Formation schafft sich ihre je eigenen Muster von Raum und Zeit. Und eine jede konstruiert sich den Horizont als Grenze der eigenen Betrachtung und damit auch ihre eigene historische Geographie (Harvey 1990: 418). Wurden im 19. und 20. Jahrhundert vor allem die Raum-Zeit-Muster nationaler Gesellschaften von den Sozialwissenschaften bearbeitet, so ist die gegenwärtige Formation zutreffend nur mehr als Weltgesellschaft zu beschreiben. Der Grad der Vernetzung und kommunikativen Erreichbarkeit nahezu aller Orte auf dem Globus füreinander ist so hoch geworden, dass die Welt zum gesellschaftlichen Horizont des Handelns, des Denkens, der Erfahrung, der Imagination und der Bewertung geworden ist (Stichweh 2000). Dies trifft auf Medienbilder ebenso zu wie auf Konsumstile, politische Diskurse, ökonomische Investitionen, den Warenhandel oder Kunstauktionen.

In der Weltgesellschaft ist die Herstellung von global anschlussfähigem und global verwendbarem Wissen ein hochkarätiger Faktor. Firmen können Profite zeitigen, wenn sie aufgrund von globaler Expertise geschickt und souverän auf den Weltmärkten agieren. Der Trend zur Wissensgesellschaft rückt die Herstellung von globaler Expertise entschieden in den Vordergrund. Dabei ist globale Expertise in der Wirtschaft auf mindestens zwei Ebenen anzutreffen. Erstens auf der organisationalen Ebene in Unternehmen und Verbänden, also zum Beispiel dem professionellen Wissensmanagement internationaler Konzerne (Willke 2001). Zweitens ist globale Expertise auf der personalen Ebene anzutreffen als individuelle Kompetenz. Firmen als *global players* benötigen Menschen als *global actors*, um professionelle Entscheidungen zu treffen. Dies zeigen empirische Netzwerkanalysen innerhalb von internationalen Firmen. Tatsächlich sind es innerhalb supranationaler Netzwerkstrukturen nur wenige Schlüsselpersonen, die weltweit vernetzt sind und als wichtige Knotenpunkte für den weltweiten Erfahrungsaustausch der gesamten Organisation fungieren (Glückler 2004). Die Qualität firmeninterner

Kommunikation über ein global abgestimmtes Vorgehen hängt faktisch von den selektiven Knotenbildungen durch individuelle, global verbundene Experten ab. Diese spezifische Gruppe von Experten mit globaler Expertise ist als Humankapital in der Weltgesellschaft ein hoch nachgefragter Wertschöpfungsfaktor. Dies ist unter anderem ablesbar an der kritischen Frage der Managergehälter.

In der Weltgesellschaft entwickelt sich also eine vermeintlich persönliche Herausforderung zu einer Frage von strategischem Rang: Wie entwickeln Individuen wirtschaftliche – aber auch politische, soziale oder kulturelle – globale Expertise, und wie erhalten sie sie? Was ist globale Expertise und aus welchen Elementen besteht sie? Welche Grundzüge trägt sie? In diesem Beitrag soll dieses Fragenfeld erkundet werden. Hierbei handelt es sich um ein relativ neues Gebiet der Grundlagenforschung mit hoher Anwendungsrelevanz. Tatsächlich haben sich die Wirtschafts- und Sozialwissenschaften bisher unter dem Blickwinkel des Wissensmanagements überwiegend mit organisationalen Strategien von Unternehmungen beschäftigt (vgl. Heidenreich 2000; Gibbons/Nowotny/Limoges 2008). Ein in die Stadtforschung früh eingebrachter und prominent gewordener Ansatz ist die von Saskia Sassen (1991) untersuchte „global control capacity" von Betrieben. Um diese zu erklären, erläuterte sie die Bedeutung des Phänomens der Wechselbeziehungen zwischen produktionsorientierten Dienstleistungsunternehmen in den Praktiken der Wissensproduktion.

In diesem Beitrag werde ich hierzu eine komplementäre Perspektive einnehmen. Mich interessiert die Rolle einzelner, hochkarätiger Experten als Knoten in internationalen Netzwerken. Die Bedeutung der Expertise der Experten für die Wirtschaft als Schlüsselposition in internationalen Netzwerken ist bisher ein blinder Fleck in der gegenwärtigen Forschung zur Weltgesellschaft. Wodurch unterscheidet sich die individuelle Expertise von Expertinnen und Experten von dem organisationalen Wissen der Betriebe? Wofür wird Expertise im Vergleich zu anderen Kategorien wie etwa Wissen und Information gebraucht? Und wie ist es überhaupt denkbar, dass ein Individuum, ein Experte Wissen über globale Zusammenhänge aufbaut und perpetuiert? Was ist also der Charakter globaler Expertise? Dieser Beitrag stellt hierzu keine empirischen Ergebnisse vor, sondern führt erstmalig das Thema der individuellen, globalen Expertise in die deutschsprachige wirtschaftsgeographische Literatur konzeptionell ein. Hierzu werde ich zunächst die zentralen Begriffe Weltgesellschaft, Wissen und Expertise erläutern (Abschnitt 2), um anschließend verschiedene Praktiken und Möglichkeiten der Produktion globaler Expertise zu skizzieren (Abschnitt 3). Für das Verständnis des Entstehungs- und Wirkungszusammenhangs von globaler Expertise individueller Experten ist dabei die Betrachtung von Wissensmobilität als individuelle Übersetzungsleistung (Abschnitt 4) und Wissensanwendung als Performance (Abschnitt 5) bedeutend.

2 Horizonte: Die Welt der Weltgesellschaft

Der Begriff der Weltgesellschaft ist hilfreich, um die Praktiken der Produktion globaler Expertise zu verstehen. Es war Johann Wolfgang von Goethe, der im frühen 19. Jahrhundert die Notwendigkeit einer solchen Begrifflichkeit ahnte. Denn als Goethe am 31. Januar 1827 im Gespräch mit Johann Peter Eckermann den Begriff der Welt-Literatur verwendete, trug er damit einer Entwicklung Rechnung, die sich seit dem 18. Jahrhundert in Wirtschaft und Gesellschaft zu zeigen begann (Stichweh 2000: 9). Goethe führte anlässlich der Lektüre eines Chinesischen Romans zu seinem Freunde aus, dass die Unterschiede seiner Beobachtung nach nicht so groß seien zwischen den literarischen Formen der Nationen. „National-Literatur will jetzt nicht viel sagen, die Epoche der Welt-Literatur ist an der Zeit und jeder muss jetzt dazu wirken, diese Epoche zu beschleunigen" (Goethe in Schlaffer 1986: 207). Die Beobachtung verbreitete sich bei aufmerksamen Zeitgenossen wie Goethe, dass von nun an in der Entwicklung der Menschheit weder regionale noch nationale, weder am deutschen Sprachraum orientierte noch in europäischen Dimensionen gedachte Schemata ausreichen würden, um den intellektuellen Horizont der Kommunikation über Literatur zu beschreiben. Nicht die italienische oder deutsche Literatur, nicht die englische oder russische und ihre gemeinsame europäische Verwurzelung genügten, um die kulturelle Bedeutung von Sprache und Ausdrucksmöglichkeiten in Sprache gedanklich zu situieren. Vielmehr zeichnete sich mit der Kenntnisnahme der Vielzahl von Literaturen für Goethe eindrücklich ab, dass es von nun an nur einen als global zu bezeichnenden Horizont der Verbindung und Verbundenheit von Gesellschaften durch das literarische Wort geben werde: Welt-Literatur als Erkenntnisgegenstand und Maßstab der Betrachtung.

Auch im philosophischen Bereich entdeckte Immanuel Kant in jener Zeit die „Weltbürgergesellschaft" (Stichweh 2000: 10) als Neuerung, die zu Teilen auf die Entstehung einer globalen Öffentlichkeit zurückzuführen sei. Die Idee der Weltgesellschaft und die Erfahrung von Welt, die damit zusammenhängt, ist also eine europäische Weltsicht mit Ursprüngen im 18. und 19. Jahrhundert (Stichweh 2000: 7). Das Gefühl, als Schriftsteller, als Bürger, als Wissenschaftler Bewohner einer Weltgesellschaft zu sein, ist im Wesentlichen zurückzuführen auf die Möglichkeit des Anschlusses in der Kommunikation. Es findet eine Kenntnisnahme statt, und es gibt einen offenen Bezug im eigenen Handeln auf die Möglichkeiten in Begegnungen mit räumlich entfernter gelegenen, aber der eigenen Perspektive zugänglichen Situationen, Personen oder Sachverhalten. Fast jeder lokale Akt ist in der Weltgesellschaft durchdrungen von der Möglichkeit, anschlussfähig zu sein an Interaktionen und Kommunikation andernorts. Global und lokal ist somit die Leitunterscheidung der Weltgesellschaft (Stichweh 2000: 138).

Aus heutiger Sicht erscheint die Idee der Weltgesellschaft umso einsichtiger, da wir aufgrund der gestiegenen Möglichkeiten der Informationstechnologien tatsächlich weltweit in Echtzeit kommunizieren. Erfindungen wie das WorldWideWeb 1.0 und 2.0 haben die historisch frühe Einsicht von Goethe und Kant, dass von nun an im globalen Maßstab zu denken sei, in ein Allgemeingut und eine Alltagserfahrung verwandelt. Physische, räumliche Distanzen sind nicht mehr Maßstab der Vernetzung oder Erreichbarkeit – weder in Wirtschaft, Politik noch Kultur. Tatsächlich hat die hohe kommunikative Erreichbarkeit vieler Orte und Personen auf dem Globus füreinander die Dimensionen von Raum und Zeit gesellschaftlich komprimiert. David Harvey nannte dies 1990 treffend „time-space-compression" (Harvey 1990: 427). Er hat damals gleichzeitig mit beobachtet, was auch in der Begriffswelt der Weltgesellschaft mitgedacht ist. Die Kenntnisnahme des globalen Maßstabs gesellschaftlichen Handelns bedeutet nicht nur Homogenisierung und Vereinheitlichung. Vielmehr geht mit der Maßstabsvergrößerung der Reichweiten und zunehmenden Distanzlosigkeit ebenso eine erhöhte Aufmerksamkeit für die Teilregionen und kulturellen Subsysteme der Weltgesellschaft einher:

> „The more global interrelations become, the more internationalized our dinner ingredients and our money flows, and the more spatial barriers disintegrate, so more rather than less of the world's population clings to place and neighbourhood or to nation, region, ethnic grouping, or religious belief as specific marks of identity" (Harvey 1990: 427).

Entsprechend konsequent ist es, dass André Heller als offiziellen Beitrag im Kulturprogramm zur FIFA Fußballweltmeisterschaft 2006 in Deutschland ein Forum der Welt-Literaturen durchführte. Aus Goethes Welt-Literatur ist seither der Plural von Welt-Literaturen geworden; ein Zeichen erhöhter Aufmerksamkeit für die kulturelle Vielfalt der Teilregionen und Subsysteme in der Weltgesellschaft des 21. Jahrhunderts. Interne Differenzierung ist also kategorisch mit eingedacht in die Denkfigur der Weltgesellschaft. Der Begriff Welt meint dementsprechend in der Perspektive der Weltgesellschaft nicht etwas Einheitliches, sondern einen Horizont, der im Prozess der Sinnbildung wesentlich ist und das Erleben und Handeln der Menschen unablässig begleitet. Als Horizont ist Welt stets im Erleben präsent. Sie ist konstant da und gleichermaßen unerreichbar. Denn die Welt weicht bei dem Versuch einer Annäherung beständig zurück und ist als Ganzes nicht erfassbar – wie ein Horizont. Die Welt wird als Horizont von einem Standpunkt aus durch Sinnbildung konstruiert (Vetter 2004: 264). Sie umfasst die Situiertheit der eigenen, sinngebenden Position zugleich mit dem nach außen geworfenen, projektiven Blick. Welt als Horizont ist ein In-Beziehung-Setzen des Innen und Außen, eine Sinngebung des Nahen mit dem Fernen und damit eine Praxis, eine Bewegung des beständigen Überschreitens.

„Welt wird projektiv konstituiert; sie übergreift die Differenz von Innen und Außen, Eigen und Fremd, System und Umwelt. Welt ist in einem Sinne, der von der Phänomenologie und von Niklas Luhmann vielfach beschrieben worden ist, ein Horizontbegriff, was impliziert, daß eine solche als Horizont verstandene Welt jedes Erleben und Handeln unablässig begleitet" (Stichweh 2000: 235 f.).

Dieses Verständnis von Welt als Horizont hat Implikationen dafür, welche Rolle globales Wissen und globale Expertise in der Weltgesellschaft einnehmen. Offensichtlich ist die Herstellung von Welt eine Konstruktionsleistung, die eng verbunden ist mit dem eigenen Standpunkt. Jeder Entwurf einer Welt als Horizont und jede Wahrnehmung eines globalen Phänomens als solchem ist untrennbar verbunden mit der Sinngebung durch eine Person, eine Organisation oder eine soziale Gruppe. Welten werden als Horizontkonstrukte hergestellt. Hierfür sind der selektive oder kompetente Umgang mit Wissen und Expertise essenziell. Es ist also eine notwendige Leistung jedes global agierenden Akteurs, sich einen derart gestalteten Wissensschatz erst zu erarbeiten, der ihn oder sie befähigt, souverän in den Teilräumen der Weltgesellschaft zu agieren. Die Horizontkonstruktion muss dazu befähigen, im Idealfall weltweit zu operieren. Die Herstellung globaler Expertise gehört somit für einen globalen Akteur notwendig zur Horizontkonstruktion. Dass dabei die Weltgesellschaft keineswegs homogen ist, sondern sich ausgesprochen differenziert darstellt, bietet eine besondere Herausforderung, auf die ich im Folgenden noch eingehen werde.

Doch zunächst müssen die zentralen Begriffe erläutert werden: Wie lässt sich begrifflich zwischen Daten, Information, Wissen und Expertise unterscheiden? Daten können nahezu alles sein: die Lufttemperatur, die Farbe des Himmels, diese Textdatei als digitaler Code, mein Köpergewicht et cetera. Daten haben per se keine Handlungs- oder Systemrelevanz. Sie werden erst dann von einem Datum zu einer Information, wenn jemand ihnen eine Bedeutung gibt, beziehungsweise wenn sie einen bedeutsamen Unterschied ausmachen (Willke 2001: 8 ff.). Eine Information ist nach der klassisch gewordenen Definition von Gregory Bateson „irgendein Unterschied, der bei einem späteren Ereignis einen Unterschied ausmacht" (Bateson 1987: 488). Informationen sind somit gebunden daran, dass sie wahrgenommen und bewertet werden vor dem Hintergrund eines spezifischen Bewertungskontextes.

Demgegenüber ist der Begriff des Wissens gebunden an menschliches Urteils- und vor allem Handlungsvermögen. Wissen entsteht nach Platon durch Reflexion und das Ringen um Erkenntnis (Platon 1982: 626, Theaitetos 186E). In aktuellen Debatten um die Rolle des Wissens in der Wissensgesellschaft wird der praktische Aspekt des Wissens als Element sozialer Praxis betont. Wissen ist nach Nico Stehr „etwas, das der Mensch tut" (Stehr 2001: 56). Wissen bestimmt sich nicht nur über den Wissensinhalt (das, was man weiß). Wissen ist ebenso definiert durch die Art, wie man weiß (Wissensform). Wissen sei demnach ein Prozess (Stehr 2001: 56). Dieser Prozess ist in seinem gesellschaftlich relevanten Kern vor allem die Handlungskompetenz eines Menschen.

Erst dasjenige kodifizierte, theoretische Wissen, das von einem Individuum oder einer Gruppe intellektuell so angeeignet wurde, dass diese es auch verwenden und souverän anwenden kann, versteht Nico Stehr als sozial relevantes Wissen in der Wissensgesellschaft. Wissen ist somit gesellschaftlich entscheidend als „die Fähigkeit zum sozialen Handeln (Handlungsvermögen)" (Stehr 2001: 62). Wissen ist auch als solches, als Handlungsvermögen definiert. Damit sind es bei Stehr beispielsweise nicht so sehr die Wissenschaftler, die mit wissenschaftlicher Erkenntnis neues Wissen in die Welt setzen, die in den Mittelpunkt der Betrachtung der Ökonomie der Weltgesellschaft rücken, sondern die Fähigkeiten der Anwender von Wissen, dieses tatsächlich produktiv und kompetent in soziales, politisches oder ökonomisches Handeln umzusetzen.

Gewinnt Wissen, wie unter anderen Stehr es sieht, als Handlungsmöglichkeit Bedeutung, so rücken die sozialen Bedingungen der Wissensherstellung, der Wissensaneignung, des Wissenstransfers, der Adaption und Verfügung über Wissen in den Mittelpunkt – also Wissen als Teil eines sozialen Prozesses, der entscheidend von Menschen und ihren Möglichkeiten geprägt ist (Stehr 2003: 32 f.).

Expertise ist hierbei eine besondere Form spezialisierten Expertenwissens mit großen Reichweiten in Bezug auf die gesellschaftliche Wirksamkeit. Expertise ist fachlich spezialisiertes Wissen, das gesellschaftlich folgenreich ist, weil es gebunden ist an ein Expertenhandeln und die Anerkennung beziehungsweise Zuschreibung einer Expertenrolle. Das Erringen ebenso wie die Ausübung von Expertise ist eine Wissenspraxis, die auf sozialen Rollen basiert und an hochkarätige Entscheidungen gekoppelt ist.

„Expertise is a specialised, deep knowledge and understanding in a certain field, which is far above average. Any individual with expertise is able to create uniquely new knowledge and solutions in his/her field of expertise." (Bender/Fish 2000: 126).

Der Begriff Expertise zielt also auf vier Unterscheidungsmerkmale: a) den Spezialisierungsgrad von Wissen, b) die Fähigkeit, komplexe Situationen zu beurteilen um eventuell neues Lösungswissen herzustellen, c) die soziale Rolle des Experten durch die gesellschaftliche Anerkennung als Expertisenträger und d) die hohe gesellschaftliche Wirkungsmächtigkeit durch die sozialen Folgen der Expertise. Unter globaler Expertise verstehe ich somit eine spezielle Form des spezialisierten Expertenwissens, das hochgradig anschlussfähig ist in der Weltgesellschaft mit gravierenden (Handlungs-)Folgen. Die Forschungsfrage, die mich beschäftigt, lautet nun: Wie wird globale Expertise hergestellt, aktualisiert und ausgebaut?

3 Weltgesellschaft und die Herstellung globaler Expertise – Vier Praktiken

Globale Expertise in der Weltgesellschaft kann auf unterschiedliche Weise hergestellt werden (Stichweh 2000). Vermutlich besteht eine offene, noch wenig erforschte Vielfalt sozialer Praktiken, die die Herstellung globaler Expertise befördern. Für die Fragestellung dieses Beitrags möchte ich vier Praktiken unterscheiden: die Praxis der Universalisierung des Wissens (Teilabschnitt 3.1), die Praxis der Globalisierung von Organisationen (Teilabschnitt 3.2), die Praxis der Regionalisierung der Wissensproduktion (Teilabschnitt 3.3), die Praxis der Mobilisierung von Experten zur Produktion personengebundener globaler Expertise (Teilabschnitt 3.4). Auf diese vierte Variante kommt es mir in diesem Beitrag besonders an. Denn sie wird bisher in der Literatur noch wenig bedacht.

3.1 Universalisierung von Wissen

Eine erste, aus akademischer Sicht naheliegende Produktionsstätte von globaler Expertise sind die Hochschulen. Universitäten sind dabei aus räumlicher Perspektive eine außergewöhnliche Form der Organisation in der Weltgesellschaft. Denn sie sind von ihrer geographischen Verteilung her betrachtet ausgesprochen lokal gebundene Einrichtungen. Eine Universität hat zumeist nur einen Standort. In einigen Ausnahmesituationen besteht sie, wie im Falle der University of California, aus einem Netzwerk regional gebundener Standorte. Somit findet die globale Expansion von Universitäten nicht durch Ausgründungen, Fusionen oder die Tochtergesellschaften statt. Hochschulen erbringen eine global anschlussfähige Kommunikationsleistung gerade nicht auf Basis einer organisationalen Expansionsstrategie, sondern durch die Herstellung von universalem Wissen selbst. Gewiss ist universales Wissen ein kontextgebundenes, soziales Konstrukt und ruht oftmals auf situiertem Wissen (Butler 2000). Dennoch werden an Hochschulen spezifische Formen wissenschaftlicher Erkenntnis produziert, die global anschlussfähig zu Teilen als universales Wissen um den Erdball zirkulieren. Die Globalisierung des Wissenschaftssystems findet nicht durch die räumliche Expansion der Organisation Universität statt (Stichweh 2000: 136). Stattdessen geschieht Globalisierung in der *scientific community* durch die Akzeptanz wissenschaftlicher Erkenntnismethoden und Argumentationen. Stichweh stellt fest, dass die „Wissenschaft ... den extremen Fall weltweit gelingender Anschlußfähigkeit verkörpert" (Stichweh

2000: 138). Dies geschieht kontextabhängig mit variierten kulturellen Standards je nach Wissenschaftskultur und epistemischer Gemeinschaft (Knorr Cetina 2002b). Auch die Regeln der Erkenntnisproduktion sind aufgrund der lokalen Standorte von Universitäten als spezifischen Räumen der Wissensproduktion gebunden an das Vorhandensein „idiosynkratischer, an einen bestimmten Ort verankerter Interpretationen" (Knorr Cetina 2002a: 77). Wissenschaftler stellen also in pluralen epistemischen Gemeinschaften und *communities of practice* ein globales Gut her, nämlich universales Wissen, das sich durch eine extrem lokal verankerte Organisationsform auszeichnet: die Universität.

Darüber hinaus hat das Wissenschaftssystem zur Ergänzung der lokalen Organisationsform Universität als begrenztem Raum örtlich gebundener Wissensproduktion zahlreiche Instrumente und Strategien entwickelt, um weltweite Kommunikation zu gewähren. Hierzu gehören internationale Tagungen ebenso wie Zeitschriften, Gastprofessuren, Forschungsfreisemester und Veröffentlichungen im WorldWideWeb. Explizites Wissen und Personen sind also hochgradig mobil im Wissenschaftssystem. Die Organisationsform Universität bleibt bodenständig verortet. Was im Wissenschaftssystem vorherrscht ist die Pflege von „relational proximity" (Williams 2006: 600) durch epistemische Gemeinschaften in *communities of practice.*

3.2 Globalisierung von Organisationen

Eine zweite Produktionsform von globaler Expertise findet sich im Wirtschaftsleben. Hier geschieht die Herstellung weltweit verwendbaren Wissens zu Teilen auf gänzlich unterschiedliche Weise im Vergleich zur Wissenschaftswelt. International agierende Firmen sind auf globale Expertise angewiesen, um sich kompetent in den Teilregionen der Welt zu bewegen. Jedoch wird diese globale Expertise selten als universales Wissen wie im Wissenschaftssystem hergestellt. Vielmehr konstruieren Firmen Globalität vielfach durch die Verfolgung einer bestimmten Strategie der Organisationsentwicklung (Stichweh 2000; Willke 2001). Der multinationale Konzern ist eine moderne Erfindung, die in der Ökonomie supranational kompetentes Handeln herzustellen sucht. Durch die organisationale Expansion, indem Firmen als Organisationen räumlich expandieren, soll ein Zugriff auf die Spezifika der regionalen Subsysteme der Weltwirtschaft erfolgen und hieraus ein internationales Markenkonzept oder ein überörtlich wettbewerbsfähiges Produkt entwickelt und produziert werden. Ob die Produktionsstandorte hierbei zu den Absatzmärkten rücken, ob die Forschungsabteilungen in die Nähe neuer Märkte verlegt werden, ob durch firmeneigene Experten, agierend als *global scouts*, ausländische Märkte eruiert werden, oder ob durch Tochterbildungen im Ausland Fremdmärkte erobert

werden – all dies sind mögliche Strategien der Globalisierung im Bereich der Ökonomie. Während also im Hochschulwesen das Wissen selbst zu Teilen universal
konstruiert und damit weltweit anschlussfähig ist, wird im Wirtschaftssystem oftmals über internationale Organisationsformen Globalität zu generieren versucht.

3.3 Die Regionalisierung der Wissensproduktion

Eine dritte denkbare Praxis zur Herstellung global anwendbaren Wissens besteht
in der räumlichen Konzentration von Stätten der Wissensproduktion. Diese Stand-
ortstrategie ist im Wirtschaftssystem weit verbreitet. Sie findet seit der Exzellenz-
initiative des Bundes und der Länder auch im deutschen Wissenschaftssystem
zunehmend Verwendung: die regionale Ballung durch Clusterbildung. Die vorliegenden Untersuchungen in der Wirtschaftsgeographie und den Regionalwissen-
schaften sind so weitreichend, dass ich mich auf eine kurze Darstellung beschrän-
ke (vgl. Keeble et al. 1999; Tichy 2001; Krätke 2002; Fromhold-Eisebith 2009;).

Tacit knowledge (implizites Wissen) wird in der Wirtschaftsforschung mit lokalen Netzwerken und *codified knowledge* (explizites Wissen) mit globalen Netzwerken konnotiert (vgl. Bathelt/Malmberg/Maskell 2004: 34). Unterschiedliche
Maßstabsebenen haben eine je spezifische Bedeutung für die Wissensherstellung.
Diese wird aus der unterschiedlichen Qualität der Interaktionen in *face-to-face*-
Kontakten versus medial vermittelter Kommunikation über das Internet, per Telefon oder Video-Konferenz hergeleitet. Konzepte wie etwa die Clustertheorie, das
innovative Milieu oder die lernende Region betonen die besondere Bedeutung von
räumlicher Nähe als Voraussetzung für institutionelle und kulturelle Nähe und somit vertrauensvolle Kommunikation. Neuere empirische Forschungen verweisen
zudem darauf, dass die direkten Input-Output-Relationen bei regionalen Clustern
weniger bedeutend sind als früher vermutet (vgl. Helbrecht 2005). Entscheidender
als eine Vielzahl direkter Kunden- und Zuliefererbeziehungen vor Ort scheint der
„local buzz" (Bathelt/Malmberg/Maskell 2004: 38) zu sein für die Herausbildung
branchenspezifischer Cluster. Unter *buzz, noise* oder *industrial atmosphere* wird
hierbei das kulturelle, schwer fassbare Milieu verstanden, das sich in einer Region herausbildet durch die hohe Dichte spezifischer Branchen, Beschäftigter und
Betriebe. Dieses eher indirekt wirkende Hintergrundgeräusch einer dichten ökonomischen Agglomeration scheint ein attraktiver Standortfaktor für Unternehmen
per se zu sein. In der Management-Literatur wird die hohe Bedeutung von *communities of practice* betont. Diese seien wesentlich für effiziente innerbetriebliche
Abläufe ebenso wie für reibungslose Transaktionen zwischen Firmen. Gerade die
Herausbildung solcher *communities of practice* würde gefördert durch räumliche
Nähe. Regionale Cluster wirkten also quasi als Katalysatoren, so die wirtschafts-

geographische Argumentation: „the existence of local buzz of high quality and relevance leads to a more dynamic cluster" (Bathelt/Malmberg/Maskell 2004: 45). Die globale Handlungsfähigkeit von Unternehmungen ist oftmals von dieser intensiven lokalen Einbettung abhängig, weil erst in der Dichte des *local buzz* eben jenes hochkarätige Wissen produziert wird, das es ermöglicht, weltweit anschlussfähig zu kommunizieren.

3.4 Die Mobilisierung von Experten

„Kein Denken, auch das reinste nicht, kann anders, als mit Hülfe der allgemeinen Formen unsrer Sinnlichkeit geschehen; nur in ihnen können wir es auffassen und gleichsam festhalten." (Wilhelm von Humboldt 2002a: 97).

Eine vierte Möglichkeit zur Förderung und Herstellung von Wissen, das weltweit anschlussfähig ist, besteht in der Mobilisierung von Experten und ihrer Qualifizierung. Der Begriff Mobilisierung ist hierbei im doppelten Wortsinn gemeint: in der räumlichen Bewegung wie auch im energetischen Einsatz von Personen. Es gibt eine Mikroebene, die für die Funktionsweise der Weltgesellschaft wesentlich ist – den Menschen, das einzelne Individuum. Dieses kann in seiner beziehungsweise ihrer beruflichen Rolle als Experte und Expertin durch *tacit knowledge*, das personengebunden ist, spezifische Kenntnisse und Fähigkeiten entwickeln, die hoch nachgefragt sind (Polanyi/Prosch 1996). Sprechen wir in diesem Sinne von globalem Wissen, das sich einzelne Menschen als Personen angeeignet haben und sie zu besonderen Experten macht, so ist hier der Begriff der Expertise hilfreich, um die gesellschaftliche Funktionsweise und Bedeutung dieses Expertenwissens zu verstehen.

Meine zentrale These ist nun, dass gerade diese globale Expertise von Experten als personalisiertes Wissen Organisationen wie zum Beispiel Firmen und Verbände die höchstmögliche Anschlussfähigkeit in der Kommunikation der Weltgesellschaft gewährt. Organisationen benötigen in der Weltgesellschaft Experten zur Kommunikation mit den Subsystemen der Welt. Diese entscheidende Rolle einzelner Experten als zentrale Knotenpunkte in Netzwerken, gemessen an ihrer *betweenness*, lässt sich theoretisch mit der *small-world*-Hypothese und der Funktionsweise von Kommunikation in Netzwerkstrukturen gut begründen (Stichweh 2000). Die globale Expertise ihrer Beschäftigten ist für global agierende Unternehmen hochwertiges Humankapital und zentraler Wertschöpfungsfaktor. Es sind diese Entscheider und Kommunikationsknoten, die im Wettbewerb um Experten (nicht nur Talente!) besonders nachgefragt sind. Wesentliche Fragestellungen – gleichermaßen relevant für Theorie und Praxis der Wissensproduktion – lauten deshalb: Wie entsteht globale Expertise als individuelle Kompetenz professioneller Entscheidungsträger? Wie wird sie ausgeübt? Und was können Organisationen wie Unternehmen und Verbände dazu beitragen, um sie zu hüten, zu pflegen und zu entwickeln? Hier besteht ein Desiderat in der gegenwärtigen Forschungslandschaft. Ich möchte im Folgenden Anregungen geben für die Untersuchung dieses Gebietes. Zu diesem Zweck werde ich einige zentrale konzeptionelle Voraussetzungen dieser vierten Praxis der Produktion von globaler Expertise durch die Mobilisierung von Experten vorschlagen. Neben den regionalen und organisationalen Bedingungen der Wissensproduktion ist diese personale Dimension zur Herstellung globaler Expertise bisher kaum untersucht. Die Praktiken des Erringens globaler Expertise durch Individuen, ihre Strategien der Horizonterweiterung in der Weltgesellschaft führen uns zu einem bisher persönlich gehüteten Schatz der Weltgesellschaft.

4   Wissensmobilität unter der Perspektive der *Non-representational Theory*

„What is knowledge for one person can be information for the other." (Ganesh Bhatt 2002: 32).

Globale Expertise beinhaltet die Fähigkeit, Situationen und Wissensbestände mit dem Ziel zu bewerten, Entscheidungen vor dem Hintergrund weltgesellschaftlicher Maßstäbe zu treffen. Was deshalb für die eine Person aufgrund ihrer Urteilskraft nur eine Marginalie ist, verwandelt eine andere durch ihre Bewertung und Anwendung in sozialer Praxis in Wissen. Globale Expertise als hochkarätiges Wissen ist Teil eines sozialen Entscheidungsprozesses mit gesellschaftlichen Folgen. Zudem ist es verkörpert (tacit knowledge) und an Personen gebunden. Gerade die professionelle Förderung und Verwendung von *tacit knowledge* bereitet den Protagonisten in der Praxis der Wissensökonomie mitunter größte Schwierigkeiten. In der Forschung stellt sich ebenso die Frage: Wie theoretisiert man in den Sozial- und Wirtschaftswissen diese nahezu intimen Qualitäten und Eigenschaften des personengebundenen *tacit knowledge*?

An dieser Stelle ist die Hinwendung zu Ansätzen der *non-representational theory* hilfreich. Der Begriff *non-representational theory* wurde von dem Geographen Nigel Thrift (2008) geschaffen, um ein Konglomerat konzeptioneller Ansätzen in den Geistes- und Sozialwissenschaften gedanklich zu bündeln, die allesamt eine bestimmte Haltung gegenüber der Welt in epistemologischer und ontologischer Hinsicht verkörpern. Ähnlich wie Pierre Bourdieu bei seiner Entwicklung des Habitus-Konzeptes die Rolle inkorporierten Wissens für die Konstitution von Klassen und die Verfügung über soziales oder kulturelles Kapital betont, geht auch die *non-representational theory* davon aus, dass verkörperte Praktiken den Grundstein sozialen Handelns bieten. Die Welt wird sozialwissenschaftlich nicht zuerst gedacht und vorgestellt als ein Untersuchungsobjekt, das aus Repräsentationen besteht, sondern vielmehr als ein Strom verkörperter Praktiken. Deshalb ist der Begriff *non-representational* die Leitvokabel.

Für Studien zur Wissensökonomie und Wissensproduktion ist es anregend und gedanklich hilfreich, die Welt nicht nur als kognitive, symbolisch vermittelte Repräsentation zu denken (vgl. Helbrecht 2004). Die Körperlichkeit der sozialen Welt spielt in der Wissensproduktion, Wissensaneignung und Wissensmobilität eine große Rolle, da alles Wissen, das nicht explizit ist und kodifiziert werden kann, letztlich an die auch körperliche Verankerung in den Wissensbeständen und Persönlichkeitsstrukturen des Individuums gebunden ist (Polanyi/Prosch 1996). Die Bedeutung der Mobilität von Personen für die Verbreitung von Wissen in der globalen Wissensgesellschaft ist deshalb unumstritten. Mobile Individuen spielen eine zentrale Rolle beim Transfer von Wissen, sei es von einer Region, von einer Branche oder von einer Firma in die nächste Firma, Branche oder Region. Dieser Transfer ist zutreffend zu konzeptionalisieren als eine Übersetzungsleistung. Die Fähigkeit von Experten, Wissen von einem regionalen oder funktionalen Subsystem der Weltgesellschaft in ein anderes zu transferieren, ist Übersetzungsarbeit. Übersetzung bedeutet hierbei – ganz wie in der Literatur bei der Übersetzung der Werke von Shakespeare ins Deutsche oder von Hilde Domin ins Englische – eine neue Dichtung. Das Original muss sich verändern beim Übergang in eine andere Sprache. Der Versuch, aus einer Sprache in eine andere zu übersetzen, macht stets auch die Fremdheit der Sprachen füreinander deutlich (Benjamin 1977a). So ist jede Übersetzung immer vorläufig und bedeutet eine kreative Abweichung vom Original. Diese kreative Abweichung wird als Übersetzungsarbeit von Experten geleistet. Mithin bedeutet Wissensmobilität in der Weltgesellschaft als Übersetzungsarbeit immer zugleich Wissenstransformation.

Dass Wissensmobilität stets mit Übersetzungsarbeit verbunden ist, wird des Weiteren deutlich, wenn man sich vor Augen führt, wie regional oder kulturell gebunden auch vermeintlich universales Wissen ist. Denn Universalität als von allen sprachlichen und kulturellen Prägungen losgelöste Dimension gibt es philosophisch betrachtet nicht. Judith Butler (2000) konstatiert, dass Universalität immer an Sittlichkeit gebunden ist und damit an kulturelle Normen. Um etwas herzustellen – sei es ein wirtschaftliches Produkt, ein Gesetz, ein Symbol oder ein Text –, das universal gültig sein soll und damit in räumlicher Hinsicht globale Geltung beansprucht, müsse es einen Konstitutionsakt geben. Jeder Universalität geht zu ihrer Herstellung ein „constitutive act of cultural translation" voraus (Butler 2000: 20). Die Einheit, die universales Wissen voraussetzt, muss also erst hergestellt werden in einem Akt der Symbolisierung. Hierbei tragen kulturelle Rituale und Übersetzungsprozesse dafür Sorge, dass so etwas wie Universalität überhaupt hergestellt werden kann und hergestellt wird. Dies gilt auch für die Menschenrechte, wie sie von den Vereinten Nationen formuliert wurden. Sie sind als vermeintliche Universalien von der UNO konstruiert, basieren aber in ihren Wertvorstellungen auf westlichen Mustern.

In Bezug auf wirtschaftliche Prozesse gilt ebenfalls, dass jede Form von globaler Expertise gebunden ist an die Begrenzungen jedweder Form von Universalität. Globale Expertise ist in der Weltwirtschaft relevant als die Fähigkeit, spezialisiertes Wissen in Entscheidungen anzuwenden im Sinne der weltweiten Anschlussfähigkeit der Kommunikation. Diese wirtschaftsrelevante, globale Expertise ist nicht notwendig universal in dem Sinne, als dass beispielsweise weltweit gleiche Marketingstrategien oder Regeln der Produkterzeugung in Afrika ebenso wie in Amerika oder Asien Anwendung finden. Vielmehr erfordert die ökonomische, gekonnte Verwendung der internen Vielgestalt der Weltgesellschaft (zum Beispiel in Bezug auf Steuersysteme oder Qualifikationsniveaus der Beschäftigten) als Wettbewerbsvorteil ebenfalls globale Expertise. Die Differenzierung der Weltgesellschaft in Subsysteme und die strategische Verfügung über den Reichtum an Möglichkeiten innerhalb dieser ist gleichfalls ökonomisch relevante, globale Expertise. Hier wird die Übersetzungstätigkeit besonders deutlich. Ich möchte deshalb vorschlagen, drei Arten von globaler Expertise individueller Experten zu unterscheiden:

1. Globale Expertise als *Abstraktionswissen*, das überall gilt. Hier handelt es sich um einen Wissenstypus, der mit dem angestrebten universalen Wissen in Teilen des Wissenschaftssystems vergleichbar ist.
2. Globale Expertise als *Kontextwissen*, das als Expertise zu Subsystemen der Weltgesellschaft regionale Besonderheiten adressiert.
3. Globale Expertise als *Prozesswissen* der Experten, das es ihnen erlaubt, die Abläufe der stets notwendigen Übersetzung/Translation zwischen den Kulturen, Kontexten, Sprachräumen gekonnt zu organisieren.

Beobachtet man Wissen, das mobil wird und Ideen, die mit Personen auf Reisen gehen, so beobachtet man Prozesse der Modifizierung und letztlich Übersetzung in einen anderen Kontext. In der Wissenschaftstheorie existiert der Begriff der „travelling theory" (Gregory 1994, S. 9 ff.), um zu beschreiben, was passiert beim Übergang eines wissenschaftlichen Konzeptes von einem Sprachraum in einen anderen und somit von einem Denkkreis in einen anderen. Ideengebäude können nicht wie ein paar Schuhe um den Globus transportiert werden. Vielmehr bedeutet jeder Transfer in einen neuen Sprachraum eine neue Interpretation, weil es sich um eine ebenso kulturelle wie sprachliche Übersetzungsleistung handelt.

Migranten nehmen in diesen Prozessen der Übersetzung innerhalb der Weltgesellschaft eine besondere Rolle ein. Sie sind zentral für den Fluss von Wissen und
Informationen zwischen regionalen Subsystemen. Sie wirken als „translators of
knowledge" (Williams 2006: 593), weil sie beim Überschreiten der Grenzen und
Wechsel der Orte ebenso zwangsläufig wie zu Teilen zwangsweise sich den neuen
Gegebenheiten anpassen. So transportieren und übersetzen sie kodifiziertes wie
auch implizites Wissen von einem regionalen Subsystem der Weltgesellschaft in
ein anderes. Dabei notieren sie die Differenzen zwischen Subsystemen. Denn sie
müssen einen Umgang damit finden, dass es Sprache nur im Plural gibt als Sprachen; ebenso wie es Kultur in der Weltgesellschaft nur in der Mehrzahl gibt als
Kulturen (Stichweh 2000).

Jeder Migrant wirkt auf diese Weise. Insofern finden in den Städten der Weltgesellschaft Übersetzungsleistungen beständig im Alltag in den Stadtvierteln, Ladenlo-
kalen und auf den öffentlichen Plätzen statt. Man könnte sagen, die kulturelle Rolle
der Stadt in der Weltgesellschaft besteht gerade darin, privilegierter Ort von Übersetzungsleistungen durch Kommunikation in Kopräsenz (also Interaktion) zu sein.

In der Wirtschaft erbringen Experten Übersetzungsleistungen intentional auf
bewusste, profitable Weise. Ihre Rolle als Knoten in Netzwerkstrukturen der Weltgesellschaft besteht darin, hochkarätige Übersetzungsleistungen mit großer Wirk-
macht für Organisationen zu erbringen. Damit Experten globale Expertise produzieren, müssen sie zwischen Sprachen und ihren kulturellen Kontexten souverän
vermitteln können beziehungsweise jenseits aller Sprachgrenzen und kulturellen
Räume manövrieren. Mit welchen sozialen Praktiken erwerben hochkarätige Experten die Akkumulation globaler Expertise? Ist sie als einzelne biographische
Leistung zu betrachten? Oder welcher vergleichbaren Kompetenzen bedarf es?

5   Performance Theorie

•   „labour undertaken in service sector workplaces might best be understood as
        performance" (Nicky Gregson und Gillian Rose 2000: 463).

Denkt man die soziale Welt als Performance, so eröffnen sich für die genannte
Fragestellung interessante konzeptionelle Horizonte. Erving Goffmann hat in den
1950er Jahren für eine Auffassung der sozialen Welt plädiert, die unser Verhalten
darin vergleicht mit den Auftritten und Darstellungen im Theater, mit Rollen, Büh-
nenbildern, Kostümen, Dialogen, Selbstdarstellungen und unwiederholbaren Auf-
führungen aufgrund spontaner Praktiken. Goffman (2008) hat die Metapher des
Theaters dabei geholfen, eine Sprache zu entwickeln, die den Zusammenhang von

Handlungen, Darstellern, Rollen und Bühnen als Performance gedanklich konsistent verbindet. Diese Denkweise ist auch für die Betrachtung der Geographien des Wissens in der Weltgesellschaft fruchtbar. Denn für ein Verständnis der individuellen Herstellung globaler Expertise muss die Kontextualität der Wissensaneignung begriffen werden. Hierfür ist das Denken von sozialem Handeln als Performance tragfähig. Die Leistungsfähigkeit des Performance-Ansatzes liegt in mindestens drei zentralen Aspekten begründet.

Erstens verbindet der Performance-Ansatz die Bedeutung der Individualität des Einzelnen mit der gesellschaftlichen Rahmung und Kontextualität. Schon Goffman (2008: 221) stellte fest, dass es darum gehen müsse, die vermeintlich drei unterschiedlichen Bereiche „der individuellen Persönlichkeit, der sozialen Interaktion und der Gesellschaft" in eine gemeinsame Perspektive einzuordnen. Dies gelingt zu Teilen mit dem Modell der Performance. Hier werden Individuen einerseits gesehen als konkrete Menschen, die in den Möglichkeiten des Augenblicks mit ihren Körpern, ihren Herzen, ihrem Geist, ihrer Seele handeln – also als Individuum. Zugleich verhalten sich Akteure in der Performance im Augenblick getreu den Diskursen, in denen sie sich bewegen und den hegemonialen Mustern, die die Gesellschaft aufoktroyiert (Butler 2000). Durch die Körperlichkeit der Performance kommt das Individuum mit seinem Intimsten ins Spiel. Zugleich ist die Performance als Aufführung vor Anderen, als soziales Handeln mit Anderen in Interaktion ebenso gesellschaftlich geprägt durch Rollen, die der Einzelne manchmal wählt, stets aber auch als Rollenträger überindividuell ausfüllt. Es könnte also mit dem Performance-Ansatz sowohl die Bedeutung individueller Experten in der Wissensproduktion als auch deren soziale Rolle in der Unternehmung untersucht werden – und gerade die Zusammenhänge zwischen diesen (Persönlichkeit, soziale Rolle, Unternehmen).

Zweitens hilft der Performance-Ansatz, die Bedeutung von Umwelten für soziales Handeln zu thematisieren. Ebenso wie auf der Bühne im Theater Text und Bühnenbild, Körpersprache und Rolle, Publikum und Performance aufs engste miteinander verbunden sind, kann man in der sozialen Welt Praktiken als *Actions*, als untrennbare Einheiten von Körper und Geist, von sozialem Handeln und materieller Umwelt auffassen. Wenn jede einzelne soziale Handlung als Performance gedacht wird, dann ist diese ohne eine Bühne, ein Bühnenbild und die damit vorhandene Körperlichkeit der sozialen Welt nicht vorstellbar: „the many communicative registers of the body and the minutiae of spatial development" werden in der Performance-Theorie zueinander in Beziehung gesetzt (Thrift 2003: 2020). David Crouch (2003) entwickelt den Begriff des „spacing", um eine ganz spezifische Form der Raumkonstitution in der Performance zu beschreiben. „Spacing is the constitutive part of performativity in the relation to surroundings" (Crouch

2003: 1953). Die umgebende Welt und die expressive Beziehung der Individuen zu ihr werden durch *spacing* ausgedrückt.

Drittens erlaubt der Performance-Ansatz, die Kreativität sozialen Handelns und stete Veränderbarkeit beziehungsweise Nicht-Vorhersehbarkeit von Entwicklungen zu konzeptionalisieren. Dies ist gerade für die oft überraschenden, ungeplanten Prozesse der Wissensproduktion eine interessante sozialwissenschaftliche Perspektive. Die Performance-Theorie sieht Menschen und Subjekte erst entstehen in Momenten, die aus Kontexten geboren werden und in Netzwerkverbindungen stehen (vgl. Schechner 2006; Dirksmeier 2009). Unsicherheiten und stets mögliche Abweichungen im Verhalten spielen eine große Rolle, weil es das entscheidende Moment jeder Aufführung, jeder Performance ist, im Letzten gerade nicht ganz vorhersagbar und steuerbar zu sein. Somit liegt in der Unsicherheit über den Ausgang einer Handlung und in der Möglichkeit einer überraschenden Entwicklung der sozialen Praxis aus dem Augenblick heraus ein wesentliches Momentum des Verständnisses der sozialen Welt als Performance. „The current emphasis on creativity is, I think, a response to a by now banal realisation that the world is not a reflection but a continuous composition" (Thrift 2003: 2021).

Eine einzelne soziale Handlung vor Anderen ist eine Performance. Die Tatsache, dass jede Performance in sich die Offenheit des Ausgangs birgt, wird bezeichnet als Performativität. Für Judith Butler ist die Performativität sozialer Prozesse dabei charakterisiert als eine Aufführung kultureller Rituale: „I am, I believe, more concerned to rethink performativity as cultural ritual, as the reiteration of cultural norms, as the habitus of the body in which structures and social dimensions of meaning are not finally seperable" (Butler 2000: 29). Jede Aufführung beinhaltet die Möglichkeit der Abweichung und kreativen Veränderung geboren aus der Kraft des Augenblicks. Performativität verweist somit auf die Dimension des Werdens in der sozialen Welt. Jede Performance enthält ein Stück Transformation und Verwandlung (Crouch 2003: 1947). Individuen, Werte, Rollen, soziale Situationen, Gemeinschaften, Konflikte oder Identitäten sind im Blick der Performance-Theorie nichts Fixes. Vielmehr ist ihr Charakter in der Performance stets den Prozessen und Logiken des Werdens übergeben. „The radical potential of performance is located precisely in its transitory nature: it cannot be accurately recorded or repreated" (Pratt 2000: 649). Damit sind Möglichkeitsräume, Alternativen, Varianten der Handlung stets denkbar – ja geradezu eingebaut – in der Performance-Theorie. Die soziale Welt wird als Werdende konzeptionalisiert. Hierfür zählt auch die Kraft der Veränderbarkeit, die verborgen ist in jedem Augenblick. Das Potenzial der Möglichkeiten im Augenblick, die Unvorhersehbarkeit von all dem, was passieren könnte in einem gegebenen Augenblick, gestaltet das Erleben und Beobachten desselben mit (Dewsbury 2000: 481).

Nimmt man diese drei Aspekte zusammen, so wird deutlich, welche Rolle Performance-Theorien im Bereich der Wissensarbeit und Wissensproduktion haben können. Wissensarbeit kann mit Hilfe des Performance Ansatzes als verkörperte Praxis verstanden werden, die von der Kreativität des Einzelnen und des Augenblicks geprägt wird wie auch von Umwelten, Interaktionen und Gesellschaft. Die Netzwerkstrukturen der Weltgesellschaft und das Funktionieren weltweit anschlussfähiger Kommunikation lassen sich nur hinreichend verstehen, wenn man die Praktiken der Übersetzungsarbeit und Knotenbildung in Netzwerken von Experten durchleuchtet. Dabei ist die Herstellung und Anwendung globaler Expertise letztlich als eine Performance-Leistung zu verstehen. Kein Unternehmen und kein Verband, keine Nichtregierungsorganisation und keine Vereinten Nationen, keinerlei Organisation kann in der Weltgesellschaft bestehen, ohne den sinnvollen Einsatz globaler Expertise durch die Performance der Experten. Experte, Organisation und Performance sind eng verbunden in den Prozessen der Horizontbildung und Entscheidungsfindung der globalen Wissensgesellschaft.

Von diesen komplexen Zusammenhängen zwischen Individuum, sozialen Rollen und der Bedeutung des Raumes als Umwelt für Performances macht das moderne Management-Training hinreichend Gebrauch (Thrift/Dewsbury 2000: 423). Im Outdoor-Training von Managern, sei es im Wald, in den Bergen, auf dem Segelboot, werden bewusst körperliche und verkörperte Praktiken der Teamarbeit, des Führungsverhaltens, der Kollegialität und Kooperation geübt. Die gezielt gewählten, inszenierten physischen Umwelten werden im Outdoor-Training als Kontexte für verkörperte Lernerfahrungen strategisch eingesetzt. Die physische Handlung im Gebirge, im Wald oder auf hoher See soll ein vertieftes Lernen sozialer Verhaltensweisen ermöglichen (Thrift 2000). Damit ist die Performance, die die Umwelt als Mitwelt konstruiert, im Management-Training im Mittelpunkt des Geschehens. Durch Performances lernen heißt, mit den Mitteln der physischen Umwelten und durch direkte Konfrontation mit einem Gegenüber beziehungsweise des strategischen Einsatzes von Räumen inkorporiertes Wissen herzustellen beziehungsweise zu erlangen (Hinchliffe 2000).

Nigel Thrift geht so weit zu behaupten, dass gerade die neue Ökonomie der Wissensgesellschaft entscheidend auf der Herstellung und Ausnutzung von neuen Räumen der Intensität basiere. Es werde eine „construction of an explicitly geographical machine" (Thrift 2000: 675) beobachtbar. Durch diese ausdrücklich geographische Maschine würden Prozesse der Wissensproduktion und des Wissensmanagements effektiv gesteuert und kontrolliert. Gerade die Wissensproduktion, die sich in ihrem Zentrum so wenig steuern lässt, führe zu einem neuen Modus der Governance. Denn da Individuen und Forschergruppen in der Wirtschaft weder zur Kreativität gezwungen noch verlockt werden können, wird Kontextsteue-

rung bedeutender. Nicht die Menschen als Träger des Humankapitals sind Objekt
der Regulierung, sondern ihre Umwelten und räumlichen Kontexte, in denen sie
sich bewegen. Die neue Ökonomie basiert auf Techniken des „governing through
space" (Thrift 2000: 677). Hierfür gibt Thrift als Beispiele sowohl die neuen, ela-
borierten räumlichen Strategien der Bürogestaltung als auch die Reisetätigkeiten
von Managern an. Eine „new ecology of business" (Thrift 2000: 688) entstün-
de durch die neuen Taktiken der Raumnutzung und Raumherstellung in der mit
globalem Horizont versehenen Wissensökonomie. „For new means of producing
creativity and innovation are bound up with new geographies of circulation that
are intended to produce situations in which creativity and innovation can, quite
literally, take place" (Thrift 2000: 685).

6   Herstellung globaler Expertise – eine Forschungsperspektive

Globale Expertise ist ein zentraler Engpassfaktor der Wirtschaft in der Weltgesellschaft. Eine sich globalisierende Gesellschaft ruht zunehmend auf dem Vermögen
von Organisationen (zum Beispiel Unternehmen) und Personen (zum Beispiel Experten), weltweit anschlussfähig zu kommunizieren und kompetent Entscheidungen von großer Tragweite im weltgesellschaftlichen Maßstab zu treffen.

In diesem Beitrag wurden zunächst einige Voraussetzungen für die Herstellung von globaler Expertise anhand einer Definition der Begriffe Weltgesellschaft,
Wissen und Expertise bestimmt. Anschließend wurde erstmalig in der Literatur
die Unterscheidung von vier verschiedenen sozialen Praktiken vorgeschlagen, mit
denen die Herstellung globaler Expertise möglich ist: Universalisierung von Wissen, Globalisierung von Organisationen, Regionalisierung der Wissensproduktion,
Mobilisierung von Experten.

Während die drei erstgenannten Praktiken der Produktion von globaler Expertise in der Literatur gut untersucht sind, handelt es sich bei der letztgenannten Praxis,
der Mobilisierung von Experten, um ein Desiderat. Dieses Desiderat ist überraschend
und gravierend. Denn sowohl Forschungen zu Small World-Strukturen in der Weltgesellschaft (Stichweh 2000) wie auch zu firmeninternen Netzwerkstrukturen global
agierender Unternehmen zeigen (Glückler 2004), wie sehr die Kommunikation in
Netzwerkstrukturen abhängig ist von dem Funktionieren einzelner Experten als den
entscheidenden Knotenpunkten. Die meisten Kommunikationsnetzwerke sowohl
innerhalb von Unternehmen als auch zwischen Firmen lassen sich relativ rasch un-
terbrechen, wenn man wenige Schaltstellen der Netzwerke außer Kraft setzt. Diese
wenigen „Schaltstellen" sind jedoch Menschen. Es sind Experten, die strategische
Knotenfunktionen in Netzwerken ausüben – und deren Wirkungsweise kaum der
systematischen Steuerung durch Organisationen unterliegt.

Praktiken zur Produktion globaler Expertise		
Praktiken	**Strategien und Instrumente**	**Träger von globaler Expertise**
1. Universalisierung von Wissen	Erkenntnistheorie, Methodologie	Medien (kodifiziertes Wissen)
2. Globalisierung von Organisationen	Organisationsentwicklung	Unternehmen (Organisation)
3. Regionalisierung der Wissensproduktion	Clusterbildung	Region (local buzz)
4. Mobilisierung von Experten	Persönliche Bildung und Kontext-steuerung (governing through space)	Individuum (tacit knowledge)

Entwurf: Ilse Helbrecht

Für die Kommunikation in der Weltgesellschaft sind diese Knotenpunkte in Kommunikationsnetzwerken – sowohl firmenintern wie zwischen Firmen – essenziell. Es hängt von einzelnen Experten als Netzwerkknoten ab, wie gut Organisationen vernetzt sind und wie qualitätvoll sowohl innerhalb als auch zwischen Organisationen kommuniziert und entschieden wird. Die Bedeutung der globalen Expertise von individuellen Experten für Unternehmen mag man an der Höhe der Managergehälter als (wenn auch verzerrten) Indikator ablesen.

Ausgehend von dieser Einsicht in die Relevanz von Experten als Netzwerkknoten wurde in diesem Artikel ein Schwergewicht auf die Frage der Herstellung und Funktionsweise von globaler Expertise durch individuelle Experten gelegt. Hierzu gibt es in der Literatur bisher weder empirische Studien noch theoretische Vorarbeiten. Deshalb habe ich in diesem Beitrag versucht, einige konzeptionelle Voraussetzungen für die Bedeutung und Wirkungsweise der globalen Expertise einzelner Experten in Netzwerkstrukturen zu entwickeln. Was ist globale Expertise in der Weltgesellschaft? Wie funktioniert Wissensmobilität im internationalen Maßstab und welche Rolle nehmen die Übersetzungsleistungen von Experten hierbei ein? Diese Fragen sind bisher empirisch kaum untersucht. In diesem Beitrag wurden daher einige konzeptionelle Grundlagen unter anderem mit Hilfe von Wissensmobilität als Übersetzungsleistung und der Performance-Theorie dargelegt. Hierzu gehören an zentraler Stelle ein Verständnis von:

- Wissen als Prozess,
- Wissensmobilität als Übersetzungsarbeit,
- Wissensarbeit als soziale Praxis der Performance.

Zukünftig käme es meines Erachtens darauf an, eine Erweiterung des Blickwinkels in den ökonomischen Betrachtungen der Weltgesellschaft zu erreichen. Die Herstellung globaler Expertise muss in ihrer ganzen empirisch vorfindbaren Vielfalt untersucht werden. Das bedeutet, neben den bekannten regionalen Clusterprozessen und organisationalen Wissensmanagementprozessen auch Prozesse auf der Mikroebene zu berücksichtigen. Neben den *global players* (Organisationen) müssen auch *global actors* (Experten) als handelnde Personen in den Mittelpunkt rücken. Denn es sind die Experten, die über globale Expertise als *tacit knowledge* verfügen. Die Mobilisierung von Experten ist eine zentrale organisationale Strategie zur Herstellung globaler Expertise. Meines Erachtens müssten wir deshalb eine neue Forschungsstrategie verfolgen, die den Mikroräumen und Menschen in den Unternehmen mehr Aufmerksamkeit schenkt. Es ist notwendig, „(to, I.H.) focus in economic geography on microspaces, drawing attention to people and avoiding the reification of organizations" (Williams 2006: 596).

In der Weltgesellschaft wird die Welt konzeptionalisiert als Horizont. Somit sind Prozesse der Horizonterweiterung bei den Individuen und sozialen Gruppen an der Tagesordnung. Diese Horizonterweiterung als Herstellung globaler Expertise – sei es in der Wirtschaft, in Politik oder Kultur – zu durchdringen, könnte das Anliegen einer neuen, kulturgeographisch inspirierten Forschung zur Weltgesellschaft sein.

Literatur

Bateson, Gregory (1987): Geist und Natur. Eine notwendige Einheit. Frankfurt/Main: Suhrkamp

Bathelt, Harald/Malmberg, Anders/Maskell, Peter (2004): Clusters and knowledge: local buzz, global pipelines and the process of knowledge creation. In: Progress in Human Geography Jg. 28, H. 1, 31-56

Bender, Silke/Fish, Alan (2000): The transfer of knowledge and the retention of expertise: the continuing need for global assignments. In: Journal of Knowledge Management Jg. 4, H. 2, 125-137

Benjamin, Walter (1977a): Die Aufgabe des Übersetzers. In: Benjamin (1977b): 50-62

Benjamin, Walter (Hrsg.) (1977b): Illuminationen. Ausgewählte Schriften 1. Frankfurt/ Main: Suhrkamp

Bhatt, Ganesh D. (2002): Management strategies for individual and organizational knowledge. In: Journal of Knowledge Management Jg. 6, H. 1, 31-39

Butler, Judith (2000): Restaging the universal: hegemony and the limits of formalism. In: Butler/Laclau/Žižek (2000): 11-43

Butler, Judith/Laclau, Ernesto/Žižek, Slavoj (Hrsg.) (2000): Contingency, Hegemony, Universality. Contemporary Dialogues on the Left. London, New York: Verso

Crouch, David (2003): Space, performing, and becoming: tangles in the mundane. In: Environment and Planning D: Society and Space Jg. 35, H. 11, 1945-1960

Dewsbury, John-David (2000): Performativity and the event: enacting a philosophy of difference. In: Environment and Planning D: Society and Space Jg. 18, H. 4, 473-496

Dirksmeier, Peter (2009): Performanz, Performativität und Geographie. In: Berichte zur deutschen Landeskunde Jg. 83, H. 3, 241-259

Fromhold-Eisebith, Martina (2009): Space(s) of innovation: regional knowledge economies. In: Meusburger/Funke/Wunder (2009): 201-218

Gibbons, Michael/Nowotny, Helga/Limoges, Camille (2008): The New Production of Knowledge. The Dynamics of Science and Research in Contemporary Societies. London: Sage Publications

Glückler, Johannes (2004): Reputationsnetze – Zur Internationalisierung von Unternehmensberatern. Eine relationale Theorie. Bielefeld: Transcript

Goffman, Erving (2008): Wir spielen alle Theater. Die Selbstdarstellung im Alltag. 6. Auflage. München: Piper

Gregory, Derek (1994): Geographical Imaginations. Cambridge, MA: Blackwell

Gregson, Nicky/Rose, Gillian (2000): Taking Butler elsewhere: performativities, spatialities and subjectivities. In: Environment and Planning D: Society and Space Jg. 18, H. 4, 433-452

Harvey, David (1990): Between space and time: reflections on the geographical imagination. In: Annals of the Association of American Geographers Jg. 80, 418-434

Heidenreich, Martin (2000): Die Organisationen der Wissensgesellschaft. In Hubig (2000): 107-118

Helbrecht, Ilse (2004): Bare geographies in knowledge societies – creative cities as text and piece of art: two eyes, one vision. In: Built Environment Jg. 30, H. 3, 194-203

Helbrecht, Ilse (2005): Geographisches Kapital – Das Fundament der kreativen Metropolis. In: Kujath (2005): 121-155

Hinchliffe, Steve (2000): Performance and experimental knowledge: outdoor management training and the end of epistemology. In: Environment and Planning D: Society and Space Jg. 18, H. 5, 575-595

Hubig, Christoph (Hrsg.) (2000): Unterwegs zur Wissensgesellschaft. Grundlagen – Trends – Probleme. Berlin: edition sigma

Keeble, David/Lawson, Clive/Moore, Barry/Wilkinsons, Frank (1999): collective learning processes, networking and 'institutional thickness' in the Cambridge region. In: Regional Studies Jg. 33, H. 4, 319-332

Knorr Cetina, Karin (2002a): Die Fabrikation von Erkenntnis. Zur Anthropologie der Naturwissenschaft. 2. Auflage. Frankfurt/Main: Suhrkamp

Knorr Cetina, Karin (2002b): Wissenskulturen. Ein Vergleich naturwissenschaftlicher Wissensformen. Frankfurt/Main: Suhrkamp

Krätke, Stefan (2002): Medienstadt. Urbane Cluster und globale Zentren der Kulturproduktion. Opladen: Leske & Budrich

Kujath, Hans Joachim (Hrsg.) (2005): Knoten im Netz. Zur neuen Rolle der Metropolregionen in der Dienstleistungswirtschaft und Wissensökonomie. Münster: LIT

Meusburger, Peter/Funke, Joachim/Wunder, Edgar (Hrsg.) (2009): Milieus of Creativity. An Interdisciplinary Approach to Spatiality of Creativity. Heidelberg: Springer

Platon (1982): Sämtliche Werke Band 2. Herausgegeben von Erich Loewenthal. Heidelberg: Verlag Lambert Schneider

Polanyi, Michael/Prosch, Harry (1996): Meaning. Chicago, London: University of Chicago Press

Pratt, Geraldine (2000): Research performances. In: Environment and Planning D: Society and Space Jg. 18, H. 5, 639-651

Sassen, Saskia (1991): The Global City: New York, London, Tokyo. Princeton: Princeton University Press

Schechner, Richard (2006): Performance Studies. An Introduction. 2. Auflage. New York: Taylor & Francis

Schlaffer, Heinz (Hrsg.) (1986): Johann Peter Eckermann: Gespräche mit Goethe in den letzten Jahren seines Lebens. Band 19 der von Karl Richter herausgegebenen Reihe: Johann Wolfgang Goethe: Sämtliche Werke nach Epochen seines Schaffens. Münchner Ausgabe. München: Hanser

Stehr, Nico (2001): Wissen und Wirtschaften. Die gesellschaftlichen Grundlagen der modernen Ökonomie. Frankfurt/Main: Suhrkamp

Stehr, Nico (2003): Wissenspolitik. Die Überwachung des Wissens. Frankfurt/Main: Suhrkamp

Stichweh, Rudolf (2000): Die Weltgesellschaft. Soziologische Analysen. Frankfurt/Main: Suhrkamp

Thrift, Nigel (2000): Performing cultures in the new economy. In: Annals of the Association of American Geographers Jg. 90, H. 4, 674-692

Thrift, Nigel (2003): Performance and …. In: Environment and Planning A Jg. 35, H. 11, 2019-2024

Thrift, Nigel (2008): Non-Representational Theory. Space, Politics, Affect. New York: Routledge

Thrift, Nigel/Dewsbury, John-David (2000): Dead geographies – and how to make them live. In: Environment and Planning D: Society and Space Jg. 18, H. 4, 411-432

Tichy, Gunther (2001): Regionale Kompetenzzyklen – Zur Bedeutung von Produktions- und Clusteransätzen im regionalen Kontext. In: Zeitschrift für Wirtschaftsgeographie Jg. 45, H. 3-4, 181-201

Vetter, Helmuth (Hrsg.) (2004): Wörterbuch der phänomenologischen Begriffe. Hamburg: Felix Meiner

von Humboldt, Wilhelm (2002a): Kleine Schriften zur Sprachphilosophie. In: Humboldt (2002b): 97-145

von Humboldt, Wilhelm (2002b): Kleine Schriften, Autobiographisches, Dichtungen, Briefe. Werke in fünf Bänden, V. 2. Auflage. Darmstadt: Wissenschaftliche Buchgesellschaft

Williams, Allan M. (2006): Lost in translation?: international migration, learning and knowledge. In: Progress in Human Geography Jg. 30, H. 5, 588-607

Willke, Helmut (2001): Systemisches Wissensmanagement. Stuttgart: Lucius & Lucius

II Wissensregionen

kalität[2] über eine relevante Bedeutung, die aber nur in ihrem Potenzialcharakter begründet liegt, der sich wiederum nur erschließt, wenn man ein evolutorisches Verständnis von der Lokalität als Ressourcenpool entwickelt (Kapitel 3). Die Entfaltung dieses Potenzials bedarf der gelungenen Einbindung in internationale Lern- und Innovationsnetze. Die wiederum bringt bestimmte Voraussetzungen mit sich, die in der Absorptionsfähigkeit der Akteure, in ihren Arrangements und der Qualität der Standorte bestehen und somit ihrerseits auf lokalen Bedingungen fußen (Kapitel 4).

2 Der begrenzte Erklärungsgehalt räumlicher Nähe für Wirtschafts- und Wissenskonzentrationen

In Bezug auf Wissensdynamiken wird in weiten Teilen der Literatur der Lokalität beziehungsweise der räumlichen Nähe eine besondere, herausragende Rolle zugesprochen: Lernen und Innovation gelten als spezifische örtliche Phänomene. Dabei wird Innovation als eine Kombination bereits existierenden Wissens, von Ideen und Artefakten angesehen, als ein Prozess des Problemlösens, an dem zahlreiche spezialisierte Wissensträger beteiligt sind. Zu den für Innovationen relevanten Wissensträgern zählen Kunden, Zulieferer, Wettbewerber und andere auf das wirtschaftliche Handlungsfeld bezogene Wissensträger aus Forschungseinrichtungen und Hochschulen. Zwischen diesen entfalten sich interaktive Lernprozesse, die wirtschaftliche Innovationen ermöglichen, wobei diesen eine besonders starke Bindung an die Lokalität zugesprochen wird: Räumliche Nähe ermögliche intensive Face-to-Face-Interaktion und diese wiederum helfe, die kognitiven Distanzen zu verringern, diene der Entfaltung einer gemeinsamen Sprache, einer erleichterten Beobachtung von Wettbewerbern und schaffe vertrauensvolle Beziehungen zwischen den Akteuren. Räumliche Nähe stellt damit ein Potenzial dar, von dem weit verbreitet angenommen wird, dass es in lokalen Wirtschafts- und Wissenskonzentrationen entscheidend wirksam werden kann.

Folgt man der Logik dieser Argumentation, dann konstituieren die Interaktions- und Kommunikationsbeziehungen lokale Wissenskontexte, getragen von persönlichen Netzwerken. Diese entstehen als Nebenprodukt sich wiederholender unternehmensübergreifender Interaktion zwischen den beteiligten Wissensträgern. Es wird vermutet, dass Kontextwissen – gemeinsame Codes der Verständigung,

---

2   Als „Lokalität" wird in diesem Beitrag ein materieller Kontext wirtschaftlichen Handelns verstanden. Je nach Kontext kann es sich dabei um einen städtischen Standort oder um eine Region, in der mehrere ähnlich spezialisierte oder aufeinander bezogene Unternehmen ihren Sitz haben, handeln.

Ansichten, Spielregeln und Interpretationsweisen – besonders distanzsensibel ist und dadurch auch der Transfer persönlichen Wissens mit zunehmender räumlicher Distanz schwieriger wird. Vor allem dem impliziten, stillen (tacit) Wissen, das auch bei der Verarbeitung und Kommunikation kodifizierten Wissens eine wichtige Rolle spielt, wird eine starke Bindung an den Ort zugeschrieben. Diese Argumentation findet sich in Theorieansätzen wieder wie den „innovativen Milieus" (Camagni 1991; Maillat 1996), den „regionalen Innovationssystemen" (Lundvall 1992; Braczyk/Cooke/Heidenreich 1998) und den regionalen Clusteransätzen (Enright 2003; Kiese 2008). In ihnen wird durchweg angenommen, dass Kontaktnetzwerke, in denen in formellen und informellen Beziehungen zwischen Wettbewerbern und komplementären Akteuren Wissen ausgetauscht, gemeinsame Überzeugung generiert und die Durchführung von Innovationen ausgelotet wird, besonders distanzsensitiv und auf die Vorteile räumlicher Nähe angewiesen sind. Sie firmieren in vielen Studien unter dem Begriff des „local buzz".

An dieser Darstellung der in örtlichen Kontexten stattfindenden Innovations- und Lernprozesse werden allerdings mittlerweile Zweifel gehegt (Malmberg/Power 2005). Aus zahlreichen Untersuchungen geht etwa hervor, dass der Ansatz des „local buzz" letztlich wenig zur Erklärung des Innovationsverhaltens räumlich geballter Firmen beiträgt (Klepper 2007, 2008) und für die Aneignung und Zirkulation impliziten, an Personen gebundenen Wissens organisatorische, institutionelle und kognitive Nähe wichtiger sei als räumliche Nähe (Amin/Cohendet 1999). So zeigen Owen-Smith und Powell (2004) am Beispiel der Biotechnologieregion von Boston, dass deren Innovationsaktivitäten weniger in ein regionales Netzwerk spontanen Wissenstransfers eingebunden sind als vielmehr in überregionale Netzwerke, über die relevante Informationen bezogen werden. Ähnlich weist Fritsch an Hand von Branchenstudien nach, dass sowohl Innovationsaktivitäten im Hochtechnologiebereich als auch in Bereichen wissensintensiver Dienstleistungen zwar in hohem Maße auf implizitem Wissen beruhen, dass aber dem Transfer impliziten Wissens, der sich weitgehend auf persönliche Kontakte und direkte Kommunikation zwischen Personen stützt, vielfach keine wesentliche, geschweige denn eine dominierende Rolle für die räumliche Struktur der Wissensarbeit zukommt (Fritsch 2011). Nach Rehfeld (2010: 48) ist das Agieren in regionalen Netzwerken eine von vielen Möglichkeiten, aber kein Muss. Eigene Untersuchungen belegen ebenfalls, dass – ungeachtet einer räumlichen Konzentration von Wissenserzeugern und Wissensanwendern in Städten – die Firmen der Wissensökonomie ihre Wissensquellen zu einem bedeutenden Anteil auch außerhalb des eigenen lokalen Kontextes, und zwar vor allem innerhalb des nationalen Raumes, finden (Kujath 2005a, 2008: 24).

Wie erklärt sich dann aber die Bindung von Wissen an den Ort, die Nutzung des Potenzials der räumlichen Nähe? Welche Eigenschaften zeichnen bestimmte Orte aus, um gerade von hier aus und nicht von anderen Standorten überregionale Beziehungsnetze zu knüpfen? Und welche Funktion haben die über den lokalen Raum hinaus reichenden Netzwerke? Handelt es sich lediglich um Pipelines, durch die Informationen zur Weiterverarbeitung in die lokalen Milieus transportiert werden?

3 Lokale Wirtschafts- und Wissenskonzentrationen als Ressourcenpool in globalen Netzwerken

Die Existenz lokaler Wirtschafts- und Wissenskonzentrationen lässt sich erst dann verstehen, wenn über die Erfassung des Status quo hinaus ihre Entwicklung in Betracht gezogen wird und damit der Faktor „Zeit" Einzug in die Analyse hält. So hat zum Beispiel Klepper (2007, 2008) die Stabilität eines Ortes als Wissenskonzentration auf das Zusammenspiel evolutorischer Mechanismen zurückgeführt. Aus dieser Sicht lässt sich die spezifische Entwicklung eines Standortes aus dem sich kumulativ entwickelnden Erbe spezialisierten und gespeicherten Wissens ableiten. Dieses gespeicherte Wissen bildet gewissermaßen einen Kontext „of preexisting sets of opportunities" (Amin/Roberts 2008a). Dass und welche dieser Gelegenheiten genutzt werden, liegt an den „globalen Selektionshorizonten" (Stichweh 2009: 23), die auf den weltweiten Wettbewerb um innovative Produkte und Dienstleistungen und die daraus entsprechend weit gespannten Möglichkeitsräume für die Suche nach Partnern, Kunden und Zulieferern zurückgehen.

Die evolutorische Dynamik von Orten als Konzentrationen spezialisierten Wissens und die im Hintergrund wirkenden globalen Strukturen lassen sich am Beispiel dreier vordergründig stark ortsgebundener Prozesse der Wissensgenerierung und ihrer ökonomischen Nutzung erläutern:

Evolution durch Ausgründungen

Durch Ausgründungen entstehen neue Firmen aus vorhandenen Firmen. Ausgründungen sind über die Gründerpersonen mit dem Wissen vorangegangener Beschäftigung verbunden, so dass mit einer kumulativen Spezialisierung auf bestimmte Wirtschaftszweige gerechnet werden kann. Enge Bindungen an den vorherigen Arbeitgeber und persönliche Bindungen an den Wohnort führen schließlich dazu, dass sich in einzelnen Städten und Regionen bestimmte Wirtschaftszweige ballen, ohne dass es hierfür besonderer Agglomerationsvorteile oder anderer besonderer räumlicher Ausstattungsmerkmale bedarf (Moßig 2002). Im Prinzip kann jeder

Ort Nutznießer einer solchen Sequenz von Ereignissen sein, allein bestimmt durch den Ausgangspunkt einer Mutterfirma. Der sich daraus entwickelnde Pfad kann sich als relativ stabil erweisen, da Verlagerungen mit hohen Transaktionskosten verbunden sind, zum Beispiel bei der Auswahl des neuen Standortes, der Einschätzung und Bewertung der neuen Rahmenbedingungen, der Rekrutierung und Ausbildung von Arbeitskräften (Rehfeld 2010: 48).

Das in der Lokalität, ihren Betrieben und Menschen verankerte Vorwissen bildet demzufolge die Grundlage für wirtschaftlich nutzbare Innovationen. In den Prozessen der Ausgründung werden technische Kompetenzen, aber auch Erfahrungen, Routinen und Kontaktnetzwerke innerhalb der eigenen Region ebenso wie zu den überregionalen Beziehungsnetzwerken mitgenommen (Boschma/Frenken 2003: 186). Auf diese Art und Weise entsteht ein gemeinsamer lokaler Raum, der geprägt ist von einer gemeinsamen fachlichen Basis, von einer gemeinsamen Arbeitskultur, Konventionen und einem allgemeinen gemeinsamen Grundverständnis sowie unausgesprochenen Regeln. Mit dem Begriff „shared world views" (Amin/Roberts 2008a) wird bereits anschaulich, dass die Gemeinsamkeiten darin bestehen, ähnliche Vorstellungen von den global wirksamen „Mechanismen" (Stichweh 2009: 23) zu haben. Sie stellen einen wichtigen, global motivierten, aber lokal wirksamen Kitt für die sich neu entwickelnden Firmen dar – und dies zu einem Zeitpunkt, zu dem das Ausscheiden aus dem Mutterbetrieb gerade auf Differenzen über die Entwicklung oder Implementierung neuer Ideen zurückgeht und Bedarf an einem neuen strategischen Band besteht (Klepper 2008: 25).

Es ist jedoch wahrscheinlich, dass dieser kumulative Prozess wirtschaftlicher Spezialisierung und Konzentration spezialisierten lokalen Wissens nur in den Fällen erfolgreich verläuft und damit nur jene Orte begünstigt, in denen die Ausgründungen im wirtschaftlichen Wettbewerb führend sind, das heißt, sich auf den Weltmärkten auch durchsetzen. Dies ist wiederum nur denkbar, wenn auch die Muttereinrichtungen überdurchschnittlich innovativ und erfolgreich sind. Der Wettbewerb zwischen Firmen und Standorten bewirkt eine Selektion, bei der die führenden Firmen und ihre Lokalitäten sich gegen andere durchsetzen. Im Effekt führt dieser Vorgang zu einer Spezialisierung von Orten auf besondere Wissensbasen und ihre wirtschaftliche Nutzung. Kleppers Analysen zur Dynamik der Automobilindustrie am Standort Detroit oder der IT-Branchen in Silicon Valley sind ein Beitrag zum Beleg der These, dass nur weltweit führende Pionierunternehmen den Ausgangspunkt für einen evolutorischen Prozess durch Ausgründungen in ihrer Nachbarschaft bilden (Klepper 2008).

Evolution durch Neugründungen

Diese Überlegungen lassen unbeantwortet, wie an den spezifischen Standorten Pionierunternehmen überhaupt erst entstanden sind. Boschma und Frenken (2003) erwähnen in diesem Zusammenhang die Bedeutung des Gründergeschehens, den Entstehungsprozess von Start-up-Firmen, unabhängig von dynamischen Mutterfirmen und dem Eintritt erfahrener Firmen aus benachbarten Wirtschaftszweigen in neue Wissensfelder und deren wirtschaftliche Nutzung. Start-up-Prozesse sind im Umfeld von Forschungseinrichtungen und Universitäten zu beobachten, etwa in der Biotechnologie, deren Firmen in der Regel nicht aus Pharmafirmen ausgegründet worden sind und sich auch nicht in der Umgebung dieser Firmen ansiedeln, sondern in der Nachbarschaft von Universitäten und Forschungseinrichtungen, aus denen sie hervorgegangen sind, verbleiben. In diesen Fällen ist oft eine umgekehrte Entwicklung zu beobachten: Die Standorte erfolgreicher Start-up-Firmen ziehen etablierte Firmen an, die die Nähe zu den Innovationen der neu gegründeten Firmen suchen, mit ihnen kooperieren oder sie als innovative Impulsgeber in das eigene Unternehmen integrieren (Übernahmen). Schließlich sind Start-ups eher in den Fällen zu erwarten, in denen die Wissensbasis weniger auf stillem Wissen und Routinewissen basiert, das heißt, dass das in anderen Firmen gebundene Wissen sich nicht als eine kaum überwindbare Eintrittsbarriere erweist.

Der globale Selektionshorizont besteht im Fall solcher Start-up-Unternehmen in der Einbindung der Universitäten in die globale Wissensproduktion und -vermittlung, in der dort zumindest grundsätzlich anzutreffenden „Weltbewusstheit oder Weltläufigkeit" (Stichweh 2009: 23).

Evolution durch etablierte Firmen

Als dritte evolutorische Variante kann aufgezeigt werden, dass auch etablierte Firmen, die in früheren Phasen der Industrialisierung gegründet wurden, den Alterungsprozess ihrer Produkte aufhalten und einen Pfad ständiger Erneuerung, der Wettbewerbsfähigkeit sichert, einschlagen können. Wie schon die Ausgründungen zeigen, ist das Wissen der etablierten Firmen (Fachwissen, institutionelles Wissen, Arbeitskulturen) ein Fundament für die Evolution von Firmen und deren Wissensbasis. Dieses Vorwissen bildet auch in den etablierten Firmen selbst eine Ausgangsbasis für eigenständige Innovationen und die Entwicklung neuer Tätigkeitsfelder. In traditionellen, „reifen" Industrien wie im Maschinenbau und in der Antriebstechnik können evolutorische Prozesse dadurch zum Tragen kommen, dass sich diese Firmen neue Märkte zum Beispiel durch Produktinnovationen oder systematische Differenzierung ihrer Produkte erschließen und zu diesem Zweck ihre eigene Wissensbasis durch Kombination mit neuem, außerhalb des lokalen Kontextes vorhandenem Wissen erweitern (Coriat 1992). In vielen dieser Fälle handelt es sich um Industrien mit einem hohen Anteil impliziten, auf Know-how basierenden Wissens, die diese Wissensbasis auf verschiedene Weise mit neuem, vor allem wissenschaftlich basiertem Wissen und neuesten Technologien anreichern. Die „Neuheit" bemisst sich dabei in aller Regel an global erfolgter Durchsetzung. Die Beschaffung, Evaluierung und Integration dieses externen Wissens in die eigenen Wissenskontexte ist für solche Firmen allerdings eine mehrfache Herausforderung: Sie müssen sich Zugang zu externen Wissensquellen verschaffen, sie müssen die Bedeutung dieses Wissens in Hinblick auf den Nutzen für die eigene Produktion einschätzen können und nicht zuletzt müssen die Wissensarbeiter im Unternehmen lernen, d.h. dieses Wissen annehmen und mit ihrem eigenen Wissen kombinieren, in der Terminologie von Nonaka und Takeuchi (1995) „internalisieren" können.

Gelingt ein derartiger Lernprozess, der eine Neuausrichtung des Unternehmens ermöglicht, wird sich dieser in der Regel – wie viele Beispiele aus der mittelständischen deutschen Maschinenbauindustrie belegen – am alten Standort niederschlagen und dort die lokale Wissensbasis erweitern und erneuern. Die Offenheit des evolutorischen Systems eröffnet zwar die Wahrscheinlichkeit für einen kumulativen Innovationsprozess. Es gibt aber keine Garantie für einen derartigen Ablauf (Dybe/Kujath 2002: 47). Beispiele für derartige Selbsterneuerungsprozesse auf unternehmerischer Ebene mit Rückwirkungen auch auf die Evolutorik der Lokalitäten finden sich beispielsweise in großer Zahl in den ländlichen Räumen Süddeutschlands (etwa Medizintechnik in Tuttlingen und Villingen-Schwenningen), aber auch an Standorten der ehemaligen Schiffbauindustrie in Norddeutschland (Hamburg), wo die technischen Produkte und die aus dem Schiffbau herrührende Internationalität der Beziehungen von vielen mittelständischen ehemaligen Zulieferfirmen weiterentwickelt worden sind.

Folgerung: Lokale Konzentrationen sind evolutionär bedingt und bedürfen der Wissensanreicherung von außerhalb

Die beschriebenen Prozesse sind miteinander verwoben und können lokale Spezialisierung und Konzentration auf speziellen Wissensfeldern intensivieren. Im Gefolge eines solchen evolutorischen Prozesses entstehen lokale Cluster mit eigenen Arbeitskulturen und eigener Identität. Allerdings sind im Rahmen eines solchen lokalen Kontextes, wenn er auf sich selbst beschränkt bleibt, Lernprozesse und Innovationen nur begrenzt möglich. In ihrer Reichweite begrenzte Cluster, deren Firmen primär lokal vernetzt sind, können im Wesentlichen nur Wissen bewahren und inkrementell weiterentwickeln (Porter 1990: 171). Sie haben eine stabilisierende Funktion, sind aber im Gegensatz zu den Annahmen der regionalen Cluster- und Innovationstheorien keine Treiber von Innovationen.

Malmberg und Power (2005) ziehen daraus den Schluss, dass die Mechanismen, die zur räumlichen Wissenskonzentration führen, nicht auf Interaktionen und Informationsflüsse zurückgeführt werden können, die sich allein auf lokaler Ebene abspielen. Innovationsprozesse entfalten sich ihnen zufolge eher in globalen Beziehungskontexten. Demzufolge führt der evolutorische Prozess lokaler wirtschaftlicher Entwicklung zur Bildung eines ortsspezifischen Wissensvorrats und zur Entwicklung eines spezifischen Arbeitskräftepools mit spezifischen Fähigkeiten, Arbeitskulturen, konkurrierenden und komplementären Firmen sowie Infrastrukturen des Verkehrs, der Kommunikation, der Bildung und Forschung. Alle Faktoren zusammengenommen stellen eine fundamentale lokale Ressource dar, die von der wissensbasierten Wirtschaft benötigt wird, um Informationen aus anderen Regionen absorbieren und verarbeiten zu können (Maskell/Malmberg 1999; Kujath 2005a: 43).

4 Integration der Lokalität in globale Lern- und Innovationsnetzwerke

Wenn es stimmt, dass lokale Wirtschaftscluster und Wissenskonzentrationen nur dann erfolgreich, sprich innovativ sind, wenn sie gleichzeitig Mitglied globaler Lern- und Innovationssysteme sind und auf diese Weise externes Wissen aufspüren, das sich mit dem lokalen Wissen kombinieren lässt, ergeben sich daraus spezifische Herausforderungen für die lokalen Akteure. Diese bestehen weniger darin, die lokale Wissenszirkulation zu organisieren. Entsprechende Aktivitäten stoßen vielmehr auf wenig Widerstand, entwickeln sich quasi automatisch und tragen dazu bei, die an die Lokalität gebundenen Fähigkeiten und Kenntnisse, die den Stand der Technik repräsentieren, zu bewahren und zu replizieren. Die Herausforderung besteht vor allem darin, den lokalen Raum zu verlassen, um Zugang zu neuesten Erkenntnissen, zu den besten Kennern eines Fachgebiets oder zu Partnern zu erlangen, die in den meisten Fällen nicht in räumlicher Nähe zu finden sind (von Einem 2009; Malmberg/Power 2005). Die Herstellung eines Anschlusses an globale Wissensströme ist keine Selbstverständlichkeit, weil das lokale Wissen Eigenschaften eines Klubgutes[3] besitzt, dessen Reichweite nicht nur den Cluster begrenzt, sondern ihn auch nach außen abschließt und damit Barrieren schafft, deren Überwindung mit Aufwand verbunden ist. Der Klubgutcharakter der lokalen

---

3 Der Klubgutcharakter (keine Rivalität bei gleichzeitiger Ausschließbarkeit) kommt darin zum Ausdruck, dass das lokale Wissen im Wesentlichen nur von den lokalen Akteuren geteilt wird und sich externen Akteuren wegen der Entwicklung lokaler Codes nur schwer erschließt.

Arbeits- und Wissenskulturen kommt in der starken lokalen Bindung von Unternehmen zum Ausdruck und außerdem auch darin, dass selbst hoch qualifizierte Menschen nur sehr begrenzt über den lokalen Raum hinaus mobil sind und in der Regel an den einmal gewählten Standorten mit hoher Wissenskonzentration gebunden bleiben, schon weil die einmal gewählte Bindung an die lokalen Arbeits- und Wissenskulturen eine hohe Barriere für einen Ortswechsel mit sich bringt. Infolge dieses sich wechselseitig stabilisierenden Zusammenhangs entsteht ein räumlich konzentrierter spezialisierter Wissenspool innerhalb des lokalen Kontextes von Firmen, des ihnen zugeordneten Arbeitskräftepools und des beschriebenen Mechanismus' der Ausbreitung ortsgebundener Fähigkeiten und Kenntnisse.

Es stellt sich somit die Frage, wie die Einbindung der mit Wissensressourcen ausgestatteten Lokalitäten in globale Lern- und Innovationsnetzwerke vonstatten geht oder gehen kann. Im Folgenden werden verschiedene Mechanismen und Organisationsformen diskutiert, die eine Integration des lokalen Wissenspools in globale Lern- und Innovationsnetzwerke ermöglichen. Drei Seiten dieses Iterationsprozesses rücken dabei in den Fokus der Betrachtung:

- Der lokale Personenkreis, der in der Lage sein muss, externes Wissen zu absorbieren (4.1),
- die spezifischen Arrangements, die den Anschluss an globale Lern- und Innovationsnetzwerke sicherstellen (4.2) und
- die Lokalität als ein Ort der Verarbeitung globalen Wissens (4.3).

4.1 Lokale Absorptionsfähigkeit externen Wissens

Als erstes stellt sich die Frage, wie es lokalen Wissensträgern gelingt, neue fremde, externe Informationen zu assimilieren, das heißt aufzunehmen, zu evaluieren und in die eigenen Wissenskontexte zu integrieren. Das Problem, das bei der Gewinnung und Integration von Wissen, das außerhalb des eigenen ortsgebundenen Settings entwickelt wurde, zu bewältigen ist, besteht dabei in der Differenz zwischen dem eigenen, lokal entwickelten und an die Lokalität gebundenen Lernsystem und den externen, ebenfalls ortspezifischen Lernsystemen, deren Wissen angezapft werden soll. Wegen der lokalen Einbettung in eine bestimmte soziale Praxis lassen sich die Kenntnisse und Fähigkeiten der lokalen Akteure nicht einfach über Zeit und Raum transferieren, selbst wenn viel Wissen in kodifizierter Form – zum Beispiel als technischer Gegenstand oder wissenschaftliche Publikation – vorliegt (vgl. Meusburger 2009: 33). Kodifiziertes Wissen wird zwar als grundsätzlich universell anwendbar angesehen, für seine Nutzung ist aber immer komplementäres (implizites) Wissen über die Kontexte, innerhalb derer es genutzt werden kann, notwendig: Wie werden die Barrieren der lokalen Lernkultur überwunden? Wie wird es möglich, fremdes, durch kognitive, soziale und kulturelle Distanzen separiertes Wissen mit dem eigenen Wissen zu verbinden?

Die Absorption tangiert zunächst die persönlichen Wissens- und Erfahrungshintergründe: Neues Wissen muss in die individuellen kognitiven Modelle eingepasst werden. Es tangiert aber auch die Evolution der am Ort vorherrschenden Erklärungsmodelle, soziokulturellen Kontexte und Arbeitskulturen, die von den ortsansässigen Wissensträgern verinnerlicht sind. Kommunikation über Wissensgrenzen hinweg beinhaltet also eine Konfrontation der eigenen persönlichen Erfahrungen mit einem fremden Wissenskontext, die sowohl die inhaltliche Seite betrifft, aber auch die Sprache, die Regeln der Kommunikation und Zusammenarbeit und nicht zuletzt das kognitive Modell, das heißt das Wissen, welches zur Durchführung einer Aufgabe notwendig ist, und die Mechanismen zur Verarbeitung dieses Wissens. Gesucht wird folglich nach einer vermittelnden Ebene zwischen Sender und Empfänger: Diese Funktion können Akteure übernehmen, die sich gleichzeitig in unterschiedlichen Wissenskontexten an verschiedenen Standorten bewegen und fähig sind, eine Dekontextualisierung des an einem Standort situierten Wissens und gleichzeitig eine Rekontextualisierung an einem anderen Standort zu leisten („boundary spanners"). Eine solche Übersetzungsfunktion über kulturelle Grenzen hinweg lässt sich beispielsweise anhand der über Personen organisierten Verflechtung des Silicon Valleys mit der Region Hsinchu (Taiwan) beobachten. Die Rückwanderung in Taiwan geborener und in den USA ausgebildeter Ingenieure hat in Taiwan eine dynamische Entwicklung der IT-Industrie ausgelöst und gleichzeitig eine wechselseitige enge Wissensverflechtung zwischen beiden Lokalitäten, ungeachtet großer Unterschiede in den sozialen Kontexten, Arbeitskulturen, Denkmustern, ermöglicht (Florida 2005; Saxenian/Sabel 2008). Die aus Taiwan stammenden Spezialisten sind mit beiden sozialen Kontexten und Kulturen vertraut und deshalb prädestiniert für eine Vernetzung beider Wissensinseln. Auch die wachsende Zahl international tätiger Unternehmen und unternehmensbezogener Dienstleistungsunternehmen – etwa Unternehmensberater, Rechtsberater, Ingenieurdienstleister – belegt den zunehmenden Vermittlungsbedarf zwischen den verschiedenen global verteilten Wissensinseln beziehungsweise Wissenskonzentrationen. Sie lassen auch erkennen, dass sich diese Vermittlungen nicht auf zweiseitige Beziehungen beschränken, sondern der Lokalität im Prozess ihrer Evolution eine globale Anschlussfähigkeit verschaffen, die es ihr ermöglicht, ein Netzwerk von Beziehungen zu einer großen Zahl fremder Lokalitäten aufzubauen.

Das lokale Vorwissen ist der Ausgangspunkt für den Eintritt in die globalen Beziehungen und die Absorption tendenziell global verteilten Wissens. Fehlt an einem Wissensstandort das entsprechende Vorwissen, bleibt ihm das Wissen anderer Orte weitgehend verschlossen und die Bedeutung neuer Erkenntnisse oder Technologien lässt sich nur mit hohen Lern- und Transaktionskosten erschließen. Damit wird auch klar, dass der einmal eingeschlagene Pfad der Wissensgenerierung eines Unternehmens, seiner Mitarbeiter und damit auch der Lokalität sich in der Regel innerhalb eines sich nicht beliebig ausdehnbaren Wissenskorridors weiterentwickeln kann und die Beziehungen zu externen Wissensquellen sich nur innerhalb dieses Korridors entfalten können. Nach Meusburger (2009) geht vom Vorwissen eine Filterfunktion aus, die erklären kann, warum bestimmtes Wissen bevorzugt und anderes vernachlässigt wird und warum dieses spezialisierte Wissen nur zwischen Orten mit ähnlichen Vorbedingungen (Kompetenzen, Wissensbasen) zirkulieren kann. Eine Absorption neuen externen Wissens ist also abhängig von ähnlichen Vorerfahrungen und ähnlichem professionellem Wissen, einer damit verbundenen gemeinsamen Sprache der Teilnehmer und dadurch letztlich einer tendenziellen Auflösung des Klubgutcharakters lokaler Wissenskonzentrationen. Anders formuliert: Je weniger sich das standortgebundene Wissenspotenzial und die lokal gebunden Lern- und Innovationsprozesse abkapseln, das heißt je mehr sie Bestandteil eines Systems von „interrelated communities of practice" (Wenger 2000: 229) sind, das die Grenzen der verschiedenen Gruppen nicht nur eines Fachs, sondern auch benachbarter ergänzender Fachgebiete überwindet, desto reibungsloser wird die Wissensdiffusion verlaufen und desto eher wird die Absorption neuer externer Informationen gelingen. Dies ist eine Vorbedingung für die Entfaltung von Innovations- und Lernprozessen zum Nutzen der lokalen Wirtschaft.[4]

4.2 Arrangements globaler Wissensdynamiken

Die Abstraktion des Wissens von lokalen Bedingungen (Dekontextualisierung) und die folgende Integration dieses Wissens in einen anderen Kontext (Rekontextualisierung) sind für die Anschlusssicherung von Lokalitäten wichtige Vorbedingungen – vorausgesetzt, es sind Vermittler und Übersetzer fremden Wissens anderer Lokalitäten vorhanden. Am erwähnten Beispiel der zweiseitigen Beziehungen zwischen Taiwan und dem Silicon Valley kann gezeigt werden, dass Akteure, die in beiden Lokalitäten und deren Wissensdynamiken und Kulturen verankert sind, die Funktion eines solchen vermittelnden Bindegliedes übernehmen können. Erstrecken sich dagegen die Beziehungen auf mehr als zwei Kontexte, sind sie multilokal, global ausgedehnt, und es scheitert diese Lösung an der praktischen Realisierbarkeit einer schließlich kaum mehr zu überblickenden Anzahl von Ver-

4   Zum Ende des Kapitels 4.2 wird in einem eigenen Abschnitt auf die besondere Rolle von Praktikergemeinschaften eingegangen.

mittlungsaktivitäten zwischen allen Lokalitäten. Auf der Suche nach Alternativen drängen sich an die Stelle von in allen Lokalitäten verankerten Akteuren überlokale, globale Arrangements, die nicht nur organisatorisch delokalisiert sind, sondern auch hinsichtlich ihrer Denkmodelle, Problemsichten und Standards tendenziell ein eigenständiges, sich aus der Lokalität lösendes globales System bilden. Die kognitiven und normativen Bindungen dieser Arrangements beziehen sich immer auf eine Sache und einen ihr zugeordneten Wissensbestand, der keinen regionalen und lokalen Einschränkungen unterliegt und dennoch die Funktion eines Mittlers und Bindeglieds zwischen den weltweit verteilten Lokalitäten hat.

Folgt man der Differenzierung relationaler Nähe entlang sie konstituierender Dimensionen, lassen sich verschiedene Arrangements finden, mit denen mehr oder weniger erfolgreich der Anschluss an fremde, globale Lern- und Innovationsnetzwerke gesucht wird. Neben die transnational aufgestellten Unternehmen, in denen organisatorische Nähe, aufrechterhalten durch hierarchische Interaktionen zwischen den Akteuren der Organisation (vgl. Taylor 2005), besteht, treten dabei auch Beziehungen in vertikalen Produktionsverbünden oder horizontalen Allianzen (sozial-institutionelle Nähe; vgl. Kujath/Zillmer 2010; Faulconbridge/Hall/ Beaverstock 2008) und Praktikergemeinschaften (kognitive Nähe; vgl. Amin/Roberts 2008a).

Global agierende Unternehmen

Unter bestimmten Bedingungen kann Wissen innerorganisatorisch (multinationale oder transnationale Unternehmen) weltweit offensichtlich erheblich leichter und mit größerer Wirkungschance weitergegeben werden, als dies in losen, weitgehend über Märkte geregelten Beziehungen möglich wäre. Mit Hilfe der Organisation kann es gelingen, einen weltweiten innerorganisatorischen Verbund von Filialen und die sie repräsentierenden Personen zu schaffen, der über die lokale Einbettung der jeweiligen örtlichen Niederlassung mit den jeweiligen Wissenskonzentrationen verbunden ist. Derartige Filialen übernehmen mehr oder weniger eine Mittlerfunktion zwischen den von ihnen bedienten lokalen Abnehmern und dem Regelsystem, den Normen und der Unternehmenskultur der dominierenden Firma. Über solche Kanäle wird nicht nur spezifisches, bisher nicht bekanntes Fachwissen für das Unternehmen gewonnen, sondern vor allem auch eine Interaktion zwischen Anbietern und der spezifischen Nachfrage und den Konsumenten an anderen Orten organisiert. Kunden an anderen Orten und mit anderen Wissensschwerpunkten fungieren mittels solcher organisatorischer Konstrukte oft als Treiber von Lernen und Innovationen.

Weltweit agierende Konzerne können eine Mittlerfunktion allerdings nur übernehmen, wenn sie sich von ihren Heimatorten abnabeln und eine eigene, sich global definierende Organisationskultur entfalten. In derartigen Unternehmen teilen die Filialen eine wirtschaftliche, soziale und kulturelle gemeinschaftliche Basis, das heißt Technologie, wirtschaftliche Steuerung, Trainingsprogramme und Arbeitsorganisation werden von allen Filialen innerhalb der Organisation einheitlich gehandhabt, unabhängig von ihrer lokalen Verortung. Es entsteht auf diese Weise eine unternehmensspezifische korporative Kultur, die in Bezug auf den Output auch den Kunden weltweit Sicherheit hinsichtlich der Qualität des Produktes, der Vertragstreue und der langfristigen Verfügbarkeit vermittelt. Die globale Organisation sorgt ferner für eine Verbreitung von erfolgreichen Praktiken in Form eines Know-how-Managements und kann auf diese Weise neue Produkte und Dienstleistungen kreieren, die von den Filialen weltweit zur Erzeugung neuer Nachfrage auf den lokalen Märkten genutzt werden können (Faulconbridge/Hall/Beaverstock 2008). Die Lokalität wird auf diese Weise in die sich global definierenden Wirtschafts- und Wissenskreisläufe einbezogen, wobei sich andeutet, dass der örtliche Wissenskontext und die Wissensdynamiken der globalen Unternehmen zwar in einem Verhältnis der Reziprozität zueinander stehen, aber die global agierenden Unternehmen die örtliche Wissensbasis zunehmend durchdringen und überlagern.

Am Beispiel global agierender Rechtsberatungsfirmen zeigt sich, dass diese sich zu aktiven Vertretern der Angleichung von nationalen rechtlichen Rahmen und Institutionen zugunsten von „global systems of seamless services" (Faulconbridge/Hall/Beaverstock 2008) profilieren. Andernfalls würden die Unternehmen in eine Ansammlung von franchiseähnlichen Firmen ohne innere Kohärenz zerfallen. Der Prozess der Angleichung in hierarchischen Organisationen verläuft jedoch nicht konfliktfrei, sondern stößt sich im Falle der Rechtsberatungen häufig an der Beständigkeit des nationalen Rechtsrahmens und zwingt den Unternehmen eine Modifikation ihrer Unternehmensstrukturen auf, in der die Vorteile einheitlicher globaler Organisation verwässert werden. Unternehmerische Hierarchien widersprechen aber noch aus einem anderen Grunde den Erfordernissen einer Zusammenführung von Wissen aus unterschiedlichen Lokalitäten. Lundvall (2006: 9) betont unter anderem, dass hierarchische Organisationen in einem sich schnell wandelnden Umfeld nur schwerfällig reagieren und nur wenig Raum für die Generierung neuen Wissens lassen. Dies sei auch ein Grund, weshalb eine Tendenz zu einem flachen und offenen „relational contracting" zu beobachten sei.

Institutionell abgesicherte Beziehungen in vertikalen Produktionsverbünden und horizontalen Allianzen

Neben den transnationalen Unternehmen sind solche loseren Formen des „relational contacting" inzwischen weit verbreitete, tendenziell global ausgedehnte Organisationsformen der Vermittlung zwischen den lokalen Wissenskonzentrationen.

Kooperationsnetzwerke entwickeln sich entweder entlang von Wertschöpfungsketten oder in horizontalen Allianzen, die heute beide oft eine globale Ausdehnung
annehmen. Die bedeutende Rolle, die einem Produktionsverbund beziehungsweise
einer global verteilten Wertschöpfungskette zukommt, leitet sich vor allem daraus
ab, dass es den Unternehmen immer schwerer fällt, ganz unterschiedliche und hoch
spezialisierte Wissensdomänen innerhalb eines Unternehmens zu bündeln und im
Rahmen einer hierarchischen Betriebsorganisation so miteinander kommunizieren zu lassen, dass die Lernprozesse schnell ablaufen und das Innovationstempo
zunimmt. Unternehmen sind mittlerweile zunehmend gezwungen, sich auf ihre
wichtigsten Wissensdomänen zu konzentrieren und alle anderen Wissensdomänen
zu externalisieren, obwohl mit der Teilung des Wissens die Verletzbarkeit des Unternehmens zunimmt. Die Partner haben jeweils unterschiedliche Aufgaben und
können unterschiedliche Unternehmensziele verfolgen, fügen aber beispielsweise
in temporären Projektzusammenhängen ihre Kompetenzen und ihr Wissen zusammen. Dabei zeichnen sich interorganisatorische Wissensnetzwerke durch Prozesse wie Selbstorganisation und -steuerung aus (Bickhoff/Bieger/Caspers 2004). In
solchen Netzwerken können die Vielfalt und Flexibilität begrenzenden Nachteile
hierarchischer Organisation vermieden und neue Kombinationsmöglichkeiten von
Wissen realisiert werden. Nooteboom (1992: 292) spricht in diesem Zusammenhang von einer „cross-firm-economy of learning". Innovationen finden aus dieser
Perspektive nicht in einem abgeschirmten lokalen Kontext, sondern entlang der
Wertschöpfungskette weltweit statt (Malmberg/Power 2005: 281). Das in solchen
Netzwerken generierte Wissen wird interaktiv erzeugt und von den am Netzwerk
Beteiligten geteilt.

Derartige Netzwerke sind dann erfolgreich, wenn die sie tragenden Akteure
verstehen und akzeptieren, dass sie nur einen geringen Teil der von ihnen ausgehenden Wertschöpfungskette kontrollieren können. Auf jeden Fall können sich
solche Kooperationsnetzwerke nicht auf die steuernde und kontrollierende Funktion formaler Organisationen stützen, auch der im nationalen Rahmen gegebene
Rechtsschutz ist für solche Fälle nur begrenzt von Nutzen. Er wird durch soziale,
relationale Normen ergänzt (Posner 2000), bei denen Vertrauen eine entscheidende
Rolle spielt. Die Verträge enthalten inhaltliche und zeitliche Begrenzungen der Zusammenarbeit, prozessuale Regelungen, definieren Möglichkeiten des Ausstiegs,
nicht aber Festlegungen für jeden einzelnen Arbeitsschritt und dessen Ergebnisse.
Die Akteure sind in solchen Verträgen gezwungen, Kommunikationsroutinen zu
entwickeln, die Vertrauen stiften, Missverständnisse und Irrtümer minimieren sowie Konsense herstellen („trust-based governance", Powell/Smith-Doerr 1994).

Dieses Vertrauen kommt grundsätzlich ohne räumliche Nähe, das heißt ohne
Ko-Präsenz aus, sofern eine Basis für die Kommunikation geschaffen ist. Für die

Initiierung dieser gemeinsamen Basis hat Ko-Präsenz allerdings eine hohe Bedeutung, der über temporäre Treffen auf Messen oder Meetings entsprochen werden kann (Torre 2008). In den ersten Stadien der Zusammenarbeit spielen deshalb Face-to-Face-Kontakte eine wichtige Rolle, in den folgenden weniger (Stein 2010b). Die Aufwendungen sind dementsprechend bei der Ausdehnung in andere Regionen gerade in der Anfangsphase hoch, womit der Eintritt in fremde Märkte und die räumliche Ausdehnung des eigenen Netzwerkes mit Investitionskosten der Vertrauensbildung einhergeht (vgl. Sako 1998). Diese Investitionen können als Eintrittskarte in größer zugeschnittene (globale) Märkte interpretiert werden, denn diese Kosten sind – wie an Hand von Studien zu den Transaktionskosten in Anbieter-Kunden-Beziehungen in Deutschland gezeigt werden konnte – in späteren Stadien der Zusammenarbeit, unabhängig von der räumlichen Ausdehnung der Netzwerke, gleich hoch (Stein 2010a).

Oft sind die globalen kooperativen Beziehungen auch horizontaler Natur, nehmen die Form von „networked transnational firms" (Faulconbridge/Hall/Beaverstock 2008) oder strategischen Allianzen von Firmen mit dem gleichen Angebot an. Horizontale Allianzen finden sich vor allem im Dienstleistungssektor. Die sie tragenden Akteure verfolgen das Ziel, sich wechselseitig bei der Vermittlung von Kunden zu unterstützen sowie eine gemeinsame transnationale Wissensbasis zu schaffen, auf die alle einbezogenen Unternehmen zugreifen können. Solche strategischen Allianzen spielen vor allem dann eine große Rolle, wenn lokale Kulturen und Regelsysteme wie beispielsweise unterschiedliche nationale Rechtssysteme einen entscheidenden Einfluss auf die Bereitstellung von Dienstleistungen (Rechtsberatung) haben. Nach Faulconbridge, Hall und Beaverstock (2008) erfreuen sich derartige Allianzen allerdings nur einer begrenzten Beliebtheit, weil es in Konstellationen, in denen die Partner stark an die lokalen Regelsysteme und kulturellen Kontexte gebunden sind, nicht nur schwer fällt, zwischen den Partnern eine gemeinsame Verständigungsbasis herzustellen, sondern vor allem auch gemeinsame Dienstleistungsmodule für eine globale Nachfrage zu entwickeln.

Für den hier betrachteten Zusammenhang der Mittlertätigkeit globaler unternehmerischer Arrangements ist entscheidend, dass im Rahmen solcher, auf Vertrauen basierender Arrangements über partnerschaftliche Beziehungen Lernroutinen angestoßen werden, die unter Wahrung der professionellen Autonomie der Partner schrittweise einen transnationalen Raum des Lernens entstehen lassen, mit einer gemeinsamen Sprache und gemeinsamen Interpretationsmodellen: „Thus [...] in the end 'goodwill trust' has to be found not by resort to law but through learning-by-interacting to fill the gap left by incomplete contracts" (Sako 1998: 109).

Praktikergemeinschaften

Hinter diesem Typ der Organisation von Wissenstransfer innerhalb formeller Ko-operationsbeziehungen findet sich oft auch ein Netzwerk interpersoneller informeller Beziehungen des Wissenstransfers. So können zum Beispiel Joint Ventures der Technologieentwicklung nicht nur den vertraglich vorgesehenen Wissenstransfer beinhalten, sondern, gleichsam als Nebeneffekt, auch den Austausch von Arbeitskräften zwischen den beteiligten Firmen auslösen oder Zugang zu unerwartetem Wissen durch die informellen Interaktionen der beteiligten Wissensarbeiter ermöglichen. Die formellen Organisationsformen des Wissenstransfers sind also „more open than their portrayal as pipelines suggests" (Owen-Smith/Powell 2004). Neben und innerhalb formeller Kooperationsnetzwerke sich entwickelnde informelle Netzwerke ermöglichen die Mobilisierung und Kombination von bisher nicht bekanntem Wissen, sei es dadurch, dass die Wissensträger zwischen den Organisationen wechseln oder sie einer „community" angehören, die sich über eine Vielzahl von Organisationen spannt (Murray 2002).

Interessant sind vor allem jene Gemeinschaften, die aus gemeinsamen Forschungs- und Arbeitszusammenhängen, gemeinsamer Ausbildung, aus gemeinsamen Erfahrungen im Berufsleben entstehen. Sie bilden ein eigenständiges, informelles, auf Freundschaft, Bekanntschaft, Loyalität, gemeinsamer Identität oder gemeinsamen Interessen basierendes persönliches Netzwerk. Netzwerke dieses Typs tragen zur Weitergabe und Weiterentwicklung von Wissen bei, etwa in der Gestalt „kollegialer Gemeinschaften" (Zündorf 1994; Kujath 2000) von Experten, die sich außerhalb und neben den konkurrierenden Unternehmen bilden. Sie überschreiten die betrieblichen Grenzen und tragen so zur Wissensdiffusion und der Entwicklung neuer Ideen bei. Es scheint, dass mit diesen Praktikergemeinschaften eine Form gefunden ist, innerhalb derer es gelingt, die kognitiven Distanzen zu verringern und zu überwinden. Praktikergemeinschaften entwickeln und stützen sich auf gemeinsame Kodes, Konventionen, Routinen, Regeln, Handlungslogiken, Vorgehensweisen. Solche Gemeinschaften können sich innerhalb von global agierenden Unternehmen entwickeln, sie können sich aber auch außerhalb betrieblicher Bindungen in losen Netzwerken entfalten. Wenger, McDermott und Snyder vertreten sogar die Auffassung, dass es zum Transfer komplexen Wissens nicht unbedingt der Face-to-Face-Kontakte, also Ko-Lokation und Ko-Präsenz, bedürfe, sondern eines Vorrats an gemeinsamer Praxis – „a common set of situations, problems and perspectives" (2002: 25).

Typisch für Praktikergemeinschaften ist deren auf Sachthemen fokussierte Sicht. Nach Stichweh (2009) ergibt sich hieraus vor allem ihre Fähigkeit, lokale Bindungen aufzubrechen, weil die die Praktikergemeinschaften zusammenhaltenden kognitiven und normativen Bindungen auf ein Sachthema und diesem zugeordnete Wissensbestände bezogen sind. Sofern die kommunikationstechnischen Voraussetzungen gegeben sind, könnten sich diese Gemeinschaften gleichsam „selbstläufig" global organisieren. Es entsteht ein sich global ausdehnender Raum der Kommunikation und des Lernens: „So there's a common language, a common view, there are some questions and answers that typically happen pretty much regardless of where you are in the world" (Faulconbridge 2006: 17).

Kommt zu der für Praktikergemeinschaften typischen kognitiven Nähe noch institutionelle und organisationale Nähe hinzu, kann diese Kombination dazu beitragen, dass sich Kommunikationsprozesse auch über größere Distanzen leicht gestalten lassen und damit die Notwendigkeit einer permanenten räumlichen Nähe zwischen den Interaktionspartnern an Gewicht verliert. Lokale und regionale Wissensbeziehungen werden in diesem Fall durch die anderen Näheformen substituiert, was sich unter anderem in der Herausbildung globaler „communities of practice" und „epistemic communities" manifestiert (Amin/Cohendet 2004). Gertler (2008) hebt hervor, dass bei entsprechender sozialer Affinität räumlich verteilte Innovationsprozesse stattfinden können, und mutmaßt, dass Innovationsprozesse über die Zeit verteilt in Phasen mit einem hohen und solche mit einem geringen Anteil von Ko-Präsenz aufgeteilt werden können, was die Variabilität von Praktikergemeinschaften unterstreicht.

4.3 Lokalität als Knoten der Verarbeitung globalen Wissens

Wenn die maßgeblichen Arrangements der Wissensökonomie in Form multinationaler Unternehmen, global gespannter Produktionsverbünde und international zusammengestellter Praktikergemeinschaften nunmehr zunehmend weltweiten Zuschnitt annehmen, wird auch das Verhältnis zwischen den lokalen evolutorischen Prozessen wirtschaftlicher Entwicklung und den globalen Lern- und Innovationsnetzwerken immer wieder neu auszutarieren sein. Das zeigt sich anschaulich an den „nodalen Landepunkten" („nodal landing places", Castells 2010: 2741), auf denen es zu einer Überschneidung globaler Netzwerke und lokaler Strukturen kommt. Auf ihnen wird das globale Wissen endogenisiert, dass heißt in die lokalen Kontexte eingepasst und gleichzeitig der lokale Wissensbestand soweit generalisiert, dass er global zugänglich ist. Die Forschung zu Weltstädten belegt bereits, dass die Lokalitäten sich nicht mehr aus sich selbst heraus, sondern über ihre „nodalen Landepunkte" innerhalb globaler Interaktionsnetzwerke reproduzieren (Taylor 2005).

Geht man davon aus, dass die in globalen Kontexten operierenden Wissensträger gleichzeitig weltweit an entsprechende räumliche Wissenskonzentrationen gebunden sind, entsteht ein räumliches Wissensnetzwerk zwischen realen Standorten mit ähnlichen oder komplementären Wissenskonzentrationen, gleichgültig ob dieses Netzwerk durch multinationale Konzerne, Produktionsverbünde oder Praktikergemeinschaften organisiert ist. Der eingangs behandelte evolutorische Prozess lokaler Wissensakkumulation und Innovation ist Teil einer Dynamik, die zur Stabilisierung dieser Lokalitäten als Bestandteile eines globalen, epistemischen Systemzusammenhangs beiträgt (Kujath/Schmidt 2010). Er beruht auf einer symbiotischen Beziehung zwischen den lokalen Prozessen der Wissensgenerierung, des Lernens und der Innovation und der globalen Vergemeinschaftung, wobei zu fragen ist, in welchem Umfang die lokale Wissens- und Wirtschaftsbasis, die lokalen Arbeitskulturen und Regelsysteme in das globale System hineingezogen werden (Münch 1998: 15).

Verschränkung globaler und lokaler Wissenskulturen

Konnte es aus der lokalen Perspektive dieser evolutorischen Prozesse zunächst noch scheinen, als ob es lediglich darum gehe, den lokalen Wissensvorrat über die Erschließung globaler „pipelines" (Bathelt/Malmberg/Maskell 2004) oder globaler „Kommunikationskanäle" (Stein 2010b) mit andernorts vorhandenem fremdem Wissen zu kombinieren, scheint mit der Entfaltung globaler Wissenskontexte eine neue Situation einzutreten. Zwar dauern die historisch herausgebildeten lokalen Strukturen fort, sie werden aber – so die These – zunehmend von den globalen Eigenstrukturen des Funktionskomplexes der Wirtschaft und ihrer Wissenskulturen überlagert. Stichweh zufolge kommt es zu einer globalen Kategorienbildung, die ihre Ausformung „den in der Weltgesellschaft gegebenen Beobachtungs- und Vergleichsmöglichkeiten verdankt" (2009: 24) und damit ausdrücklich ohne Netzwerkverknüpfungen auskommt. In diesem neuen gesellschaftlichen Mehrebenensystem komme es tendenziell zu einer Aushöhlung der Autonomie der Regionalkulturen, aber nicht zu ihrer Homogenisierung. Die globalen und nicht die lokalen Wissenskontexte definieren in diesem System die Zugangskriterien zum weltweit verbreiteten Wissen, das in sachthematisch fokussierte Ausformungen von Sprache, Kodes, Konventionen, Routinen und Regeln eingebettet ist.

Für die lokalen Wissenskontexte bedeutet dies, die Einheitlichkeit nach innen und die Geschlossenheit nach außen aufgeben zu müssen und sich vielmehr durch entsprechende Investitionen Zugang zu den globalen Wissenssystemen zu verschaffen, denn: „The global architecture of global networks connects places selectively, according to their relative value for the network" (Castells 2010: 2740). Um nicht von den internationalen Diskursen, Erfahrungen und Innovationen abgeschnitten zu werden, bedarf es vermittelnder Schritte und bestimmter relationaler Konstellationen, die ein Einklinken des besonderen lokalen Wissensschwerpunktes in globale Wissensnetzwerke ermöglicht. Relationale Nähe bedeutet dabei, dass sich die lokalen Wissenskonzentrationen in ein System überregionaler Kommunikation

mit Akteuren und Orten ähnlicher Wissensschwerpunkte einbinden beziehungsweise als Bestandteil dieses Systems definieren, indem gemeinsame – wie oben
dargestellt – fachliche Standards und Diskurskulturen zum Tragen kommen. Ähnliches konstatierte Willke (2001: 319) für das historische System der Hansestädte,
in dem eine eigenständige Regelstruktur, Sprache und symbolische Struktur die
einzelnen beteiligten Städte bis hin zu ihrer Architektur geprägt haben. Vergleichbar argumentiert Castells (2010) mit Blick auf das heutige globale Städtesystem.
Auch hier entwickelten sich übergeordnete gemeinsame soziale Kontexte durch
ein System von „interrelated communities of practice". Der Drang, übergeordnete
kulturelle Gemeinsamkeiten beziehungsweise kulturelle Nähe zwischen den Knoten des Städtesystems herzustellen, zeigt sich dabei auch in einer zunehmenden
kulturellen Uniformität der in das jeweilige System einbezogenen Orte (Finanz-
zentren, Universitätsstandorte, Technologieparks) und in einer sich angleichenden
symbolischen Umwelt, die die historischen Besonderheiten jedes einzelnen Ortes
überlagern. So haben beispielsweise die in Weltstädten beziehungsweise den diese
Weltstädte symbolisierenden Standorten konzentrierten unternehmensbezogenen
Dienstleistungen kognitive und kulturelle Gemeinsamkeiten, die eine weltweite
Zusammenarbeit zwischen den Akteuren dieser Wirtschaftsbranche erleichtern,
obwohl ihre Standorte unterschiedlichen Nationen oder Kulturkreisen angehören.
Kognitive, organisatorische und soziale Nähe sind in diesen Fällen oft wichti-
ger als räumliche Nähe, so dass dieses Wissen auch über regionale und nationale
Grenzen ausgetauscht werden kann.

Gleichwohl führt die Aushöhlung der lokalen Autonomie in den Prozessen
der Wissensgenerierung nicht zu einer globalen, uniformen Gleichverteilung des
Wissens oder Homogenisierung der Lokalitäten. Dies ist schon aufgrund der in der
Wissensökonomie sich verwirklichenden hochgradig arbeitsteiligen Strukturen
und der lokalen evolutorischen Besonderheiten, die sich auch innerhalb globaler
Kontexte reproduzieren, nicht zu erwarten. Vor allem aber eröffnet die Integration
in globale Kontexte den lokalen Akteuren weltweite Möglichkeitsräume und ein
bisher nicht gekanntes Spektrum von Alternativen, die sich für eine evolutorische
Weiterentwicklung der lokalen Wirtschaft (Innovationen) in einer neuen Vielfalt
an möglichen Handlungsfeldern nutzen lassen. Diese Wirkungen sind auf der lokalen Ebene nicht immer sichtbar, was Stichweh am Beispiel der Autohersteller,
die ihre Beziehung zu den in der Region ansässigen Zulieferern ständig vor dem
Hintergrund der globalen Konkurrenzanbieter bewerten – und zwar auch, wenn
die bestehenden Beziehungen stabil und dauerhaft scheinen –, veranschaulicht
(Stichweh 2009).

Bedingungen des Anschlusses an globale Wissensnetzwerke

Diversität zwischen den Lokalitäten dürfte sich nach dieser Logik also immer weniger aus lokal abgeschlossenen evolutorischen Prozessen und Besonderheiten oder einem Gegensatz zwischen Lokalität und Globalität ergeben, sondern vielmehr aus Wettbewerbs- und Selektionsprozessen, denen jede Lokalität in globalen Kontexten ausgesetzt ist und die in Profilierungsbemühungen resultieren.[5] Diese Profilierung in globalen Lern- und Innovationssystemen betrifft aus lokaler Perspektive zwei Ebenen des Handelns: (1) die Profilierung der Lokalität im Wettbewerb mit anderen Lokalitäten und (2) die Einbindung der gesamten Lokalität in diese globalen Prozesse.

Zu (1): Bei der Profilierung im Wettbewerb mit anderen Lokalitäten liegt der Fokus auf Exzellenz, mit der die internationale Position der Lokalität als Wissenschafts-, Hochschul-, Hochtechnologie- oder Dienstleistungsstandort gestärkt wird. Im Rahmen einer solchen, dem globalen Wettbewerb ausgesetzten Entwicklung wächst der Druck auf die Akteure, ein lokales Profil herauszuarbeiten, mit dem ein gewisses Alleinstellungsmerkmal in ausgewählten Wissensdomänen im internationalen Maßstab erworben wird. Als Bestandteil eines globalen Wettbewerbszusammenhangs wird es für die lokalen Akteure existenznotwendig, ihre Lokalität gegenüber den Wettbewerbern hervorzuheben und abzugrenzen. Erst jetzt gewinnen auch Themen wie Stadt- und Regionalmarketing und Imagepflege einen hohen Stellenwert, denn sie definieren die Position und Rolle der Lokalität im internationalen Wettbewerb der Städte und Regionen. Selbst- und Fremdbilder, Binnen- und Außenmarketing werden als Bausteine zur Sicherung der internationalen Anschlussfähigkeit einerseits und Darstellung der lokalen Besonderheiten in wissensgesellschaftlichen Kontexten andererseits genutzt. Sie sind gleichzeitig Indizien für den Grad der Globalisierung der Lokalität, denn die Entwicklung derartige sich abgrenzender Bilder und ihre Vermittlung in den globalen Kontext erfordert eine aus den lokalen Bindungen befreite Kommunikationskompetenz und ein globales Kommunikationsmanagement.

Die mit diesem Kommunikationsmanagement verbundene Leistung besteht nicht nur darin, die Lokalität im globalen Raum „begreifbar" zu machen, sondern generell darin, die lokalen Wirtschafts- und Wissenscluster zur globalen Umwelt zu öffnen. Auf der kognitiven Ebene bedarf es der Professionalisierung des Wissens, das heißt der Entwicklung von Expertenwissen, das sich aus den lokalen Bindungen des in gemeinsamer Praxis gewonnenen Erfahrungswissens tendenziell löst und dessen Kodes und Sprache international verstanden werden können (Amin/Roberts 2008a). Auch wenn nur ein kleiner Teil der Beschäftigten für eine

---

5   Bisher handelte es sich vor allem um nationale Kontexte, wie sie von Nelson beispielsweise für die nationalen Innovationssysteme beschrieben werden (Nelson 1993).

gewisse und begrenzte Zeit in die globalen Wirtschafts- und Kommunikationszu-
sammenhänge eingebunden sein sollte, kommt ihrer Funktion innerhalb des Kom-
munikationsmanagements eine große Bedeutung zu, denn sie fungieren als Mittler
zwischen Globalisierungsprozessen und der Lokalität und erleichtern damit den
übrigen Beschäftigten, das fremde, aus dem globalen Beziehungsnetz beziehungsweise den externen Standorten einströmende Wissen in die eigenen Wissens- und
Handlungskontexte und Arbeitskulturen zu integrieren.

   Zur Gewährleistung der globalen Anschlussfähigkeit ergibt es sich – ungeachtet überlieferter kultureller Differenzen – deshalb zwangsläufig, dass die auf
der globalen Ebene gültigen Regeln, Regelsysteme, Gepflogenheiten von allen in
die globalen Wirtschafts- und Wissensnetzwerke eingebundenen lokalen Akteuren
internalisiert werden müssen. Diese Anpassung findet über multinationale Firmen,
Kooperationen oder fachliche Gemeinschaften in impliziter Weise statt: Durch die
Kommunikation innerhalb der globalen Kontexte werden institutionelle Annähe-
rungen angeregt und die kognitiven Fähigkeiten, sich in globalen Wissenskontexten zu bewegen, gefördert. Lokalitäten, die es besonders weit in ihrer Vernetzung
und Anpassung gebracht haben, steigen damit tendenziell zu Repräsentanzen der
globalen Wirtschaft und eines globalen Wissenstransfers auf.

   Zu (2): Im Rahmen dieses Prozesses werden die wissensökonomischen Stärken der Lokalität weiterentwickelt. Diese wiederum sind an die sonstigen Eigenschaften der Lokalität durch Vernetzung und Kombination der Bereiche Bildung,
Wissenschaft, Forschung, Unternehmensinnovationen, Kultur rückgekoppelt. So
beispielsweise im Feld der Hochtechnologie, in dem analytisches Wissen und
Wissensgenerierung durch wissenschaftliches Forschen dominieren und wo For-
schungsverbünde zwischen Unternehmen, benachbarten Hochschulen und Forschungseinrichtungen, die auch den Nachwuchs an hochqualifizierten Wissensarbeitern liefern, entstehen können. Lokal eingebunden bilden diese Verbünde „lo-
calities of learning" (Dosi 1996). Sie bilden gewissermaßen die lokale Dimension
der auf mehreren Ebenen abgebildeten globalen Netzwerke.

   Die Globalisierung verändert die lokalen Kulturen aber nicht nur in der Weise, dass diese in die globalen Beziehungssysteme einbezogen werden, sondern
gewissermaßen „nebenbei" auch, dass außerhalb dieser globalen „Landeplätze"
Räume der Exklusion erzeugt werden (Storper/Scott 2009; Castells 2010). Es ver-
schärfen sich die Widersprüche zwischen jenen sich global definierenden Orten
und den sie repräsentierenden Akteuren einerseits und dem sie umgebenden peripheren Raum andererseits. Die Mechanismen der globalen Integration scheinen
weitgehend blind gegenüber den „needs of the local" (Castells 2010: 2743) und
tragen sogar zur räumlichen (auch sprachlichen) Exklusion bestimmter Räume
bei. Diese Problemlage ist relativ neu und verweist auf die Notwendigkeit, die

bisher ausgeschlossenen Bevölkerungsschichten an die globalen Wissensanforderungen durch Maßnahmen in den Bereichen der Erziehung, Bildung und sozialen Aktivierung (Allgemeinwissen, Kulturwissen, Grundwissen in fachlichen Bereichen, interkulturelles Wissen) heranzuführen. Dies betrifft vor allem die schulische Erziehung, aber auch die Vorschule und frühkindliche Erziehung genauso wie alle Möglichkeiten des sich Weiterbildens bis in das hohe Alter.

5   Fazit: Lokalität fungiert als Ressourcenpool und bedarf der Integration in globale Lern- und Innovationsnetzwerke

Die Lokalität liefert wichtige Voraussetzungen für die Ausbildung wettbewerbsfähiger lokaler Wirtschafts- und Wissenskonzentration. Diese Voraussetzungen sind aber weniger über das Vorhandensein räumlicher Nähe zu erklären als vielmehr durch die Potenziale, die die Lokalität repräsentiert. Sie ist ein Ressourcenpool, der durch die beschriebenen Gründungsprozesse selbstverstärkende Wirkung entfalten kann und damit sicherlich auch von kurzen Distanzen profitiert. Auf dieser Grundlage ist es möglich, ein evolutorisches Verständnis von der Lokalität und ihrer Bedeutung für Konzentrationsprozesse zu entwickeln.

Aber letztlich kann Wettbewerbsfähigkeit in einem global strukturierten Markt mit global entwickelten Lern- und Innovationsnetzwerken nur gelingen, wenn die Lokalität in diese Netzwerke eingebunden ist und ihre Ressourcen dort zur Entfaltung kommen lässt. Mit der hohen Relevanz globaler Netze ist die Bedeutung der Lokalität relativiert, dies aber nicht bis zur völligen Austauschbarkeit mit konkurrierenden Lokalitäten. Die Einbindung der Lokalität in internationale Lern- und Innovationsnetze bringt bestimmte, notwendige Voraussetzungen mit sich, die einerseits in der Absorptionsfähigkeit der Akteure, in ihren Arrangements und der Qualität der Standorte bestehen. Um sich in der Konkurrenz mit anderen Standorten durchsetzen zu können, um anstelle dieser eher passiven eine aktive Rolle einzunehmen, müssen andererseits diese kommunikativen und auf Alleinstellung ausgerichteten Anforderungen in ausgewählten Feldern einem globalem Gestaltungsanspruch gerecht werden, das heißt zu ökonomischer Wettbewerbsfähigkeit, zu kognitiv-akademischen Führungsrollen und kultureller Übertragbarkeit führen.

Die Einbindung einer Lokalität in globale Netzwerke erfordert effiziente Governance-Strukturen, die dazu beitragen, Anschlussfähigkeit wie Gestaltungsanspruch im globalen wie lokalen Rahmen herzustellen und aufrechtzuerhalten. Dies betrifft gleichermaßen die einzelnen Akteure wie Unternehmen, Intermediäre oder unternehmerische Interessensverbände und schließlich auch den politischadministrativen Kontext, in dem nicht nur informelle, sondern auch formelle Regeln geschaffen werden (können). Die Erforschung dieser Governance-Strukturen steht erst am Anfang. Die in diesem Beitrag behandelten, von Unternehmen zur Verknüpfung lokaler und globaler Kontexte verfolgten Arrangements funktionieren deshalb, weil sie entweder in organisatorischer, institutionell-sozialer oder kognitiver Hinsicht Nähe schaffen und damit die in den jeweils anderen Dimensionen globaler Kontakte und Kooperationen bestehenden Distanzen überbrücken helfen. Die Angemessenheit der einzelnen Arrangements ergibt sich von Fall zu Fall, ein Patentrezept gibt es nicht, was es erheblich erschwert, aus der Idee nodaler Landeplätze (Castells 2010) eine Erfolgsstrategie für die politische Daueraufgabe (Kilper 2010a) der Mobilisierung endogener Potenziale zu machen.

Auch die Vorstellung globaler Lern- und Innovationsnetze bedarf weiterer, vertiefender Forschung. Bei diesen Netzen handelt es sich um mehr als um die bi- oder multilaterale Zusammenarbeit zwischen Akteuren aus verschiedenen, aber gleichrangigen Lokalitäten. Zusätzlicher Forschung bedarf es vor allem, um zu hinterfragen, inwieweit bereits von einer Eigenlogik globaler Wirtschafts- und Wissensbeziehungen gesprochen werden kann.

Literatur

Amin, Ash/Cohendet, Patrick (2004): Learning and adapting in decentralised business networks. In: Environment and Planning D: Society and Space Jg. 17, H. 1, 87-104

Amin, Ash/Roberts, Joanne (2008a): Knowing in action: Beyond communities of practice. In: Research Policy Jg. 37, H. 2, 353-369

Amin, Ash/Roberts, Joanne (Hrsg.) (2008b): Community, Economic Creativity, and Organization. Oxford: Oxford University Press

Bathelt, Harald/Malmberg, Anders/Maskell, Peter (2004): Clusters and knowledge: Local buzz, global pipelines and the process of knowledge creation. In: Progress in Human Geography, Jg. 28, H. 1, 31-56

Bickhoff, Nils/Bieger Thomas/Caspers Rolf (Hrsg.) (2004): Interorganisatorische Wissensnetzwerke. Mit Kooperation zum Erfolg. Berlin, Heidelberg: Springer

Boschma, Ron A./Frenken, Koen (2003): Evolutionary Economics and Industry Location. In: Review of Regional Research H. 23, 183-200

Braczyk, Hans-Joachim/Cooke, Philip/Heidenreich, Martin (1998): Regional Innovation Systems. The Role of Governances in a Globalized World. London: UCL Press

Bröcker, Johannes/Dohse, Dirk/Soltwedel, Rüdiger (Hrsg.) (2003): Innovation Clusters and Interregional Competition. Berlin, Heidelberg, New York: Springer

Brödner, Peter/Helmstädter, Ernst/Widmaier, Brigitta (Hrsg.) (1999): Wissensteilung. Zur Dynamik von Innovation und kollektivem Lernen. München: Mering, Rainer Hampp Verlag

Camagni, Roberto (Hrsg.) (1991): Innovation Networks – Spatial Perspectives. London: Belhaven Press

Caspers, Rolf/Kreis-Hoyler, Petra (2004): Konzeptionelle Grundlagen der Produktion, Verbreitung und Nutzung von Wissen in Wirtschaft und Gesellschaft. In: Bickhoff/ Bieger/Caspers (2004): 18-57

Castells, Manuel (2010): Globalisation, networking, urbanisation: Reflections on the spatial dynamics of the information age. In: Urban Studies Jg. 47, H. 13, 2737-2745

Cattaneo, Olivier/Gereffi, Gary/Staritz, Cornelia (Hrsg.) (2010): Global Value Chains in a Postcrisis World: A Development Perspective. Washington, D.C: The World Bank

Coriat, Benjamin (1992): The revitalization of mass production in the computer age. In: Storper/Scott (1992): 137-156

Dosi, Giovanni (1996): The contribution of economic theory to the understanding of a knowledge-based economy. In: OECD (1996a): 81-93

Duranton, Gilles/Puga, Diego (2001): From Sectoral to Functional Urban Specialisation. CEPR Discussion Paper, Nr. 2971

Dybe, Georg/Kujath, Hans Joachim (2002): Hoffnungsträger Wirtschaftscluster. Unternehmensnetzwerke und regionale Innovationssysteme: Das Beispiel der deutschen Schienenfahrzeugindustrie. Berlin: Edition Sigma

Enright, Michael, J. (2003): What We Know and What We Should Know. In: Bröcker/ Dohse/Soltwedel (2003): 99-129

Faulconbridge, James. R. (2006): Stretching tacit knowledge beyond a local fix? Global spaces of learning in advertising professional service firms. In: Journal of Economic Geography Jg. 6, H. 4, 517-540

Faulconbridge, James. R./Hall, Sarah J.E./Beaverstock, Jonathan V. (2008): New insights into the internationalization of producer services. Organizational strategies and spatial economies for global headhunting firms. In: Environment and Planning A Jg. 40, H. 1, 210-234

Florida, Richard (2005): Cities and the Creative Class. New York: Routledge

Fritsch, Michael (2011): Implizites Wissen, Geographie und Innovation. Widersprüche von plausiblen Hypothesen und mindestens ebenso plausibler empirischer Evidenz. In: Ibert/Kujath (2011): 71-82

Fuchs, Gerhard/Shapira, Philip (Hrsg.) (2005): Rethinking Regional Innovation and Change. Path Dependency or Regional Breakthrough? New York: Springer

Gereffi, Gary/Humphrey, John/Sturgeon, Timothy (2005): The governance of global value chains. In: Review of International Political Economy Jg. 12, H. 1, 78-104

Gereffi, Gary/Fernandez-Stark, Karina (2010): The Offshore Services Value Chain: Developing Countries and the Crisis. In: Cattaneo/Gereffi/Staritz (2010): 335-372

Gertler, Meric (2008): Buzz without being there? Communities of practice in context. In: Amin/Roberts (2008b): 203-226

Helmstädter, Ernst (1999): Arbeitsteilung und Wissensteilung – Ihre institutionenökonomische Begründung. In: Brödner/Helmstädter/Widmaier (1999): 33-54

Ibert, Oliver (2010): Governance-Formen und Beziehungs- und Interaktionsräume der Ökonomie. In: Kilper (2010b): Governance und Raum. Baden-Baden: Nomos, 143-160

Ibert, Oliver/Kujath, Hans Joachim (Hrsg.) (2011): Räume der Wissensarbeit. Neue Perspektiven auf Prozesse kollaborativen Lernens. Wiesbaden: VS-Verlag

Kiese, Matthias (2008): Stand und Perspektiven der regionalen Clusterforschung. In: Kiese/Schätzl (2008): 9-50

Kiese, Matthias/Schätzl, Ludwig (Hrsg.) (2008): Cluster und Regionalentwicklung – Theorie, Beratung und praktische Umsetzung. Dortmund: Verlag Dorothea Rohn

Kilper, Heiderose (2010a): Governance und die soziale Konstruktion von Räumen. Eine Einführung. In: Kilper (2010b): 9-24

Kilper, Heiderose (Hrsg.) (2010b): Governance und Raum. Baden-Baden: Nomos

Klepper, Steven (2007): Disagreement, Spinoffs, and the Evolution of Detroit as the Capital of the U.S. Automobile Industry. In: Management Science Jg. 2007, H. 53, 616-631

Klepper, Steven (2008): Silicon Valley. A Chip of the Old Detroit Bloc. Paper presented at the 25th Celebration Conference on Entrepreneurship and Innovation – Organizations, Institutions, Systems and Regions. http://www2.druid.dk/conferences/viewpaper.php?id=4145&cf=29 (letzter Zugriff am 8.2.2011)

Kujath, Hans Joachim (2000): Die soziale Ordnung von Wirtschaftsregionen. In: Geographische Revue Jg. 2, H. 1, 31-35

Kujath, Hans Joachim (2005a): Die neue Rolle der Metropolregionen in der Wissensökonomie. In: Kujath (2005b): 23-64

Kujath, Hans Joachim (Hrsg.) (2005b): Knoten im Netz. Zur neuen Rolle der Metropolregionen in der Dienstleistungswirtschaft und Wissensökonomie. Münster: LIT-Verlag

Kujath, Hans Joachim (2008): Räumliche Organisation der Wissensökonomie – Wissensmanagement als neue Herausforderung. In: Kulke/Wessel (2008): 7-33

Kujath, Hans Joachim/Zillmer, Sabine (Hrsg.) (2010): Räume der Wissensökonomie. Implikationen für das deutsche Städtesystem. Münster: LIT-Verlag

Kujath, Hans Joachim/Schmidt, Suntje (2010): Räume der Wissensarbeit und des Lernens. Koordinationsmechanismen der Wissensgenerierung in der Wissensökonomie. In: Kilper (2010b): 161-188

Kulke, Elmar/Wessel, Karin (Hrsg.) (2008): Tag der Geographie 2008. Tagungsband: Innovatives Milieu Adlershof. Arbeitsberichte, Heft 142. Berlin: Geographisches Institut der Humboldt-Universität zu Berlin

Lane, Christel/Bachman, Reinhard (Hrsg.) (1998): Trust Within and Between Organizations. Conceptual Issues and Empirical Applications. Oxford: Oxford University Press

Lundvall, Bengt-Ake (Hrsg.) (1992): National Systems of Innovation: Towards a Theory of Innovation and Interactive Learning. London: Pinter Publishers

Lundvall, Bengt-Ake (2006): Knowledge Management in the Learning economy. DRUID Working Paper, Nr. 06-0

Maillat, Denis (1996): Regional Productive Systems and Innovative Milieux. In: OECD (1996b): Networks of Enterprises and Local Development. Paris: 157-208

Malmberg, Anders/Power, Dominic (2005): On the Role of Global Demand in Local Innovation Processes. In: Fuchs/Shapira (2005): 273-290

Maskell, Peter/Malmberg, Anders (1999): The Competitiveness of Firms and Regions: 'Ubiquitification' and the Importance of Localized Learning. In: European Urban and Regional Studies Jg. 6, H. 1, 9-25

Meusburger, Peter (2009): Spatial Mobility of Knowledge: A Proposal for a More Realistic Communication Model. In: disP H. 177, 29-39

Moßig, Ivo (2002): Konzeptioneller Überblick zur Erklärung der Existenz geographischer Cluster. Evolution, Institutionen und die Bedeutung des Faktors Wissen. In: Jahrbuch für Regionalwissenschaft Jg. 22, H. 2, 143-161

Münch, Richard (1998): Globale Dynamik, lokale Lebenswelten. Der schwierige Weg in die Weltgesellschaft. Frankfurt am Main: Suhrkamp

Murray, Fiona E. (2002): Innovation as Co-Evolution of Scientific and Technological Networks: Exploring Tissue Engineering. In: Research Policy Jg. 31, H. 8-9, 1389-1403

Nelson, Richard R. (1993): National Innovation Systems. A Comparative Analysis. New York, Oxford: Oxford University Press

Nonaka, Ikujiro/Takeuchi (1995): The Knowledge-Creating Company: How Japanese Companies Create the Dynamics of Innovation. New York: Oxford University Press

Nooteboom, Bart (1992): Towards a dynamic theory of transactions. In: Journal of Evolutionary Economics Jg. 2, H. 4, 281-299

OECD (Hrsg.) (1996a): Employment and Growth in the Knowledge-Based Economy. Paris: OECD

OECD (Hrsg.) (1996b): Networks of Enterprises and Local Development. Paris: OECD

Owen-Smith, Jason/Powell, Walter W. (2004): Knowledge Networks as Channels and Conduits: The Effects of Spillovers in the Boston Biotechnology Community. In: Organization Science Jg. 15, H. 1, 5-21

Porter, Michael E. (1990): The Competitive Advantage of Nations. New York: Free Press

Posner, Eric A. (2000): Law and Social Norms. Cambridge (MA), London: Harvard University Press

Powell, Walter W./Smith-Doerr, Laurel (1994): Networks and Economic Life. In: Smelser, Neil J./Swedberg, Richard (Hrsg.) (1994): The Handbook of Economic Sociology. Princeton/New York: Russel Sage Foundation, Smelser/Swedberg (1994), 368-402

Rehfeld, Dieter (2010): Regionale Kulturen und Unternehmenskulturen – ein Problemaufriss. In: Roost (2010): 43-60

Roost, Frank (Hrsg.) (2010): Metropolregionen in der Wissensökonomie. Detmold: Rohn

Sako, Mari (1998): Does Trust Improve Business Performance? In: Lane/Bachman (1998): 88-117

Sako, Mari (2005): Does Embeddedness Imply Limits to Within-Country Diversity? In: British Journal of Industrial Relations Jg. 43, H. 4, 585-592

Saxenian, AnnaLee/Sabel, Charles (2008): Venture capital in the „periphery". The new argonauts, global search, and local institution building. In: Economic Geography Jg. 84, H. 4, 379-394

Stein, Axel (2010a): Transaktionskosten in Anbieter-Kunden-Beziehungen der Wissensökonomie. In: Kilper (2010b): 189-212

Stein, Axel (2010b): Interaktionsmuster im deutschen Städtesystem. In: Kujath/Zillmer (2010): 201-245

Stein, Rolf (2003): Economic specialisation in metropolitan areas revisited: Transactional occupations in Hamburg, Germany. In: Urban Studies Jg. 40, H. 11, 2187-2205

Stichweh, Rudolf (2009): Das Konzept der Weltgesellschaft. Genese und Strukturbildung eines globalen Gesellschaftssystems. Working Paper des Soziologischen Seminars 01/09. Luzern: Soziologisches Seminar der Universität Luzern

Storper, Michael/Scott, Allen J. (Hrsg.) (1992): Pathways to Industrialization and Regional Development. London, New York: Routledge

Storper, Michael/Scott, Allen J. (2009): Rethinking human capital, creativity and urban growth. In: Journal of Economic Geography Jg. 9, H. 2, 147-167

Sydow, Jörg/Windeler, Arnold (Hrsg.) (1994): Management interorganisationaler Beziehungen. Vertrauen, Kontrolle und Informationstechnik. Opladen: Westdeutscher Verlag

Taylor, Peter J. (2005): Leading World Cities: Empirical Evaluations of Urban Nodes in Multiple Networks. In: Urban Studies Jg. 42, H. 9, 1593-1608

Torre, André (2008): On the role played by temporary geographical proximity on knowledge transmission. In: Regional Studies Jg. 42, H. 6, 869-889

von Einem, Eberhard (2009): Wissensabsorption – die Stadt als Magnet. In: disP H. 177, 48-69

Wenger, Etienne (2000): Communities of practice and social learning systems. In: Organization Jg. 7, H. 2, 225-246

Wenger, Etienne/McDermott, Richard/Snyder, William M. (2002): Cultivating Communities of Practice. A Guide to Managing Knowledge. Boston: Harvard Business School Press

Willke, Helmut (2001): Systemisches Wissensmanagement. Stuttgart: Lucius & Lucius

Zündorf, Lutz (1994): Manager- und Expertennetzwerke in innovativen Problemverarbeitungsprozessen. In: Sydow/Windeler (1994): S. 244-257

Regionale Innovationssysteme und Wissenstransfer im Spannungsfeld unterschiedlicher Näheformen

Michaela Trippl, Franz Tödtling

1 Zur Funktion von Nähe in regionalen Innovationssystemen

In der Literatur zu regionalen Innovationssystemen wird räumlicher Nähe und einer intensiven Wissenszirkulation auf der regionalen Ebene eine große Bedeutung für die Generierung von Innovationen beigemessen (siehe etwa Cooke 1992, 2008; Autio 1998; Asheim/Gertler 2005). Ähnliche Annahmen und Aussagen finden sich auch in verwandten theoretischen Konzepten zu „Industrial Districts" (Becattini 1990; Brusco 1990), innovativen Milieus (Camagni 1991a; Maillat 1998) und in anderen territorialen Innovationsmodellen (für einen Überblick siehe Moulaert/Sekia 2003) sowie in einer Vielzahl von Beiträgen zu regionalen Clustern (Porter 1998, Malmberg/Maskell 2002). Das Ziel des vorliegenden Beitrages besteht darin, diese Annahmen vor dem Hintergrund der Erkenntnisse neuer Forschungsansätze zur Bedeutung unterschiedlicher Näheformen (Gertler 2003; Boschma 2005; Moodysson/Jonsson 2007; Torre 2008; Breschi/Lissoni 2009) kritisch zu beleuchten. Dabei wird insbesondere auf die soziale, organisatorische, kognitive und institutionelle Dimension von Nähe eingegangen, wobei hier den von Boschma (2005) vorgeschlagenen Begriffsdefinitionen für diese Nähetypen gefolgt wird. Im folgenden Beitrag wird argumentiert, dass die Relevanz räumlicher Nähe nicht losgelöst von ihrem – zum Teil als komplementär und zum Teil als substitutiv zu charakterisierenden – Verhältnis zu anderen Näheformen bestimmt werden kann. Weiters wird die Notwendigkeit von permanenter räumlicher Nähe als Schlüsselfaktor für einen effektiven Wissenstransfer hinterfragt und dargelegt, unter welchen Voraussetzungen auch temporäre räumliche Nähe eine intensive Wissenszirkulation begünstigen kann. Darüber hinaus gilt es zu zeigen, dass die Bedeutung von geographischer Nähe auch in Abhängigkeit vom jeweiligen Kontext und den betrachteten Wissensquellen, Wissenstypen und Wissensbeziehungen variiert. In weiterer Folge soll die Annahme eines einfachen positiven Zusammenhanges zwischen Nähe und Wissensgenerierung als zu einfach kritisiert und die These einer Nicht-Linearität dieser Beziehung vorgestellt werden. Den Abschluss bildet schließlich eine Skizzierung des weiteren Forschungsbedarfes.

2   Regionale Innovationssysteme, Wissenszirkulation und der Stellenwert unterschiedlicher Näheformen

Der Ansatz zu regionalen Innovationssystemen konzeptualisiert regionale Innovationsprozesse – vereinfacht betrachtet – als Ergebnis des Zusammenspiels von wissensgenerierenden Einrichtungen (wie Universitäten und anderen Forschungsorganisationen) mit Unternehmen, die als Schlüsselakteure der Wissensanwendung betrachtet werden (siehe Abbildung 1). Diese Akteure sind (im Idealfall) durch vielfältige Beziehungen miteinander verbunden, wodurch es zu einer intensiven Zirkulation von Wissen, Ressourcen und Humankapital auf der regionalen Ebene kommt. Dies verleiht dem regionalen Innovationsgeschehen einen systemischen Charakter.

Abbildung 1: Grundstrukturen von regionalen Innovationssystemen

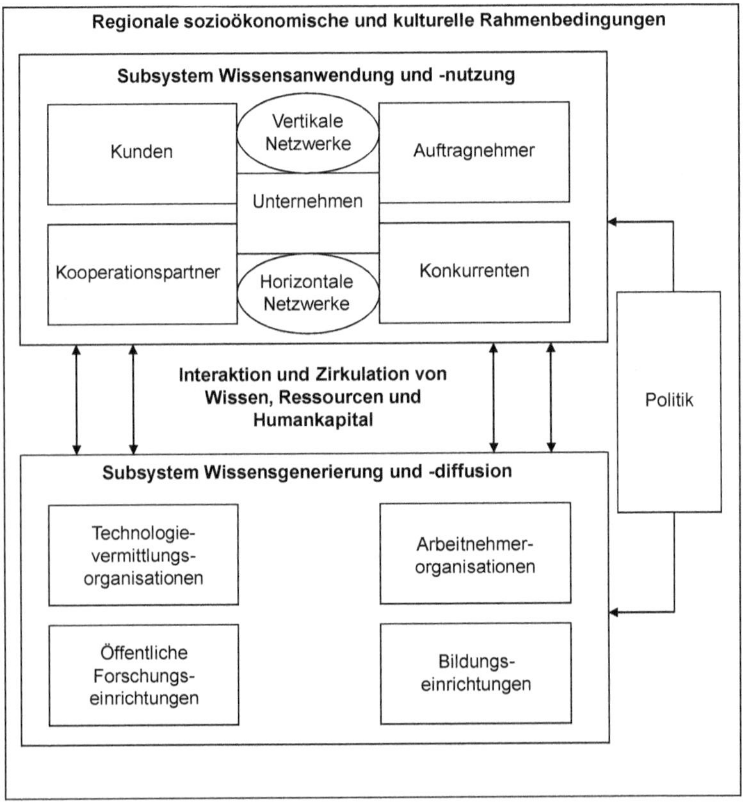

Quelle: Adaptiert nach Autio (1998: 134)

Im Ansatz zu regionalen Innovationssystemen wird regionalen Wissensbeziehungen somit ein hoher Stellenwert eingeräumt und darüber hinaus auch auf verschiedene Dimensionen von Nähe explizit Bezug genommen. So wird etwa insbesondere auf das Vorliegen von institutioneller Nähe hingewiesen, da davon ausgegangen wird, dass die Organisationen und Einrichtungen eines regionalen Innovationssystems in einen gemeinsamen, regionsspezifischen sozio-institutionellen und kulturellen Kontext eingebettet sind (siehe beispielsweise Autio 1998). Beachtung finden aber die Formen der räumlichen und sozialen Nähe, die zudem häufig in einen engen Zusammenhang gebracht werden. So wird etwa in Bezug auf stillschweigendes Wissen (Polanyi 1966) angenommen, dass der Austausch beziehungsweise Transfer dieser Wissensform intensive, persönliche, vertrauensbasierte Kontakte (also soziale Nähe) erfordert, die in ihrer Entstehung und Aufrechterhaltung durch räumliche Nähe wesentlich begünstigt werden (Storper 2002; Morgan 2004). Die genauere Betrachtung der Ergebnisse jüngerer Forschungsanstrengungen – insbesondere der Arbeiten von Torre und Gilly (2000), Coenen, Moodysson und Asheim (2004), Boschma (2005), Moodysson und Jonsson (2007) und Torre und Rallet (2005) – weisen allerdings darauf hin, dass die Zusammenhänge zwischen verschiedenen Formen von Nähe weitaus komplexer sind und eine Reihe von Fragen noch weiterer konzeptueller Klärung und empirischer Untersuchungen bedürfen.

2.1 Komplementarität zwischen unterschiedlichen Näheformen

In vielen Forschungsarbeiten zu regionalen Innovationssystemen und zu regionalem Wissenstransfer wird – zumindest implizit – davon ausgegangen, dass verschiedene Nähetypen in einem komplementären Verhältnis zueinander stehen beziehungsweise sich gegenseitig verstärken. Dies gilt insbesondere für die Formen geographischer, sozialer, kultureller und institutioneller Nähe (siehe dazu auch oben). Bis zu einem gewissen Grad dürfte dieses Phänomen kontextabhängig sein und für bestimmte Regionen und Länder – wie etwa das Dritte Italien, Baden Württemberg, Dänemark, et cetera – in stärkerem Maße als für andere gelten. Verschiedene Studien hierzu implizieren, dass die regionale Wissenszirkulation dann von großer Bedeutung ist, wenn geographische Nähe mit sozialer und institutioneller Nähe einhergeht. Dies bedeutet allerdings nicht, dass räumliche Nähe eine notwendige Bedingung für die Herausbildung oder das Bestehen von beispielsweise sozialer oder kultureller (beziehungsweise institutioneller) Nähe ist. Die zuletzt genannten Näheformen können durchaus auch auf höheren räumlichen Maßstabsebenen existieren (siehe dazu weiter unten).

In diesem Kontext ist etwa auch zu berücksichtigen, dass räumliche Nähe zwar durchaus eine förderliche Wirkung auf die Entstehung von beispielsweise sozialer Nähe haben kann, letztere aber auch fortbesteht, wenn das Kriterium räumlicher Nähe längst nicht mehr erfüllt ist. Dies wird etwa in der Arbeit von Agrawal, Cockburn und McHale (2006) deutlich. Diese Autoren haben ein Knowledge-Spillover-Modell entwickelt, das auf sozialen Beziehungen zwischen Erfindern beruht. In diesem Modell wird zwar räumliche Nähe als zentral für die Entstehung von sozialen Beziehungen erachtet, gleichzeitig aber auch die Möglichkeit zugelassen, dass die sozialen Beziehungen nach einer räumlichen Trennung der Individuen weiter bestehen. Basierend auf einer Analyse von Patentdaten fanden Agrawal, Cockburn und McHale (2006) starke empirische Evidenz für ihre „enduring social capital hypothesis". Der Wissenstransfer über soziale Netzwerke zwischen den früher an einem Standort vereinten Erfindern hielt an, obwohl das Kriterium der räumlichen Nähe zwischen diesen längst weggefallen war. Ähnliche Ergebnisse haben eigene Forschungsarbeiten zu räumlich mobilen Top-Wissenschaftlern gezeigt (Trippl 2009). Es konnte festgestellt werden, dass diese auch nach ihrem Wegzug enge Beziehungen zu ihren früheren Forschungsstandorten beibehalten und vor allem mit ehemaligen Kollegen einen intensiven Wissensaustausch über große Distanzen hinweg betreiben. Allerdings wurde ein negativer, statistisch signifikanter Zusammenhang zwischen der Aufenthaltsdauer am neuen Standort und der Intensität der Kontakte gefunden. Mit anderen Worten: Je länger die Beziehung der untersuchten „Star Scientists" zu Akteuren in ihrer ursprünglichen Herkunftsregion durch geographische Distanz gekennzeichnet war, desto geringer wurden die internationalen Kontakte.

Das von einem Teil der Literatur zu regionalen Innovationssystemen und zu regionaler Wissenszirkulation unterstellte komplementäre Verhältnis unterschiedlicher Näheformen darf keinesfalls als deterministisch interpretiert werden. Räumliche Nähe kann zwar die Ausbildung anderer Näheformen begünstigen, muss aber nicht notwendigerweise solche Effekte zeitigen. Untersuchungen von regionalen Innovationssystemen in „Problemregionen", also von Regionen mit vergleichsweise geringer Innovationskraft zeigen deutlich, dass diese – trotz des Vorhandenseins geographischer Nähe – zumeist unter dem Fehlen von kognitiver, sozialer und zum Teil institutioneller Nähe leiden (Tödtling/Trippl 2005). Dieser Befund dürfte insbesondere für fragmentierte metropolitane Wirtschaftsregionen seine Gültigkeit haben. Ein weiteres Beispiel in diesem Kontext stellen staatsgrenzenübergreifende regionale Innovationssysteme (Trippl 2010) dar. Auch hier zeigt sich, dass keinesfalls von einem „automatischen" Zusammenspiel der oben skizzierten Näheformen ausgegangen werden darf. Empirische Untersuchungen weisen sehr deutlich darauf hin, dass in grenzüberschreitenden Wirtschaftsräumen trotz der Existenz von räumlicher Nähe oft institutionelle und andere Formen von Distanzen der Herausbildung eines integrierten Innovationsraumes im Wege stehen. Konkreter gefasst zeigen diese Studien, dass in vielen dieser regionalen Settings kaum in nennenswertem Umfang Wissens- und Innovationsbeziehungen bestehen, weil mentale, kulturelle, institutionelle Distanz sowie eine fehlende Vertrauensbasis (also soziale Distanz) eine synergiereiche grenzüberschreitende Zusammenarbeit nachhaltig erschweren (siehe etwa van Houtum 1998; Krätke 1999; Koschatzky 2000). Eigene Forschungsarbeiten (Trippl 2008) über den grenzüberschreitenden Wirtschaftsraum Centrope, der sich aus dem Osten Österreichs und dessen Nachbarregionen in Tschechien, der Slowakei und Ungarn zusammen setzt, haben zum Vorschein gebracht, dass es in erster Linie Sprachbarrieren als spezifische Erscheinungsform von institutioneller Distanz (Boschma 2005) sind, welche nach Ansicht der befragten Wiener Unternehmen Wirtschafts- und Innovationsverflechtungen in Centrope hemmen. Die Ergebnisse dieser Untersuchung weisen aber auch darauf hin, dass die Beschäftigung von Pendlern und Migranten aus den Nachbarregionen Wiens wesentlich zur Verringerung dieser Form von institutioneller Distanz beitragen kann (Trippl 2008).

2.2 Substitution unterschiedlicher Näheformen

In den letzten Jahren wurde der Ansatz zu regionalen Innovationssystemen wegen seiner starken und zu einseitigen Betonung regionaler Wissensbeziehungen und der Bedeutung räumlicher Nähe für den Innovationsprozess heftig kritisiert (siehe anstatt vieler Bunnel/Coe 2001; Oinas/Malecki 2002; Coe/Bunnel 2003; Sternberg 2007). Der Transfer und Austausch von Wissen kann auch über große Distanzen hinweg stattfinden und bedarf nicht notwendigerweise der räumlichen Nähe in regionalen Innovationssystemen und Clustern. Mit anderen Worten: Lokale oder regionale Wissensbeziehungen (geographische Nähe) können durch globale Wissensbeziehungen ersetzt werden, was auf die Möglichkeit einer Substitution verschiedener Formen von Nähe hindeutet. Dieses Phänomen wird häufig in Verbindung mit der Entwicklung der modernen Informations- und Kommunikationstechnologien (Amin/Cohendet 2004) gebracht. Die Herausbildung von „Communities of Practice" oder auch von „Epistemic Communities" auf der internationalen Ebene unterstreichen diese Aussagen. Annahmen zu einem „death of distance" (Cairncross 2001) und zu einer vollständigen Substitution regionaler Wissensbeziehungen und damit von räumlicher Nähe durch globale wissensintensive Interaktionen sind allerdings kritisch zu hinterfragen. In einer empirischen Untersuchung für Österreich etwa konnte keine Evidenz zur Unterstützung der „Substitutionsthese" gefunden werden (Tödtling/Kaufmann/Lehner 2005). Mittlerweile wird in der Literatur davon ausgegangen, dass Innovationen durch eine Kombination von regionalen und globalen Wissensbeziehungen gefördert werden (siehe hierzu weiter unten).

2.3 Permanente oder temporäre Nähe?

In rezenten Publikationen wird die These eines vollständigen Bedeutungsverlustes räumlicher Nähe als überzogen bewertet und negiert. Es wird davon ausgegangen, dass geographische Nähe nach wie vor einen großen Stellenwert für den Innovationsprozess hat, gleichzeitig jedoch in Frage gestellt, ob diese permanent vorhanden sein muss, um effektive Formen des Wissenstransfers und -austausches zu ermöglichen. Torre (2008) argumentiert, dass räumliche Nähe nach wie für eine essentielle Rolle für den Transfer von Wissen spielt, die gegebene Notwendigkeit räumlicher Nähe aber andere Formen als bisher (gedacht) annimmt: „It no longer implies the co-location of innovation and research activities but rather takes the form of temporary proximity [...] Short- or medium-term visits are often sufficient for the partners to exchange – during face-to-face meetings – the information needed for cooperation. The mobility of individuals [...] makes it possible to implement this mechanism [...]" (Torre 2008: 870). Folgt man Torre (2008: 879) weiter, dann hat sich also die Notwendigkeit räumlicher Nähe fundamental gewandelt: „It has become increasingly more temporary; and its temporary nature can, in certain circumstances, be fulfilled through mobility". Laut Torre (2008) ist räumliche Nähe nur in bestimmten Phasen von kooperativen Innovationsprojekten von Relevanz (siehe hierzu auch Hähnle 1998) und bezogen auf den Lebenzyklus von Produkten und Innovationen argumentiert er, dass insbesondere in der Anfangs- und Endphase räumliche Nähe und regionaler Wissenstransfer eine Rolle spielen, während in den Zwischenphasen außerregionale Beziehungen einen größeren Stellenwert einnehmen. Wichtig erscheint auch der Hinweis, dass nicht alle Typen von Unternehmen die Vorteile temporärer Nähe in gleichem Maße nutzen können. So sind Klein- und Mittelbetriebe in stärkerem Ausmaß auf regionale Wissensbeziehungen (und damit auf permanente räumliche Nähe) angewiesen als größere Unternehmungen, welche auf Grund einer besseren Ausstattung mit finanziellen Mitteln und Humanressourcen eher in der Lage sind, temporäre Nähe durch die Mobilität ihrer Mitarbeiter zu organisieren.

Auch Maskell/Bathelt/Malmberg (2006) argumentieren, dass temporäre räumliche Nähe ausreichend sein kann, um (auf internationaler Ebene) effektive innovationsbezogene Interaktionen entstehen zu lassen und einen intensiven Wissensaustausch zu ermöglichen. Der Fokus der Autoren liegt dabei auf internationalen Konferenzen und Messen, welche auch als „temporäre Cluster" bezeichnet werden, „... because they are characterized by knowledge-exchanging mechanisms similar to those found in permanent clusters, albeit in a short-lived and intensified form" (Maskell/Bathelt/Malmberg 2006: 999). Laut den genannten Autoren können temporäre Cluster aber permanente Cluster nicht ersetzen, sondern es ist vielmehr von einem komplementären Verhältnis der beiden Phänomene auszugehen. Die temporäre räumliche Nähe auf Messen und Konferenzen bietet neben anderen Vorteilen die Möglichkeit, potenzielle Partner für globale Wissensbeziehungen zu identifizieren, die in Kombination mit regionalen Interaktionen eine innovationsförderliche Wirkung haben. Bathelt/Malmberg/Maskell (2004) sprechen in diesem Zusammenhang von „local buzz" (regionale Wissenszirkulation) und „global pipelines" (globale Wissensbeziehungen) und betonen, dass erst deren Zusammenspiel die Grundlage für ein dynamisches Innovationsgeschehen in regionalen Innovationssystemen und Clustern bildet (siehe hierzu auch Bathelt 2008). Auch Gertler und Wolfe (2006), Oinas und Malecki (2002), Rychen und Zimmermann (2008) und eine Reihe weiterer Autoren haben hervorgehoben, dass Innovation durch eine Kombination von regionalen mit außerregionalen Wissensquellen wesentlich begünstigt wird. Welche Formen von Nähe (neben temporärer räumlicher Nähe und „organized proximity" wie sie vor allem von Torre und Rallet 2005 und Torre 2008 hervorgehoben werden) für die Außenbeziehungen eines regionalen Innovationssystems besonders wichtig sind, ist allerdings noch kaum in ausreichendem Ausmaß erforscht.

2.4 Näheformen im Kontext von Wissensquellen, Wissensarten und Typen von Wissensbeziehungen

Die Bedeutung verschiedener Näheformen und der Charakter ihrer Relation (komplementär beziehungsweise substitutiv) hängen auch von den Wissensquellen beziehungsweise Innovationspartnern, der Art des ausgetauschten Wissens und der jeweiligen Form der Wissensbeziehung ab. Verschiedene Untersuchungen legen beispielsweise den Schluss nahe, dass Wissensbeziehungen mit Partnern entlang der Wertschöpfungskette oft wesentlich großräumiger ausgeprägt sind als jene mit Universitäten und anderen Forschungseinrichtungen beziehungsweise solche mit wissensintensiven Dienstleistungsbetrieben. Der Stellenwert räumlicher Nähe variiert also in Abhängigkeit von der jeweils betrachteten Wissensquelle. In diesem Zusammenhang wird häufig das Argument vorgebracht, dass dies mit der Art des ausgetauschten Wissens zusammenhängt. Je höher der Anteil von „tacit knowledge" – also von stillschweigendem Wissen – ist, desto kleinräumigere Ausprägungen nehmen die entsprechenden Beziehungen an. Torre (2008) allerdings hat kürzlich darauf aufmerksam gemacht, dass diese fraglose Assoziation von stillschweigendem Wissen mit räumlicher Nähe und regionalen Wissensbeziehungen sowie kodifiziertem Wissen mit großräumigeren Beziehungen allzu einfach ist (siehe hierzu auch die Ausführungen zur möglichen Relevanz von temporärer Nähe weiter oben).

Weiters besteht Grund zu der Annahme, dass der Stellenwert verschiedener Näheformen auch von der Art der Wissensbeziehung beziehungsweise den Mechanismen und Kanälen des Wissenstransfers und -austausches abhängig ist. Differenziert man Wissensströme einerseits nach ihrem Formalitätsgrad sowie nach dem
Ausmaß an Kompensationsleistungen (siehe dazu die Ausführungen von Storper
(1997) zu „traded interdependencies" und „untraded interdependencies") und unterscheidet man andererseits zwischen statischen und dynamischen Aspekten des
Wissensaustausches (Capello 1999), dann lassen sich auf idealtypische Weise vier
Grundformen von Wissensbeziehungen identifizieren (siehe Tabelle 1).

Tabelle 1: Typen von Beziehungen im Innovationsprozess

	Statisch (Wissenstransfer)	**Dynamisch (Kollektives Lernen)**
Formale Beziehung	Marktbeziehungen	Formale Netzwerke
	Auftragsforschung Consulting Lizenzen Zukauf intermediärer Güter	F&E-Kooperationen Gemeinsame Nutzung von F&E-Infrastruktur
Informale Beziehung	Spillovers	Informale Netzwerke
	An-/Abwerbung von Spezialisten Monitoring von Wettbewerbern Besuch von Konferenzen, Messen Lesen von wissenschaftlicher Literatur, Patentschriften	Informale Kontakte (Milieubeziehungen)

Quelle: eigene Darstellung

Verschiedene empirische Untersuchungen zeigen, dass diese Mechanismen des
Wissensaustausches ein spezifisches räumliches Muster haben und in unterschiedlichem Umfang auf räumliche Nähe angewiesen sind (siehe etwa Malmberg/
Power 2005). Marktbeziehungen und formale Netzwerke werden vorrangig auf
internationaler Ebene eingegangen, während Spillovers und informale Netzwerke
tendenziell – aber keinesfalls ausschließlich wie auch eigene Forschungsarbeiten zu Hochtechnologiesektoren in Wien (Tödtling/Trippl 2007; Trippl/Tödtling/
Lengauer 2009) zeigen – in weitaus stärkerem Maße auf der regionalen Ebene zu
finden sind. Für die räumlich eher stärker gebundenen Mechanismen ist wiederum
feststellbar, dass diese in unterschiedlichem Maße der Existenz anderer Nähefor-

men bedürfen. Dies ist insbesondere für den Fall der sozialen Nähe offensichtlich. Während funktionsfähige Milieubeziehungen in hohem Maße auf wechselseitigem Vertrauen und der Akzeptanz gemeinsamer Regeln und Verhaltensnormen basieren, ist die Bedeutung sozialer Nähe beziehungsweise eines großen Ausmaßes an Sozialkapital (Putnam 1993) für Spillovers vergleichsweise gering.

2.5 Nicht-Linearität des Zusammenhanges zwischen Nähe und Innovation?

Schließlich bleibt noch anzumerken, dass rezente Forschungsarbeiten zeigen, dass die Annahme eines einfachen positiven Zusammenhanges zwischen Nähe und Wissensgenerierung kritisch hinterfragt werden muss (siehe etwa Boschma 2005). Betrachtet man etwa die Relation zwischen sozialer Nähe und Innovation, so lässt sich in Anlehnung an Uzzi (1997), Boschma, Lambooy und Schutjens (2002) und Boschma (2005) argumentieren, dass ein zu großes Ausmaß an „Embeddedness" die Lern- und Innovationsfähigkeit der beteiligten Akteure vermindern kann, weil zu starke vertrauensbasierte soziale Netzwerke auch die Gefahr einer zu geringen Öffnung gegenüber Neuerungen in der Umwelt in sich bergen (Granovetter 1985; Messner 1998) und zudem zu kaum „marktkonformen" Verhaltensmustern führen können (Uzzi 1997; Boschma 2005). Der Zusammenhang zwischen sozialer Nähe und Innovation ist somit nicht unbedingt linear. Wenngleich noch keine gesicherte empirische Evidenz vorliegt, so gibt es dennoch gewisse Hinweise darauf, dass es sich um einen inversen U-förmigen Verlauf handeln könnte. Mit anderen Worten: Bis zu einem gewissen Grad ist soziale Nähe förderlich, ein „Zuviel" davon kann jedoch durchaus eine innovationshemmende Wirkung entfalten.

Ähnlich lässt sich mit Verweis auf Nooteboom (2000) und Nooteboom et al. (2007) auch in Bezug auf kognitive Nähe argumentieren. In einem gewissen Umfang ist das Vorhandensein einer gemeinsamen Wissensbasis eine zentrale Voraussetzung für interaktive Lernprozesse, weil dadurch eine effektive Kommunikation und Absorption von Wissen zwischen den beteiligten Akteuren ermöglicht wird. Ein zu großes Ausmaß an kognitiver Nähe wiederum ist der Generierung neuen Wissens abträglich, weil dadurch die durch die Interaktion erzielbaren Lernpotenziale verringert werden (siehe hierzu auch Fujita 2007). Zudem steigen die Gefahr eines kognitiven Lock-in sowie das Risiko unintendierter Wissens-Spillovers zu Konkurrenten an (Boschma 2005).

Diese Überlegungen lassen den Schluss zu, dass es nicht (soziale und kognitive) Nähe per se ist, welcher eine Schlüsselrolle für die regionale Wissensgenerierung und ein dynamisches Innovationsgeschehen zukommt. Es scheint vielmehr ein optimales, einen bestimmten Punkt nicht überschreitendes Ausmaß an Nähe zu sein, welches einen förderlichen Einfluss auf die Schaffung von Neuerungen in

regionalen Innovationssystemen und Wissensbeziehungen hat. Liegt zu viel beziehungsweise zu wenig Nähe in verschiedenen Dimensionen vor, dann lassen sich in
Anlehnung an Boschma (2005) verschiedene Lösungsmöglichkeiten identifizieren
(siehe Tabelle 2).

Tabelle 2: Formen der Nähe: Merkmale

	Kern-dimension	Zu wenig Nähe	Zu viel Nähe	Mögliche Lösung
Kognitiv	„Verstehen"	Verständi-gungsprobleme	Fehlende Quellen für Neuerungen/ Innovation	Gemeinsame Wissens-basis mit verschieden-artigen aber komple-mentären Fähigkeiten
Organisa-torisch	Kontrolle	Fehlende Koordination	Bürokratie	Lose gekoppelte Systeme
Sozial	Vertrauen (basierend auf sozialen Be-ziehungen)	Opportunismus	Keine ökonomi-schen Ziele	Kombination von so-zialer Einbettung und Marktbeziehungen
Institutio-nell	Regeln und Konventionen	Unsicherheit/ Chaos	Lock-in	Institutionelle „Checks and Balances"
Geogra-phisch	Räumliche Distanz	Keine räumlichen Externalitäten	Mangel an räumlicher Offenheit	Kombination von „local buzz" und „global pipelines"

Quelle: Modifiziert nach Boschma (2005: 71)

Demnach ist ein dynamisches Innovationsgeschehen in regionalen Innovationssystemen nicht nur vom Zusammenspiel von Wissensbeziehungen auf der regionalen („local buzz") und globalen („global pipelines") Ebene abhängig. Auch das
Vorhandensein komplementärer Wissensbasen zur Sicherung von „related variety" (siehe hierzu etwa Asheim/Boschma/Cooke 2007; Frenken/Van Oort/Verburg
2007), lose gekoppelte Netzwerke, eine Kombination von sozial eingebetteten und
an der Marktlogik orientierten Beziehungen sowie ein stabiles, aber dennoch an-
passungsfähiges Institutionensystem dürften entscheidende Rollen spielen.

3   Weiterer Forschungsbedarf

Die Diskussion um die Bedeutung verschiedener Formen von Nähe ist – wie auch
die obigen Ausführungen gezeigt haben – mittlerweile sehr differenziert. Dennoch

bedarf es in Zukunft weiterer Forschungsanstrengungen, um das Verständnis für die Relevanz verschiedener Dimensionen von Nähe und Distanz und deren Beziehung zueinander zu schärfen. Notwendig erscheinen vor allem empirische Untersuchungen zur Überprüfung der theoretischen Annahmen. Darüber hinaus ist aber auch weitere konzeptuelle Arbeit erforderlich. Unter dem Begriff „institutionelle Nähe" etwa wird eine große Vielfalt von sehr unterschiedlichen Faktoren (formale Regeln, Konventionen, Kooperationskulturen, Sprache, et cetera) subsumiert, wodurch das Konzept an Schärfe verliert. In diesem Zusammenhang könnte es hilfreich sein, kulturelle Aspekte und das Vorhandensein einer gemeinsamen Sprache gesondert unter dem Begriff „kulturelle Nähe" zu analysieren. Weiters ist die Frage aufzuwerfen, ob mit der oben zur Diskussion gestellten Typologie alle relevanten Nähe- beziehungsweise Distanzformen, welche Einfluss auf Innovationsinteraktionen und die Intensität von Wissensströmen nehmen können, abgedeckt sind. So sind etwa Unterschiede in der Leistungsfähigkeit von Organisationen oder regionalen Innovationssystemen mit den fünf Hauptdimensionen von Nähe, wie sie von Boschma (2005) vorgeschlagen werden, nur schwer erfassbar. Rezente empirische Untersuchungen von Maggioni und Uberti (2007) weisen darauf hin, dass dieser Faktor eine maßgebliche Rolle für die Intensität des Wissenstransfers spielen kann. Die Autoren zeigen, dass Wissen nur schwer zwischen Regionen fließt, wenn diese in ihrer Innovationsperformance stark voneinander abweichen. Maggioni und Uberti (2007) sprechen in diesem Zusammenhang von „funktioneller Distanz". Auch der Aspekt, ob die miteinander in Interaktion stehenden Akteure dem gleichen oder unterschiedlichen gesellschaftlichen Teilsystemen (Wirtschaftssystem, Wissenschaftssystem, et cetera.) mit ihren jeweils spezifischen Anreizsystemen, „binären Codes", inneren Funktionslogiken und Operationsweisen angehören oder nicht und welchen Einfluss dies auf den Wissensaustausch hat (Kaufmann/ Tödtling 2001, Trippl 2004), wird in der aktuellen Debatte um verschiedene Näheformen nicht gebührend berücksichtigt. Die Frage, ob in dieser Hinsicht zwischen den Akteuren Nähe (Zugehörigkeit zum gleichen sozialen System) oder Distanz (Zugehörigkeit zu unterschiedlichen sozialen Systemen) herrscht, ist vor allem in Bezug auf den Wissenstransfer von wissenschaftlichen Einrichtungen zu Betrieben von Relevanz. Eine stärkere Berücksichtigung dieser bislang noch wenig erforschten Nähe- beziehungsweise Distanzformen in konzeptuellen Debatten und empirischen Untersuchungen verspricht neue Einsichten in die Funktionsweise von regionalen Innovationssystemen und die Bedingungen für einen erfolgreichen Wissensaustausch innerhalb und zwischen Regionen.

Literatur

Agrawal, Ajay/Cockburn, Iain M./McHale, John (2006): Gone but not forgotten: know-ledge flows, labor mobility and enduring social relationships. In: Journal of Economic Geography Jg. 6, H. 5, 571-591

Amin, Ash/Cohendet, Patrick (Hrsg.) (2004): Architectures of Knowledge: Firms, Capa-bilities and Communities. Oxford: Oxford University Press

Asheim, Bjørn/Gertler, Meric S. (2005): The geography of innovation. In: Fagerberg/Mowery/Nelson (2005): 291-317

Asheim, Bjørn/Cooke, Philip/Martin, Ron (Hrsg.) (2006): Clusters and Regional Develop-ment. London, New York: Routledge

Asheim, Bjørn/Boschma, Ron/Cooke, Philip (2007): Constructing regional advantage: platform policies based on related variety and differentiated knowledge bases. Papers in Evolutionary Economic Geography No. 07/09. Utrecht: Utrecht University

Autio, Erkko (1998): Evaluation of RTD in Regional Systems of Innovation. In: European Planning Studies Jg. 6, H. 2, 131-140

Bathelt, Harald (2008): Knowledge-based clusters: regional multiplier models and the role of 'buzz' and 'pipelines'. In: Karlsson (2008): 78-92

Bathelt, Harald/Malmberg, Anders/Maskell, Peter (2004): Clusters and knowledge: local buzz, global pipelines and the process of knowledge creation. In: Progress in Human Geography Jg. 28, H. 1, 31-56

Becattini, Giacomo (1990): The Marshallian industrial district as a socio-economic notion. In: Pyke/Becattini/Sengenberger (1990): 37-51

Boschma, Ron (2005): Proximity and innovation. A critical assessment. In: Regional Studies Jg. 39, H. 1, 61-74

Boschma, Ron/Lambooy, Jan G./Schutjens, Veronique (2002): Embeddedness and innova-tion. In: Taylor/Leonard (2002): 19-35

Breschi, Stefano/Lissoni, Francesco (2009): Mobility of skilled workers and co-invention networks: an anatomy of localized knowledge flows. In: Journal of Economic Geo-graphy Jg. 9, H. 4, 439-468

Brusco, Sebastiano (1990): The idea of the industrial district: its genesis. In: Pyke/Becattini/Sengenberger (1990): 128-152

Bunnel, Timothy G./Coe, Neil M. (2001): Spaces and scales of innovation. In: Progress in Human Geography Jg. 25, H. 4, 569-589

Cairncross, Frances (2001): The Death of Distance: How the Communications Revolution is Changing our Lives. Boston, MA: Harvard Business School Press

Camagni, Roberto (1991a): Local 'milieu', uncertainty and innovation networks: towards a new dynamic theory of economic space. In: Camagni (1991b): 121-144

Camagni, Roberto (Hrsg.) (1991b): Innovation Networks: Spatial Perspectives. London: Eckey

Capello, Roberta (1999): SME Clustering and factor productivity: a milieu production function model. In: European Planning Studies Jg. 7, H. 6, 719-735

Coe, Neil M./Bunnel, Timothy G. (2003): 'Spatializing' knowledge communities: towards a conceptualization of transnational innovation networks. In: Global Networks Jg. 3, H. 4, 437-456

Coenen, Lars/Moodysson, Jerker/Asheim, Bjørn (2004): The role of proximities for knowledgy dynamics in a cross-border region: biotechnology in Oresund. In: European Planning Studies Jg. 12, H. 7, 1003-1018

Cooke, Philip (1992): Regional innovation systems: competitive regulation in the new Europe. In: Geoforum Jg. 23, H. 3, 365-382

Cooke, Philip (2008): Regional innovation systems: origin of the species. In: International Journal of Technological learning, Innovation and Development Jg. 1, H. 3, 393-409

Fagerberg, Jan/Mowery, David/Nelson, Richard R. (Hrsg.) (2005): The Oxford Handbook of Innovation. Oxford: Oxford University Press

Frenken, Koen (Hrsg.) (2007): Applied Evolutionary Economics and Economic Geography. Cheltenham: Edward Elgar

Frenken, Koen/Van Oort, Frank/Verburg, Thijs (2007): Related variety, unrelated variety and regional economic growth. In: Regional Studies Jg. 41, H. 5, 685-697

Fujita, Masahisa (2007): Towards the new economic geography in the brain power society. In: Regional Science and Urban Economics Jg. 37, H. 4, 482-490

Gertler, Meric S. (2003): Tacit knowledge and the economic geography context, or the undefinable tacitness of being (there). In: Journal of Economic Geography Jg. 3, H. 1, 75-99

Gertler, Meric S./Wolfe, David A. (Hrsg.) (2002): Innovation and Social Learning. Institutional Adaption in an Era of Technological Change. Basingstoke: Palgrave/Mcmillan

Gertler, Meric S./Wolfe, David A. (2006): Spaces of knowledge flows: Clusters in a global context. In: Asheim/Cooke/Martin (2006): 218-235

Granovetter, Mark (1985): Economic action and social structure: the problem of embeddedness. In: American Journal of Sociology Jg. 91, H. 3, 481-510

Hähnle, M. (1998): R&D collaborations between CERN and industrial companies: organisational and spatial aspects. Discussion Paper 56, IIR, Wien

Karlsson, Charlie (Hrsg.) (2008): Handbook of Research on Cluster Theory. Cheltenham: Edward Elgar

Kaufmann, Alexander/Tödtling, Franz (2001): Science-industry interaction in the process of innovation: the importance of boundary-crossing between systems. In: Research Policy Jg. 30, H. 5, 791-804

Koschatzky, Knut (2000): A river is a river – cross-border networking between Baden and Alsace. In: European Planning Studies Jg. 8, H. 4, 429-449

Krätke, Stefan (1999): Regional integration or fragmentation?: the German-Polish border region in a new Europe. In: Regional Studies Jg. 33, H. 7, 631-641

Maggioni, Mario A./Uberti, Teodora E. (2007): Inter-regional knowledge flows in Europe: an econometric analysis. In: Frenken (2007): 230-255

Maillat, Denis (1998): Vom 'Industrial District' zum innovativen Milieu: ein Beitrag zur Analyse der lokalisierten Produktionssysteme. In: Geographische Zeitschrift Jg. 86, H. 1, 1-15

Malmberg, Anders/Maskell, Peter (2002): The elusive concept of localization economies: towards a knowledge-based theory of spatial clustering. In: Environment and Planning A Jg. 34, H. 3, 429-449

Malmberg, Anders/Power, Dominic (2005): (How) do (firms in) clusters create knowledge? In: Industry and Innovation Jg. 12, H. 4, 409-431

Maskell, Peter/Bathelt, Harald/Malmberg, Anders (2006): Building global knowledge pipelines: the role of temporary clusters. In: European Planning Studies Jg. 14, H. 8, 997-1013

Messner, Dirk (1998): Die Netzwerkgesellschaft. 2. Auflage. Köln: Weltforum-Verlag

Moodysson, Jerker/Jonsson, Ola (2007): Knowledge collaboration and proximity: the spatial organisation of biotech innovation projects in Europe. In: European Urban and Regional Studies Jg. 14, H. 2, 115-131

Morgan, Kevin (2004): The exaggerated death of distance: learning, proximity and territorial innovation systems. In: Journal of Economic Geography Jg. 4, H. 1, 3-21

Moulaert, Frank/Sekia, Farid (2003): Territorial innovation models: a critical survey. In: Regional Studies Jg. 37, H. 3, 289-302

Nooteboom, Bart (2000): Learning and Innovation in Organizations and Economies. Oxford: Oxford University Press

Nooteboom, Bart/Van Haverbeke, Wim/Duysters, Geert/Gilsing, Victor/Van den Oord, Ad (2007): Optimal cognitive distance and absorptive capacity. In: Research Policy Jg. 36, H. 7, 1016-1034

Oinas, Päivi/Malecki, Edward J. (2002): The evolution of technologies in time and space: from national and regional to spatial innovation systems. In: International Regional Science Review Jg. 25, H. 1, 102-131

Polanyi, Michael (1966): The tacit dimension. London: Routledge & Kegan

Porter, Michael (1998): On Competition. Boston, MA: Harvard Business School Press

Putnam, Robert (1993): Making Democracy Work. Civic Traditions in Modern Italy. Princeton, NJ: Princeton University Press

Pyke, Frank/Becattini, Giacomo/Sengenberger, Werner (Hrsg.) (1990): Industrial Districts and Inter-Firm Cooperation in Italy. Geneva: ILO

Rehfeld, Dieter (Hrsg.) (2004): Arbeiten an der Quadratur des Kreises: Erfahrungen an der Schnittstelle zwischen Wissenschaft und Praxis. München: Rainer Hampp

Rychen, Frederic/Zimmermann Jean-Benoit (2008): Clusters in the global knowledge-based economy: knowledge gatekeepers and temporary proximity. In: Regional Studies Jg. 42, H. 6, 767-776

Sternberg, Rolf (2007): Entrepreneurship, Proximity and Regional Innovation Systems. In: Tijdschrift voor Economische en Sociale Geografie Jg. 98, H. 5, 652-666

Storper, Michael (1997): The Regional World: Territorial Development in a Global Economy. New York: Guilford Press

Storper, Michael (2002): Institutions of the learning economy. In: Gertler/Wolfe (2002): 135-158

Taylor Michael/Leonard Simon (Hrsg.) (2002): Embedded Enterprise and Social Capital. International Perspectives. Aldershot: Ashgate

Torre, André (2008): Temporary geographical proximity in knowledge transmission. In: Regional Studies Jg. 42, H. 6, 869-889

Torre, André/Gilly, Jean-Pierre (2000): On the analytical dimension of proximity dynamics. In: Regional Studies Jg. 34, H. 2, 169-180

Torre, André/Rallet, Alain (2005): Proximity and localization. In: Regional Studies, 39, H. 1, 47-60

Tödtling, Franz/Trippl, Michaela (2005): One size fits all?: towards a differentiated regional innovation policy approach. In: Research Policy Jg. 34, H. 8, 1203-1219

Tödtling, Franz/Trippl, Michaela (2007) Knowledge links in high-technology industries: markets, networks, or milieu?: the case of the Vienna biotechnology cluster. In: International Journal of Entrepreneurship and Innovation Management Jg. 7, H. 2/3/4, 345-365

Tödtling, Franz/Kaufmann, Alexander/Lehner, Patrick (2005): Interneteinsatz und die räumliche Struktur von Innovationsnetzwerken – Untersucht am Beispiel österreichischer Unternehmungen. In: Jahrbuch für Regionalwissenschaft Jg. 25, H. 2, 127-148

Trippl, Michaela (2004): Das Verhältnis von Wissenschaft und Wirtschaft aus systemtheoretischer Perspektive. In: Rehfeld (2004): 135-160

Trippl, Michaela (2008): Ökonomische Verflechtungen und Innovationsnetze im Wirtschaftsraum Centrope. In: Wirtschaft und Management Jg. 9, 29-48

Trippl, Michaela (2009): Scientific mobility and cross-border knowledge circulation: the multifarious role of mobile scientists as creators of knowledge roads between research and innovation systems. SRE Discussion Paper. Wien: Institut für Regional- und Umweltwirtschaft der Wirtschaftsuniversität Wien

Trippl, Michaela (2010): Developing cross-border regional innovation systems: key factors and challenges. In: Tijdschrift voor Economische en Sociale Geografie Jg. 101, H. 2, 150-160

Trippl, Michaela/Tödtling, Franz/Lengauer, Lukas (2009): Knowledge sourcing beyond buzz and pipelines: evidence from the Vienna software sector. In: Economic Geography Jg. 85, H. 4, 443-462

Uzzi, Brian (1997): Social structure and competition in interfirm networks: the paradox of embeddedness. In: Administrative Science Quarterly Jg. 42, H. 1, 35-67

Van Houtum, Henk (1998): The Development of Cross-Border Economic Relations. PhD-Thesis. Tilburg: Center for Economic Research, Tilburg University

Wissensbasen als Typisierung für eine maßgeschneiderte regionale Innovationspolitik von morgen?

Oliver Plum, Robert Hassink

1 Die Notwendigkeit einer Typisierung nach Wissensbasen in der regionalen Innovationspolitik

Wenn es um die Politik zur Förderung interaktiver Innovationsprozesse geht, gewinnt die regionale Ebene in vielen Industrieländern stark an Bedeutung (Cooke/ Morgan 1998; Amin 1999; Koschatzky 2001; Asheim et al. 2003; Fritsch/Stephan 2005; Asheim et al. 2006). Zum Teil finanziert und stimuliert durch nationale und supranationale (europäische) Rahmenprogramme und beflügelt durch Erfolgsregionen wie Baden-Württemberg und Emilia-Romagna, haben viele Regionen in Industrieländern seit der zweiten Hälfte der 1980er Jahre Gründer- und Technologiezentren, Science Parks, Technopoles, Innovationsförderprogramme, Innovationsberatungsstellen und Clusterinitiativen ins Leben gerufen. Das Ziel dieser Maßnahmen ist es, durch die Förderung der Diffusion von neuen Technologien und von Wissen von Hochschulen und Forschungseinrichtungen zu kleinen und mittleren Unternehmen auf der einen Seite, und von Großbetrieben zu kleinen und mittleren Unternehmen, sowie zwischen kleinen und mittleren Unternehmen auf der anderen Seite, endogene Potenziale in Regionen zu entfalten. Der Bedeutungszuwachs der regionalen Ebene für Innovationsförderung kann als Ergebnis eines Zusammenwachsens von Regionalpolitik und Technologiepolitik betrachtet werden (Koschatzky 2001). Beide Politikfelder weisen seit den 1980er Jahren eine konvergierende Tendenz in Richtung einer regionalen Innovationsförderung auf, da ihre Ziele, nämlich die Förderung der Innovationskraft und generell der Wettbewerbsfähigkeit von kleinen und mittleren Unternehmen, einander immer ähnlicher werden.

Die Nähe zum spezifischen Bedarf der regionalen Akteure wird als eine der größten Stärken der Innovationsförderung auf regionaler Ebene gesehen. Nationale Ministerien können mit Allgemeinrezepten die spezifischen Wirtschaftsprobleme einzelner Regionen nur unzureichend lösen, während Entscheidungsträger auf regionaler Ebene aufgrund Ihrer Vertrautheit mit aktuellen Problemlagen in den jeweiligen Regionen Maßnahmen besser auf Probleme abstimmen können. Außerdem erhöht die Einbindung der regionalen Entscheidungsträger in die Umsetzung der Politikziele deren Motivation und Engagement, da sie „ihre eigenen" Maßnahmen entwickeln und durchführen können. Schließlich steigt mit der Dezentralisierung auf regionaler Ebene die Chance einer größeren Vielfalt an stärker den regionalen Spezifika angepassten politischen Initiativen, wodurch interregionale Lerneffekte auftreten können. In Europa hat die regionale Innovationsförderung in den 1990er Jahren im Zuge der EU-Förderung durch Programme wie „Regionale Innovations- und Technologietransfer Strategien" (RITTS) einen zusätzlichen Aufschwung erfahren.

Die regionale Innovationsförderung wurde sowohl durch ältere Theoriekonzepte, wie Industriedistrikte, als auch durch jüngere theoretische Ansätze, wie Regionale Innovationssysteme, die Lernende Region und Cluster beeinflusst. Diese so genannten territorialen Innovationsmodelle (Moulaert/Sekia 2003) wollten auf der einen Seite die Bedeutung der regionalen Ebene als Quelle für interaktives Lernen, Wissenstransfers und Innovationen betonen und auf der anderen Seite regionalpolitische Lehren aus Erfahrungen in Erfolgsregionen wie Baden-Württemberg und Emilia-Romagna ziehen (Cooke/Morgan 1998).

Zwar wurde mit der zunehmenden Regionalisierung von Innovationspolitik der Weg für eine weitere Ausdifferenzierung regionaler Förderinstrumente geebnet. Bislang jedoch hat die augenscheinliche Fokussierung der regionalen Innovationsförderung auf stets die gleichen Erfolgsregionen im Sinne von scheinbar nachahmenswerten Best-Practice-Beispielen sowie die Integration dieser in die Beratungspraxis eher zu einer Standardisierung der regionalen Innovationsförderung geführt, die in letzter Zeit kritisiert wird (Tödtling/Trippl 2005; Visser/Atzema 2008). Hassink und Ibert (2009: 167) dazu:

> „Noch problematischer dürfte allerdings die Gefahr sein, dass einige wenige Erfolgsregionen immer wieder den Referenzpunkt für politische Intervention bilden und damit zu einem politik-strategischen Passe-par-tout aufgebaut werden. Dem ist die Gefahr der Vereinheitlichung der Erfolgsrezepte inhärent, so dass jede Region tendenziell mit derselben Entwicklungsstrategie operiert, allerdings unter vollkommen unterschiedlichen Voraussetzungen und meist mit – im Vergleich zu den erfolgreichen Vorbildern – geschmälerten Erfolgsaussichten".

Welche Lösungsansätze gibt es aber, um dieser Standardisierung entgegen zu wirken? Einige Ansätze gehen beispielsweise von einer Typisierung Regionaler Innovationssysteme aus, wie es Cooke (2004) mit den Graswurzel-, integrierten und dirigistischen Systemen getan hat, oder wie es Asheim und Coenen (2005) mit den Kategorien der territorial eingebetteten, den netzwerkartigen Regionalen Innovationssystemen und den regionalisierten Nationalen Innovationssystemen vorgeschlagen haben. Tödtling und Trippl (2005) schlagen vor, von typischen Innovationsbarrieren in unterschiedlich strukturierten Regionen auszugehen (Lock-Ins in altindustriellen Regionen, institutionelle Unterversorgung in peripheren Regionen und Fragmentierung in Großstadtregionen). Menzel und Fornahl (2009) haben die Phase des Clusters in seinem Lebenszyklus als Ausgangspunkt für eine verbesserte clusterbezogene Innovationsförderung vorgeschlagen.

Ein aktueller Versuch, regionale Innovationsstrategien stärker den regionalen Bedingungen anzupassen und damit erfolgreicher zu entwickeln, fußt schließlich auf der Berücksichtigung der offensichtlichen branchenspezifischen Unterschiede bei der Produktion, Anwendung und Weitergabe von Wissen. Dabei wird zwischen analytischen, synthetischen und symbolischen Wissensbasen (*industrial knowledge bases*) unterschieden. Diese Typisierung bildet den Kern unseres vorliegenden Beitrages.

Ziel unseres Beitrages zu diesem Sammelband ist es, diese neue Wissenstypkategorisierung vorzustellen und dabei darzulegen, in welchem Maße sie zu einer regionalen Innovationspolitik beitragen kann, die sich auf die jeweils spezifischen regionalen Wissensbasen bezieht. Der Beitrag basiert auf der aktuellen Arbeit der zwei Autoren in dem von der *European Science Foundation* geförderten europäischen Verbundprojekt „Constructing Regional Advantage (CRA): Towards State-of-the-Art Regional Innovation System Policies in Europe?". Als theoretischer Rahmen dient dem Projekt eben jenes Konzept der Wissensbasen. Im Folgenden werden zuerst die verschiedenen Wissensbasen vergleichend gegenübergestellt. Anschließend erfolgt eine exaktere Betrachtung der jeweiligen Wissensbasen getrennt voneinander sowie eine beispielhafte Zuordnung verschiedener Wirtschaftszweige zu den Wissensbasen. Im letzten Abschnitt wird eine erste Einschätzung getätigt, inwiefern das Konzept der Wissensbasen genügend Potenzial aufweist, die Entwicklung in Richtung einer zukunftsfähigen (regionalen) Innovationspolitik weiter voranzutreiben. Weiterhin werden erste (regional-) innovationspolitische Handlungsempfehlungen entwickelt, die sich an den Besonderheiten der drei verschiedenen Wissensbasen ausrichten.

2   Wissensbasen im Vergleich

In Anlehnung an Asheim und Gertler (2005) argumentieren wir, dass Innovationsprozesse in verschiedenen Wirtschaftssektoren sehr unterschiedlich verlaufen und stark von der jeweils zugrundeliegenden Wissensbasis abhängen. Konkret lassen sich drei Wissensbasen unterscheiden: die analytische (wissenschaftsbasiert), synthetische (technisch/technologisch basiert) (Laestadius 1998) sowie die symbolische (kreative) Wissensbasis[1]. Die beschriebene Typisierung geht über die üblichen Differenzierungen traditioneller Wissenstypologien, wie die des impliziten und expliziten Wissens, hinaus, indem sie ein vollständigeres Verständnis von dem Entstehen, der Anwendung sowie der Weitergabe von Wissen in unterschiedlichen Wirtschaftszweigen vermittelt. Die dreigliedrige Typologie hilft, die zentralen Merkmale der kritischen Wissenselemente zu erfassen, ohne die eine Innovationstätigkeit nicht stattfinden kann. In seiner ganzheitlichen und gleichzeitig differenzierenden Betrachtungsweise bildet die Unterscheidung der Wissensbasen – so die Annahme – eine Schlüsselvoraussetzung für die Weiterentwicklung maßgeschneiderter innovationspolitischer Instrumente, insbesondere auf regionaler Ebene.

Anhand von Tabelle 1 werden die zentralen Merkmale der analytischen, synthetischen sowie symbolischen Wissensbasen einander gegenüber gestellt. Die aufgelisteten Merkmale sind als idealtypische Beschreibung der jeweiligen Wissensbasis zu verstehen. Es geht darum, den Blick für die offensichtlichen Unterschiede zwischen den Lern-, Wissens- und Innovationsprozessen verschiedener Wirtschaftszweige zu schärfen. Um ihre Innovationsbemühungen voranzutreiben greifen die Organisationen verschiedener Wirtschaftszweige jeweils auf einen unterschiedlichen Mix aus Elementen verschiedener Wissensbasen zurück (vgl. Abbildung 1). So weisen Asheim, Boschma und Cooke (2007: 12) darauf hin, dass „the threefold distinction refers to ideal-types, most activities are in practice comprised of more than one knowledge base. The degree to which certain knowledge bases dominates, however, varies and is contingent on the characteristics of the firms and industries."

Jede der drei Wissensbasen besteht aus gewissen Kombinationen impliziten (stillen, personengebundenen) und expliziten (kodifizierten) Wissens (Polanyi 1966; Nelson/Winter 1982; Nonaka/Takeuchi 1995; Gertler 2003) sowie bestimmten Qualifikationen und Fähigkeiten, die von Organisationen in besonderem Maße nachgefragt werden. Weiterhin deutet das Theoriekonstrukt auf die Andersartigkeit der Innovationsherausforderungen und Muster des Wissensaustauschs im Vergleich der drei Wissensbasen hin. Diese Muster beeinflussen wiederum, in Kombination mit dem Grad der Kodifizierung des relevanten Wissens, die Sensitivität für räumliche Nähe zwischen den Wissensaustauschpartnern in interaktiven Lernprozessen (Amin/Cohendet 2004; Coenen et al. 2006; Asheim 2007). Außerdem spricht vieles dafür, dass das Ausmaß der Dominanz einer bestimmten Wissensbasis in Innovationsprozessen nicht nur vor dem Hintergrund branchenspezifischer Unterschiede zu betrachten ist. Die Tendenz zu einer bestimmten Wissensbasis

---

1   Die Idee, zwischen den drei beschriebenen Wissensbasen zu unterscheiden, ging aus einer Diskussion zwischen Bjørn Asheim, Franz Tödtling, Gernot Grabher und Åge Mariussen im Jahr 2001 hervor *(Asheim et al. 2007)*. Bereits 1998 unterschied Laestadius *(Laestadius 1998)* zwischen zwei der drei Wissensbasen: der synthetischen und der analytischen Wissensbasis.

hängt auch von der Phase ab, die den jeweiligen Entwicklungsstand innerhalb eines Innovationsprozesses beschreibt (Moodysson/Coenen/Asheim 2006).

Tabelle 1: Idealtypische Merkmale der Wissensbasen im Vergleich.

Merkmal	Analytisch *science-based*	Synthetisch *engineering-based*	Symbolisch *creativity-based*
Eigenschaft des Wissens	Kodifiziertes Wissen in Patenten und wissenschaftlichen Publikationen et cetera	Personengebundenes, implizites Wissen durch anwendungsbezogenes *know how*, praktische Fähigkeiten	Personengebundenes, implizites Wissen, praktische Fähigkeiten
Generierung von Wissen	Deduktiv durch formale Modelle/ Wissenschaftlicher Input (*know why*)	Induktiv, anwendungs- und problemorientiert (*know how*)	Interaktive, informelle und kreative Praxisorientierung (*know who*)
Charakter des Lernprozesses	Lernen durch Erforschen und Interagieren	Lernen durch Tun, Nutzen und Interagieren	Lernen durch Tun und Interagieren, Lernen von Jugend-/Straßenkultur
Austausch von Wissen	F&E-Zusammenarbeit mit Betrieben (F&E-Abteilungen) und Forschungseinrichtungen	Interaktiver Lernprozess mit Kunden und Zulieferern	Wissensaustausch innerhalb branchenspezifischer „communities"
Innovationsverständnis	Radikale Innovationen, Innovationen auf Grundlage neuen Wissens	Inkrementelle Innovationen, Innovationen durch Anwendung/ Kombination bestehenden Wissens	Innovationen durch kreative Verknüpfung bestehenden Wissens
Mitarbeiter-Qualifikation	Akademischer Studienabschluss/ Forschungserfahrung	Fachhochschulabschluss/Berufsschulausbildung/ „On-the-job-Training"	Kreativität, Vorstellungsvermögen und Interpretationsfähigkeiten
Bedeutung räumlicher Nähe	Gering bis mittel	Mittel bis hoch	Mittel bis hoch
Beispielhafte Tätigkeiten	Labor-basierte Forschung, wissenschaftlicher Diskurs	System-Design, Prototypenbau, Feinabstimmung, Prüfen und praktische Arbeit	Ideenfindung in Projektgruppen, Design, Imageaufbau

Quelle: Eigene Bearbeitung in Anlehnung an Asheim, Boschma und Cooke (2007: 12), Asheim (2007: 227), Asheim und Gertler (2005) und Moodysson, Coenen und Asheim (2006: 1047).

2.1 Die analytische Wissensbasis

Die analytische Wissensbasis geht auf den aristotelischen *episteme*-Begriff (griechisch für wissenschaftliche Erkenntnis) zurück und bezieht sich eher auf universelles und theoretisches Wissen, das dazu dient, die Eigenschaften der (natürlichen) Umwelt zu verstehen und zu erklären (*know why*) (Johnson/Lorenz/Lundvall 2002). Der Innovationsprozess innerhalb derjenigen Branchen, die in besonderem Maße Merkmale der analytischen Wissensbasis aufweisen, ist stark von wissenschaftlichem Input abhängig. Die Generierung von Wissen gründet häufig auf deduktiven, kognitiven und rationalen Prozessen oder auf formalen Modellen, was ausreichende Abstraktionsfähigkeiten der Arbeitskräfte voraussetzt.

Grundlagen- und angewandte Forschung sowie systematische Produkt- und Prozessentwicklung stellen Kernaktivitäten der Betriebe dar. Um erfolgreich Wissen in Innovationen umzuwandeln, unterhalten viele dieser Betriebe ihre eigenen Forschungs- und Entwicklungsabteilungen, stützen sich aber zusätzlich in beträchtlichem Maße auf Forschungsergebnisse von Universitäten und anderen Forschungseinrichtungen. Der erhebliche wissenschaftliche Einfluss spiegelt sich auch in intensiven akademischen Spin-off-Aktivitäten wider.

Die in den Innovationsprozess integrierten Wissens-In- und Outputs bestehen grundsätzlich aus einer Kombination impliziter und expliziter Bestandteile (Nonaka/Takeuchi 1995; Johnson/Lorenz/Lundvall 2002). Vereinfacht wird der Austausch beider Bestandteile durch Face-to-face-Kontakte. Trotzdem sind für den analytischen Fall Face-to-Face-Kontakte tendenziell unbedeutender als für den synthetischen Fall, weil Wissen häufiger kodifiziert und somit zwischen global verteilten Akteuren besser austauschbar ist (Asheim/Coenen/Vang 2007). Für den großen Anteil kodifizierten Wissens gibt es mehrere Gründe: (i) Neues Wissen basiert häufig auf der Analyse bereits existierender Studien (ii) oder der Anwendung wissenschaftlicher Prinzipien und Methoden. (iii) Innovationsprozesse sind eher formal organisiert (zum Beispiel in Forschungs- und Entwicklungsabteilungen) und (iv) Resultate werden meist in Berichten, elektronischen Dokumenten oder Patentbeschreibungen dokumentiert.

Obwohl räumliche Nähe zwischen den Wissensaustauschpartnern – aufgrund des relativ hohen Kodifizierungsgrades des Wissens – eine im Vergleich zu den beiden anderen Wissensbasen relativ geringe Rolle spielt, tendieren Industrien des analytischen Typs dazu, sich in der Nähe von Universitäten und sonstigen Forschungseinrichtungen anzusiedeln, die dem jeweiligen Betätigungsfeld entsprechend Forschung betreiben (Cooke 2005). Hier spielt der (persönliche) Zugang zu führenden Wissenschaftlern sowie Forschungs- und Entwicklungsinfrastrukturen eine wichtige Rolle für die Betriebe, um eigene Innovationsprozesse erfolgreich zu gestalten. Abgesehen davon tauschen viele Betriebe, die sich primär auf die analytische Wissensbasis stützen, (in der Regel kodifiziertes) Wissen im globalen Maßstab aus (Moodysson/Coenen/Asheim 2006). Die oben genannten Aktivitäten erfordern spezielle Qualifikationen und Fähigkeiten der Arbeitskräfte. So sind neben dem bereits erwähnten Abstraktionsvermögen, Kenntnisse zu Theoriebildung und -überprüfung und zur Dokumentation von Vorgehensweisen oder von Analyseergebnissen besonders gefragt. Den idealtypischen Anforderungsprofilen entsprechend verfügt der Kern der Arbeitskräfte über einen akademischen Studienabschluss und/oder Forschungserfahrung.

Die Anwendung von Wissen in Wirtschaftszweigen, die in besonderem Maße auf einer analytischen Wissensbasis fußen, mündet häufig in radikalen Produkt- und Prozessinnovationen. Derartige Innovationen bilden nicht selten den Ausgangspunkt für neue Start-Ups und Spin-Offs (Asheim/Coenen 2005; Asheim/ Boschma/Cooke 2007; Asheim et al. 2007).

2.2 Die synthetische Wissensbasis

Die synthetische Wissensbasis leitet sich aus dem aristotelischen téchne-Begriff (griechisch für praktisches Können) ab. Folglich umfasst die synthetische Wissensbasis eher technisch oder technologisch basiertes, instrumentelles, kontextspezifisches und praktisches Wissen (*know how*). Das so geartete Wissen kommt vor allem in Innovationsprozessen in ingenieursorientierten Industrien und in der Mehrzahl unternehmensbezogener Dienstleistungen zur Anwendung und fließt zum Beispiel in die Konstruktion eines Produktes oder Prozesses, mit dem primären Ziel, eine bestimmte Funktion zu erfüllen ein (Johnson/Lorenz/Lundvall 2002; Strambach 2008). Es geht dabei um das Lösen einer konkreten Problemstellung. Der Prozess der Wissensentstehung läuft induktiv ab. Beispielhafte Tätigkeiten sind das (computerbasierte) Entwerfen komplexer technologischer Systeme, die Konstruktion von Prototypen, die Feinabstimmung und Überprüfung von Produkten sowie die praktische Arbeit im Allgemeinen. Fachhochschulen, Berufsschulen und „On-the-job-Training" sind besonders wichtige Rekrutierungsquellen, da sie insofern eine angemessene Ausbildung gewährleisten, als dass sie auf das Erlernen anwendungsorientierter, konkreter handwerklicher und praktischer Fähigkeiten abzielen.

Die Forschungs- und Entwicklungsintensität ist grundsätzlich geringer einzustufen als es bei der analytischen Wissensbasis der Fall ist. „Overall, the accentuation within 'R&D' refers more to the 'D-part' in the form of product or process development" (Plum und Hassink 2011). Spielt Forschung eine Rolle, ist es meist angewandte Forschung (im Unterschied zu Grundlagenforschung), auch innerhalb interaktiver Lernprozesse zwischen Industrie und Universität. Der Wissensaustausch mit Universitäten und anderen Forschungseinrichtungen kann durchaus eine signifikante Rolle im Innovationsprozess der Betriebe spielen, obgleich der Schwerpunkt interorganisationaler Lernprozesse eher von inter-industriellen Verknüpfungen dominiert wird. Produkt- und Prozessinnovationen finden meist im Rahmen der Interaktion mit Kunden und Anbietern durch die Anwendung oder neue Kombination bereits bestehender Wissensbausteine statt.

Wissen, das in konkreten technischen Lösungen oder Arbeitsschritten verankert ist, kann zumindest teilweise in kodifizierter Form zugänglich sein (beispielsweise durch technische Zeichnungen). Da aber ein Großteil des Wissens häufig durch die am Arbeitsplatz erworbene (und damit personengebundene) Erfahrung sowie durch *learning by doing, using and interacting* entsteht, ist implizites Wissen in Bezug auf die synthetische Wissensbasis typischerweise wichtiger als dies für den analytischen Fall gilt (Nonaka/Takeuchi 1995; Johnson/Lorenz/Lundvall 2002). Die Übertragung von implizitem Wissen setzt fast immer voraus, dass sich Personen zur selben Zeit am selben Ort befinden (Audretsch 1998), weshalb für die synthetische Wissensbasis eine relativ stärkere Sensitivität gegenüber der räumlichen Nähe von Innovationspartnern charakteristisch ist.

Die Prozesse der Wissensgenerierung und -anwendung werden mit Blick auf die synthetische Wissensbasis insbesondere durch die Modifikation bestehender Produkte und Prozesse bestimmt. Häufig wird damit das Ziel verfolgt, die Effizienz wie Reliabilität neuer Lösungen zu erhöhen oder die praktische Anwendbarkeit und Nutzerfreundlichkeit aus Sicht der Konsumenten zu verbessern. Daher sind Innovationsprozesse in solchen Industrien meist inkrementeller Natur. Sie finden vorwiegend in bereits bestehenden Betrieben statt, aus denen relativ selten Spin-offs hervorgehen (Asheim/Coenen 2005; Asheim/Boschma/Cooke 2007; Asheim et al. 2007).

2.3 Die symbolische Wissensbasis

Mit zunehmender Bedeutung kreativ-kultureller Wirtschaftszweige, wie der Medienbranche (inklusive der Film- und Musikbranche, Printmedien, Internet), Werbe-, Design- oder Modebranche (Scott 1997; Scott 2007), hat sich neben der analytischen und synthetischen Wissensbasis ein dritter Wissensbasistyp herauskristallisiert: die symbolische Wissensbasis. Sie findet Ausdruck in der Ästhetik von Produkten, dem Design, dem Aufbau eines bestimmten Images im Zuge der Markenbildung von Produkten oder in der wirtschaftlichen Schaffung beziehungsweise Nutzung unterschiedlicher Formen kultureller Artefakte. Insofern zielen Innovationsprozesse typischerweise primär auf das Schaffen von symbolischen und damit immateriellen Werten (*sign-value*) ab und nur sekundär auf den Nutzwert (*use-value*) materieller Produkte.

Für kreativ-kulturelle Branchen, die durch die symbolische Wissensbasis geprägt sind, haben ästhetische Qualitäten einen höheren Stellenwert als kognitive Qualitäten. Insofern steht bei der Suche und Auswahl der Arbeitskräfte weniger deren Begabung im Vordergrund, Informationen besonders effizient aufnehmen und weiterverarbeiten zu können, sondern vielmehr deren Fähigkeit, symbolische Werte interpretieren und eigens kreieren zu können (Asheim et al. 2007). Kreativität, Vorstellungsvermögen und Interpretationsfähigkeiten sind die für diese Wissensbasis typischen Schlüsselqualifikationen. Allein ein universitärer Abschluss in einem Kultur-affinen Fach reicht damit nicht aus. Die Ausbildung in derart schöpferischen Wirtschaftszweigen versteht sich in erster Linie als ein Lernen im Sinne von *learning-by-doing*. Selbst Universitäten und Fachhochschulen fördern diesen Lernprozess, indem sie Wissen häufig auf Basis von Projektarbeiten vermitteln. Welche Bildungseinrichtungen allerdings besonders wichtig für die Entwicklung einer symbolischen Wissensbasis sind, hängt stark von dem jeweiligen regionalen und nationalen Kontext sowie der jeweilig betrachteten kreativen Branche ab (Asheim/Coenen/Vang 2007).

Das symbolische Wissen setzt ein tiefgründiges Verständnis von den Gewohnheiten und Normen derjenigen Gesellschaftsgruppen voraus, die im Fokus des jeweiligen (wirtschaftlichen) Interesses stehen. Asheim, Boschma und Cooke (2007) sprechen in diesem Zusammenhang auch von vertieften Einblicken in die *everyday culture* als wichtige Voraussetzung für das Erreichen bestimmter Ziele und Zielgruppen. Das kreative Wissen enthält eine vorwiegend implizite Komponente und ist stark kontextabhängig, da dessen Interpretation und Erzeugung erheblich von seiner kulturellen Einbettung abhängt. Aufgrund der Betonung persönlicher Fähigkeiten, Talente und Kreativitätsvermögen sind der Innovationsprozess und das eingesetzte Wissen in hohem Maße an Personen gebunden (Asheim et al. 2007). Diese tauschen sich häufig im Rahmen zeitlich begrenzter Projekte aus „in which knowledge is combined from a variety of sources to accomplish a specific task" (Grabher 2004: 1493). Stellt die Projektorientierung selbst kein differenzierendes Merkmal zur synthetischen und analytischen Wissensbasis dar, so lässt sich dies von dem spezifischen Charakter der Projektorganisation sehr wohl behaupten: Projekte, in deren Mittelpunkt Kreativität und das Schaffen symbolischer Werte stehen, weisen eher einen disruptiven Charakter auf. Während die Zusammensetzungen der Teams, die der synthetischen oder analytischen Logik entsprechen, in einer Folge von Projekten stärker auf Stabilität und Kumulation abzielen, sind die Akteurskonstellationen der symbolischen Wissensbasis über die Zeit betrachtet sehr viel instabiler. Hier können Menschen aus sehr unterschiedlichen beruflichen oder bildungsbezogenen Hintergründen aufeinandertreffen und in einer Atmosphäre produktiver Spannungen und Gegensätze neue Ideen und kreative Lösungen entwickeln. So folgern Asheim et al. (2007: 34): „Projects requiring a symbolic knowledge base [...] are seen as arenas of productive tensions and creative conflicts that trigger innovation."

Stärker als dies bei der analytischen Wissensbasis der Fall ist, erfolgt der Wissenstransfer mit Blick auf die symbolische Wissensbasis vornehmlich über lokale informelle Informationskanäle, weshalb die räumliche Nähe beziehungsweise schnelle Erreichbarkeit zwischen den sich austauschenden Menschen besonders wichtig ist. Innovationsprozesse sind damit in besonderem Maße auf *local buzz* und Face-to-Face-Kommunikation zwischen potenziell kreativen Akteuren angewiesen. Bei local buzz ist es so, dass „actors are not deliberately 'scanning' their environment in search of a specific piece of information but rather are surrounded by a concoction of rumours, impressions, recommendations, trade folklore and strategic information" (Grabher 2002: 209). Daher erscheint es nicht verwunderlich, dass das Gros der kreativ-kulturellen Wirtschaftszweige in den mit einer Vielzahl anregender und gut erreichbarer *hot spots* bespickten Städten und Metropolregionen zu finden ist (Asheim/Coenen/Vang 2007). Die starke Betonung von local buzz schließt jedoch eine überlokale, globale Verflechtung der Akteure keineswegs aus, schließlich setzen sich Projektteams häufig aus unterschiedlichen Kulturkreisen zusammen, so zum Beispiel am Filmset. Letztlich kommt es aber auch hier darauf an, dass die Menschen zumindest einen Teil der Projektlaufzeit an einem Ort zusammen kommen, um gemeinsam kreativ zu werden und ein kulturelles Produkt zu schaffen. Gerade Städte mit hohem kreativen Potenzial und einer ausgeprägten symbolischen Wissensbasis ziehen Kulturschaffende aus aller Welt an und bilden damit Knotenpunkte überlokal verbreiteten Wissens. Da symbolisches Wissen – wie geschildert – vor allem in personengebundener Kreativität Ausdruck findet und projektbezogen ausgetauscht und weiterentwickelt wird, ist eine genaue Kenntnis des Arbeitsmarktes nötig (*know who*), um Arbeitskräfte den Projektanforderungen entsprechend gezielt auswählen zu können. Abgesehen von der Entscheidung, welche Mitarbeiterin oder welcher Mitarbeiter eingestellt wird, ist das *know who* essentiell für den Projekterfolg, wenn es um die Suche nach unternehmensexternen Projektpartnern mit komplementären Fähigkeiten geht. *Local buzz* spielt auch hier eine wesentliche Rolle, wird die Zusammensetzung einer Projektgruppe doch nicht selten durch den eher informellen, teilweise zufälligen Austausch von Gerüchten und Informationen über potenzielle Projektteilnehmer beeinflusst. Die entsprechenden Voraussetzungen sind abermals in Städten und Metropolregionen zu finden, in denen nicht nur die Heterogenität der Wirtschafts- und Bildungsstruktur kreative Spannungen erzeugt, sondern auch ein grundsätzlich anregendes städtisches Umfeld anziehend auf kreative Individuen wirkt (Scott 1997). So weisen auch Asheim, Coenen und Vang (2007: 666) darauf hin, dass „the supply of 'quality of life' aspects, reflecting the dominant tastes of the employees in the industries with respect to bars, cafés, nightclubs, are crucial in attracting the creative workers". Neben dem Vorhandensein derartiger Treffpunkte und der damit für viele Nutzer einhergehenden Steigerung der Lebensqualität sind Offenheit und Toleranz wichtige Standortkriterien für die Entwicklung einer symbolischen Wissensbasis.

3 Idealtypische Zuordnung verschiedener Wirtschaftszweige

Ein illustratives Beispiel für eine idealtypische Zuordnung verschiedener Wirtschaftszweige zu den drei zuvor beschriebenen Wissensbasen liefert Abbildung 1. Es wird deutlich, dass, wie in Absatz 2 angedeutet, Organisationen verschiedener Wirtschaftszweige bei Ihren Innovationsbemühungen auf jeweils unterschiedliche Kombinationen und Mischungsverhältnisse verschiedener Wissensbasen zurückgreifen. Folglich sind die einzelnen Branchen in der Abbildung nicht nur einer Ecke des Dreiecks zuzuordnen. Vielmehr „bewegen" sich die Branchenmarkierungen in einem Kontinuum *zwischen* den drei Wissensbasis-Polen.

Der Entstehungsprozess eines Filmes beispielsweise ist sehr stark von der symbolischen Wissensbasis geprägt. Schauspieler werden schöpferisch tätig, indem sie Ihre Kreativität, Interpretationsfähigkeit und ihr Vorstellungsvermögen am Filmset einbringen. Damit fügen sie dem letztendlichen Produkt, dem Film, einen primär symbolischen und damit immateriellen Wert hinzu. Daneben spielt die Wahl des Drehortes eine Rolle, kann dieser doch ganz gezielt das ästhetische Empfinden des Zuschauers ansprechen und bestimmte Emotionen provozieren. Am Filmset sind aber auch technische Voraussetzungen, und damit technikbasiertes Wissen, unentbehrlich. Handlungen und Technologien, die sich mit der Belichtung, Kameratechnik oder Tonaufnahme in Verbindung bringen lassen, fußen erheblich auf der synthetischen Wissensbasis.

Die Biotechnologie hingegen fußt auf der analytischen Wissensbasis. Hier ist mit dem umfangreichen Input aus den Naturwissenschaften eine stark analytische Ausrichtung offensichtlich. Mit der konkreten Anwendung biotechnologischer Verfahren in der Pharmaindustrie, der Abfallwirtschaft oder auch in der Lebensmittelkontrolle nimmt die Fokussierung auf den Nutzwert des Endproduktes zu und damit der Anteil synthetischen Wissens.

*Abbildung 1: Idealtypische Zuordnung verschiedener Wirtschaftszweige zu
Wissensbasen.*

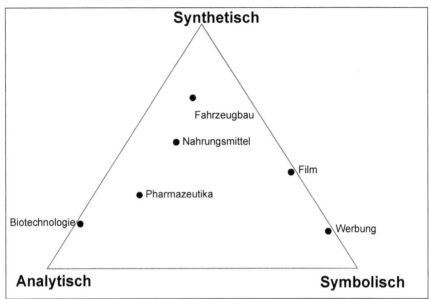

Quelle: Übersetzung nach Asheim (2007: 227).

Betrachten wir schließlich den Entstehungsprozess und die Vermarktung von Lebensmitteln, können wir tendenziell von einer stärkeren Durchmischung sämtlicher Wissensbasen ausgehen. Wie zuvor beschrieben, kann im Falle des Einsatzes biotechnologischer Verfahren bei der Kontrolle und Produktion von Nahrungsgütern analytisches Wissen von besonderer Bedeutung sein. Die hohe Relevanz der synthetischen Wissensbasis drückt sich zum Beispiel in der massiven Nutzung spezialisierter Werkzeugmaschinen aus. Der Einsatz anwendungsbezogenen Wissens und das Einbeziehen praktischer Erfahrungen im Umgang mit den Maschinen und dem Produkt selbst dominieren den Produktionsprozess und führen, sozusagen als Bei-Produkt, nicht selten zu inkrementellen Produkt- und Prozessverbesserungen. Symbolisches Wissen spielt letztlich auch eine Rolle, und zwar wenn Lebensmittel in Werbespots beworben werden, in denen dem Endverbraucher nicht nur der eigentliche Nutzwert des Produktes vermittelt werden soll. Vielmehr geht es um die Aufladung des Produktes mit intangiblen, symbolischen Werten, mit deren Hilfe dem Kunden ein bestimmtes Lebensgefühl, wie Vitalität, Genuss oder Gesundheit vermittelt werden soll.

4 Ansatzpunkte für eine nach Wissensbasen differenzierte regionale Innovationspolitik

Trägt die Differenzierung nach verschiedenen Wissensbasen dazu bei, regionale Innovationspolitik zukunftsfähig und maßgeschneidert zu gestalten? Aufgrund der Ausführungen würden wir diese Frage vorsichtig bejahen. Dies kann jedoch nur eine erste vorläufige Einschätzung der Möglichkeiten sein, die sich aus der Berücksichtigung der Wissensbasis-Typisierung bei der Formulierung einer regional angepassten Innovationspolitik ergeben. Empirische Untersuchungen, die zurzeit in Deutschland (Technologieregion Aachen, Südwestsachsen, Hamburg) und in weiteren acht europäischen Ländern durchgeführt werden, sollten zukünftig zu einer genaueren Vorstellung von der Beantwortung der Eingangsfrage führen. Auch ohne diese abschließende Bewertung ist es möglich, im Folgenden kurz einige wesentliche regionalpolitische Ziele anzuführen, die sich aus der Unterscheidung der analytischen, synthetischen und symbolischen Wissensbasis ergeben.

Eine hochwertige Wissensinfrastruktur (Universitäten, Fachhochschulen, öffentliche Forschungsinstitute), die die Produktion hochaktuellen Wissens an der Forschungsfront ermöglicht, sowie ein damit verbundenes Angebot an hochqualifizierten Arbeitskräften, sind wichtige Voraussetzungen für das Funktionieren eines Wirtschaftszweiges, der auf der *analytischen Wissensbasis* fußt (Asheim/ Coenen 2005: 1186). Ein ausreichender Zugang zu wissenschaftlichen Wissensquellen (beispielsweise Labors) muss auch für kleine und mittlere Unternehmen sowie technologieorientierte Unternehmensgründungen gewährleistet sein. Dazu zählen weiterhin die Unterstützung intensiver Kooperationen zwischen Industrie und Wissenschaft, Technologietransfer-Agenturen, Beratungsangebote zu Patentstrategien oder zur Kommerzialisierung von Forschungsergebnissen sowie die Errichtung von Technologiezentren. Teile dieser Voraussetzungen werden eher durch das nationale Innovationssystem beeinflusst, aber auch auf regionaler Ebene können Maßnahmen eingeleitet werden, um die Vernetzung und Synergieeffekte zwischen den beschriebenen Akteuren zu stärken.

Obwohl Buzz und Face-to-Face-Kontakt bei der Weitergabe von Wissen im Vergleich zu den beiden anderen Wissensbasen etwas unbedeutender einzustufen sind und deswegen bei der Innovationsförderung weniger berücksichtigt werden müssen, kann die räumliche Nähe durchaus eine Rolle bei der Wahl des Wohnstandortes spielen, der sich vorzugsweise in der Nähe zu den Universitäten und Forschungsinstituten wiederfindet (Asheim/Coenen/Vang 2007). Die Anbindung an eine hochwertige Verkehrsinfrastruktur, wie etwa an einen international angebundenen Flughafen oder an den schienengebundenen Hochgeschwindigkeitsverkehr, sind wichtige Voraussetzungen für das Treffen von Peers aus der internationalen Scientific Community.

Eine maßgeschneiderte Innovationspolitik auf regionaler Ebene, welche die Logik der *synthetischen Wissensbasis* in besonderem Maße berücksichtigt, sollte die folgenden Elemente enthalten. Ein wesentliches Ziel ist die Unterstützung von Lernprozessen in Verbindung mit zwischenbetrieblichen Kooperationen. Die Förderung sollte im Gegensatz zu der stärker angebotsorientierten Herangehensweise der analytischen Wissensbasis eher nachfrageorientiert ausgestaltet werden. So sollte geschaut werden, ob das Wissen, welches in der regionalen Wissensinfrastruktur (vor allem an den Fachhochschulen) generiert wird, genügend an die Bedürfnisse der industriellen Spezialisierung anschließt (Asheim/Coenen 2005: 1186). Face-to-Face-Kontakte sind zwar wichtig (und in jedem Fall deutlich wichtiger als Buzz), müssen aber nicht unbedingt an einem speziellen Standort mit besonderen Eigenschaften stattfinden. Auch bei diesem Wissenstyp gibt es im Allgemeinen keine besonderen Anforderungen an die Lebensqualität der Wohnorte. Für die interaktiven Lernprozesse, die bei der synthetischen Wissensbasis zentral sind und die zu neuen technologischen Kombinationen führen sollen, ist ein gemeinsamer sozialer und kultureller Kontext sehr förderlich (Asheim et al. 2007). Die regionale Innovationspolitik sollte auf der einen Seite existierende Spezialisierungen stärken und sie gleichzeitig durch neue Kombinationen erweitern.

Diejenigen Branchen, welche sich durch eine *symbolische Wissensbasis* auszeichnen, erfordern andere Schwerpunkte einer regionalen Innovationspolitik. Kenntnisse des spezifischen Arbeitsmarktes (know who) sind hier essentiell, ein städtisches Milieu daher sehr förderlich. Face-to-Face Kontakte und Buzz sind unabdingbar, um immer wieder aufs Neue kreative Talente für neue Projekte zu finden. Hier gilt es, dafür zu sorgen, dass es genügend innenstadtnahe Wohnungen in einem Umfeld mit genug Möglichkeiten des gegenseitigen Treffens gibt (Asheim/Coenen/Vang 2007). Laut Asheim et al. (2007: 40) ist „the policy challenge [...] not so much focused on cluster-RIS relations as on the people climate of the region. This implies a need for broader urban policies promoting the people climate by being dedicated to the quality of place and to create an environment characterised by diversity and tolerance". Letzteres spielt offensichtlich auf Florida (2002) an, der jedoch urbane Diversität und Toleranz nicht nur als förderlich für Innovationsprozesse in kreativen Branchen ansieht, sondern damit auch die synthetische und die analytische Wissensarbeit einbezieht, die in seiner Vorstellung von der creative class (neben der symbolischen Wissensarbeit) gleichermaßen Berücksichtigung finden. Im Gegensatz zu Florida beziehen wir diese Empfehlung – attraktive, anregende Lebensräume im urbanen Raum zu schaffen – vor allem auf die Kreativen der Kulturökonomie im engeren Sinne.

Der Begriff einer „maßgeschneiderten" regionalen Innovationspolitik darf nicht suggerieren, Innovationsprozesse könnten vollends gezielten Politiken unterworfen werden, schließlich sind Innovationen stets das Ergebnis hochkomplexer Wissens- und Lernprozesse, in denen verschiedenste Akteure auf lokaler, regionaler wie globaler Ebene interagieren. Vorsicht ist im Übrigen immer dann geboten, wenn die regionale Innovationspolitik zu sehr auf eine dominante Wissensbasis ausgerichtet ist, die in der jeweiligen Region bereits weit entwickelt ist. In diesen Fällen droht Stagnation. Im Gegenteil belegen jüngere Untersuchungen beispielsweise in Bezug auf synthetisches Wissen: Regionale Industriecluster mit einer starken synthetischen Wissensbasis entgehen gerade dann Lock-Ins und damit dem drohenden wirtschaftlichen Niedergang, wenn sie gezielt eine Kombination mit symbolischem und/oder analytischem Wissen anstreben (Jeannerat/Crevoisier 2009).

In der Realität finden wir in Regionen eine Mischung verschiedener Industrien und Wissensbasen mit unterschiedlichen Schwerpunktbildungen. Hinzu kommt, dass Innovationsprozesse in einer Branche stets auf einen Mix aus verschiedenen Wissensbasen zurückgreifen. Diese Besonderheiten berücksichtigend, stellen wir mit den Worten von Asheim et al. (2007: 38) fest: „Even though most real cases of industrial innovation constitute a mix of all three, the main focus varies and motivates a classification with regard to dominant knowledge base requirements." Die Typisierung nach Wissensbasen könnte dazu beitragen, eine (besser als bislang) auf den jeweiligen Branchenmix der Region abgestimmte Innovationspolitik zu definieren und zielgerichtet weiterzuentwickeln.

In der Gesamtbetrachtung des Ansatzes der Wissensbasen und unter Berücksichtigung der damit verbundenen Besonderheiten und Einschränkungen deutet sich an, dass die Differenzierung nach Wissensbasen einen wichtigen Beitrag zu einer maßgeschneiderten regionalen Innovationspolitik liefern kann. In den insgesamt 24 Fallstudien, die wir im Rahmen des Projektes Constructing Regional Advantage zurzeit europaweit durchführen, werden wir zukünftig den Nutzen des Konzeptes genauer überprüfen und damit eine fundiertere Beantwortung der Titelfrage geben können.

Literatur

Amin, Ash (1999): An institutionalist perspective on regional economic development. In: International Journal of Urban and Regional Research Jg. 23, H. 2, 365-378
Amin, Ash/Cohendet, Patrick (2004): Architectures of Knowledge: Firms, Capabilities, and Communities. New York: Oxford University Press
Asheim, Bjørn T. (2007): Differentiated knowledge bases and varieties of regional innovation systems. In: Innovation: The European Journal of Social Sciences Jg. 20, H. 3, 223-241

Asheim, Bjørn T./Annerstedt, Jan/Blazek, Jiri/Boschma, Ron A./Brzica, Danes/Cooke, Philip/ Dahlstrand-Lindholm, Åsa/De Castillo Hermosa, Jaime/Laredo, Phillipe/Moula, Marina (2006): Constructing regional advantage. Principles, perspectives, policies. In: Report of DG Research Expert Group on Constructing Regional Advantage, European Commission, Brussels

Asheim, Bjørn T./Boschma, Ron A./Cooke, Philip (2007): Constructing regional advantage: Platform policies based on related variety and differentiated knowledge bases. In: Papers in Evolutionary Economic Geography, 0709, Utrecht

Asheim, Bjørn T./Coenen, Lars (2005): Knowledge bases and regional innovation systems: Comparing Nordic clusters. In: Research Policy Jg. 34, H. 8, 1173-1190

Asheim, Bjørn T./Coenen, Lars/Moodysson, Jerker/Vang, Jan (2007): Constructing knowledge-based regional advantage: Implications for regional innovation policy. In: International Journal of Entrepreneurship and Innovation Management Jg. 7, H. 2-5, 140-155

Asheim, Bjørn T./Coenen, Lars/Vang, Jan (2007): Face-to-face, buzz, and knowledge bases: sociospatial implications for learning, innovation, and innovation policy. In: Environment and Planning C: Government and Policy Jg. 25, H. 5, 655-670

Asheim, Bjørn T./Gertler, Meric S. (2005): The geography of innovation: regional innovation systems. In: Fagerberg et al. (2005): 291-317

Asheim, Bjørn T./Isaksen, Arne/Nauwelaers, Claire/Tödtling, Franz (Hrsg.) (2003): Regional innovation policy for small-medium enterprises. Northampton MA: Edward Elgar

Audretsch, David B. (1998): Agglomeration and the location of innovative activity. In: Oxford Review of Economic Policy Jg. 14, H. 2, 18-29

Blättel-Mink, Birgit/Ebner, Alexander (Hrsg.) (2009): Innovationssysteme: Technologie, Institutionen und die Dynamik der Wettbewerbsfähigkeit. Wiesbaden: VS Verlag

Coenen, Lars/Moodysson, Jerker/Ryan, Camille D./Asheim, Bjørn T./Phillips, Peter (2006): Comparing a pharmaceutical and an agro-food bioregion: on the importance of knowledge bases for socio-spatial patterns of innovation. In: Industry and Innovation Jg. 13, H. 4, 393-414

Cooke, Philip (2004): Regional innovation systems – an evolutionary approach. In: Cooke/ Heidenreich/Braczyk (2004): 1-19

Cooke, Philip/Heidenreich, Martin/Braczyk, Hans-Joachim (Hrsg.) (2004): Regional Innovation Systems: The Role of Governance in a Globalized World. London: Routledge

Cooke, Philip (2005): Rational drug design, the knowledge value chain and bioscience megacentres. In: Cambridge Journal of Economics Jg. 29, H. 3, 325-341

Cooke, Philip/Morgan, Kevin (1998): The Associational Economy: Firms, Regions, and Innovation. New York: Oxford University Press

Eliasson, Gunnar/Green, Christopher (Hrsg.) (1998): Micro Foundations of Economic Growth. Ann Arbour: University of Michigan Press

Fagerberg, Jan/Mowery, David C./Nelson, Richard R. (Hrsg.) (2005): The Oxford Handbook of Innovation. New York: Oxford University Press

Fritsch, Michael/Stephan, Andreas (2005): Regionalization of innovation policy – introduction to the special issue. In: Research Policy Jg. 34, H. 8, 1123-1127

Gertler, Meric S. (2003): Tacit knowledge and the economic geography of context, or the undefinable tacitness of being (there). In: Journal of Economic Geography Jg. 3, H. 1, 75-99

Grabher, Gernot (2002): Cool projects, boring institutions: temporary collaboration in social context. In: Regional Studies Jg. 36, H. 3, 205-214

Grabher, Gernot (2004): Temporary architectures of learning: knowledge governance in project ecologies. In: Organization Studies Jg. 25, H. 9, 1491-1514

Hassink, Robert/Ibert, Oliver (2009): Zum Verhältnis von Innovation und Raum in Subnationalen Innovationssystemen. In: Blättel-Mink/Ebner (2009): 159-175

Florida, Richard (2002): The rise of the creative class: And how it's transforming work, leisure, community and everyday life. New York: Basic Books

Jeannerat, Hugues/Crevoisier, Olivier (2009): From proximity to multi-location territorial knowledge dynamics: the case of the Swiss watch industry. In: Roth (2009): 227-249

Johnson, Björn/Lorenz, Edward/Lundvall, Bengt-Åke (2002): Why all this fuss about codified and tacit knowledge? In: Industrial and Corporate Change Jg. 11, H. 2, 245-262

Koschatzky, Knut (2001): Räumliche Aspekte im Innovationsprozess. Ein Beitrag zur neuen Wirtschaftsgeographie aus Sicht der regionalen Innovationsforschung. Münster: LIT

Laestadius, Staffan (1998): Technology level, knowledge formation and industrial competence in paper manufacturing. In: Eliasson/Green (1998): 212-226

Menzel, Max-Peter/Fornahl, Dirk (2009): Cluster life cycles – dimensions and rationales of cluster evolution. In: Industrial Corporate Change Jg. 19, H. 1, 205-238

Moodysson, Jerker/Coenen, Lars/Asheim, Bjørn T. (2006): Explaining spatial patterns of innovation: analytical and synthetic modes of knowledge creation in the Medicon Valley life-science cluster. In: Environment and Planning A Jg. 40, H. 5, 1040-1056

Moulaert, Frank/Sekia, Farid (2003): Territorial innovation models: a critical survey. In: Regional Studies Jg. 37, H. 3, 289-302

Nelson, Richard R./Winter, Sidney G. (1982): An evolutionary theory of economic change. Cambridge, MA

Nonaka, Ikujiro/Takeuchi, Hirotaka (1995): The knowledge-creating company: How Japanese companies create the dynamics of innovation. New York

Plum, Oliver/Hassink, Robert (2011): On the nature and geography of innovation and interactive learning: A case study of the biotechnology industry in the Aachen technology region, Germany. In: European Planning Studies, im Erscheinen

Polanyi, Michael (1966): The Tacit Dimension. Garden City, NY: Doubleday & Company

Roth, Steffen (Hrsg.) (2009): Non-Technological and Non-Economic Innovations: Contributions to a Theory of Robust Innovation. Bern: Peter Lang

Scott, Allen J. (1997): The cultural economy of cities. In: International Journal of Urban and Regional Research Jg. 21, H. 2, 323-339

Scott, Allen J. (2007): Capitalism and urbanization in a new key? the cognitive-cultural dimension. In: Social Forces Jg. 85, H. 4, 1465-1482

Strambach, Simone (2008): Knowledge-intensive business services (KIBS) as drivers of multilevel knowledge dynamics. In: International Journal of Services Technology and Management Jg. 10, H. 2-4, 152-174

Tödtling, Franz/Trippl, Michaela (2005): One size fits all?: towards a differentiated regional innovation policy approach. In: Research Policy Jg. 34, H. 8, 1203-1219

Visser, Evert-Jan/Atzema, Oedzge (2008): With or without clusters: facilitating innovation through a differentiated and combined network approach. In: European Planning Studies Jg. 16, H. 9, 1169-1188

Zeit und Nähe in der Wissensgesellschaft

Dietrich Henckel, Benjamin Herkommer

1   Vom Tod der Distanz zur Torsion des Raums

Nähe ist der entscheidende Motor der Entstehung und Entwicklung von Städten, denn sie stellen Nähe und die damit verbundenen Vorteile (und Nachteile) erst her. Nähe ist daher praktisch naturgemäß eines der zentralen Themen der Forschung über Stadt, gleich welcher Disziplin. In der regionalökonomischen Perspektive auf Stadt stehen die externen Effekte im Vordergrund, die durch die Nähe von Unternehmen einer Vielzahl verschiedener Branchen (Urbanisationseffekte) sowie durch die Nähe einer Vielzahl von Unternehmen einer oder einiger weniger verwandter Branchen entstehen (Lokalisationseffekte). Lange spielte dabei ein ausschließlich räumliches Verständnis von Nähe die entscheidende Rolle, was auch mit der hohen Bedeutung der Transportkosten in klassischen regionalökonomischen Betrachtungen zusammenhängen mag. Die Frage der zeitlichen Erreichbarkeit von Gelegenheiten im Raum – und die verschiedenen Widerstände – wurde in der Zeitgeographie in den 1970er Jahren erstmals systematisch thematisiert (Hägerstrand 1970; Parkes/Thrift 1975), um die es dann längere Zeit relativ still wurde. Erst mit der Diffusion der Informations- und Kommunikations-Techniken einerseits und den Veränderungen der zeitlichen Strukturen der Gesellschaft andererseits rückte die Frage des Zusammenhangs räumlicher und zeitlicher Entwicklung wieder stärker in den Fokus und führte auch zu einer Renaissance der Zeitgeographie.

Die den Raum und die Kosten seiner Überwindung betonende Perspektive dominierte auch noch die Debatten, die den Bedeutungsverlust des Raumes und das Überflüssigwerden von Nähe – und somit der Städte – zum Thema machten. Über lange Zeiträume säkular sinkende Transportkosten, Globalisierung und die immer in jeder Hinsicht immer besseren Informations- und Kommunikationstechniken hatte besonders in den 1990er Jahren eine Reihe von Autoren veranlasst, die Stadt als Raum des Wirtschaftens und des sozialen Zusammenlebens unserer Gesellschaften für überlebt zu erklären:

*   E-Commerce, Tele-Arbeit, virtuelle Communities und Online-Government würden zu einer sukzessiven Virtualisierung der sozialen und wirtschaftli-

chen Aktivitäten führen, weshalb von den Städten nicht viel übrig bleiben
würde als die ortlose „Telepolis" (Rötzer 1998).

• Die Einebnung politischer Barrieren durch das Ende des Ost-West-Konflikts
und die Reformen in großen asiatischen Volkswirtschaften würden gemeinsam mit der telekommunikativen Vernetzung der Erde in eine Welt ohne
räumliche Unterschiede münden: „The world is flat" (Friedman 2005).

• Die Bedeutungszunahme von Information als Dimension ökonomischer Wertschöpfung würde zur vollständigen Beliebigkeit der Produktionsstandorte der
tertiären Wirtschaft führen. Die rasante und global beliebige Transportierbar-
keit von Informationen und die radikale Verminderung von Transportkosten
implizieren Grenzenlosigkeit und den vollständigen Bedeutungsverlust von
Fragen der Nähe oder Entfernung (Cairncross 1997).

Durch diese und ähnliche Thesen beziehungsweise ihre bisweilen hektische Interpretation auf Seiten der Städte und Urbanisten gewann die ohnehin schon reichlich
fatalistisch geführte Diskussion um die Auflösung der Städte, die mit der Angst
vor immer weiterer Suburbanisierung und einem Ausufern der Zwischenstadt be-
gonnen hatte, zusätzlich an Brisanz.

Die tatsächliche Entwicklung jedoch spricht eine andere, zumindest nicht so
eindeutige, Sprache. Das gilt für unterschiedliche Raumskalen. Weltweit schreitet
die Verstädterung voran. Global wird das 21. Jahrhundert als das urbane Zeitalter
bezeichnet, weil zu Beginn erstmals in der Menschheitsgeschichte mehr als 50 Prozent der Weltbevölkerung in Städten leben und die Urbanisierung – insbesondere
in der Dritten Welt – ungebrochen weitergeht. Bis 2030 wird der durchschnittli-
che Verstädterungsgrad auf vermutlich auf 60 Prozent steigen, was einer Stadtbe-
völkerung von fünf Milliarden entspricht (Bundeszentrale für politische Bildung
2009; Burdett/Sudjic 2007). Die Alte Welt, Europa, ist bereits heute in besonders
hohem Maße verstädtert und weist einen Verstädterungsgrad von über 70 Prozent
auf, der bis 2030 auf rund 78 Prozent ansteigen soll. In Deutschland leben nach
vergleichbarer Definition rund 80 Prozent der Bevölkerung in Städten. Nach stren-
geren Kriterien lebten Ende 2003 48,8 Prozent der Bevölkerung (40,3 Millionen)
in städtischen oder dicht besiedelten Gebieten, in halbstädtischen Gebieten waren
es 35,8 Prozent (29,5 Millionen). Gegenüber 1994 (32,4 Prozent) hat der Bevölke-
rungsanteil in den halbstädtischen Gebieten zugenommen, während er in den städtischen Gebieten gleich geblieben ist[1]. Dieser Makroprozess überlagert allerdings
eine Reihe von gegenläufigen Tendenzen von Wachstum und Schrumpfung.

---

1   Diese Gebietstypologie für den Grad der Verstädterung wurde vom Statistischen Amt der Euro-
    päischen Gemeinschaft (Eurostat) in Zusammenarbeit mit den Mitgliedstaaten entwickelt. Vgl.
    Destatis 2005

Insbesondere in altindustriellen Regionen, vor allem Ostdeutschlands ist ein deutlicher Schrumpfungsprozess von Städten beobachtbar. Gleichzeitig zeigen sich in bestimmten Regionen Wachstumsprozesse, die teilweise in einen systematischen Zusammenhang mit einer Reurbanisierungstendenz gebracht wurden. Allerdings sind bislang wenige Hinweise auf eine stabile Reurbanisierung in Deutschland auszumachen, lediglich eine geringere Intensität der Randwanderung (Gatzweiler/Schömer 2008 nach Bertram/Altrock 2009: 8). Eine Reurbanisierung – wie sie in verschiedenen Studien (Brühl et al. 2005) in Fallbeispielen nachgewiesen wurde – lässt sich systematisch für die Gesamtheit der Städte nicht nachweisen. Am stärksten ausgeprägt ist sie nach einer Phase massiver Suburbanisierung in den Jahren 1994-1999 in schrumpfenden ostdeutschen Gebieten, wo die Kernstädte seit 2001 eine günstigere Bevölkerungsentwicklung ausweist als das Umland (Bertram/Altrock 2009:8). Für die räumliche Entwicklung der höherwertigen Dienstleistungen lässt sich jedoch zeigen, dass ein verstärktes Wachstum und damit eine Konzentration in den Kernstädten der deutschen Agglomerationen erfolgt sind (Geppert/Gornig 2003, 2010). Damit geht ein (Wieder-)Erstarken der wirtschaftlichen Bedeutung von Städten einher.

Insgesamt hat die Debatte um ein Wiedererstarken der Städte an Dynamik gewonnen. Schon vor Jahren beschwor Richard Rogers eine „Urban Renaissance" – mittlerweile ein Thema vieler Tagungen (unter anderem „Leverhulme International Symposium 2004: The Resurgent City"). Zwei bekannte Ökonomen haben schon Ende der 1990er Jahre die ökonomische Attraktivität und Zukunftsfähigkeit der Städte hervorgehoben: Edward Glaeser (1996) erklärte, dass Ökonomen Städte immer noch „mögen", weil die räumliche Nähe für die Weiterverbreitung von Ideen zentral und die besondere Produktivität von Städten nicht an beliebigen Standorten erreichbar sei. Paul Krugman (1999a) prognostizierte eine wachsende Bedeutung von Städten.

Heute überwiegen die Anzeichen dafür, dass es eher zu weiterer räumlicher Konzentration gerade auch der informationsverarbeitenden Ökonomie und Wissenswirtschaft kommen wird. Dies gilt trotz schneller und ortsungebundener Kommunikation, und obwohl eine weitgehende Virtualisierung einer großen Anzahl von Tätigkeiten möglich ist. Die Welt ist allem Anschein nach eben doch nicht „flat" (Friedmann 2005), sondern im Gegenteil, ziemlich „spiky" (Florida 2005). Auf die Dauerhaftigkeit dieser Tendenz deuten nach Florida insbesondere die große räumliche Konzentration der Innovationstätigkeit und der wissenschaftlichen Forschung sowie nicht zuletzt die urbanen Standortpräferenzen der „kreativen Klasse" (Florida 2004). Auch Peter Hall hatte formuliert, dass der Bericht über den Tod der Stadt eine Übertreibung gewesen ist (2003). Selbst William Mitchell, der zunächst die frühe These von Marshall McLuhan, dass die Stadt nur noch als kulturelles Gespenst für Touristen existiere, für richtig, wenn auch verfrüht gestellt, erklärt (Mitchell 1999: 3), kommt in seiner Untersuchung gleichwohl zu dem Schluss, dass zumindest für bestimmte Aktivitäten eine räumliche Zentralisierung wahrscheinlich bleibt (77, passim).

Die Diskussionen um Nähe und Distanz und ihre regionalwirtschaftliche Bedeutung haben sich derweil inhaltlich ausdifferenziert und entwickeln sich weiter (Ibert/Kujath 2011a in diesem Band). So wird insbesondere von Boschma (2005) auf die unterschiedlichen Wirkungen und Implikationen verschiedener Formen von Nähe – darunter neben temporärer und permanenter geographischer Nähe auch soziale, kulturelle und kognitive Nähe – hingewiesen. Ibert (2011) unterscheidet grundsätzlicher in physische und relationale Nähe/Distanz. Weitgehend ausgeblendet bleibt jedoch die Dimension der zeitlichen Nähe, die man zumindest analytisch auch als das von allen im weitesten Sinne sozialen und kognitiven Dimensionen „befreite" Substrat räumlicher Nähe betrachten kann. Anders formuliert: räumliche Nähe drückt sich zuallererst in zeitlicher Nähe aus. Ob dann mit der räumlichen auch eine soziale und kulturelle Nähe verbunden ist hängt auch von anderen Faktoren ab.

Gleichzeitig ergeben sich – wie noch zu zeigen sein wird – paradoxe Effekte der Substitution von räumlicher durch zeitliche Nähe, die es schwer machen, eine solch wenig komplexe Übersetzung von räumlicher Nähe in zeitliche Nähe aufrecht zu erhalten. Zu solchen Substitutionseffekten gehört der Umstand, dass durch unterschiedlich große Raumwiderstände (Transportgeschwindigkeiten) räumlich entfernte Orte teilweise zeitlich näher liegen können als räumlich nahe liegende.

Die Hoffnungen und Erwartungen an eine räumlich ausgeglichenere Verteilung wirtschaftlicher Potenziale, die mit der Durchsetzung der neuen Informations- und Kommunikationstechniken verbunden waren, hatten ihren Hintergrund gerade darin, dass mit der Deindustrialisierung, dem Entstehen der „weightless economy" (Coyle 1997) der materielle Transport an Bedeutung verliert. Da der Transport von Informationen im Netz zu geringen Kosten, in sehr großen Kapazitäten und in „realtime" möglich ist, ging man davon aus, dass im Wesentlichen die Standortwünsche der Arbeitenden, der Informations- und Wissensbeschäftigten für die Standortwahl von wirtschaftlichen Aktivitäten entscheidend sein würden. Von diesen Wünschen nahm man an, dass sie vor allem auf landschaftliche Schönheiten und Ruhe ausgerichtet seien oder dass diese Faktoren wenigstens eine große Rolle spielen würden. Bei diesen Vorstellungen, die lange auch die Hoffnung nährten, die ländlichen Räume könnten ihre benachteiligte Position deutlich verbessern, wurden entscheidende Punkte in der infrastrukturellen Entwicklung, insbesondere des Transports, übersehen, die die Raumneutralität infrage stellen. Dies gilt für den Transport von Informationen wie von Menschen und Gütern gleichermaßen.

Hinsichtlich der Folgen des Ausbaus der Telekommunikationsnetze wurden die technischen Potenziale mit der Realität verwechselt. Entgegen den ursprünglichen Erwartungen zeigte sich bei den Transporttechnologien der Informations- und Kommunikationstechnik, dass sie keineswegs raumneutral sind. Vielmehr erfolgt der Ausbau räumlich selektiv, was die Abfolge der Einbeziehung einzelner Räume in die Netze und die bereitgestellten Kapazitäten angeht. Gerade die Verdichtungsräume waren und sind die Räume, die den höchsten Ausstattungsgrad haben, der in Teilräumen durch „prime network spaces" (Graham/Marvin 2001) noch weiter verstärkt wird. Dicken (2003) kommt daher zu dem Schluss, dass gerade die scheinbar ortlosen Technologien die Geographie der realen Welt verstärken.

Auch der Ausbau der schnellen Transportinfrastrukturen trägt zu einer Verstärkung der räumlichen Vorteile der Städte und ihrer Regionen bei: Schnelle Transportmittel, die für den Austausch von Personen und Gütern in der Globalisierung von essenzieller Bedeutung sind, sind dann besonders effektiv, wenn sie nur wenige Knoten miteinander verbinden und die Netzmaschen relativ groß sind. Damit führen diese Techniken – wie sich sowohl großräumig als auch auf regionaler Ebene nachweisen lässt – nicht nur zu einer „Schrumpfung des Raumes", sondern auch zu seiner „Torsion": Das räumlich Ferne rückt in zeitliche Nähe, das räumlich Nahe entfernt sich zeitlich.

Die spezifischen Bedingungen der Wissensproduktion und Wissensteilung fördern die räumliche Dispersion wirtschaftlicher Aktivitäten ebenfalls nicht ohne weiteres. Die Erwartungen, dass eine räumliche Dispersion einsetzen würde, gingen von den technischen Möglichkeiten des Informationstransportes aus. Nicht berücksichtigt wurden die Differenzierungen zwischen Information und Wissen. Insbesondere die Erkenntnis, dass es sich – um im Bild der Transporttechnik zu bleiben – bei Wissen um „sperrige" Informationen (Kröhne 1982) handelt, die nicht ohne Weiteres im Netz zu transportieren sind, setzte sich erst langsam durch. Im Zuge der Forschungen zur Herausbildung der Wissensgesellschaft und ihren Besonderheiten (Kujath 2009) wird deutlich, dass die räumlichen Implikationen der Wissensgesellschaft sehr viel uneindeutiger und komplexer sind, als es zunächst den Anschein hatte.

2 Information und Wissen – Anforderungen an Nähe

Die Zunahme der wissensintensiven Tätigkeiten ist begleitet (flankiert und ermöglicht) von neuen Kommunikationsformen und Möglichkeiten der telekommunikativen Distanzüberwindung (von Email bis Twitter). Trotz dieser kommunikativen Mehrgleisigkeit ist der Transport von Wissen nach wie vor auf physische – raum-

zeitliche – Nähe angewiesen. Es wird immer deutlicher, dass Wissen und bestimmte Formen von Information „sperrige" Güter sind. Ein sehr gutes Beispiel dafür
sind die Finanzdienstleistungen. Kaum eine andere Branche ist gleichermaßen von
Informations- und Kommunikations-Technik durchdrungen, informations- und
wissensintensiv und – zumindest bislang – dereguliert. In der Summe sollten das
ideale Voraussetzungen für hohe Freiheitsgrade in der Standortwahl sein. Real nei-
gen die Finanzdienstleistungen aber international, national und städtisch zu einer
so starken räumlichen Konzentration wie wohl keine andere Branche.

Wie lässt sich dieses vermeintliche Paradoxon erklären? Eine Annäherung
kann über folgende Merkmale erfolgen:

• Die Art der Wissensproduktion ist in hohem Maße auf Kenntnis der Personen,
Vertrauen et cetera aufgebaut. Die Produktion von Wissen geschieht in Kooperation und Koordination häufig über das einzelne Unternehmen hinaus. Dabei
spielen für die Beurteilung der „Gültigkeit" der Kommunikation und ihre Produktivität Faktoren eine Rolle, die nicht leicht telekommunikativ substituierbar
sind, sondern die persönliche Begegnung und den persönlichen Austausch erfordern. Daher nehmen alle Formen persönlichen Austausches – von Meetings
innerhalb von Organisationen bis hin zu temporären, räumlich vom Arbeitsplatz entkoppelten Formen wie Tagungen, Messen et cetera – deutlich zu.
• Die verarbeiteten Informationen sind in hohem Maße „verderbliche", flüchti-
ge Informationen, die nur etwas wert sind, so lange sie in einem kleinen Kreis
(mit einem Zeitvorsprung) verfügbar sind. Sie verlieren ihren spezifischen
Wert, wenn sie allgemein bekannt sind und im Netz stehen (zum Beispiel Informationen über die Performance von Unternehmen und ihre Veränderung).
(Der publizierte Geheimtipp ist daher eine contradictio in adiecto.)
• Produktivität und Innovation erfordern vielfach die Nähe und das kreative
„Spinnen", die nicht gerichtete Kommunikation, das „Träge", was gerade durch
die technisch unterstützten Kommunikationen eher nicht gefördert wird.

Diese Tendenzen lassen sich zwar am Beispiel der Finanzdienstleistungen besonders gut nachvollziehen, gelten aber nicht nur für sie, sondern auch für eine Vielzahl
anderer „kreativer" Tätigkeiten und Branchen (Besecke 2009; Herkommer/Henckel
2008; Senat von Berlin 2009), deren Anteil an der Beschäftigung zunehmen wird.
Welche Folgen sich für die Bedeutung von Städten insgesamt und die Nachfrage
nach städtischen Standorten in raumzeitlicher Nähe ergeben, hängt davon ab, welchen Anteil Branchen oder Tätigkeiten mit einem hohen Bedarf an raumzeitlicher
Nähe (aus den genannten oder anderen Gründen) an der Beschäftigung insgesamt
haben. Hoher Bedarf an raumzeitlicher Nähe lenkt den Blick auf die systemischen

Vorteile der Stadt: ihre Verdichtung und ihre Beschleunigung, die im Zusammen-wirken einen wesentlichen Teil der Optionalität der Städte ausmachen.

3 Zeitliche Dimensionen der Nähe

Aus der Dimension der auf raumzeitliche Nähe angewiesenen Tätigkeiten leiten sich auch die Attraktivität städtischer Standorte und damit die Bedeutung von Kernstädten ab. Empirische Untersuchungen zu den „creative industries" zeigen für diese Branchen eine hohe räumliche Konzentration in Städten und eine Affinität zu gemischten Quartieren und Gebäuden (Herkommer/Henckel 2008, Senat von Berlin 2009). Für Berlin lässt sich eine sehr hohe räumliche Konzentration der „creative industries" zeigen. Die Welt dieser Branche in Berlin ist ausgesprochen „spiky" (Besecke 2009).

Die zeitlich bedeutsamen Dimensionen von Nähe lassen sich in verschiedener Hinsicht differenzieren, nämlich in die Geschwindigkeit der Wissensökonomie, die zeitlichen Eigenschaften des Gutes Wissen sowie das Tempo und die zeitliche Effizienz von Städten.

Das u.a. dem früheren ABB Vorstandsvorsitzenden (aber auch vielen anderen) zugeschriebene Wort, dass „nicht die Großen die Kleinen, sondern die Schnellen die Langsamen fressen werden", beschreibt die Zukunft des Wettbewerbs. In einer wirtschaftlichen Umgebung, in der die Produktlebenszyklen und die Amortisationszeiten sich verkürzen, werden Zeitvorsprünge („time to market") ein wichtiger, wenn nicht der entscheidende Wettbewerbsparameter (Stalk/Hout 1990; Backhaus/ Bonus 1994). Um die Zeitvorsprünge realisieren zu können, spielt zudem die zeitliche Koordination in der Wissensökonomie eine zentrale Rolle: Wissensökonomie kann als eine beschleunigte Ökonomie gelten. Eine zentrale Frage für die Wettbewerbsfähigkeit ist dann, wie man Geschwindigkeitsvorteile (aufrecht) erhält.

Die Rolle von Wissen und Information als öffentliche oder private Güter ist ausgesprochen ambivalent. Vor allem kodifiziertes Wissen kann als öffentliches Gut betrachtet werden, bei dem weder eine Rivalität in der Nutzung besteht noch das Ausschlussprinzip sich durchsetzen lässt. Gleichzeitig gibt es jedoch eine Vielzahl von Informationen und Wissensbeständen, die zumindest zeitweise einen Wettbewerbsvorsprung gewähren, solange sie noch nicht Allgemeingut sind. Beispielsweise wird mit dem Patentrecht ein Anreiz geschaffen, Wissen temporär zu privatisieren und eine Monopolrente zu gewähren, um die Rate der Wissensproduktion zu erhöhen. Ferner gibt es eine Vielzahl von Informationen oder Wissensbeständen, die nur beschränkte Zeit Gültigkeit haben oder die nur einen Wettbewerbsvorteil sichern, wenn sie privatisiert sind und in kleinen Zirkeln gehalten werden können. Die Finanzdienstleistungen können hier wieder Beispiele liefern:

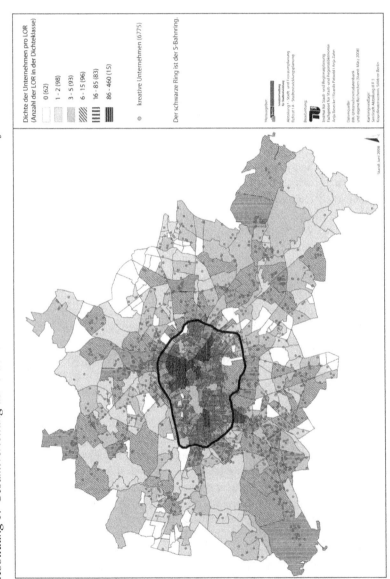

Abbildung 1: Gesamtverteilung der Unternehmen der Kultur- und Kreativwirtschaft in Berlin

Quelle: Senat von Berlin 2009

An der Börse sind Informationen über die Performance von Unternehmen und ihre Veränderung besonders wertvoll, solange sie nur wenige haben. Solche oft kurzfristigen Verfallszeiten von Informationen und Wissen, also die Verderblichkeit von Informationen und Wissen, geben dem Zeitfaktor eine zentrale Bedeutung. Diese Informationen und dieses Wissen müssen schnell produziert und schnell angewandt werden, um nützlich zu sein. Das setzt besondere Kommunikationsformen, besondere Nähe, besonderes Vertrauen voraus und ist vor allem deshalb auch in besonderem Maße auf persönlichen Austausch angewiesen, um die Verbreitung im Netz und damit die vorzeitige Entwertung zu erschweren (zum Verhältnis von Wissensweitergabe und Wissensteilung siehe auch die Beiträge von Cantner 2011 und Meusburger/Koch/Christmann 2011 in diesem Band).

Städte sind Orte hohen Tempos und der Beschleunigung, insbesondere durch das Ausmaß von Arbeitsteilung, der Parallelisierung von Prozessen und die hohe Anzahl von Optionen in der Nähe einer Vielzahl möglicher Standorte. Bislang gibt es sehr wenig Empirie zur Geschwindigkeit von Städten, den Dimensionen von Geschwindigkeit und den Zeitverlusten in Städten. Eine für die Städte relevanten Frage lässt sich zuspitzen auf die Rolle von Zeiteffizienz: Sind Städte in ihrer Organisation zeiteffizient, schaffen sie im Wettbewerb Geschwindigkeitsvorteile – im Vergleich zwischen Städten (Städtetypen), zwischen Städten und anderen Räumen sowie zwischen unterschiedlichen Standorten innerhalb einer Stadt/Region? Die Frage des Verhältnisses von zeitlicher und räumlicher Nähe und der zeitlichen Organisation und Zugänglichkeit von Stadt(teilen/-quartieren) wird so zu einer sehr spannenden und die Stadtentwicklung weit reichend beeinflussenden Frage. Wieweit kann unmittelbare physische Nähe durch zeitliche Nähe (Erreichbarkeit) substituiert werden? Was wird noch als zeitliche Nähe akzeptiert?

Damit kommt der Frage nach der Zeiteffizienz von Städten, vor allem auch ihrer zeiteffizienten räumlichen Organisation eine zentrale Rolle zu. Haben Städte, die zeitlich effizient organisiert sind (zum Beispiel durch einen entsprechenden ÖPNV, aber auch viele andere Dimensionen) auch wirtschaftliche Vorteile gegenüber weniger zeiteffizient organisierten Städten? Durch welche Mechanismen oder anderen Vorteile können zeitliche Ineffizienzen kompensiert werden? Welche Substitutionsverhältnisse bestehen? Es handelt sich um weitgehend offene Fragen. Bezogen auf den Verkehr zeigen Untersuchungen von Kramer (2005), dass mit wachsender Stadtgröße die Zeiteffizienz zunächst zunehmen und dann wieder abnehmen könnte. Damit ist die alte Frage um die optimale Stadtgröße berührt, um eine weitere Dimension erweitert und wird noch komplexer. In ihren Untersuchungen hat Capello (2004, 2007) gezeigt, dass andere Faktoren als die Größe (in Einwohnerzahlen) – wie funktionale Spezialisierung oder Einbettung in Netzwerke die Vor- und Nachteile (höhere Produktivität versus zusätzliche Kosten) der Stadt wesentlich beeinflussen. Zu den Fragen unterschiedlicher Geschwindigkeiten von Städten und Stadtteilen liegen bislang unserer Kenntnis nach keine empirischen Untersuchungen vor. Sie könnten aber für die Analyse von Stadtentwicklung in der Wissensgesellschaft Wesentliches beitragen.

4   Geschwindigkeit von Stadt und Zeiteffizienz

Hoch bauen und schnell rennen – Städte sind seit jeher Orte der besonders intensiven Nutzung von Raum und von Zeit gleichermaßen (Henckel 2007). Im Vergleich zum „flachen Land" stellen sie ein Angebot raumzeitlicher Nähe zur Verfügung. Dass die häufig anekdotische Feststellung des schnelleren Lebens in großen Städten bislang nur sporadisch mit Empirie – beispielsweise über Geh- und Arbeitsgeschwindigkeiten (Levine 1997) oder die Häufigkeit stressbedingter Herz-Kreislauferkrankungen (Altman/Oxley/Werner 1985) – unterfüttert wurde, bedeutet jedoch nicht, dass das Thema der urbanen Geschwindigkeit unter dem Blickwinkel der Wettbewerbsfähigkeit von Städten irrelevant wäre. Ebenso sind unterschiedliche Geschwindigkeiten im Raum nicht auf die Dichotomie der (vermeintlich) langsamen Peripherie auf der einen und der schnellen Stadt auf der anderen Seite zu reduzieren (Herkommer 2007). Denn von besonderem Interesse sind gerade die Geschwindigkeitsunterschiede *zwischen* verschiedenen großen Städten, und zwar vor allem dann, wenn sie das Resultat aktiver Gestaltung sind (ob öffentlich-planerisch, privatwirtschaftlich oder zivilgesellschaftlich). Auch wenn man davon ausgehen mag, dass die Zeit in der Stadt grundsätzlich „schneller läuft" als im ländlichen Raum, ist die Stadt nicht per se zeiteffizient organisiert. Vielmehr ist die Organisation zeitlicher Nähe mit dem Ziel der zeitlichen Effizienz von Stadt als Teil des Standortwettbewerbs der Städte anzusehen, der jedoch als geschlossener Zusammenhang bisher ziemlich unterbelichtet geblieben ist.

Als städtische Gestaltungsaufgabe hat zeitliche Nähe im Wesentlichen zwei Dimensionen:

*   Die Herstellung von zeitlicher Nähe trotz räumlicher Distanz durch öffentliche Straßen-, Schienenverkehrs- und Kommunikationswege sowie Nah- und Fernverkehrsmittel.
*   Die Herstellung räumlich-funktionaler Zusammenhänge durch die räumliche Konzentration kooperierender oder miteinander zusammenhängender Wirtschaftszweige, Verwaltungseinheiten oder Bildungsangebote.

Die Frage der Gestaltung der Zeiteffizienz von Städten ist vor allem auch eine Frage der Gestaltbarkeit. Insbesondere die gebaute Form der Stadt und die relativ lange Beständigkeit von (vor allem älteren) Gebäuden, die Bewahrung des historischen Erbes von Architekturen und städtebaulichen Strukturen stehen zum Beispiel einer ständigen baulichen Intensivierung der klassischen Formen des Angebots zeitlicher Nähe im Wege. Als eine Option, die Zeiteffizienz zu erhöhen, entfällt daher gerade die ständige Anpassung, Verlegung und Erweiterung von Verkehrswegen im Inneren der Städte. Auch nimmt sich im Vergleich zu der Geschwindigkeit, mit der um 1900 die meisten städtischen Verkehrssysteme entwickelt und aufgebaut wurden, deren mühsame Instandhaltung und der nur noch sehr gelegentliche Ausbau neuer Linien von Straßen- und U-Bahnen hundert Jahre danach doch eher bescheiden aus.

Die nur sehr schwierige Anpassungsfähigkeit der Netzkonfiguration öffentlicher Nahverkehrssysteme kann auch als ein zentrales Beispiel für die Probleme gelten, den Anspruch an eine räumlich ausgeglichene Verteilung von zeiteffizienter Stadt zu erfüllen. Ein illustratives Beispiel ist die räumliche Konstitution zeitlicher Nähe im Nahverkehrssystem der französischen Hauptstadtregion Paris/ Île-de-France. Das Schienenverkehrsnetz ist ausgesprochen radial angelegt: Das Zentrum der Stadt (zum Beispiel die Station Chatelêt-Les-Halles) ist von einer Vielzahl von Orten im Großraum der Pariser Agglomeration aus in sehr kurzer Zeit erreichbar, da die regionalen S-Bahnen sämtlich durch einige wenige Stationen im Herzen der Stadt geführt werden. Die Erreichbarkeit zwischen verschiedenen Orten innerhalb der *Banlieue* ist dagegen weitaus geringer, da keine schnellen Querverbindungen zwischen den Außenräumen existieren. Für viele Verbindungen von Peripherie zu Peripherie fährt man erst ins Zentrum, steigt dort um und fährt anschließend wieder an den Rand der Agglomeration. So ergeben sich Effekte einer Torsion des Raumes: räumlich nahe gelegene Orte können zeitlich weiter entfernt sein als räumlich weit voneinander entfernte. Mit der neu realisierten zirkulären Straßenbahn am Stadtrand von Paris wurde zwar ein erster Schritt gemacht, um die Erreichbarkeit innerhalb der Randgebiete zu erhöhen, doch liegt diese Ringbahn auf den gesamten Agglomerationsraum gesehen viel zu weit im Stadtinneren, um die Situation für die tatsächliche Peripherie entscheidend zu verbessern.

Abbildung 2: Isochronenkarten der Pariser Regionalbahn

Links: Zeitdistanzen aus dem Zentrum; rechts: Zeitdistanzen aus Créteil, einem Vorort.
Quellen: STIF 2007a (links); STIF 2007b (rechts)

Vergleichbare raumverzerrende Effekte ergeben sich gerade auch in den Infrastrukturbereichen, in deren Beschleunigung in den letzten zwei Jahrzehnten massiv investiert wurde, wie etwa die Fernverkehrsnetze und die Kommunikationsinfrastrukturen. So lassen sich hohe Geschwindigkeiten im Zugverkehr nur durch eine Reduzierung der Haltepunkte erreichen, da auch bei den modernsten Zügen die Beschleunigungs- und Bremswege zu lang sind, um bei einem dichten Netz von Haltepunkten tatsächliche Geschwindigkeitsgewinne zu realisieren. So rücken weit entfernte Großstädte zeitlich dichter aneinander, während die Netzzwischenräume „größer" und langsamer werden. Auch jede neue Etappe des Ausbaus schneller Kommunikationswege findet zuerst in den Metropolen statt und strahlt dann von dort aus in das Hinterland aus. Zusammengenommen erhöhen diese Entwicklungen die Zeiteffizienz in den großen Städten und Knotenpunkten der Netze und ermöglichen ihnen Vorteile in der räumlichen Arbeitsteilung: der Raum, innerhalb dessen sich zu jeweils verträglichen Zeitkosten Arbeitsteilung realisieren lässt, vergrößert sich. Allerdings verläuft diese Ausweitung der „Suchräume" selektiv, da nur angeschlossene Räume davon profitieren.

Ein unseres Wissens nach noch nicht weiter untersuchtes Phänomen, das der praktischen Umsetzung der theoretisch möglichen Ausweitung räumlicher Arbeitsteilung entgegenstehen könnte, ist die Frage der mentalen Verankerung von Grenzen, wobei der bereits angesprochene Aspekt der kognitiven Nähe (Boschma 2005) eine Rolle spielt. Am Beispiel Berlins demonstriert, lässt sich eine nicht unerhebliche Zahl an Wegeverbindungen im öffentlichen Nahverkehr der Stadt finden, für die der gleiche oder sogar ein größerer Zeitaufwand benötigt wird als für den Weg von Berlin beispielsweise nach Wolfsburg oder Leipzig. Liegen deshalb aufgrund der größeren zeitlichen Nähe diese Städte als mögliche Kooperationsorte wirklich näher oder bewirkt die mentale Verankerung der Stadtgrenze ein automatisches Eingrenzen des Suchraums auf das eigene Stadtgebiet?

Abbildung 3: Schrumpfung und Verzerrung des Raumes durch Hochgeschwindigkeitszüge

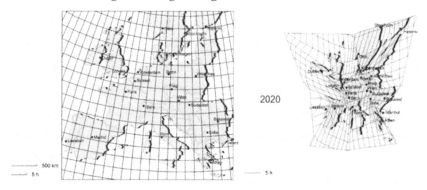

Links Basiskarte mit gleicher Geschwindigkeit von 60 km/h auf allen Strecken, rechts Karte auf Basis des prognostizierten Ausbaustandes von Hochgeschwindigkeitsstrecken im Jahr 2020.
Quellen: Wegener/Spiekermann 2002, S. 134 (links); Spiekermann/Wegener 2008, Folie 7 (rechts)

Die massiven Investitionen und Flächenverbräuche, die mit der Beschleunigung der Fernverkehrswege einhergehen, werden aus den schon genannten Gründen der nur geringen Anpassungsfähigkeit der gebauten Stadt in den Kernstädten selbst kaum Parallelen finden. Der weitgehende Rückzug der öffentlichen Hand aus der Bereitstellung, Weiter- und Neuentwicklung von Infrastrukturen tut hier ein Übriges, dass die Steigerung von Zeiteffizienz als städtische Gestaltungsaufgabe andere Wege gehen muss. Hier kommen „weiche" Methoden der öffentlichen Intervention sowie die fortschreitende Privatisierung von Infrastrukturen ins Spiel.

„Städte beziehungsweise Stadtquartiere mit ihren vielfältigen, räumlich konzentrierten Möglichkeitsstrukturen eröffnen hierbei ganz entscheidende Entlastungs-
möglichkeiten für [...] Koordinierungs- und Synchronisierungsaufgaben" (Läpple/
Mückenberger/Oßenbrügge 2010a: 16). Bestimmte Stadtquartiere können so als
privilegierte Kontexte gesehen werden, weil sie aufgrund ihrer Zeiteffizienz –
ohne dass es im Kontext so genannt wird – bestimmte Formen von Arbeit und
Leben erst möglich machen. Läpple spricht in diesem Zusammenhang von „Rück-
bettungs- und Synchronisationskontext für die Organisation des Alltags einer zunehmend ausdifferenzierten Stadtgesellschaft" (Läpple 2010: 237).

4.1 Maßnahmen zur Erhöhung der Zeiteffizienz

Mittlerweile gibt es eine Vielzahl von Maßnahmen, die als Beispiele für weiche
Methoden zur Erhöhung der Zeiteffizienz herangezogen werden können. Die Begründung für diese Maßnahmen kann dabei durchaus ambivalent sein: Einerseits
kann es sich um eine gezielte Strategie handeln, über temporal orientierte Maßnahmen einen Wettbewerbsvorteil zu erringen, andererseits kann es sich aber auch
gewissermaßen um Abwehrstrategien gegen dysfunktional gewordene Entwicklungen handeln. Die Abgrenzung im Einzelnen dürfte zwar schwer zu treffen sein,
gleichwohl kann die analytische Differenzierung den Blick schärfen.

4.1.1 Beispiele für Maßnahmen im Verkehr

Ein wichtiger Ansatz ist die Veränderung des Modal Split zugunsten eines verbesserten Verkehrsflusses. Metropolen wie Paris und London leiden trotz attraktiver
und gut ausgelasteter Nahverkehrssysteme häufig an verstopften Straßen. Hier
zeugen verschiedene stadtpolitische Interventionen von dem Versuch, den Modal
Split weiter zugunsten von Fahrrad- beziehungsweise Öffentlichem Nahverkehr
zu verändern.

• So bewirkte die städtische Bereitstellung tausender sehr kostengünstig und
  praktisch zu mietender Fahrräder im einst als absolut fahrraduntauglich gel-
  tenden Paris eine wahre Revolution auf den Straßen. Seit 2007 sind mittlerweile 1.451 Fahrradstationen mit einer Dichte von einer Station alle 300
  m eingerichtet worden, an denen insgesamt etwa 20.000 Fahrräder geliehen
  werden können (Vélib' 2009).
• Die in London 2003 eingeführte „Congestion Charge", mit der eine Maut
  für weite Teile der Innenstadt erhoben wird (Ausnahmen: Taxis, Busse, Mo-
  torräder, Hybridfahrzeuge), sollte neben besserer Luftqualität auch die Ver-
  lässlichkeit von Fahrzeiten sowohl im Bus- als auch im Individualverkehr

erhöhen. Die erfolgreiche Reduzierung des Verkehrsaufkommens um etwa 21 Prozent im Vergleich zur Zeit vor der Einführung der Maut wurde jedoch nach Angaben der Transportgesellschaft durch zahlreiche größere Straßenarbeiten sowie einen Anstieg der Bus- und Taxifahrten innerhalb der Innenstadt konterkariert (Transport for London 2009). So konnten zwar die Abgasemissionen im Stadtzentrum gesenkt werden, die Ziele einer gesteigerten Zeiteffizienz und besserer zeitlicher Kalkulierbarkeit von Fahrten durch die Innenstadt konnten jedoch vorerst nicht erreicht werden.

Durch die Veränderung der Tarife im öffentlichen Nahverkehr im Tagesverlauf sind Beiträge zur Reduzierung von Nachfragespitzen und zur Vermeidung von Überlastungen möglich. So wird in zahlreichen Städten die Tarifierung des öffentlichen Nahverkehrs an die Tageszeit gekoppelt, wodurch eine stärkere Verlagerung der Verkehrsnachfrage in Schwachlastzeiten erreicht werden soll. Auch dadurch kann die zeitliche Effizienz der Stadt gesteigert werden, da sich die Standzeiten der Züge bei zu großer Auslastung erhöhen.

Die Einführung neuer Wegeleitsysteme, Fahr- und Wartezeitangaben auf Autobahnen und Bahnhöfen sowie Informationsoffensiven für „flüssiges" Verhalten soll ebenfalls zur Erhöhung der Zeiteffizienz beitragen:

- Wegeleitsysteme sind zunächst eine Orientierungshilfe im Raum. Zeitlich können sie jedoch auch gesehen werden als ein Beitrag zur Reduzierung von Zeitverlusten. Zum Beispiel können speziell auf Touristen ausgerichtete Wegeleitsysteme (in Grenzen) auch darauf abzielen, die Routen der „Langsamen" (hier Touristen) von den Routen der „Gehetzten" (hier Autochtone) zu trennen und so das Potenzial für Zeitkonflikte zu reduzieren. Unübersichtliche Orientierungssysteme, wie sie an vielen Bahnhöfen nicht unüblich sind, führen dazu, dass größere Zeitpuffer für Umsteigevorgänge einkalkuliert werden müssen und sich Wegezeiten erhöhen.
- Mit der Einführung von Fahr- und Wartezeitangaben auf Autobahnen und Bahnhöfen soll dazu beigetragen werden, die „zeitliche Sicherheit", das heißt die Kalkulierbarkeit von Wegezeiten zu erhöhen. Bei Störungen beziehungsweise Verlangsamungen gegenüber der Regelzeit können Nutzer so alternative Wegeentscheidungen treffen oder auf andere Weise ihr Verhalten anpassen.
- Damit kommt auch der Pünktlichkeit von öffentlichen Verkehrssystemen für die zeitliche Distanz und die Zeiteffizienz eine zentrale Rolle zu. Systematisch wenig verlässliche Fahrpläne führen dazu, dass für Umsteigevorgänge unter Umständen erhebliche Zeitpuffer eingeplant werden müssen, die die zeitlichen Distanzen erhöhen und zu „unproduktiven" Zeitverlusten führen.

•   Ein Beispiel für öffentliche Informationskampagnen zugunsten eines Verhaltenskodex' für größere Zeiteffizienz liefert die U-Bahngesellschaft in Washington D.C.: Das U-Bahnnetz der US-Hauptstadt ist verhältnismäßig tief unter der Erdoberfläche gebaut, wodurch die Rolltreppen entsprechend steil sind. In Kampagnen mit kreativen Wortschöpfungen („Escalefter", „Escalump") wird dafür geworben, der Etikette zu folgen und auf den Rolltreppen nur rechts zu stehen und die linke Seite nur zum schnellen Hochsteigen zu benutzen. So sollen Unfälle vermieden und Konflikte beispielsweise zwischen langsamen Touristen und eiligen Angestellten vermieden werden.

Die punktuelle Trennung von (Teil-)Verkehren nach Geschwindigkeiten kann ebenfalls zu „Verflüssigung" des Verkehrs beitragen. Ein extremes Beispiel für Konflikte durch unterschiedliche Geschwindigkeiten unter Bedingungen erhöhter räumlicher Knappheit und den Versuch, langsame Nadelöhre zu umgehen, liefert der Londoner Bezirk Westminster. Ansässige Büroangestellte der Londoner Oxford Street bildeten vor ein paar Jahren eine Initiative für die Einführung einer Schnellspur für Fußgänger. Der Bürgersteig sollte zweigeteilt und auf einem Streifen das Unterschreiten einer bestimmten Geschwindigkeit unter Strafe gestellt werden. Hintergrund war die Verdreifachung der Wegedauer während der Hoch-Zeiten der Shoppingbummler (Vorweihnachtszeit) und Touristenströme. Der Vorschlag wurde jedoch von der Bezirksverwaltung Westminsters nicht angenommen.

Abbildung 4: Geschwindigkeitskonflikte im öffentlichen Raum: gehetzte Business-Community vs. langsame Shopper und Touristen.

Quelle: BBC News 2000

4.1.2 Ausweitung privatwirtschaftlicher Angebote

Die Zunahme bestimmter privatwirtschaftlicher Infrastrukturangebote zeugt davon, dass die Steigerung zeitlicher Effizienz in der Stadt eine durchaus rentable Marktnische bildet. Vielfach versprechen diese Premium-Angebote Zeitgewinne gegenüber der „normalen" Infrastruktur, bringen allerdings erhebliche monetäre

Mehrkosten mit sich. Express- und Direktverbindungen zwischen Stadtzentren und Flughäfen zählen zu den besonders weit verbreiteten Angeboten der „extra-schnellen" Stadt. Beispiele für solche spezifischen Angebote sind:

• In London verkehren zwischen der Innenstadt und Heathrow Airport sowie zwischen Stansted Airport und dem Stadtzentrum eigens errichtete Bahnlini-en, die für ein Vielfaches des alternativen Fahrpreises (U-Bahn, Bus) entwe-der einen erheblichen Zeitgewinn (Heathrow in 15 statt 45 Minuten) oder vor allem eine verlässliche, von Verkehrsaufkommen und Baustellen unabhängi-ge Fahrzeit (Stansted in 40 Minuten) anbieten.

• Paris und London sind in Europa die unseres Erachtens bisher einzigen Bei-spiele für die Etablierung privater Motorradtaxis, deren entscheidender Wett-bewerbsvorteil die Möglichkeit der Umfahrung des Staus auf den chronisch verstopften Straßen der Metropolen ist. Auch hier sind neben Verbindungen innerhalb der Stadt (Paris: 20 bis 35 Euro) insbesondere die Routen zu den Flughäfen (Paris: 35 bis 75 Euro) gefragt. In der Regel wird die Einhaltung einer maximalen Fahrzeit unabhängig der Verkehrslage garantiert.

Auch im stadtregionalen Individualverkehr findet die Privatisierung von Ver-kehrswegen vor dem Hintergrund der Generierung von Zeitvorteilen statt. Neben der kostenpflichtigen Benutzung beispielsweise von Brücken, die ein langwieri-ges Umfahren vermeiden, gibt es vor allem zahlreiche Beispiele der Einrichtung kostenpflichtiger Express-Fahrspuren auf Autobahnen. Dort, wo sich der Staat im Rahmen von Public Private Partnership-Verträgen ein gewisses Maß von Einfluss auf die letztendliche Ausgestaltung des Angebots gesichert hat, bestehen Misch-formen aus Marktregulierung und politischer Intervention, wenn zum Beispiel mehrfach besetzte Autos und Busse kostenlos auf der sonst zu bezahlenden Über-holspur fahren dürfen. Zum Teil wird dieses Instrument auch auf nicht privatisier-ten Autobahnabschnitten angewandt: in diesen Fällen dürfen nur einzeln besetzte PKW die gekennzeichneten Fahrspuren gar nicht benutzen. Eine besonders große Anzahl von so genannten High Occupancy Vehicle Lanes beziehungsweise High Occupancy Toll Lanes gibt es im US-Bundesstaat Kalifornien. Auf einer Stre-cke von insgesamt über 2.000 Kilometern soll so entweder zahlenden Fahrern oder Fahrgemeinschaften ein schnelleres Vorankommen gesichert werden. Auf den zahlungspflichtigen Strecken variiert der Tarif je nach gefahrener Strecke und Verkehrsaufkommen.

Ähnlich ist in den vergangenen zehn Jahren ein rasantes Wachstum der Ku-rierdienste zu beobachten. Auf Lang- und Kurzstrecken gleichermaßen werden dabei die Regellaufzeiten der herkömmlichen Postdienste um ein Vielfaches unterboten, wobei die monetären Kosten entsprechend um ein Vielfaches höher liegen. Fahrradkuriere ermöglichen Lieferungen im Stadtgebiet meist binnen Stundenfrist, das (gesundheitliche) Risiko wird dabei auf die Fahrer ausgelagert. Express-Postdienste ermöglichen die Zustellung von Briefen und Paketen selbst auf anderen Kontinenten mitunter innerhalb von 24 Stunden.

4.2 Erhöhung der Zeiteffizienz durch Stadtplanung

Die Herstellung räumlich-funktionaler Zusammenhänge als zweite wesentliche Dimension von Zeiteffizienz als kommunales Handlungsfeld liegt mittlerweile stärker in der Hand der Städte als dies bei der Infrastrukturentwicklung der Fall ist. Zwar ist selbstverständlich auch in der Immobilien- und Stadtentwicklung die Privatisierung weit vorangeschritten, doch sind die Rollen durch die zumindest formal vergleichsweise fest verankerte kommunale Planungshoheit doch noch immer anders verteilt. So kann im Falle der räumlichen Arrangements von funktional verflochtenen Nutzungen von einer starken Durchmischung politischer und markt-vermittelter Steuerung ausgegangen werden. Die Förderung unter anderem räumlich funktionaler Zusammenhänge und ihrer institutionellen Umsetzung in spezifischen Kontexten gewachsener und neuer Stadtquartiere durch Realexperimente war Gegenstand eines größeren vom Bundesministerium für Bildung und Forschung geförderten Projektes (VERA – Verzeitlichung des Raumes), das erstmals die raumzeitlichen Zusammenhänge systematisch nicht nur analysiert, sondern auch zu beeinflussen versucht hat (Läpple/Mückenberger/Oßenbrügge 2010).

Zahlreiche öffentlich finanzierte Technologie- und Innovationsparks sind Beispiele dafür, wie Kommunen durch die Schaffung zeitlicher Nähe häufig von öffentlicher Forschung und jungen privaten Firmen versuchen, bestimmten Wirtschaftsbereichen besondere Entwicklungsbedingungen zu liefern. Hier wird trotz aller gleichzeitigen Anstrengungen um effiziente Transportsysteme zur Substitution von räumlicher durch zeitliche Nähe dann doch die Rolle der unmittelbaren räumlichen Nachbarschaft betont. Teilweise werden solche Inkubationszentren nach der öffentlichen Anschubphase privat betrieben (zum Beispiel das Berliner „Phönix Gründerzentrum" am Borsigturm).

Auch auf stadtregionaler Ebene wird versucht, durch die räumliche Bünde-lung miteinander verknüpfter Wirtschaftsbereiche besondere Wachstumschancen zu generieren. Dies kann von Standortagglomerationen der Automobil- und Zulie-ferindustrie bis hin zu Konzepten zur Stärkung des regionalen Tourismus führen, beispielsweise durch die Konzentration von Attraktionen und ihre Verknüpfung mit spezieller touristischer Verkehrsinfrastruktur und entsprechenden Standorten für Gastronomie.

Theoretische Grundlage für diese Formen staatlicher Intervention sind die Überlegungen zu spezifischen Vorteilen räumlicher Cluster und „industrial districts". Insbesondere sollen die Entstehungszeit von Wissen (= Innovation) und seine Zirkulationsgeschwindigkeit sowie das Verbleiben des Wissens innerhalb eines Netzwerks aus miteinander vertrauten Partnern unter den Bedingungen räumlicher Nähe gewährleistet werden. Auch soll von der Wissensgemeinschaft eine Bindungswirkung auf die beteiligten Unternehmen ausgehen: Durch die hohe Spezifizität der Arrangements und das verbindende Element gemeinsamer Erfahrungen soll die Austauschbarkeit des Standortes reduziert werden. Auf staatlicher Seite kann das Engagement dabei auf die Schaffung des räumlichen Angebots beschränkt sein, aber neben der Subventionierung der teilnehmenden Firmen in bestimmten (insbesondere frühen) Lebenszyklusphasen auch die Unterstützung insbesondere der Vernetzung des Clusters untereinander und in die Stadtregion hinein beinhalten. Von privater Seite ist eine erhöhte Kooperationsbereitschaft und besonderes Engagement um den gemeinsamen Erfolg eine minimale Erfolgsbedingung für räumliche Cluster. Insbesondere bei größeren Unternehmen in regionalen Clustern reicht die Bereitschaft „der Region etwas zurückzugeben" teilweise sehr weit und zielt inhaltlich insbesondere auf die Stärkung der Wissensinfrastrukturen und des Wissensaustauschs und langfristig einer Verstärkung der erwünschten Spill-Over-Effekte.

Die älteste aller rein privatwirtschaftlich betriebenen Standortgemeinschaften ist die Einzelhandelspassage und ihr späterer Ableger, die Mall. Ihre Geschäftsgrundlage bildet die Abschöpfung (Internalisierung) der externen Effekte der Nähe zwischen verschiedenen Einzelhandelsangeboten (Lokalisationseffekte). Die Beschleunigung der Informationszirkulation wirkt dabei gleichermaßen für den Konsumenten, dem ein schneller Überblick über das Marktangebot ermöglicht wird, wie auch für die verschiedenen Anbieter, für die Lerneffekte über das Verhalten der Konkurrenz, aber auch über die zu erzielenden Vorteile aus alternativen Standortverbünden (also Standorten und Anbieterkonstellationen) entstehen. Als Varianten stehen sich Standortgemeinschaften verschiedener Anbieter einer Branche (wie im Falle des Berliner Stilwerks) oder verschiedener Branchen (klassische Passagen und Malls) gegenüber.

Neben der direkten Internalisierung der externen Effekte räumlicher Nähe durch die Vermietung von Flächen „unter einem Dach" entstehen externe Gewinne für die Immobilienwirtschaft jedoch auch bei räumlich offeneren Konzepten wie sich am Beispiel der postmodernen Büroagglomerationen nachvollziehen lässt. Während bis in die siebziger Jahre hinein die Bildung weitgehend monofunktionaler Bürostandorte durch die serielle Addition gleicher Nutzungen dominierte, ist spätestens seit Mitte der 1980er Jahre eine deutliche Veränderung zu beobachten. Durch die Realisierung mehrerer Bürogebäude mitsamt einer sekundären Rauminfrastruktur aus öffentlichen Aufenthaltsräumen, Einzelhandels-, Freizeit- und Gastronomieflächen werden nicht mehr nur Räume der Wissensproduktion hergestellt, sondern die Treffpunkte zum Wissensaustausch gleich mitgeliefert. Gerade durch die Integration von häufig attraktiven Freiräumen (siehe zum Beispiel das Projekt Broadgate in London) und ihre Flankierung mit kommerziellen Räumen (Gastronomie et cetera), die die ästhetischen Qualitäten der Freiräume und die Nähe zu großen Bürogebäuden als Treffpunkte abschöpfen, lassen sich sowohl auf dem Büroflächenmarkt als auch auf dem Markt für Einzelhandelsflächen überdurchschnittliche Preise erzielen. Im Kern generiert sich dieser standortgebundene Mehrwert durch den Zeitvorteil, der für die lokalen Angestellten beziehungsweise ihre Arbeitgeber entsteht. Sie finden vor der Haustür Kooperationspartner (und Konkurrenten) und gleichzeitig die Räume, die für den gegenseitigen Austausch benötigt werden. Eine sehr wichtige Komponente hierbei ist auch die schnelle verkehrliche Erreichbarkeit des Standorts. Dies zeigt sich auch in den massiven Investitionen von Privaten in die (Re-)Qualifizierung von Infrastrukturen, etwa im Fall der Liverpool Street Station in London, oder in deren Neubau wie im Fall des London Docklands Light Railway.

Für Immobilienanbieter solcher Standortagglomerationen drückt sich der Zeitvorteil, den sie ihren Nachfragern gewähren, als Wettbewerbsvorteil aus. Das gleiche gilt jedoch auch für die Städte. Die Geschwindigkeitsunterschiede zwischen Städten lassen sich auch anhand der Verfügbarkeit schneller Einzelstandorte ausdrücken, die das lokale Wissen schnell zirkulieren lassen und lokale, regionale und globale Wissensressourcen schnell miteinander verknüpfen.

5   Zeiteffizienz als Herausforderung für urbane Akteure

Die Rolle von Zeit als zentralem Wettbewerbsfaktor (Stalk/Hout 1990) lässt sich auch als das „Standortparadox in einer globalen Wirtschaft" (Porter 1998: 236; 1999: 52) bezeichnen. Gerade in einer Situation, wo Unternehmen sich Kapital und Güter, Informationen und Technik weltweit per Mausklick beschaffen können, ist ihre spezifische Wettbewerbssituation vielfach von der jeweiligen städtischen oder regionalen ‚Einbettung' beziehungsweise ‚Rückbettung' (Läpple 2003) abhängig. Diese lokal gebundenen Wettbewerbsvorteile beruhen nach Porter „auf der Konzentration von hoch spezialisierten Fähigkeiten und Kenntnissen, Institutionen, Konkurrenten sowie verwandten Unternehmen und anspruchsvollen Kunden. Geographische, kulturelle und institutionelle Nähe führen zu privilegiertem Zugang, engeren Beziehungen, kräftigeren Anreizen und weiteren Produktivitäts- und Innovationsvorteilen, die sich schwerlich aus der Ferne nutzen lassen" (1999, 63).

Je kürzer die Verschärfung des Wettbewerbs durch die Globalisierung der Konkurrenz die Innovations- und Produktentwicklungszeiten, die Lebenszyklusphasen von Produkten, Unternehmen, Wirtschaftszweigen, aber auch von Stadtteilen werden lässt, desto stärker wächst der Beschleunigungsdruck. Da in vielen Bereichen jedoch (natürliche) Grenzen der Beschleunigung vorliegen, richtet sich der Blick zunehmend auf die Verhinderung von Verlangsamung, auf die Steigerung zeitlicher Effizienz beziehungsweise die Beseitigung zeitlicher Ineffizienz.

Parallel dazu eröffnet der steigende Zeitdruck ökonomische Chancen, nämlich der Bewirtschaftung von Zeit. Dies zeigt sich in den vielfältigen Varianten von Standortgemeinschaften, Beschleunigungsinfrastrukturen und haushaltsnahen Dienstleistungen, die das Einsparen von Zeit versprechen. Damit wird allerdings auch eine neue Ambivalenz deutlich: Die Bewirtschaftung von Zeit und die Unterwerfung der Zeit unter eine „infinitesimale Verwendungslogik" (Rinderspacher 1996) hat erhebliche Tücken. Gerade Prozesse der Wissensgenerierung und Kreativität lassen sich nur sehr beschränkt beschleunigen, brauchen Bereiche „träger Produktivität" (Geißler 2001). Denn unter dem Beschleunigungsdruck nimmt auch die Rate der Fehler deutlich zu.

Deutlich wird jedoch, dass die Stadt bei fortdauernder Tendenz umfassender Beschleunigung günstige Rahmenbedingungen für Wettbewerbsvorteile bietet, was ihre kontinuierliche, wenn nicht wachsende Attraktivität in der Wissensgesellschaft ausmacht. Die Stadt bietet günstige Voraussetzungen für die Schaffung und Aufrechterhaltung der zeitlichen Nähe als einem zentralen Faktor von Wettbewerbsvorteilen. Gleichwohl bleiben das Verhältnis von zeitlicher und räumlicher Nähe und die Substitutionsverhältnisse durch technische und organisatorische Vorkehrungen noch ein zentraler Gegenstand zukünftiger Forschung. Denn die dauerhafte Attraktivität der Stadt, von Dichte und Agglomeration wird sich unter anderem daran entscheiden, wie weit sich zeitliche Nähe räumlich ausdehnen lässt.

Gerade vor dem Hintergrund der raum-zeitlich grundsätzlich günstigen Ausgangsbedingungen der Städte für eine von der Wissensökonomie dominierte Epoche ist es nötig, die Handlungsmöglichkeiten der Städte im Wettbewerb untereinander näher zu untersuchen. Hier besteht noch ein erheblicher Forschungsbedarf. An dieser Stelle kann allenfalls der Handlungsrahmen wesentlicher Akteure für die Gestaltung einer der Wissensökonomie zuträglichen Zeitorganisation der Städte skizziert werden.

Entscheidend wird es sein, dass die Bedeutung der Rolle der Zeit für die Debatte um die Tauglichkeit von Städten oder Standorten für Know-how-intensive Branchen erkannt beziehungsweise die Frage der raum-zeitlichen Nähe in diese Debatte integriert wird. Dabei müssen neben technisch-räumlichen Bedingungen für raumzeitliche Nähe, zeitliche Effizienz beziehungsweise hohe Geschwindigkeiten auch die Rolle von kognitiver Nähe für die Ausschöpfung der Vorteile, die ein räumliches Angebot zeitlicher Nähe grundsätzlich zur Verfügung stellt, einbezogen werden, um die Standortwahlentscheidungen zu verstehen.

Drei Akteursgruppen sind für die Verankerung eines umfassenden Verständnisses von Nähe und ihrer Bedeutung für die Zukunft der Wissensökonomie in der Stadt entscheidend: Kommunen, Immobilienwirtschaft und schließlich die Unternehmen der kreativen und Wissensbranchen selbst. Für einen erfolgreichen Dialog dieser Akteure muss es dabei mitunter zunächst auch um die Herstellung größerer kognitiver Nähe zwischen ihnen gehen. Gleichzeitig sind einer solchen kognitiven Annäherung Grenzen gesetzt. Basis ist die Herstellung gegenseitigen Verständnisses, gleichzeitig aber auch die Konzentration auf die eigenen Kernkompetenzen und -aufgaben.

5.1 Herausforderungen für Kommunen

Die Berücksichtigung raum-zeitlicher Fragen durch die Kommunen bezieht sich auf eine Reihe unterschiedlicher Aspekte.

• Als eine Kernaufgabe werden die Kommunen weiterhin die Produktion von Lage für zeit- und raumsensible Wissensökonomien wahrnehmen müssen. Die Schaffung geeigneter Standorte bedarf des Verständnisses für die Anforderungen der einzelnen Wissens- und kreativen Branchen, aber auch des Wissens um die Anforderungen auf Seiten der Immobilienwirtschaft.

• Die Herausforderungen für die Kommunen in der Bereitstellung der infrastrukturellen Bedingungen für raumzeitliche Nähe wurden bereits beschrieben. Der Standortwettbewerb um zeitliche Effizienz wird auch über die Infrastrukturen der Städte ausgetragen. Dabei geht es genauso um den Anschluss an Hochgeschwindigkeitsinfrastrukturen im Fernverkehr wie auch die Gestaltung hoher zeitlicher Erreichbarkeit im Nahverkehr und die effiziente Verknüpfung von Fern- und Nahverkehr.

• Wo klassische öffentliche Infrastrukturen beziehungsweise klassische Formen ihrer Bereitstellung an Kapazitätsgrenzen stoßen, sind alternative Formen der Bereitstellung beziehungsweise Formen der Beschleunigung oder vielmehr Umgehung von Verlangsamung mindestens zu prüfen und gegebenenfalls genehmigungsrechtlich zu unterstützen. Wenn zum Beispiel die Nachfrage nach vergleichsweise teuren, aber sehr zuverlässigen und schnellen Direktverbindungen vom Stadtzentrum zu den Flughäfen besteht, sollte dies nicht mit dem Verweis auf Ungleichheit in der Qualität des Infrastrukturzugangs ignoriert werden. Auf verstopften Autobahnen kann dies durchaus auch die Einführung zahlungspflichtiger Zusatzspuren mit einschließen.

- Weiche Maßnahmen der Erhöhung der Zeiteffizienz wie zum Beispiel Wegeleitsysteme, Wartezeitangaben oder von der Tageszeit oder vom Verkehrsaufkommen abhängige Wechsel der Anzahl von Fahrspuren sind überall dort umzusetzen, wo sich ein spürbarer Gewinn zeitlicher Effizienz erwarten lässt. Über Umfang, mögliche Ausprägungsformen und Wirkungen solcher Maßnahmen besteht freilich noch erheblicher Forschungsbedarf.
- Wesentliche Bedeutung kommt auf Seiten der Kommunen der Förderung des Nachwuchses der kreativen Wissensarbeiter zu. Auch dies ist eine Frage der Zeiteffizienz: das bruchlose Nachwachsen der Wissensträger und gut ausgebildeten, kreativen Arbeitnehmer, Gründer, Innovatoren. Städte werden sich im Wettbewerb mit anderen nicht leisten können, für nachwachsende Generationen Hochqualifizierter entweder nicht attraktiv zu sein oder diese mithilfe der eigenen Bildungsinfrastruktur nicht selbst in ausreichendem Maße hervorzubringen. Hier kommt es auch auf die Unterstützung von Bildungsnetzwerken zwischen Forschungseinrichtungen, Hochschulen und anderen Bildungsinstitutionen einerseits und Vertretern der Wissensökonomien andererseits an. Die Kommune muss dabei die Plattform für Dialoge bereitstellen.

5.2 Herausforderungen für die Immobilienwirtschaft

Für die Immobilienwirtschaft steht insgesamt eine Professionalisierung an, die bereits beginnt sich zu entwickeln. In diesem Zusammenhang werden auch in diesem Bereich raum-zeitliche Aspekte eine größere Rolle spielen müssen.

- Grundvoraussetzung ist ein Verständnis der Hintergründe der Neigung wissensintensiver Branchen zur räumlichen Ballung in ihrer immobilienwirtschaftlichen Dimension. Die Motive für die räumliche Konzentration einzelner wissensintensiver und kreativer Branchen sind teilweise sehr unterschiedlich. Für einzelne spielen Lokalisationseffekte und die Verfügbarkeit von straßenbezogenen Schaufenstern eine entscheidende Rolle (zum Beispiel Galerien, Designer), für andere zählt das kreative Milieu – hier aufgefasst als eine bestimmte Szene und als atmosphärische Komponente. Für weitere Branchen zählt die Nähe zu kooperierenden Institutionen und benötigten Infrastrukturen (selbst wenn dafür Stadtrandlagen in Kauf genommen werden müssen, wie zum Beispiel häufig im Sektor Forschung- und Entwicklung, aber auch im Falle der Filmproduktionsfirmen et cetera). Für wieder andere zählt die repräsentative Adresse in der Nähe von auf ähnlich hohem Niveau spielenden Mitgliedern derselben Branche (zum Beispiel große Rechtsanwaltskanzleien). Die Wissensbranchen fragen zwar raumzeitliche Nähe nach, sind aber in der konkreten Ausprägung nicht über einen Kamm zu scheren. Es gibt jeweils „branchentypisches Verhalten", gleichzeitig sind aber auch immer wieder Ausreißer zu beobachten (zum Beispiel Anwälte im Szenekiez) (Herkommer/Engelbrecht/Henckel 2010).

- Für erfolgreiches Development ist ein Verständnis für unterschiedliche Formen der Vernetzung und die Bedeutung von Promotoren in der Entwicklung von Standorten und Adressen erforderlich. Hier ergeben sich teils erhebliche Konsequenzen für neue Formen der Ansprache der Wissensbranchen als Zielgruppe.

- Der Erfolg von Immobilienentwicklung wird zunehmend vom Dialog mit Stadt und Unternehmen abhängen, um mögliche Felder gemeinsamen Agierens und zur kontinuierlichen Beobachtung der Evolution der Immobilienpräferenzen der einzelnen Wissensbranchen erfassen zu können. Für viele Sektoren haben sich Klischees (das umgenutzte Fabrikloft et cetera) etabliert, was sich unter Umständen noch als hochproblematisch erweisen kann. Momentan wird zu oft die Phänomenologie typischer Ausprägungen der Immobiliennachfrage mit dem dahinterstehenden Prinzip verwechselt. Der umfunktionierte Gewerbehof wird nicht aufgrund seiner Architektur automatisch und per se zu einer „Quelle der Inspiration". Er ist vielleicht nur eine Spielart des viel grundlegenderen Prinzips, einen Ort von seiner ursprünglichen Bestimmung zu entfremden und ihm einen neuen Charakter zu geben. Die Gefahr bei solchen Missverständnissen liegt darin, dass möglicherweise modische Erscheinungen für dauerhaft gehalten werden und innovative andere Formen der Anwendung des gleichen Prinzips (hier: der Um- und Überformung von Orten) verschlafen werden. Das gilt in ganz ähnlicher Weise auch für die ebenfalls angesprochenen postmodernen Büroagglomerationen als ein anderes spezifisches Angebot raumzeitlicher und kognitiver Nähe für Zielgruppen der Wissensökonomie (Herkommer/Engelbrecht/Henckel 2010).

- Schließlich lohnt sich auch für die Immobilienwirtschaft die Investition in die Nachwuchsförderung. Spezielle Arrangements kurz- bis mittelfristiger Laufzeiten und reduzierter Mietpreise für Absolventen, Gründer, Inkubatoren oder auch Künstler beziehungsweise Produzentengalerien tragen nicht nur zur Bindung neuer Kunden bei, sondern auch dazu, die Standorte vermittelt über das, was an ihnen passiert, am Puls der Zeit und im Gespräch zu halten. Eine solche Strategie gekoppelt an den bereits erwähnten Einsatz von Promotoren dürfte sich als weitaus effektiver und sinnvoller erweisen als klassische Formen des Standortmarketings.

5.3 Herausforderungen für kreative und wissensintensive Branchen

Für die Unternehmen der kreativen und wissensintensiven Branchen selbst sind folgenden Aspekten besondere Aufmerksamkeit zu schenken:

- Bewusstsein und Reflexion über die Hintergründe des eigenen Bedürfnisses nach räumlicher, zeitlicher und kognitiver Nähe. Über die Einbeziehung der Standortwahl in das engere geschäftliche Kalkül hinaus erschließt die eingehende Autoanalyse von Anforderungen und Präferenzen mitunter neue Interaktions- und Kooperationsmöglichkeiten und bisweilen auch neue Margen und Märkte.
- Verstärkter Dialog mit kommunalen Akteuren einerseits und immobilienwirtschaftlichen Akteuren andererseits. Das vermehrt zu generierende Wissen über die eigenen Standortstrategien lässt sich im Diskurs mit den wichtigsten Akteuren für die Produktion solcher Standorte potenzieren und so zum eigenen Vorteil einsetzen.
- Corporate Social Responsibility im eigenen Interesse. Insbesondere an etablierte „Ankerunternehmen" ist die Forderung nach erhöhter Anstrengung um die Unterstützung des eigenen Nachwuchses zu richten. Anders als dies in der Industrie vielfach schon verbreitet ist, hat sich in den Wissensbranchen die intensive Kooperation mit Hochschulen beziehungsweise der Aufbau eigener Bildungsnetzwerke erst zögerlich entwickelt. Hier gilt es, die Potenziale größeren Engagements zu entdecken und die Kommunen als Unterstützer zu gewinnen.

Literatur

Altman, Irwin/Oxley, Diana/Werner, Carol M. (1985): Temporal aspects of homes: a transactional perspective. In: Altman/Werner (1985): 1-32

Altman, Irwin/Werner, Carol M. (Hrsg.) (1985): Home Environments. Human Behavior and Environment 8. New York: Springer

Backhaus, Klaus/Bonus, Holger (Hrsg.) (1994): Die Beschleunigungsfalle oder der Triumph der Schildkröte. Stuttgart: Schäfer, Poeschel

Bertram, Grischa/Altrock, Uwe (2009): Renaissance der Stadt: Durch eine veränderte Mobilität zu mehr Lebensqualität im städtischen Raum. Berlin: Friedrich Ebert Stiftung, Diskurs

Besecke, Anja (2009): Raum für Kreativwirtschaft: Theorien, Fakten, Handlungsmöglichkeiten. Berlin: Institut für Stadt- und Regionalplanung

Boschma, Ron A. (2005): Editorial: Role of proximity in interaction and performance: conceptual and empirical challenges In: Regional Studies Jg. 39, H. 1, 41-45

Brieskorn, Norbert/Wallacher, Johannes (Hrsg.) (2001): Beschleunigen, Verlangsamen. Herausforderungen an zukunftsfähige Gesellschaften. Stuttgart: Kohlhammer

Brühl, Hasso/Echter, Claus-Peter/Fröhlich von Bodelschwingh, Franciska/Jekel, Gregor (2005): Wohnen in der Innenstadt – eine Renaissance? Berlin: Difu-Beiträge zur Stadtforschung, Bd. 41

Burdett, Ricky/Sudjic, Deyan (Hrsg.) (2007): The Endless City. Berlin: Phaidon

Cairncross, Frances (1997): The Death of Distance. How the Communications Revolution will Change Our Lives. Boston: Harvard Business School Press

Cantner, Uwe (2011): Nähe und Distanz bei Wissensgenerierung und -verbreitung – zur Rolle intellektueller Eigentumsrechte. In: Ibert/Kujath (2011b): 83-102

Capello, Roberta (2004): Beyond optimal city size: theory and evidence reconsidered. In: Capello/Nijkamp (2004): 57-85

Capello, Roberta (2007): Urban growth and city networks: empirical evidence from Italy and Europe. In: Henckel/Pahl-Weber/Herkommer (2007): 99-121

Capello, Roberta/Nijkamp, Peter (Hrsg.) (2004): Urban Dynamics and Growth. Advances in Urban Economics. Amsterdam: Elsevier

Coyle, Diane (1997): The Weightless World. Strategies for Managing the Digital Economy. Oxford: Capstone

Dicken, Peter (2003): Global Shift. New York

Florida, Richard (2004): The Rise of the Creative Class and How it's Transforming Work, Leisure, Community and Everyday Life, New York: Basic Books

Florida, Richard (2005): The world is spiky. In: The Atlantic Monthly 10/2005, 48-51

Friedmann, Thomas L. (2005): The World Is Flat: A Brief History of the Twenty-first Century. New York: Farrar, Straus and Giroux

Gatzweiler, Hans-Peter/Schlömer, Claus (2008): Zur Bedeutung von Wanderungen für die Raum- und Stadtentwicklung. In: Informationen zur Raumentwicklung H. 3/4, 245-259

Geißler, Karlheinz A. (2001): Im Wandel der Zeit – Die Zeit im Wandel. In: Brieskorn/Wallacher (2001): 107-126

Geppert, Kurt/Gornig, Martin (2003): Die Renaissance der großen Städte – und die Chancen Berlins. In: DIW-Wochenbericht 26/2003, 411-417

Geppert, Kurt/Gornig, Martin (2010): Mehr Jobs, mehr Menschen: Die Anziehungskraft der großen Städte wächst. DIW-Wochenbericht 19/2010, 2-10

Gestring, Norbert/Glasauer, Herbert/Hannemann, Christine (2003): Jahrbuch StadtRegion 2003. Urbane Regionen. Opladen: VS Verlag

Glaeser, Edward (1996): Why economists still like cities. In: City-Journal Jg. 6, H. 2, 70-89

Graham, Steve/Marvin, Simon (2001): Splintering Urbanism. Network Infrastructures, Technological Mobilities and the Urban Condition. London: Routledge

Hägerstrand, Torsten (1970): What about people in regional science? In: Papers of the Regional Science Association Jg. 24, H. 4, 7-21

Hall, Peter (2003): The end of the city?: „the report of my death was an exaggeration". In: City Jg. 7, H. 2, 141-152

Henckel, Dietrich (2007): Building high and running fast. In: Henckel/Pahl-Weber/Herkommer (2007): 59-74

Henckel, Dietrich/Eberling, Matthias (Hrsg.) (2002): Raumzeitpolitik. Opladen: Leske und Budrich

Henckel, Dietrich/Pahl-Weber, Elke/Herkommer, Benjamin (Hrsg.) (2007): Time Space Places. Frankfurt/Main: Peter Lang

Herkommer, Benjamin (2007): Fast city – slow city. an exploration to the city of variable speed. In: Henckel/Pahl-Weber/Herkommer (2007): 37-57

Herkommer, Benjamin/Henckel, Dietrich (2008): Creative Class in Berlin. Studie über Branchenstruktur und Standortverhalten der Berliner Kreativwirtschaft im Auftrag von Orco Germany und Berlin Partner. Berlin (online http://www.isr.tu-berlin.de/up-load/user/pdfs//econ/forschung/Creative%20Class%20in%20Berlin.pdf)

Herkommer, Benjamin/Engelbrecht, Constanze/Henckel, Dietrich (2010): Schwerpunktor-te der Berliner Kreativwirtschaft: Standortfaktoren und Immobilienstrategien. Vertie-fungsstudie im Rahmen des Förderprogramms „Forschungsprämie" des Bundesminis-teriums für Bildung und Forschung (BMBF), Berlin (online http://www.isr.tu-berlin.de/upload/user/pdfs//econ/forschung/100628-Endbericht_Schwerpunktorte_Berliner_Kreativwirtschaft-Final.pdf)

Ibert, Oliver (2011): Dynamische Geographien der Wissensproduktion – Die Bedeutung physischer wie relationaler Distanzen in interaktiven Lernprozessen. In: Ibert/Kujath (2011b): 49-69

Ibert, Oliver/Kujath, Hans Joachim (2011a): Wissensarbeit aus räumlicher Perspektive – Neuausrichtungen im Diskurs und interdisziplinäre Forschungsperspektiven. In: Ibert/Kujath (2011b): 9-46

Ibert, Oliver/Kujath, Hans Joachim (Hrsg.) (2011b): Räume der Wissensarbeit. Neue Per-spektiven auf Prozesse kollaborativen Lernens. Wiesbaden: VS Verlag

Kramer, Caroline (2005): Zeit für Mobilität. Räumliche Disparitäten der individuellen Zeit-verwendung für Mobilität in Deutschland. Stuttgart: Franz Steiner

Kröhne, Jochen (1982): Informationstechnisch gestützter Heimarbeitsplatz. München (Diplomarbeit)

Krugman, Paul (1999a): Looking backward. In: Krugman (1999b): 196-204

Krugman, Paul (1999b): The Accidental Theorist and Other Dispatches from a Dismal Science. London: Penguin

Kujath, Hans Joachim (2009): Thesenpapier „Von der Arbeits- zur Wissensteilung – Insti-tutionelle und organisationale Herausforderungen in der Wissensarbeit" zum DFG-Rundgespräch über das Thema „Räume der Wissensarbeit. Theoretische und metho-dische Fragen zur Rolle von Nähe und Distanz in der wissensbasierten Wirtschaft", 30.-31.03.2009, Erkner, IRS. Online unter: www.irs-net.de/aktuelles/veranstaltungen/wissensarbeit.php

Läpple, Dieter (2003): Thesen zu einer Renaissance der Stadt in der Wissensgesellschaft. In: Gestring/Glasauer/Hannemann (2003): 61-78

Läpple, Dieter (2010): Qualifizierung der Stadt und der Stadtquartiere als soziale Rückbet-tungs- und Synchronisationskontexte. In: Läpple/Mückenberger/Oßenbrügge (2010b): 235-238

Läpple, Dieter/Mückenberger, Ulrich/Oßenbrügge, Jürgen (2010a): Vorwort: Die Gestaltung der Raum-Zeit-Muster „postfordistischer" Stadtquartiere. Zu diesem Buch. In: Läpple/Mückenberger/Oßenbrügge (2010b): 9-23

Läpple, Dieter/Mückenberger, Ulrich/Oßenbrügge, Jürgen (Hrsg.) (2010b): Zeiten und Räume der Stadt: Theorie und Praxis. Opladen: Barbara Budrich

Levine, Robert (1997): Eine Landkarte der Zeit. München, Zürich: Piper

Meusburger, Peter/Koch, Gertraud/Christmann, Gabriela B. (2011): Nähe- und Distanz-Praktiken in der Wissenserzeugung – Zur Notwendigkeit einer kontextbezogenen Analyse. In: Ibert/Kujath (2011): 221-249

Mitchell, William J. (1999): e-topia. „Urban Life, Jim – But Not As We Know It". Cambridge, MA: The MIT Press

Parkes, Don N./Thrift, Nigel (1975): Timing space and spacing time. In: Environment and Planning A Jg. 7, H. 6, 651-670

Porter, Michael E. (1998): On Competition. Boston: Harvard Business School Press

Porter, Michael E. (1999): Unternehmen können von regionaler Vernetzung profitieren. In: Harvard Business Manager 3/1999, 51-63

Rinderspacher, Jürgen P. (1996): Gesellschaft ohne Zeit. Individuelle Zeitverwendung und soziale Organisation der Arbeit. Frankfurt/Main, New York: Campus

Rötzer, Florian (1998): Die Telepolis. Urbanität im digitalen Zeitalter. Köln: Bollmann

Senat von Berlin (Hrsg.) (2009): Kulturwirtschaft in Berlin 2008. Entwicklungen und Potenziale. Berlin

Stalk, George Jr./Hout, Thomas M. (1990): Zeitwettbewerb. Schnelligkeit entscheidet auf den Märkten der Zukunft. Frankfurt/Main, New York: Campus

Wegener, Michael/Spiekermann, Klaus (2002): Beschleunigung und Raumgerechtigkeit. In: Henckel/Eberling (2002): 127-144

Internetquellen

BBC News (2000): Pedestrians: get in lane. In: http://news.bbc.co.uk/1/hi/uk/1049698.stm, Zugriff am 10.8.2005

BBSR (Bundesinstitut für Bau-, Stadt- und Raumforschung) (2009): Raumbeobachtung: Indikatoren A-Z: Bevölkerungsentwicklung (innerstädtisch) – Innerstädtische Raumbeobachtung. In: www.bbsr.bund.de/cln_016/nn_23744/BBSR/DE/Raumbeobachtung/GlossarIndikatoren/indikatoren__dyncatalog,lv2=102816,lv3=104816.html, Zugriff 09.06.09

Bundeszentrale für politische Bildung (2009): Megastädte. In: www.bpb.de/themen/WL9MSS,0,St%E4dtische_Bev%F6lkerung.html, Zugriff 09.06.09

DESTATIS (Statistisches Bundesamt Deutschland) (2005): Pressemitteilung Nr.237 vom 30.05.2005. In: www.destatis.de/jetspeed/portal/cms/Sites/destatis/Internet/DE/Presse/pm/2005/05/PD05__237__129,templateId=renderPrint.psml, Zugriff 09.06.09

Leverhulme International Symposium 2004: The Resurgent City, London School of Economics, 19-21 April 2004: http://www.lse.ac.uk/collections/resurgentCity/Zugriff 12.10.2007

Spiekermann, Klaus; Wegener, Michael (2008): Modelle in der Raumplanung: Erreichbarkeit II, Vorlesung an der Fakultät Raumplanung der Technischen Universität Dortmund vom 25.11.2008, Dortmund 2008, Folie 7. In: www.spiekermann-wegener.de/mir/pdf/MIR1_6_251108.pdf, Zugriff 13.03.2009
STIF (Syndicat des Transports Île de France) (2007a): Cartes Isochrones: Châtelet-Les-Halles. In: www.stif.info/IMG/pdf/isochrone_CHATELET_dec06.pdf, Zugriff 20.02.2007
STIF (2007b): Cartes Isochrones: Créteil. In: www.stif.info/IMG/pdf/isochrone_CRETEIL_dec06.pdf, Zugriff 20.02.2007
Transport for London (2009): About the congestion charge: Benefits. In: www.tfl.gov.uk/roadusers/congestioncharging/6723.aspx, Zugriff 08.06.2009
Vélib' – vélos en libre-service à Paris. In: www.velib.paris.fr, Zugriff 13.03.2009

III   Wissenskommunikation

Nähe- und Distanz-Praktiken in der Wissenserzeugung – Zur Notwendigkeit einer kontextbezogenen Analyse

Peter Meusburger, Gertraud Koch, Gabriela B. Christmann

1   Die Kontextabhängigkeit von Nähe- und Distanzpraktiken

Gemeinhin ist inzwischen anerkannt, dass sich ein Wandel von der Industrie- zur Wissensgesellschaft vollzogen hat. Doch nicht erst die Diskussionen zur Wissensgesellschaft und Wissensökonomie haben zahllose Untersuchungen dazu ausgelöst, wie neues Wissen generiert wird und wie sich Wissensarbeit vollzieht. Zu der Frage, welche Rolle die Dimension der Nähe beziehungsweise der Distanz in der Wissensarbeit spielt, gibt es verhältnismäßig wenig Arbeiten, deren Befunde zudem oft von einfachen Voraussetzungen ausgehen. Im Folgenden soll auf ein Desiderat hingewiesen werden. Es wird argumentiert, dass Prozesse der Wissensarbeit und die damit verbundenen Nähe- beziehungsweise Distanz-Praktiken nur angemessen analysiert werden können, wenn die Kontextbedingungen einbezogen werden.

Zunächst wird die weit verbreitete Annahme kritisch hinterfragt, dass mittels Informations- und Kommunikationstechnologien physische Distanzen in der Wissensarbeit ohne Weiteres überbrückt werden könnten (Abschnitt 2). Es werden zahlreiche empirische Evidenzen aufgeführt, die diese Annahme infrage stellen und zeigen, dass ihr ein fehlendes Verständnis von unterschiedlichen Wissensarten, Formen der Wissensarbeit und den damit verbundenen Kontextbedingungen zugrunde liegt. Es wird die sich daraus ergebende Notwendigkeit festgestellt, Interaktionskontexte in die Analyse von Prozessen der Wissenserzeugung einzubeziehen. Darauffolgend wird die Kreativitäts- und Innovationsforschung auf ihre Einsichten zu Interaktionsprozessen sowie die damit in Zusammenhang stehenden Nähe- und Distanzverhältnisse befragt (Abschnitt 3). Es wird zur präziseren Bestimmung des Desiderats skizziert, welche Kommunikationsformen innerhalb der Nähe- und Distanz-Praktiken von Wissensarbeitern zu betrachten wären, angefangen von der Telekommunikation über Internetforen bis hin zu informellen Face-to-Face-Kontakten auf den Fluren einer Organisation (Abschnitt 4). Vor diesem Hintergrund wird der konkrete Differenzierungs- und Forschungsbedarf im Feld der Nähe- beziehungsweise Distanz-Praktiken von Wissensarbeit bestimmt

(Abschnitt 5) und eine mikroanalytisch angelegte Forschungsperspektive vorgeschlagen, die neben konkreten Interaktionsprozessen gleichzeitig verschiedenen Kontextbedingungen Rechnung tragen kann (Abschnitt 6). Abschließend werden die Aufgaben einer kontextsensiblen Wissensforschung skizziert (Abschnitt 7).

2 Weit verbreitete Fehleinschätzungen zur Wirkung von Informations- und Kommunikationstechnologien

Aus der Tatsache, dass durch Telekommunikation viele Arbeitsaktivitäten ortsunabhängiger geworden sind (Vartiainen 2006), wurden von einigen Autoren die Schlussfolgerungen gezogen, dass sich nun die räumliche Konzentration von Wissen und Macht verringerte, Arbeitsplätze mit hochwertigen Qualifikationen dezentralisiert werden könnten und im Prinzip „jedermann" Zugang zum verfügbaren Wissen habe. Arbeitsaktivitäten dürfen jedoch nicht mit Arbeitsplätzen im juristischen Sinne gleichgesetzt werden.[1] Denn die funktionale und symbolische Bedeutung eines Standorts (zum Beispiel eines Bankenviertels oder Forschungszentrums), die Reputation und das kreative Potenzial einer Institution (Universität) werden in erster Linie durch die Agglomeration von bestimmten Arbeitsplätzen und die dadurch entstehenden Interaktionsräume geprägt.[2] Die Attraktivität einer Universität besteht im Potenzial, an einem konkreten Ort spontan und kurzfristig mit anderen hochkarätigen Wissenschaftlern Erkenntnisse austauschen oder zusammenarbeiten zu können. Wie häufig diese Wissenschaftler an ihrem Arbeitsplatz anwesend sind und wie intensiv dieses Kommunikationspotenzial von ihnen wirklich in Anspruch genommen wird, ist für die Reputation und Attraktivität eines Standorts unbedeutend.

Die Auswirkungen der neuen Informations- und Kommunikationstechnologien auf die räumliche Verteilung von Arbeitsplätzen für hoch und niedrig qualifizierte Fachkräfte oder für hochrangige Entscheidungsträger waren in vielen Fällen völlig anders, als es aus dem rein technischen Blickwinkel erwartet wurde. Viele Autoren haben prognostiziert, dass die neuen Möglichkeiten der Telekommunikation zu einer Dezentralisierung von hochrangigen Entscheidungsbefugnissen

---

[1] Wenn ein Top-Manager mithilfe eines Notebooks einen Teil seiner Büroarbeit im Intercity erledigt oder E-Mail-Aufträge an seine Mitarbeiter vergibt, bedeutet dies nicht, dass sich dessen Arbeitsplatz im juristischen Sinne verlagert hat. Schon Sigmund Freud hat wichtige Teile seiner Werke an seinen Urlaubsorten geschrieben, trotzdem ist seine Psychoanalyse untrennbar mit seiner Praxis in Wien verbunden.

[2] Auch wenn wir hier die Symbolik von Orten betonen, sind wir uns dessen bewusst, dass die Symbolik von Informations- und Kommunikationstechnologien (wie sie sich etwa in der „Exklusivität" von Videokonferenzen zeigt) zu beachten ist. Interessant wäre es, diese Symboliken näher zu betrachten und ins Verhältnis zu setzen. Diese Aufgabe werden wir jedoch im Folgenden nicht erfüllen können.

innerhalb einer Organisation führen und die zwischen Zentrum und Peripherie bestehenden Disparitäten des Qualifikationsniveaus der Arbeitsbevölkerung[3] verringern würden. In der Mehrzahl der Fälle ist aber genau das Gegenteil eingetreten, nämlich eine noch stärkere Konzentration von Macht und Wissen in einigen wenigen Zentren (für einen Überblick der Diskussion siehe Meusburger 1998, 2000, 2007). Offensichtlich beeinflussen die Reputation eines Standortes, sein Potenzial für direkte, spontane Face-to-Face-Kontakte mit hochkarätigen Führungskräften oder sein Potenzial für kreative Prozesse die Standortentscheidungen von Entscheidungsträgern viel stärker als die theoretischen Möglichkeiten, Zusammenarbeit über Distanzen hinweg zu organisieren. Jede neue Informationsbeziehungsweise Kommunikationstechnologie, angefangen von der Erfindung der Schrift über den Buchdruck bis zu Telefon und Internet, hat die Kontrolle und Machtausübung über große Distanzen erleichtert. Zudem haben diese Technologien im Rahmen der vertikalen Arbeitsteilung eine so genannte *bifurcation of skills,* also ein Auseinanderdriften von Qualifikationen ausgelöst, indem ein Teil von Entscheidungskompetenzen oder hochrangigen Qualifikationen in die oberen Hierarchiestufen einer Organisation – beziehungsweise in räumlicher Hinsicht in die Zentren – und ein Teil der Routinefunktionen an die Basis beziehungsweise Peripherie verlagert wurden (Meusburger 1998, 2000). Diese Tendenz variiert natürlich nach Branchen, Berufsgruppen oder Aufgabenstellungen. Bei personenbezogenen Dienstleistungen des Gesundheits- oder Bildungswesens oder bei Beratungstätigkeiten, die vor Ort im unmittelbaren Kontakt mit Kunden oder Patienten angeboten werden müssen, werden entsprechende Qualifikationen auch an der Peripherie nachgefragt. Auch Arbeitsplätze eines relativ geschützten Arbeitsmarktes (zum Beispiel öffentlicher Dienst) weisen ein anderes Standortverhalten auf als Arbeitsplätze von wettbewerbsintensiven Branchen. In einigen Branchen beziehungsweise Berufsgruppen (zum Beispiel Banken) haben viele dieser Technologien zu einer weiteren Dezentralisierung von (Routine-)Aktivitäten beigetragen, die einen geringen Bedarf an direkten, externen Kontakten haben und/oder für die es Pläne, Richtlinien, Regeln oder klar definierte Organisationsabläufe gibt.[4]

---

3   Die Arbeitsbevölkerung ist identisch mit der Zahl der in einer Gemeinde angebotenen Arbeitsplätze. Sie ist also von der berufstätigen Wohnbevölkerung zu unterscheiden.

4   Die Tatsache, dass es heute mit Hilfe der Telekommunikation in einigen Berufen (zum Beispiel Kundenberatung, Redaktion von Texten et cetera) üblich geworden ist, auch an der Peripherie wichtige Daten des Zentrums abzurufen, die früher nicht verfügbar waren, widerlegt den oben geschilderten Trend nicht. Denn wenn man heute an seinem Urlaubsort im Bayrischen Wald Daten und Texte von der Library of Congress in Washington, D.C., abrufen kann, bedeutet dies nur, dass die Telekommunikation zur Vereinfachung und Verbilligung des Zugriffs auf frei verfügbare Informationen beigetragen und somit Arbeitsabläufe, die früher kostspielig und zeitaufwendig waren, zur Routine gemacht hat.

In Branchen jedoch, die mit einem hohen Maß an Ungewissheit, Dynamik und Wettbewerb konfrontiert sind und in denen kurzfristig weitreichende und riskante Entscheidungen getroffen werden müssen, ist die räumliche Konzentration von Arbeitsplätzen mit hochrangigen Entscheidungsbefugnissen auf wenige Zentren keineswegs abgebaut worden, sondern hat sich eher noch verstärkt. Denn mit zunehmender Informationsflut gewinnen Face-to-Face-Kontakte[5] zwischen hochqualifizierten Führungskräften eine neue Bedeutung.

Die teilweise verbreitete Auffassung, dass mit den heutigen Möglichkeiten der informationellen und personellen Mobilität auch eine ungebremste Verbreitung von Wissen stattfindet, und ein *global flow* des Wissens die konkreten Nähebeziehungsweise Distanz-Verhältnisse[6] unbedeutend macht, lässt folgende Aspekte unberücksichtigt:

* Es bestehen enge Beziehungen und wechselseitige Abhängigkeiten zwischen Wissen und Macht sowie asymmetrische Machtbeziehungen in der Kommunikation zwischen verschiedenen Hierarchieebenen einer Organisation und somit auch zwischen Zentrum und Peripherie. Vertrauensgrenzen und soziale Dynamiken zwischen und innerhalb von Organisationen sind durch verschiedene Rahmenbedingungen geprägt, etwa Kooperations- und Konkurrenzbeziehungen, Routinen, Macht- und Hierarchieverhältnisse et cetera, die sich durch technische Geräte nicht beseitigen lassen.
* Verschiedene Arten von Informationen und verschiedene Kategorien von Wissen sind in der räumlichen Dimension unterschiedlich mobil. Es sollte nicht nur zwischen explizitem und implizitem Wissen, zwischen analytischem Wissen und Orientierungswissen et cetera unterschieden werden. Ein sehr wichtiges Kriterium, Wissen zu kategorisieren, ist der Schwierigkeitsgrad. Der Schwierigkeitsgrad des Wissenserwerbs kann sowohl graduell als

---

5 Seit den frühen Arbeiten der Bürostandortforschung wird in der Literatur zwischen direkten (Face-to-Face-) und indirekten Kontakten (Briefe, Telefon, elektronische Kommunikation über Dienste des Internet) unterschieden. Weiters wird zwischen personaler und massenmedialer Kommunikation (zum Beispiel Printmedien, elektronische Datenbanken, Informationssysteme) sowie zwischen, unmittelbar-wechselseitigen, unmittelbar-einseitigen, mittelbar-wechselseitigen und mittelbar-einseitigen Kommunikationen differenziert. Von zentraler Bedeutung ist jedoch die Frage, ob es sich um interne Kontakte (das heißt innerhalb derselben Organisation oder innerhalb eines etablierten Netzwerks) oder um externe Kontakte (zu fremden Organisationen) sowie um Kontakte im Rahmen von Routine-, Planungs- oder Orientierungstätigkeiten handelt.

6 Mit Ibert (2011 in diesem Band) gehen wir davon aus, dass die Begriffe Nähe und Distanz „zwei Pole eines breiten Kontinuums an möglichen Beziehungen besetzen. Die Begriffe sind also keine Gegensätze, die einander ausschließen, sondern betonen lediglich eine graduell steigerbare Intensität einer Ungleichheit. (…) Aus formaler Hinsicht wäre es demzufolge konsistenter, statt von Nähe *und* Distanz besser von unterschiedlich großen Distanzen zu sprechen."

auch qualitativ (nominal) abgestuft werden. Entscheidend ist der Arbeits-, Zeit- und Finanzaufwand, der notwendig ist, sich das Vorwissen zu erwerben, um eine bestimmte Information zu verstehen. Die Kommunikation von Alltagsinformationen – also von Informationen, die ohne viel Lernaufwand von der weit überwiegenden Mehrheit der Menschen eines bestimmten Sprachraums verstanden werden (zum Beispiel Informationen über die Kosten eines Produkts oder Nachrichtensendungen in den Medien) –, ist zu unterscheiden von der Kommunikation von Informationen, für deren Verständnis oder Interpretation ein mehrjähriges Hochschulstudium oder eine langjährige Forschungs- und Berufserfahrung erforderlich sind.

- Einfache Kommunikationsmodelle zwischen Sender und Empfänger einer Information lassen die kontextabhängigen Randbedingungen eines Kommunikationsprozesses unbeachtet. Der räumliche Kontext, in dem sich soziale, kulturelle und ökonomische Rahmenbedingungen widerspiegeln, spielt für die Generierung, Diffusion und Anwendung von Wissen eine wesentliche Rolle. Die häufig verwendeten Metaphern von „knowledge flows" oder „knowledge sharing" haben offensichtlich zu zahlreichen Missverständnissen geführt. Die meisten Kategorien von Wissen „fließen" nicht einfach von Ort zu Ort, es genügt auch nicht, andere Akteure an Informationen teilhaben zu lassen, sondern die meisten Kategorien von höherwertigem Wissen müssen im Rahmen von Interaktionen, Praktiken und Lernprozessen mehr oder weniger mühsam erworben werden. Und viele dieser Versuche, Wissen innerhalb einer Organisation oder zwischen Organisationen zu vermitteln, scheitern.

- In einer Wettbewerbssituation sind nicht Informationen, Wissen oder Kompetenzen an sich, sondern ein Vorsprung in der Akquise der Information sowie ein Vorsprung im Erwerb von Kernkompetenzen und Fachwissen entscheidend. Kategorien von Wissen und Kompetenzen, über welche auch viele andere Akteure verfügen, mögen zwar eine Bedeutung für die Persönlichkeitsentwicklung des Einzelnen haben oder eine Grundvoraussetzung für die Integration in soziale Systeme sein, in einem ökonomischen, kulturellen oder politischen Wettbewerb haben sie jedoch nur einen relativ geringen Wert. Diesen Informations- oder Wissensvorsprung kann man sich in der Regel nur an bestimmten Standorten, in bestimmten Netzwerken oder unter bestimmten Kontextbedingungen erwerben. Börsenmakler haben zwar nun 24 Stunden weltweit Zugang zu Echtzeit-Informationen, da jedoch nicht die Information an sich, sondern der Zeitpunkt des Informiertwerdens und die Bewertung der Informationen entscheidend sind, sind Börsenmakler nach wie vor auf die unmittelbare Beobachtung der Konkurrenz, auf die Interpretation von Gesten, Gerüchten und Verhaltensmustern und den Zugang zu gut informierten Kreisen angewiesen.[7]

• Dass Kompetenzen kultur- und kontextabhängig sind, dass konkrete Kompetenzen für eine bestimmte Gruppe alltäglich sind und von einer anderen Gruppe erst erlernt werden müssen, spielt bei der hier behandelten Fragestellung der räumlichen Mobilität von Wissen beziehungsweise der Bedeutung von Distanz und Nähe keine Rolle. Denn entscheidend ist der Zeit-, Arbeits- und Kostenaufwand, den die Empfänger von Informationen leisten müssen, um sich jenes Vorwissen und jene Kompetenzen zu erwerben, die für das Verständnis und die Bewertung von Informationen notwendig sind.

• Regionale Disparitäten des Wissens verändern sich zwar immer wieder, aber sie haben sich bisher noch nie aufgelöst, und es gibt keinen einzigen Grund anzunehmen, dass sie dies in Zukunft tun werden und sich hinsichtlich des Wissens der Bevölkerung eine Homogenität des Raumes einstellen wird.

• Unterschiedliche Organisationen, Institutionen, Branchen, Berufsgruppen und Entscheidungspositionen sind sehr unterschiedlichen Wettbewerbsbedingungen ausgesetzt und benötigen unterschiedliche Arten von Wissen, so dass sie auch einen unterschiedlichen Bedarf an spontanen Face-to-Face-Kontakten haben.

Trotz zahlreicher Publikationen in der Cluster-, Netzwerk- und Bürostandortforschung gibt es in der wissenschaftlichen Diskussion über die Bedeutung von Nähe und Distanz bei der Generierung und Diffusion von Wissen noch zahlreiche Missverständnisse, unzulässige Verallgemeinerungen sowie Desiderate. Diese resultieren vorwiegend aus den Tatsachen, dass zu wenig zwischen unterschiedlichen Arten von Wissen, Entscheidungssituationen und sozialen Kontextbedingungen von Wissensarbeit unterschieden wird.

3   Kreativität und Innovation – Über Nähe und Distanz in unterschiedlichen Interaktionskontexten

Im Rahmen der vorangegangenen Darstellungen ist deutlich geworden, dass Interaktionskontexte als ein wichtiger Hintergrund für den Austausch und die Generierung neuen Wissens zu betrachten sind. Spätestens seit den 1980er Jahren hat sich in der sozial- und verhaltenswissenschaftlichen Kreativitätsforschung die

---

7   Es ist kein Beispiel bekannt, dass eine Börse oder internationale Bank aufgrund der neuen Möglichkeiten der Telekommunikation ihr *headquarter* in einen peripheren ländlichen Raum verlagert oder dass Lobbyisten ihr Büro weit abseits der politischen Macht eingerichtet hätten.

Erkenntnis durchgesetzt, dass Kreativität nicht eine angeborene Eigenschaft von besonders begabten Individuen ist, sondern sich über lange Zeiträume hinweg durch komplexe und dynamische Interaktionen zwischen Individuen und ihrem sozialen, kulturellen und materiellen Umfeld entwickelt. Das individuelle Potenzial für Kreativität kann durch Familie, Schule, Arbeitsbedingungen, Politik und andere Faktoren in der Umwelt gefördert oder behindert werden. Kreativität ist auch keine spontane Erleuchtung. Denn die Entwicklung von Kreativität benötigt Zeit, und auch ein konkreter kreativer Prozess kann in mehrere Phasen unterteilt werden: 1) Vorbereitung, 2) Inkubation, 3) Einsicht, 4) Evaluation sowie 5) Ausarbeitung und Verwirklichung (für eine Zusammenfassung der Literatur siehe Meusburger 2009a: 108-110).

In jeder dieser Phasen eines kreativen Prozesses haben räumlicher Kontext, Nähe und Distanz jeweils eine unterschiedliche Bedeutung. Phasen einer intensiven Interaktion und Ko-Präsenz wechseln mit Phasen, in denen Isolation oder Distanz die besten Ergebnisse bringen (für einen Überblick über die Literatur siehe Andre/Schumer/Whitaker 1979; Andrews/Farris 1967; Shalley 1995; Drazin/Glynn/Kazanjian 1999; Paulus/Yang 2000; Paulus 2000; Paulus/Larey/Dzindolet 2000; Meusburger 2009a). Die Fragen, bei welchen beruflichen Tätigkeiten, bei welchen Problemen und in welchen Lern- und Entscheidungssituationen Face-to-Face-Kontakte (Kopräsenz, Nähe) hinsichtlich des Wissenstransfers wirkungsvoller sind, und unter welchen Bedingungen ein Wissensaustausch ohne Effizienzverlust auch über große Distanzen hinweg organisiert werden kann, sind noch nicht zufriedenstellend beantwortet. Vor allem drei Aspekte wurden in der bisherigen Diskussion zu wenig beachtet:

- Die Bedeutung der zeitlichen Dimension von Kooperationen: Face-to-Face-Kontakte sind vor allem in der Anfangsphase einer Kooperation oder einer Problemanalyse von Vorteil. Sobald Vertrauen aufgebaut, Regeln gefunden und Kooperationsabläufe vereinbart worden sind, verlieren Face-to-Face-Kontakte an Bedeutung.
- Die fundamentalen Unterschiede zwischen einem Wissensaustausch *innerhalb* einer Organisation (eines sozialen Systems) und einem Wissenstransfer *zwischen* Organisationen. Studien über das „Wissensmanagement" haben sich vorwiegend auf die Verbreitung von Informationen und Kompetenzen innerhalb einer Organisation konzentriert. Deren Erkenntnisse dürfen jedoch nicht unbesehen auf den Wissenstransfer zwischen Organisationen übertragen werden.
- Die Bedeutung von unterschiedlichen Konkurrenz- und Wettbewerbsbedingungen für den Wissenstransfer. Nicht-Wissen, Inkompetenz oder Fehlein-

schätzungen haben abhängig von den jeweiligen Wettbewerbsbedingungen, dem jeweiligen Grad von Ungewissheit oder der unterschiedlichen Stabilität oder Dynamik von Zielen sehr unterschiedliche Konsequenzen. Ansichten oder Fehleinschätzungen, die auf der „akademischen Spielwiese" oder in einem virtuellen sozialen Netzwerk ohne Konsequenzen bleiben, können für einen jungen Unternehmensgründer das Ende seiner Existenz bedeuten. Was im geschützten Arbeitsmarkt der öffentlichen Verwaltung oder einer anderen Bürokratie mit stabilen Zielen gut funktionieren kann, kann im Finanzbereich sehr negative Auswirkungen haben.

Dies bedeutet, dass Face-to-Face-Kontakte oder physische Nähe mit zunehmendem gegenseitigen Vertrauen der Akteure, mit abnehmender Komplexität der Aufgaben, mit stabiler werdenden Zielen und geringer werdender Ungewissheit über die Außenwelt eines Systems zunehmend durch indirekte Kontakte über große Distanzen ersetzt werden können.

Nicht zuletzt hängt die Frage von Nähe und Distanz auch von der Art der zu lösenden Probleme ab. In der Kreativitätsforschung wird zwischen gut definierten, schlecht definierten und noch gar nicht definierten Problemen unterschieden (Runco 1994; Runco/Okuda 1988). Bei von Anfang an klar definierten Problemen (zum Beispiel der Entwicklung eines neuen Flugzeugtyps) stehen konvergentes und divergentes Denken in einem anderen Verhältnis zueinander und haben Nähe, Gruppenarbeit, Brainstorming und Informationsaustausch über Telekommunikation (= Distanz) eine andere Bedeutung als bei Situationen, in denen das Problem schlecht definiert oder noch gar nicht erkannt worden ist (zum Beispiel Entdeckung der Relativitätstheorie, der Quantentheorie) oder gar kein Ziel vorgegeben ist. Bei bestimmten Problemstellungen muss, um eine Lösung zu finden, an derselben Stelle wie vorher, jedoch tiefer gegraben werden, bei anderen besteht die kreative Lösung darin, alle bestehenden Konzepte zu vergessen und an einer anderen Stelle zu graben (für eine Zusammenfassung der entsprechenden Literatur siehe Meusburger 2009a: 101-102).

Nur selten wird übrigens in der ökonomischen Literatur zwischen Kreativität und Innovation unterschieden. Innovation basiert zwar auf Kreativität und stellt bei der Schaffung eines kreativen Produkts gleichsam die Endphase eines kreativen Prozesses dar. Für Innovationen sind jedoch andere Eigenschaften und Rahmenbedingungen erforderlich als für Kreativität. Eine Innovation hat eine andere Kontextabhängigkeit und damit Nähedimension, benötigt andere Arten von Interaktionen mit der sozialen und materiellen Umwelt und andere Ressourcen als Kreativität.

Freilich ist man sich auch in der Innovationsforschung dessen bewusst geworden, dass neues Wissen und neue Ideen allein keine Garantie für die Umsetzung in innovative Produkte sind, dass es vielmehr eines innovationsfördernden Umfeldes dafür bedarf. In den 1960er Jahren begann man daher systematisch, den strukturellen Kontext des innovativen Handelns zu betrachten. Arbeiten dieser Forschungsrichtung können unter der Kategorie der *strukturalistischen Ansätze* zusammengefasst werden. Die Annahme, die hier zugrunde liegt, lautet, dass menschliches Handeln in hohem Maße durch strukturelle Rahmenbedingungen beeinflusst wird, so etwa durch organisatorische Faktoren wie Führungsstil, Werte und Organisationskultur. Darüber hinaus wurden auch Faktoren wie die an ein Unternehmen herangetragenen Kundenerwartungen, das Verhalten konkurrierender Unternehmen sowie sozio-politische Maßnahmen im territorialen Umfeld, inklusive Maßnahmen der Wirtschaftsförderung, analysiert.

Für den auf kreative Einzelsubjekte bezogenen, individualistischen wie auch für den strukturalistischen Ansatz gilt jeweils, dass sie einseitig ausgerichtet sind. Demgegenüber setzt der *interaktive Ansatz* beide Perspektiven in Beziehung. Neues Wissen ist danach das Ergebnis einer komplexen Wechselbeziehung von individuellem Handeln und strukturellen Einflüssen (Van de Ven/Rogers 1988; Sternberg/Lubart 1991, 1999; Csikszentmihalyi/Sawyer 1995; Amabile et al. 1996; Sternberg/O'Hara 1999; Csikszentmihalyi 1999; Meusburger 2009a). Kreative Ideen müssen in den meisten Fällen von anderen evaluiert, legitimiert und akzeptiert werden, und zu deren Umsetzung sind oft beträchtliche finanzielle Ressourcen erforderlich. Kreative Unternehmer sind also in bestimmten Phasen des Innovationsprozesses auf Organisationen, Netzwerke und Rahmenbedingungen angewiesen (Ibert 2003: 93; Blättel-Mink 2006). Obwohl über diese Zusammenhänge weitgehend Konsens besteht, liegen – abgesehen von Biographien berühmter Erfinder und Wissenschaftler – erst sehr wenige empirische Arbeiten vor, welche die Bedeutung dieser Interaktionen konkret erfassen.

Auch dort, wo dies geschieht, sind diese Zusammenhänge eher allgemein beschrieben. Der schwedische Anthropologe Hannerz hat lange vor und differenzierter als Florida (2002) die Frage gestellt, wie es zu der besonderen Kreativität von metropolitanen Stadträumen kommt, und nennt drei Kriterien für das Zustandekommen von „cultural swirls" (Hannerz 1992: 197-210): 1) die äußere Offenheit, die eine Voraussetzung für Import und Export von kulturellen Entwicklungen und Gütern darstellt, 2) eine gewisse Größe der Bevölkerungszahl, einhergehend mit einer hohen Dichte und einer starken sozialen Differenzierung, damit sich tragfähige Subkulturen bilden können und auch die Vervielfältigung und Verbreitung von kulturellen Innovationen gewährleistet ist, und 3) eine innere Offenheit gegenüber den einzelnen Kulturräumen und kulturellen Produktionsmodi in der

Stadt, die Begegnung, ungeplante Interaktion und zufälligen Austausch ermöglicht, damit Ideen entstehen und überspringen können. Solche Skizzen von Kulturen des Wandels sind allerdings zu vage, um daraus Prognosen und Gestaltungspotenzial abzuleiten (Welz 2003).

Andere milieubezogene Konzepte sind in ihrem Ausarbeitungsgrad weiter gediehen. Sie betonen die Eigenlogik (Berking/Löw 2008) oder den Habitus einer Stadt (Lindner 2003) als Ausgangspunkt für das Handeln von Innovatoren, die im Zusammenspiel von lokalen Milieus und Netzwerken unterschiedlicher räumlicher Reichweite Innovationen hervorbringen. In diesen „KnowledgeScapes" (Matthiesen 2005, 2007) finden die dafür notwendigen Wissenstransaktionen beziehungsweise -transformationen in intermediären Zonen statt, die als Transformationszonen des Wissens bezeichnet werden. Auch diese sind in ihrer Spezifität noch nicht ausgearbeitet.

4   Interaktionskontexte und Kommunikationsarten

Wissensarbeit kann nicht ohne kommunikative Prozesse bewerkstelligt werden, sind es doch Kommunikationen, im Rahmen derer Wissensressourcen erschlossen, Ideen ausgetauscht und integriert werden (Van de Ven 1986; Mela 1995; Engel 1997; Koch/Warneken 2007a; Faßler 2007; Meusburger 2008, 2009b). Es ist oben darauf hingewiesen worden, dass die gravierendsten Fehlschlüsse in der Literatur dadurch entstanden sind, dass jeweils spezifische soziale Interaktionskontexte, Aufgabenstellungen und Wettbewerbsbedingungen ausgeblendet und statt dessen aus einzelnen Fallstudien allgemein gültige Aussagen über die Bedeutung von Nähe und Distanz oder die Rolle der Telekommunikation abgeleitet wurden. Berücksichtigt muss demzufolge künftig werden, dass auch die Wertigkeit der Kontakte, der Status der Akteure, die zeitliche Stabilität der Ziele und die Unsicherheit der Umwelt (Wettbewerbsbedingungen) maßgeblich darüber entscheiden, über welche Kommunikationsarten der Wissensaustausch beziehungsweise die Wissensgenerierung vorwiegend erfolgt.

Wenn ein Wissens- beziehungsweise Informationsaustausch innerhalb einer Interessensgruppe über Internet-Foren sehr gut funktioniert, ohne dass sich die Teilnehmer der Foren je persönlich getroffen haben, so lassen sich hieraus keinesfalls Rückschlüsse auf den Informationsaustausch innerhalb eines multinationalen Unternehmens ziehen.

Wissen kann zwar teilweise in Informationen überführt und Informationen können kostenlos zur Verfügung gestellt werden, ob jedoch die Kommunikation von Wissen gelingt, hängt weniger vom „zur Verfügung stellen" einer Information, als vielmehr vom Vorwissen, der Motivation und den Vorurteilen des potenziellen Empfängers der Information ab. Denn wenn jemand Zugang zu Informationen hat, heißt dies noch lange nicht, dass er diese versteht und reflektiert, dass er alle damit verbundenen Implikationen erkennt, dass er die Information mit seinen bereits erworbenen Wissensinhalten assoziativ verknüpfen kann, dass er die Information als gültig oder glaubwürdig akzeptiert oder dass er sie zu seinem Nutzen in Handlungen umsetzen kann (Meusburger 1998, 2009b).

Auch die weit verbreitete Ansicht, dass mit einer Kodifizierung von Wissen dessen Verbreitung weitgehend gesichert sei, trifft nur für sehr wenige Kategorien von Wissen zu. Eine schnelle räumliche Diffusion ist nur bei jener Art von „Alltagswissen" zu erwarten, das in vielen Codes (zum Beispiel Sprachen) verbreitet wird, das überall verstanden oder leicht zu erlernen ist und keinen Konfliktstoff beinhaltet. Alle anderen Kategorien von Wissen verbreiten sich mit sehr unterschiedlicher Geschwindigkeit und in räumlicher Hinsicht nur sehr selektiv. Denn die Übertragung einer Information von Person A zu Person B ist erstens von mehreren kognitiven Verarbeitungsvorgängen abhängig, die nichts mit der Information an sich zu tun haben, sondern von den am Kommunikationsprozess beteiligten Personen abhängen. Und zweitens ist diese Diffusion kontextabhängig. Ein Kommunikationsprozess besteht aus einer Kette von mehreren „Weichenstellungen", von denen jede zu einem Informationsverlust oder zu Missverständnissen zwischen den Kommunikationspartnern führen kann (Meusburger 2009b). Ein kommunikativer Austausch von Wissen zwischen Akteuren mit unterschiedlichem Vorwissen und unterschiedlichen Interessen verläuft völlig anders als einer zwischen Experten mit demselben Ausbildungs- und Kompetenzniveau und ähnlichen Zielen. Und selbst zwischen Naturwissenschaftlern mit ähnlichen Vorkenntnissen kann die Kommunikation von neuen Erkenntnissen scheitern oder sich viele Jahre verzögern. Nicht zuletzt funktioniert ein Wissensaustausch in universitären Kontexten, in einem geschützten Arbeitsmarkt oder in einem Internet-Forum anders als ein Wissensaustausch unter harten ökonomischen Wettbewerbsbedingungen. Ein Wissensaustausch innerhalb eines Netzwerks, das seit vielen Jahren vertrauensvoll zusammenarbeitet, hat andere Anforderungen an Nähe und Distanz als der Austausch zwischen konkurrierenden Börsenmaklern oder zwischen Maschinenbauingenieuren konkurrierender Firmen.

Die obigen Überlegungen beziehen sich dabei vorwiegend auf die Bedeutung von Nähe beziehungsweise Distanz und von Kommunikationsflüssen in formalen Interaktionskontexten. Wichtig ist aber oft auch die selbst bestimmte informelle Kommunikation außerhalb der offiziellen Teamstruktur. Wissensarbeiter haben häufig geäußert, dass sie die besten Ideen entwickelt hätten, wenn sie mit anderen, nicht unmittelbar Beteiligten, über ihre Arbeit geredet hätten (Dunbar 1995). Katzenbach und Smith (1993) stellen fest, dass informelle Gespräche genauso wichtig sind, wie die offiziellen Meetings. Auch ethnomethodologische Studien konnten zeigen, dass die entscheidenden Gespräche oft auf dem Flur stattfinden (Schwartzman 1989; Boden 1994). Es muss somit zwischen formellen Gruppentreffen und informellen Gesprächen mit Kollegen oder anderen Personen unterschieden werden (Carletta/Garrod/Fraser-Krauss 1998).

Auch wenn wir oben hinsichtlich der Auswirkungen der Telekommunikation vor falschen Erwartungen warnen, so ist doch unbestritten, dass die Einführung digitaler Informations- und Kommunikationstechnologien zu einer generellen Veränderung der Kommunikationskultur in informatisierten Arbeitsumgebungen führt (Beck 2000; Knoblauch 2004b; Knoblauch/Heath/Luff 2004). Auch dies ist bei der Analyse von Wissensarbeit in Betracht zu ziehen. Interessant ist nicht nur die Knoblauchsche Lesart digitaler Kommunikationsräume als „Räume der Unbestimmtheit" (Knoblauch 2004a), die in der positiven Deutung ihrer Kontingenzen als Spielräume für kreative Dynamiken angesehen werden können. Auch die Möglichkeiten, Prozesse der Wissenserzeugung grundlegend neu zu gestalten und zu organisieren (zum Beispiel durch Informationsfilter, Zugangsberechtigungen, Kommunikationsdichte et cetera), haben sich damit erheblich gewandelt (Hirschfelder/Huber 2004). Sie haben also zweifellos Auswirkungen auf die Erzeugung von bestimmten Kategorien von Wissen und auf das Verhältnis von Wissen und Macht. Es wird hier lediglich vor naiven Schlussfolgerungen hinsichtlich der Bedeutungsabnahme von Face-to-Face-Kontakten gewarnt.

Heute kostet zwar die Überwindung von Distanzen weniger als früher und die digitalen Kommunikationsmedien haben auch zu einer Beschleunigung und Vervielfachung von Kommunikation beigetragen, aber die Zahl von Face-to-Face-Kontakten und Geschäftsreisen hat sowohl absolut als auch relativ (zum Beispiel auf 100.000 Einwohner bezogen) zugenommen und war in der Menschheitsgeschichte noch nie so hoch wie im Zeitalter des Internets. Wenn Distanz generell in allen Bereichen durch Telekommunikation überwunden werden könnte, müsste die Zahl der Geschäftsreisen eigentlich abnehmen. Telekommunikation und die Verringerung der Transaktionskosten haben die funktionale und vor allem die symbolische Bedeutung der Zentren der obersten nationalen und globalen Siedlungshierarchie und die Disparitäten zwischen Zentrum[8] und Peripherie offensichtlich nicht verringert. Es ist also dringend geboten, von allgemeinen Aussagen abzusehen und konkret zu untersuchen, welche Bedeutung die verschiedenen Kommunikationsformen und die daraus erwachsenden Potenziale zur Gestaltung von Nähe- beziehungsweise Distanz-Verhältnissen für die Transformation ver-

---

8   Ein Zentrum ist definiert als der Ort, an dem die höchste Autorität eines sozialen Systems lokalisiert ist.

schiedener Wissensarten[9] haben. Das heißt: Welche Funktionen erfüllen sie, und welche können sie nicht erfüllen? Und ferner: Welche Prozesse der Wissensarbeit erfordern bei welchen Problemlösungen und unter welchen Kontextbedingungen räumliche Nähe und welche nicht?

Man darf allerdings auch nicht den umgekehrten Fehler begehen und annehmen, dass räumliche Nähe von hochqualifizierten Akteuren automatisch zu einem Informations- und Wissensaustausch unter ihnen führt (Kröcher 2007). Ein räumliches Cluster von Arbeitsplätzen für Hochqualifizierte (zum Beispiel Wissenschaftler an einer Universität) führt nicht von allein zu kreativen Prozessen, sondern dieses Potenzial muss erst aktiviert werden.

Ebenso wenig dürfen – nebenbei gesagt – auch Formen der kognitiven oder sozialen Nähe (Boschma 2005) ohne weiteres als Erfolgsfaktoren für Wissensarbeit betrachtet werden. Aus der sozialpsychologischen Forschung wissen wir, dass Gruppen mit einer großen kognitiven Nähe zwar mehr Geschlossenheit aufweisen und gemeinsame Ziele teilen. So sehr diese Eigenschaften aber bei Problemlösungen mit klaren Zielen von Vorteil sein können, bergen sie doch gleichzeitig die Gefahr, dass sich die Gruppen zu sehr nach außen abschließen. Fest gefügte Gruppen vernachlässigen den Austausch mit dem Umfeld, bilden starre Arbeitsmuster aus, akzeptieren Lösungen zu schnell und ziehen keine Alternativen mehr in Erwägung, was „die" Wissensarbeit insgesamt behindert[10] (Janis 1972; Butler 1981; Katz 1982; Powell/Koput/Smith-Doerr 1996; Carlile 2002; Swan/Scarbrough 2005; Dal Fiore 2007). Neues Wissen wird offensichtlich vor allem dann generiert, wenn die beteiligten Akteure unterschiedliche Wissenshintergründe und Sichtweisen einbringen. Diversität – oder besser gesagt: „kognitive Distanz" – ist also ein wichtiger Faktor (Maier 1970; Wanous/Youtz 1986; Tjosvold/McNeely 1988; Ibert 2003: 96-98). Dies täuscht nicht darüber hinweg, dass zu einem gewissen Grad Konsens, Integrationsfähigkeit und auch Vertrauen gegeben sein müssen, damit eine erfolgreiche Interaktion überhaupt möglich ist. Dies scheint ein Widerspruch zu sein. Doch faktisch geht es nicht um ein Entweder-Oder, sondern um eine Balance zwischen kognitiver Distanz (zum Beispiel ein Zulassen von

---

9   Wir danken Michael Dick und Theo Wehner für Anregungen, die sich aus Diskussionen im Zusammenhang mit einer früheren Version dieses Beitrags ergeben haben, insbesondere für das von ihnen formulierte Verständnis von „Wissenstransformationen" (Dick/Wehner 2002, 2005; Wehner/Dick 2001).

10 Auch wenn aus Gründen einer flüssigen Formulierungsweise vereinfacht von „der" Wissensarbeit die Rede ist, heißt dies nicht, dass es nur eine Kategorie von Wissensarbeit gäbe. Die Anführungsstriche sollen dies andeuten, dass es unterschiedliche Kategorien von Wissensarbeit beziehungsweise Wissensarbeitern gibt, die entsprechend auch unterschiedliche Kontextbedingungen haben. So unterscheidet sich die Wissensarbeit eines Wissenschaftlers an einer Universität von der eines Wissenschaftlers in einem kommerziellen Pharmainstitut oder von Entwicklern innovativer Produkte in einem Verlag.

Freiräumen und divergierenden Ansichten) und Konsens- beziehungsweise Integrationsfähigkeit (Scholl 2005).

5 Forschungsbedarf: Logiken, Strategien und Praktiken in der Erzeugung von Anschlussfähigkeiten diverser Wissensbestände

Ausgehend von den obigen Überlegungen lässt sich somit für Wissensarbeit feststellen, dass die für diese Prozesse so entscheidenden Transformationen des Wissens wesentlich durch Nähe- beziehungsweise Distanz-Beziehungen zwischen Wissensträgern und Wissensnutzern, zwischen Individuum und Kollektiv, zwischen Professionskulturen und Unternehmen und auch zwischen Unternehmen und Umfeld bestimmt sind.

Wissensarbeit vollzieht sich in sehr unterschiedlichen Sektoren und Branchen. Sie ist nicht nur in Forschungslaboren, Kreativabteilungen, dem informationstechnologischen Bereich und anderen Dienstleistungsbranchen zu finden. Vielmehr ist von vielfältigen Kommunikationsformen und auch von vielfältigen Interaktionskontexten „der" Wissensarbeit auszugehen, welche – so ist zu vermuten – je nach Wissensbereich spezifischen Erzeugungslogiken folgen. Die Erforschung von Prozessen der Wissenserzeugung wird diese Unterschiede zu berücksichtigen haben und in den Blick nehmen müssen, wenn ein Modell der Wissenserzeugung und ihrer Raumbezüge empirisch relevante Aussagen ermöglichen soll. Auch eine differenzierende Betrachtung arbeitsorganisatorischer Rahmenbedingungen, Formen der Vermarktung und wissenschaftlicher Evaluierung von Wissen scheint für ein besseres Verständnis der Wissenserzeugung unumgänglich. Die Notwendigkeit adäquater, motivierender Formen der Honorierung von Wissensarbeit ist ein weiterer problematisierter Aspekt (Honneth 1994; Holtgrewe/Voswinkel/Wagner 2000; Nierling 2009), welcher in unterschiedlichen Wirtschaftsräumen (Castree et al. 2004), aber auch Bereichen der Arbeit sehr unterschiedliche Anerkennungssysteme entwickelt hat.

Darüber hinaus ist davon auszugehen, dass gerade Machtverhältnisse und -asymmetrien (Alvesson 2002, 2004) wesentlich bestimmen, was explizierbar ist und was nicht ausgesprochen, also in Transformationsprozesse des Wissens eingespeist werden kann. Die Anwesenheit oder Abwesenheit von Macht (Konstadakopulos 2004) ist dabei weniger die Frage als die konkreten Modalitäten, über die Wissensordnungen innerhalb von Organisationen hergestellt werden und dabei Wissenstransformationen ermöglichen oder behindern. Die unhintergehbare Verquickung von Wissen mit Macht, folglich von Wissensprozessen mit Machtverhandlungen (Foucault 1976, 1995), legt nahe, dass Ökonomisierung und

Raumbeziehungen der Wissenserzeugung nicht unabhängig von Machtaspekten verstanden werden können (Meusburger 1998, 2007).

In den bisher skizzierten Ansätzen und Erkenntnissen zu Nähe- beziehungsweise Distanz-Praktiken in „der" Wissensarbeit bleiben zudem gerade die Prozesse in „der" Wissensarbeit unberücksichtigt, die entscheidend dafür sind, ob Wissen überhaupt als solches wahrgenommen und anerkannt wird. Studien, die sich auf die Genese von Wissen in Wissenschaft und Technik beziehen, haben gezeigt, dass Verfahren der Validierung, der Autorisierung und auch der Durchsetzung notwendig sind, damit neues Wissen Anerkennung und Verbreitung finden kann (Kuhn 1976; Latour/Woolgar 1986; Nader 1996; Knorr-Cetina 2002; Livingstone 2003), und dass Wissen auch weltanschaulich oder gar kosmologisch gebunden ist (Latour 2002). Örtliche Nähe ist nicht gleichbedeutend mit sozialer Nähe, organisationaler Nähe oder auch professioneller Nähe. Trotzdem ist örtliche Nähe gerade unter Bedingungen von hoher Konkurrenz und großer Ungewissheit von großem Vorteil für Lernprozesse. Wenn man einmal von illegal erworbenem Insiderwissen absieht, weiß kein Börsenmakler und Finanzjongleur, was der morgige Tag bringen wird. Deshalb müssen sie in bestimmten Situationen vor Ort sein, die Konkurrenz beobachten und aus dem Verhalten und der nicht-verbalen Kommunikation der Konkurrenten ihre Rückschlüsse ziehen. Auch Journalisten gewinnen den von ihnen angestrebten Informationsvorsprung nur selten über indirekte Kontakte, sondern durch vertrauliche Hintergrundgespräche und Beobachtung. Face-to-Face-Kontakte sollten also keinesfalls mit sozialer Nähe gleichgesetzt werden. Sie können auch abgrenzend angelegt sein. Es wird dementsprechend in der Analyse von Nähe- beziehungsweise Distanz-Praktiken darum gehen müssen, ein besonderes Augenmerk auf deren spezifische Qualitäten zu legen.[11]

Um Nähe- beziehungsweise Distanz-Praktiken „der" Wissensarbeit in ihrer Komplexität zu verstehen, sind Ansätze notwendig, die sich den konkreten Praktiken zuwenden, über die Wissen entwickelt, validiert, autorisiert und verbreitet wird. Zu dieser Frage haben bisher die *history of science, anthropology of science* und die *geography of science* wohl am meisten Erkenntnisse geliefert, die allerdings in den Wirtschaftswissenschaften und der Managementforschung noch nicht systematisch rezipiert worden sind. Zusammenfassend verweisen die Erkenntnisse dieser Bereiche darauf, dass die aus der Managementforschung und der Ökonomie stammenden Modelle zu Nähe- beziehungsweise Distanz-Dimensionen in der Wissenserzeugung einen Differenzierungsbedarf haben, und zwar im Hinblick auf:

---

11   Ibert (2011) unterscheidet in diesem Sinne zwischen örtlicher Distanz und relationaler Distanz, wobei die Prinzipien der Distanzzuschreibung induktiv aus den jeweiligen Feldern gewonnen werden.

- die Domänen und Kontexte „der" Wissensarbeit: die Unterschiedlichkeit der Bereiche und Kontexte, in denen Wissensarbeit stattfindet (Wissensarbeit auf der Schiffswerft, interdisziplinäre wissenschaftliche Zusammenarbeit et cetera),
- den Wissensbegriff: die Differenzierung nach Wissensarten (Expertenwissen, lokales Wissen, Alltagswissen, seltenes Wissen et cetera), vor allem mit Blick auf deren unterschiedliche räumlichen Bindungseigenschaften,
- die Ökonomisierung: die Wirkung der Vermarktungsabsichten und -formen auf die Wissenserzeugung und ihre räumliche Verortung,
- die Arbeitsorganisation: den Einfluss von verschiedenen Formen der Arbeitsorganisation auf Erzeugungslogiken des Wissens und seiner Verräumlichung,
- die Virtualisierung: eine Erweiterung des Blicks auf digitale Technologien über Substituierungslogiken hinaus als Infrastrukturen, offen für vielfältige unterschiedliche soziale Praktiken innerhalb der Wissenserzeugung, sowie
- die Macht: die grundlegende Verbindung von Wissen und Macht, die sich in spezifischen Wissensordnungen ausdrückt und in Prozessen der Wissenserzeugung nicht hintergehbar ist.

6   Potenziale der Mikroperspektive

Ohne hier im Einzelnen auf die verschiedenen bisherigen Studien der Organisations-, Netzwerk- und Gruppenforschung innerhalb der Kreativitäts- und Innovationsforschung eingehen zu können (siehe exemplarisch für die Gruppenforschung Bavelas 1950; Leavitt 1951; Pelz/Andrews 1966; Cartwright/Zander 1968; Butler 1981; Bormann 1990; Hirokawa 1992; Bonner 2004), soll doch gesagt werden, dass die meisten Arbeiten ihre Ergebnisse aus Laborexperimenten oder standardisierten Befragungen beziehen. So werden beispielsweise Kommunikationsflüsse in verschiedenen Gruppenformationen untersucht, indem die Gruppen gezielt vor die Aufgabe gestellt werden, vordefinierte (relativ einfache) Probleme zu lösen. Dabei gilt es zu klären, welche Gruppenstrukturen die „besten" Ergebnisse bringen (Shaw 1954, 1964; Brehmer/Allard 1991; Endres/Putz-Osterloh 1994; Robson 2002). Es stellt sich indes das Problem, dass diese aus Experimenten gewonnenen Erkenntnisse nur schwer auf natürliche Situationen von Wissensarbeit übertragbar sind und dass im beruflichen Alltag nicht nur vordefinierte Probleme zu lösen sind.

Studien, die über Kommunikations- und Wissensdynamiken unterschiedlicher Teamstrukturen in natürlichen Arbeitssituationen Aufschluss geben, sind demgegenüber vergleichsweise selten (siehe den Überblick von Hess 2001).

Der größte Forschungsbedarf im Bereich von Wissensarbeit besteht also – wie schon gesagt – darin, die Rolle von Kommunikationsarten sowie von Nähe beziehungsweise Distanz-Praktiken unter verschiedenen Kontextbedingungen mit ihren spezifischen Zielen, Vertrauensverhältnissen und Wettbewerbssituationen zu präzisieren. Diese ausgesprochen komplexen und vermutlich je nach Arbeitsphase ständig variierenden Nähe- beziehungsweise Distanz-Praktiken in verschiedenen Interaktionskontexten „der" Wissensarbeit können vor allem im Rahmen von mikroanalytischen Zugängen gut erfasst werden. Die bisherigen Analysen von Wissensarbeit müssten demzufolge durch handlungsorientierte Ansätze sowie durch exemplarische empirische Untersuchungen von Fällen oder Feldern (Simpson 2001; Mascarenhas-Keyes 2001) auf der Mikroebene ergänzt werden, die natürliche Arbeitssituationen einbeziehen.

Um dies in den hoch komplexen Feldern von Wissensarbeit zu leisten, können verschiedene methodologische Konzepte aus der Soziologie mit den *studies of work* beziehungsweise *workplace studies* und der Europäischen Ethnologie beziehungsweise Kulturanthropologie mit der Anthropology of Organizations und der Arbeitsethnographie zusammengeführt werden, um unterschiedliche Facetten der Wissenserzeugung und ihrer Bedingungen in den Blick zu bekommen. Sie setzen auf einen ethnographischen Zugang zu den Forschungsfeldern, sind anders als Laborexperimente oder Befragungen multimethodisch, umfassen also je nach Gegenstand und Forschungsfragen teilnehmende Beobachtung, unterschiedliche Interviewformen, diskurs- und textanalytische und andere Methoden mehr. Zudem sind sie darauf ausgerichtet und angelegt, einen holistischen Blick auf spezifische Situationen und Kontexte und damit zu einem umfassenderen Verständnis der Arbeitszusammenhänge zu entwickeln. Es handelt sich somit um eine holistische Betrachtung eines begrenzten Ausschnitts in der Wissenserzeugung, welche mit dem vorgeschlagenen Forschungsdesign erarbeitet werden soll. Sie wird Auskunft darüber geben können, wie Nähe- beziehungsweise Distanz-Praktiken unterschiedliche Qualitäten und Formen in Wissensprozessen annehmen, wie die Komplexität unterschiedlicher Nähe- beziehungsweise Distanz-Verhältnisse (mit Konkurrenten, mit Geldgebern, mit Scientific Communities, Professionskulturen et cetera) gehandhabt wird, mit welchen Intentionen dies geschieht und welche Konsequenzen daraus erwachsen. Diese Perspektive auf die Nähe- beziehungsweise Distanzformen ist geleitet von der Frage danach, wie Heterogenität und Homogenität als zwei wesentliche Faktoren in der Wissensgenerierung in Verbindung gebracht werden.

Die *studies of work*, und darin vor allem die *workplace-studies*, stellen hierfür einen fruchtbaren methodischen Ansatz dar, auch wenn sie bisher nicht explizit auf Wissensarbeit fokussiert waren. Während sich *studies of work* verschiedensten

– auch handwerklichen oder pflegerischen – Arbeitsbereichen widmen (Garfinkel 1967; Rawls 2008), konzentrieren sich die von Suchman und ihrem Ansatz der „situierten Handlung" (Suchmann 1987) geprägten Workplace Studies auf komplexe, durch Mensch-Maschine-Interaktionen und Informationstechnologien gekennzeichnete Arbeitssituationen (Knoblauch/Heath 1999, Suchman 1992; Heath/ Luff 1992; Harper 1992; Filippi/Thereau 1993; Plowman/Rogers/Ramage 1995; Engeström 2000). Im Rahmen dieses Forschungsansatzes geht man davon aus, dass Akteure in ihrem Handeln von dem unmittelbaren Handlungskontext beeinflusst werden, der sie mit seinen Erfordernissen und Kontingenzen ständig zu Anpassungsleistungen zwingt. Dieser Handlungskontext ist einem ständigen Wandel unterworfen und variiert in der räumlichen Dimension sehr stark. Es geht darum, die Praktiken, die Koordinationsleistungen, die Kommunikationsprozesse und das implizite Wissen zu rekonstruieren, mit denen Handelnde in alltäglichen Arbeitssituationen gemeinsam ihre Arbeit organisieren (Luff/Hindmarsh/Heath 2000: 13). Auch Wissensarbeit bedarf der Routinen und eines Arbeitswissens darüber, wie etwa Zuarbeit geleistet, Abstimmungsprozesse organisiert oder kollaborative Prozesse gestaltet werden. Dazu gehört nicht zuletzt das Arbeitswissen von wo beziehungsweise bei wem ein bestimmtes Spezialwissen oder wichtige Informationen bezogen werden können. Entsprechend werden in diesem Zusammenhang Interaktionsprozesse der Akteure, der Umgang mit Infrastrukturen und Medien wie auch räumliche Anordnungen von Subjekten und Objekten analysiert.

In methodischer Hinsicht legt man Wert darauf, dass Subjekte in ihren natürlichen Arbeitssituationen untersucht werden. Für *workplace studies* ist entsprechend ein ethnographisches Design charakteristisch, das teilnehmende Beobachtungen über Zeiträume von drei bis vier Monaten oder auch länger, oft in Verbindung mit Ton- und Videoaufzeichnungen (zur Videografie Heath 1997; Knoblauch et al. 2006; Knoblauch/Schnettler 2007; Rawls 2008), mit der Konversationsanalyse, (Experten-)Interviews, Dokumentenanalysen und der Analyse institutioneller Kontexte verbindet. Diese sind in medial durchdrungenen Arbeitsumgebungen, wie sie in „der" Wissensarbeit gängig sind, im Hinblick auf eine „mediating ethnography" (Beaulieu 2004), Ethnographie der Infrastrukturen (Leigh Star 1999) und eine virtuelle Ethnographie (Koch 2007b) zu erweitern, in der Videoaufzeichnungen dann unter Umständen auch dazu eingesetzt werden, bei räumlich verteilten Prozessen wie etwa Telefonkonferenzen ein Bild von jenen Kontexten zu gewinnen, in denen man persönlich nicht anwesend sein kann. Nur so kann den Besonderheiten der Untersuchungsfelder Rechnung getragen (Knoblauch/Heath 1999: 176 f.; Koch/ Warneken 2007: 8), deren Komplexität berücksichtigt wie auch die notwendigen Kontextualisierungen in den oben skizzierten Bereichen geleistet werden.

Die Mikrostudien der *workplace studies* entwickeln also meist holistische Perspektiven auf ganz unterschiedliche Arbeitsplätze und -zusammenhänge. Von Fall zu Fall kommen auch Transformationslogiken und -praktiken von Wissen in den Blick, und es entstehen so teils interessante Hinweise für die hier verfolgte Fragestellung zu Nähe-Ferne-Dimensionen in „der" Wissensarbeit. Diese Studien können aufgrund der inhaltlichen Beiträge ein wichtiges Anregungspotenzial bieten, müssen für die Thematik der Nähe- beziehungsweise Distanz-Praktiken in „der" Wissensarbeit – insbesondere für nicht teamorientierte Formen universitärer Forschung – jedoch erst im Detail aufgearbeitet und erschlossen werden.[12]

Wo es den *studies of work* und den *workplace studies* darum geht, Arbeitssituationen in ihren konkreten raum-zeitlichen Bezügen sowie den spezifischen Modi und Anforderungen der Handlungskoordination zu erfassen, ergänzen die Ethnographien der Arbeitswelt (Schwartzman 1993; Warneken 2001) und die Organisationsanthropologie (Alvesson 1995, 2002) diese, indem sie ein Verständnis von Arbeitszusammenhängen in ihren gesellschaftlichen und politischen Bezügen beitragen. Der erforschte Arbeitszusammenhang soll dabei in seiner Gesamtheit mit seinen spezifischen Handlungslogiken und Deutungshorizonten beschrieben werden, wobei diese wiederum in Relation zu den (makro-)strukturellen und historischen Bedingungen, also beispielsweise nationalen Innovationspolitiken, Einbindung in institutionelle Zusammenhänge, regionalen Rahmenbedingungen et cetera, gesetzt werden. Im Sinne von Giddens' Strukturation werden so das Handeln auf der Mikroebene in Arbeitsprozessen und gesellschaftliche Rahmenbedingungen zusammen betrachtet. Dabei wird der Aushandlungscharakter zwischen beidem sowie die unterschiedlichen Handlungslogiken und -rationalitäten diverser Akteure in einem Feld in den Blick genommen (Koch/Warneken 2007a).

Siebenhüner (2007: 107), der generell zu qualitativen Forschungsdesigns in der Innovationsforschung Stellung nimmt, sieht einen wesentlichen Vorteil dieser Methoden darin, dass Innovationstätigkeiten mit ihren verschiedenen Bedingungsfaktoren und Dynamiken in den realen Arbeitssituationen eingefangen und, teilweise unterstützt durch Selbstdeutungen der Akteure, in ihrer Komplexität interpretiert werden können. So sind vertiefte Erkenntnisse in Bereichen möglich, die durch standardisierte Methoden nicht erfasst werden können. Diese Methodik ist aufgrund der notwendigerweise kleinen Fallzahlen nicht auf die Überprüfung von Theorien im statistischen Sinne angelegt; sie zielt vielmehr darauf, bestehende Theorien zu hinterfragen und mehr noch auf die Entdeckung neuer Hypothesen. Die Ethnographie als Methode beziehungsweise Forschungsstrategie kommt der Komplexität in Arbeitszusammenhängen „der" Wissensarbeit in besonderer Weise

---

12   Hier kann an einige ethnographische Studien angeschlossen werden, so etwa an Böhle/Milkau (1988); Scribner et al. (1991); Suchman (1992); Orr (1996) oder Benner (1997).

entgegen. Sie hat ihre Flexibilität schon dahingehend gezeigt, dass sie nach einer Grundlegung in der Kulturanthropologie in unterschiedlichen Disziplinen wie der Sozialpsychologie, der Pädagogik und der Soziologie aufgegriffen und angepasst worden ist. Abhängig von Feld und Gegenstand kann die Ethnographie höchst flexibel eine Vielfalt verschiedener Methoden von der Diskursanalyse bis hin zu teilnehmender Beobachtung miteinander verbinden, also immer wieder ganz spezifische Ausprägungen annehmen (Hine 1998).

Die Verbindung der verschiedenen Methodologien erbringt im Forschungsprozess so verschiedene Einsichten in das Forschungsfeld, die sich – in ihrer Spezifität reflektiert und aufeinander bezogen – dann wechselseitig ergänzen werden.

7 Ein kontextsensibler Blick auf Wissenstransformation

Vielfältige und vielschichtige räumliche Konstellationen sind ein Struktur- und Abgrenzungsmerkmal neuer Organisationsformen der Arbeit. Die Substituierbarkeit physischer Nähe liegt nur bei bestimmten Aktivitäten, Wissenskategorien und Situationen nahe. Denn Nähe beziehungsweise Distanz haben nicht nur eine funktionale Bedeutung, sondern auch eine symbolische, und diese kann in vielen Fällen wichtiger sein als die funktionale. Der funktionale Aspekt von Nähe beziehungsweise Distanz kann durch die Telekommunikation eher ersetzt werden als der symbolische. Die Tatsache, dass man sich heute die benötigten Informationen und Arbeitsmittel über elektronische Netzwerke und miniaturisierte Instrumente an den Ort der physischen (Ko-)Präsenz holen kann, hat die symbolische Bedeutung von Nähe bzw. Distanz – entgegen anders lautender Annahmen – höchst wahrscheinlich nicht beeinflusst. Es sollte auch nicht übersehen werden, dass ein Wissens- und Informationsaustausch nicht nur ein technischer Akt ist, sondern auch der Motivation von Mitarbeitern und der Kohärenz von Gruppen dienen kann. Deshalb ist eine differenziertere Erforschung unterschiedlichster Formen der Wissensarbeit mit ihren jeweils unterschiedlichen Interaktionskontexten dringend notwendig. In diesem Zusammenhang müssen auch die komplexen, zeitlich nach Arbeitsphasen variierenden Nähe- und Distanz-Praktiken Berücksichtigung finden.

Mit standardisierten Methoden ist dies nur begrenzt möglich. Qualitative Verfahren und insbesondere der ethnographische Ansatz mit seinen umfassenden Methodenkombinationen stellen eine gute Ergänzung dar. Bisherige mikroanalytische Studien haben ihr Hauptaugenmerk allerdings eher formal auf die Praktiken der Arbeitsorganisation und nicht inhaltlich auf den Gegenstand der Wissenstransformation und der Genese neuen Wissens gelenkt. Außerdem haben sie sich vorwiegend auf die Kommunikation innerhalb eines Unternehmens oder

Teams konzentriert. Dies dürfte der Grund dafür sein, dass der Forschungsansatz in der „klassischen" Innovationsforschung bislang keine Rezeption gefunden hat. Es sollte jedoch deutlich geworden sein, dass sich mikroanalytische Ansätze mit ihren grundsätzlichen Fragestellungen in fruchtbarer Weise auf die Untersuchung der Bedingungen und Prozesse bestimmter Arten von Wissensarbeit einschließlich der Dynamiken von Nähe beziehungsweise Distanz übertragen lassen. Mit ihnen können detaillierte Kenntnisse über Praktiken der Wissenstransformation und der Generierung neuen Wissens, so wie sie in bestimmten Kontexten in situ ablaufen, gewonnen werden. Es kann, die Komplexität des (interaktiven) Handelns in einem Arbeitsfeld berücksichtigend, untersucht werden,

*   wie die Akteure mit den enormen Mengen an verfügbaren Informationen umgehen,
*   in welchen Arrangements von Nähe beziehungsweise Distanz und vermittels welcher Kommunikationsformen dies geschieht,
*   welche Möglichkeitsräume direkte und medienvermittelte Kommunikationen bieten,
*   welche Rolle beispielsweise virtuelle Knowledge-Communities spielen und unter welchen Bedingungen sie funktionieren oder scheitern,
*   und wie sich die Praktiken der Transformation und der Generierung neuen Wissens in verschiedenen Berufsgruppen, Qualifikationsebenen und Branchen unterscheiden.

Insbesondere wenn der letzte Punkt nicht beachtet wird, führt dies zwangsläufig zu Missverständnissen beziehungsweise Fehlinterpretationen.

Bezogen auf die Transformationslogiken und -praktiken des Wissens können außerdem an konkreten Orten und Fällen exemplarische Erkenntnisse gewonnen werden im Hinblick auf:

*   Relationen von Wertschöpfung und Produktion des Wissens,
*   Anforderungen an Wissensarbeiter,
*   Nähe-Distanz-Transformationen als Teil von Machtverhandlungen.

Durch eine präzisere Deskription verschiedener Erscheinungsformen und Prozesse der Wissensarbeit auf der Mikroebene können somit Antworten auf Fragen gefunden werden, die standardisierte und experimentelle Untersuchungen bei allen Vorteilen, die sie bergen, dennoch offen lassen. Ziel einer solchen mikroanalytischen Analyse von Nähe-Distanz-Praktiken in der Wissensarbeit ist es, einen Beitrag zur Modellbildung von Transformationsprozessen des Wissens zu leisten.

Auf dieser Basis ist eine Revision bestehender Modelle der Transformationsarbeit von Wissen zu erwarten, die flexibilisierten Arbeitsformen, einem differenzierten Verständnis von Wissen sowie verschiedenen Kontexten und Modi der Wissensarbeit Rechnung trägt.

Literatur

Alvesson, Mats (1995): Cultural Perspectives on Organizations. Cambridge: Cambridge University Press
Alvesson, Mats (2002): Understanding Organizational Culture. London: Sage
Alvesson, Mats (2004): Knowledge Work and Knowledge-Intensive Firms. New York: Oxford University Press
Amabile, Teresa M./Conti, Regina/Coon, Heather/Lazenby, Jeffrey/Herron, Michael (1996): Assessing the work environment for creativity. In: The Academy of Management Journal Jg. 39, H. 5, 1154-1184
Andre, Thomas/Schumer, Harry/Whitaker, Patricia (1979): Group discussion and individual creativity. In: Journal of General Psychology Jg. 100, H. 1, 111-123
Andriessen, J. H. Erik/Vartiainen, Matti (Hrsg.) (2006): Mobile Virtual Work: a New Paradigm? Berlin: Springer
Andrews, Frank M./Farris, Georg F. (1967): Supervisory practices and innovation in scientific teams. In: Personnel Psychology Jg. 20, H. 4, 497-515
Atkinson, Paul/Coffey, Amanda/Delamont, Sara/Lofland, John/Lofland, Lyn (Hrsg.) (2001): Handbook of Ethnography. Thousand Oaks, CA: Sage
Bavelas, Alex (1950): Communication patterns in task orientated groups. In: Journal of Acoustical Society of America Jg. 22, H. 6, 725-730
Beaulieu, Anne (2004): Mediating ethnography. Objectivity and the making of ethnographies of the internet. In: Social Epistemology Jg. 18, H. 2-3,139-163
Beck, Stefan (Hrsg.) (2000): Technogene Nähe. Ethnographische Studien zur Mediennutzung im Alltag. Reihe: Berliner Blätter: Ethnographische und Ethnologische Beiträge, Studien 3. Münster: LIT
Benner, Patricia (1997): Stufen zur Pflegekompetenz. From Novice to Expert. Bern: Huber Verlag
Berking, Helmuth/Löw, Martina (Hrsg.) (2008): Die Eigenlogik der Städte. Neue Wege für die Stadtforschung. Frankfurt am Main/New York: Campus
Berkowitz, Leonard (Hrsg.) (1964): Advances in Experimental Social Psychology. New York: Academic Press
Bertuglia, Christoforo S./Fischer, Manfred M./Preto, Giorgio (Hrsg.) (1995): Technological Change, Economic Development and Space. New York: Springer
Blättel-Mink, Birgit (2006): Kompendium der Innovationsforschung. Wiesbaden: VS Verlag
Boden, Deirdre (1994): The Business of Talk: Organizations in Action. Oxford: Blackwell
Böhle, Fritz/Milkau, Brigitte (1988): Vom Handrad zum Bildschirm. Eine Untersuchung zur sinnlichen Erfahrung im Arbeitsprozeß. Frankfurt am Main: Campus

Bonner, Bryan L. (2004): Expertise in group problem solving: recognition, social combination, and performance. In: Group Dynamics: Theory, Research, and Practice Jg. 8, H. 4, 277-290

Bormann, Ernest G. (1990): Small Group Discussion: Theory and Practice. New York: Harper & Row

Boschma, Ron (2005): Proximity and innovation: a critical assessment. In: Regional Studies Jg. 39, H. 1, 61-74

Brednich, Rolf W. (Hrsg.) (2001): Grundriß der Volkskunde. Einführung in die Forschungsfelder der Europäischen Ethnologie. Berlin: Reimer

Brehmer, Berndt/Allard, Robert (1991): Dynamic decision making: the effects of task complexity and feedback delay. In: Rasmussen/Brehmer/Leplat (1991): 319-334

Buber, Renate/Holzmüller, Hartmut (Hrsg.) (2007): Qualitative Marktforschung. Konzepte – Methoden – Analysen. Wiesbaden: Gabler

Butler, Richard J. (1981): Innovations in organizations: appropriateness of perspectives from small group studies for strategy formulation. In: Human Relations Jg. 34, H. 9, 763-788

Button, Graham (Hrsg.) (1992): Technology in Working Order. Studies of Work, Interaction and Technology. London: Routledge

Carletta, Jean/Garrod, Simon/Fraser-Krauss, Heidi (1998): Placement of authority and communication patterns in workplace groups: the consequences for innovation. In: Small Group Research Jg. 29, H. 5, 531-559

Carlile, Paul R. (2002): A pragmatic view of knowledge and boundaries: boundary objects in new product development. In: Organization Science Jg. 13, H. 4, 442-455

Cartwright, Dorvin/Zander, Alvin (1968): Group Dynamics: Research and Theory. New York: Harper & Row

Cathcart, Robert S./Samovar, Larry A. (Hrsg.) (1992): Small Group Communication: A Reader. Dubuque: Brown & Benchmark

Castree, Noel/Coe, Neil/Ward, Kevin/Samers, Mike (2004): Spaces of Work. Global Capitalism and Geographies of Labour. London: Sage

Csikszentmihalyi, Mihaly (1999): Implications of a systems perspective for the study of creativity. In: Sternberg (1999): 313-335

Csikszentmihalyi, Mihaly/Sawyer, Keith (1995): Creative insight. the social dimension of a solitary moment. In: Sternberg/Davidson (1995): 329-362

Dal Fiore, Filippo (2007): Communities versus Networks: the implications on innovation and social change. In: American Behavioral Scientist Jg. 50, H. 7, 857-866

De Michelis, Giorgio/Simone, Carla/Schmidt, Kjeld (Hrsg.) (1993): Proceedings of the Third European Conference on Computer Supported Cooperative Work, 13-17 September 1993, Milan/Italy. Dordrecht/Boston/London: Kluwer Academic Publishers

Dick, Michael/Wehner, Theo (2002): Wissensmanagement zur Einführung: Bedeutung, Definition, Konzepte. In: Lüthy/Voit/Wehner (2002): 7-27

Dick, Michael/Wehner, Theo (2005): Wissensmanagement. In: Rauner (2005): 454-462

Drazin, Robert/Glynn, Mary Ann/Kazanjian, Robert K. (1999): Multilevel theorizing about creativity in organizations: a sensemaking perspective. In: The Academy of Management Review Jg. 24, H. 2, 286-307

Dunbar, Kevin (1995): How scientists really reason: scientific reasoning in real-world laboratories. In: Sternberg/Davidson (1995): 365-395

Endres, Johann/Putz-Osterloh, Wiebke (1994): Komplexes Problemlösen in Kleingruppen: Effekte des Vorwissens, der Gruppenstruktur und der Gruppeninteraktion. In: Zeitschrift für Sozialpsychologie Jg. 25, 54-70

Engel, Paul G. H. (1997): The Social Organization of Innovation. A Focus on Stakeholder Innovation. Amsterdam: KIT

Engeström, Yrjö (2000): From individual action to collective activity and back: developmental work research as an interventionist methodology. In: Luff/Hindmarsh/Heath (2000): 150-166

Faßler, Manfred (2007): Wissenserzeugung. Forschungsfragen zu Dimensionen Intensiver Evolution. In: Koch/Warneken (2007): 21-67

Filippi, Geneviève/Thereau, Jacques (1993): Analysing cooperative work in an urban traffic control room for the design of a coordination support system. In: De Michelis/Simone/Schmidt (1993): 171-186

Florida, Richard (2002): The Rise of the Creative Class. And How It's Transforming Work, Leisure, Community and Everyday Life. New York: Basic Books

Foucault, Michel (1976): Mikrophysik der Macht. Berlin: Merve

Foucault, Michel (1995): Archäologie des Wissens. Frankfurt/Main: Suhrkamp

Garfinkel, Harold (1967): Studies in Ethnomethodology. Englewood Cliffs, NJ: Prentice-Hall

Gellner, David N./Hirsch, Eric (Hrsg.) (2001): Inside Organizations. Anthropologists at Work. Oxford, New York: Berg

Grant, David/Hardy, Cynthia/Oswick, Chiff/Putnam, Linda (Hrsg.) (2004): The Sage Handbook of Organizational Discourse. London, Thousand Oaks, New Delhi: Sage

Hannerz, Ulf (1992): Cultural Complexity. Studies in the Social Organization of Meaning. New York, Chichester: Columbia University Press

Harper, Richard H. R. (1992): Looking at ourselves: an examination of the social organisation of two research laboratories. In: Turner/Kraut (1992): 330-337

Heath, Christian (1997): The analysis of activities in face-to-face interaction using video. In: Silverman (1997): 183-200

Heath, Christian/Luff, Paul (1992): Collaboration and control: crisis management and multimedia technology in London underground control rooms. In: Journal of Computer Supported Cooperative Work Jg. 1, H. 1/2, 69-94

Herlyn, Gerrit/Müske, Johannes/Schönberger, Klaus/Sutter, Ove (Hrsg.) (2009): Arbeit und Nicht-Arbeit. Entgrenzung und Begrenzung von Lebensbereichen und Praxen. München/Mering: Rainer Hampp Verlag

Hess, David (2001): Ethnography and the development of science and technology studies. In: Atkinson et al. (2001): 234-245

Hine, Christine (1998): Virtual ethnography. Conference Proceedings of Internet Research and Information for Social Scientists, 25-27 March 1998, Bristol, UK http://www.sosig.ac.uk/iriss/papers/paper16.htm

Hirokawa, Randy Y. (1992): Communication and group decision-making efficacy. In: Cathcart/Samovar (1992): 165-77

Hirschfelder, Gunther/Huber, Birgit (Hrsg.) (2004): Die Virtualisierung der Arbeit. Zur Ethnographie neuer Arbeits- und Organisationsformen. Frankfurt/Main, New York: Campus

Hof, Hagen/Wengenroth, Ulrich (Hrsg.) (2007): Innovationsforschung. Ansätze, Methoden, Grenzen und Perspektiven. Hamburg: LIT

Högl, Martin/Gemünden, Hans Georg (Hrsg.) (2005): Management von Teams. Theoretische Konzepte und empirische Befunde. Wiesbaden: Gabler

Holtgrewe, Ursula/Voswinkel, Stephan/Wagner, Gabriele (Hrsg.) (2000): Anerkennung und Arbeit. Konstanz: UVK

Honneth, Axel (1994): Kampf um Anerkennung. Zur moralischen Grammatik sozialer Konflikte. Frankfurt/Main: Suhrkamp

Ibert, Oliver (2003): Innovationsorientierte Planung. Verfahren und Strategien zur Organisation von Innovation. Opladen: Leske+Budrich

Ibert, Oliver (2011): Dynamische Geographien der Wissensproduktion – Die Bedeutung physischer wie relationaler Distanzen in interaktiven Lernprozessen. In: Ibert/Kujath (2011): 49-69

Ibert, Oliver/Kujath, Hans Joachim (Hrsg.) (2011): Räume der Wissensarbeit. Neue Perspektiven auf Prozesse kollaborativen Lernens. Wiesbaden: VS Verlag

Janis, Irving L. (1972): Victims of Groupthink. Boston: Houghton Mifflin

Katz, Ralph (1982): The effects of group longevity on project communication and performance. In: Administrative Science Quarterly Jg. 27, H. 1, 81-104

Katzenbach, Jon R./Smith, Douglas K. (1993): The discipline of teams. In: Harvard Business Review Jg. 71, H. 2, 111-120

Knoblauch, Hubert (2004a): Kritik des Wissens. Wissensmanagement, Wissenssoziologie und die Kommunikation. In: Wyssussek (2004): 275-289

Knoblauch, Hubert (2004b): Informationsgesellschaft, Workplace Studies und die Kommunikationskultur. In: Hirschfelder/Huber (2004): 357-380

Knoblauch, Hubert/Heath, Christian (1999): Technologie, Interaktion und Organisation: Die Workplace Studies. In: Schweizerische Zeitschrift für Soziologie Jg. 25, H. 2, 163-181

Knoblauch, Hubert/Heath Christian/Luff, Paul (2004): Tools, technologies and organizational interaction: the emergence of workplace studies. In: Grant et al. (2004): 337-358

Knoblauch, Hubert/Schnettler, Bernt/Raab, Jürgen/Soeffner, Hans Georg (Hrsg.) (2006): Video Analysis: Methodology and Methods: Qualitative Audiovisual Data Analysis in Sociology. Frankfurt/Main: Peter Lang

Knoblauch, Hubert/Schnettler, Bernt (2007): Videographie. Erhebung und Analyse qualitativer Videodaten. In: Buber/Holzmüller (2007): 583-600

Knorr-Cetina, Karin (2002): Wissenskulturen ein Vergleich naturwissenschaftlicher Wissensformen. Frankfurt/Main: Suhrkamp

Koch, Gertraud (2010): Kybernetische Imaginationen. Digitale Medien als lebensweltliche Dimension und epistemische Anlässe der Kulturforschung – Oder: Warum wir neben der multi-sited auch eine multi-mediated ethnography brauchen. Vortrag gehalten auf der Hochschultagung der Deutschen Gesellschaft für Volkskunde 2010, Marburg, 25. September 2010, Ms.

Koch, Gertraud/Warneken, Bernd Jürgen (Hrsg.) (2007a): Region – Kultur – Innovation. Wege in die Wissensgesellschaft. Wiesbaden: VS Verlag

Koch, Gertraud/Warneken, Bernd Jürgen (2007b): Zur Einleitung. In: Koch/Warneken (2007): 7-17

Konstadakopulos, Dimitrios (2004): Knowledge companies in the new economy: the management and measurement of intangible agent. In: Hirschfelder/Huber (2004): 381-404

Kretschmer, Ingrid (Hrsg.) (2007): Das Jubiläum der Österreichischen Geographischen Gesellschaft. 150 Jahre (1856-2006). Wien: Österreichische Geographische Gesellschaft

Kröcher, Uwe (2007). Die Renaissance des Regionalen. Zur Kritik der Regionalisierungseuphorie in Ökonomie und Gesellschaft. Münster: Verlag Westfälisches Dampfboot

Kuhn, Thomas (1976): Die Struktur wissenschaftlicher Revolutionen. Frankfurt/Main: Suhrkamp

Latour, Bruno (2002): Wir sind nie modern gewesen. Versuch einer symmetrischen Anthropologie. Frankfurt/Main: S. Fischer

Latour, Bruno/Woolgar, Steve (1986): Laboratory Life. The Social Construction of Scientific Facts. Princeton, NJ: Princeton University Press

Leavitt, Harold J. (1951): Some effects of certain communication patterns on group performance. In: Journal of Abnormal and Social Psychology Jg. 46, H. 1, 38-50

Leigh Star, Susan (1999): The ethnography of infrastructure. In: American Behavioral Scientist Jg. 43, H. 3, 377-391

Lindner, Rolf (2003): Der Habitus der Stadt – ein kulturgeographischer Versuch. In: PGM. Zeitschrift für Geo- und Umweltwissenschaften Jg. 2, 46-59

Livingstone, David N. (2003): Putting Science in its Place: Geographies of Scientific Knowledge. Chicago: University of Chicago Press

Luff, Paul/Hindmarsh, Jon/Heath, Christian (Hrsg.) (2000): Workplace Studies: Recovering Work Practice and Informing System Design. Cambridge: Cambridge University Press

Lüthy, Werner/Voit, Eugen/Wehner, Theo (Hrsg.) (2002): Wissensmanagement-Praxis. Einführung, Handlungsfelder und Fallbeispiele. Zürich: vdf Hochschulverlag

Maier, Norman R. F. (1970): Problem-Solving and Creativity in Individuals and Groups. Belmont, CA.: Brooks/Cole Publishing Company

Mair, Johanna/Robinson, Jeffrey/Hockerts, Kai (Hrsg.) (2006): Social Entrepreneurship. Hampshire: Palgrave Macmillan

Marmolin, Hans/Sundblad, Yngve/Schmidt, Kjeld (Hrsg.) (1995): Proceedings of the Fourth European Conference on Computer-Supported Cooperative Work, September 10-14, Stockholm. Dordrecht: Kluwer Academic Publishers

Mascarenhas-Keyes, Stella (2001): Understanding the work environment. notes toward a rapid organizational analysis. In: Gellner/Hirsch (2001): 205-220

Matthiesen, Ulf (2005): Knowledge Scapes – Pleading for a Knowledge Turn in Socio-Spatial Research. IRS Working Paper 31. Erkner

Matthiesen, Ulf (2007): Wissensformen und Raumstrukturen. In: Schützeichel (2007): 648-661

Mela, Alfredo (1995): Innovation, Communication Networks and Urban Milieus. A Socio-logical Approach. In: Bertuglia/Fischer/Preto (1995): 75-91

Meusburger, Peter (1998): Bildungsgeographie. Wissen und Ausbildung in der räumlichen Dimension. Heidelberg: Spektrum Akademischer Verlag

Meusburger, Peter (2000): The spatial concentration of knowledge. Some theoretical con-siderations. In: Erdkunde Jg. 54, H. 4, 352-364

Meusburger, Peter (2007): Macht, Wissen und die Persistenz von räumlichen Disparitäten. In: Kretschmer (2007): 99-124

Meusburger, Peter (2008): The nexus of knowledge and space. In: Meusburger/Welkter/Wunder (2008): 43-98

Meusburger, Peter/Welkter, Michael/Wunder, Edgar (Hrsg.) (2008): Clashes of Knowledge. Orthodoxies and Heterodoxies in Science and Religion. Dordrecht: Springer

Meusburger, Peter/Funke, Joachim/Wunder, Edgar (Hrsg.) (2009): Milieus of Creativity. An Interdisciplinary Approach to Spatiality of Creativity. Dordrecht: Springer

Meusburger, Peter (2009a): Milieus of creativity. the role of places, environments, and spa-tial contexts. In: Meusburger/Funke/Wunder (2009): 97-153

Meusburger, Peter (2009b): Spatial mobility of knowledge: a proposal for a more realistic communication model. In: disP 177, H. 2/2009, 29-39

Nader, Laura (1996): Naked Science. Anthropological Inquiry into Boundaries, Power, and Knowledge. New York, London: Routledge

Nierling, Linda (2009): Die Anerkennung von ‚Arbeit' in der Erwerbsarbeit und der Nicht-Erwerbsarbeit. In: Herlyn et al. (2009): 283-297

Orr, Julian E. (1996): Talking about Machines: An Ethnography of a Modern Job. Ithaca, NY: Cornell University Press

Paulus, Paul B. (2000): Groups, teams, and creativity: the creative potential of idea-gener-ating groups. In: Applied Psychology: An International Review Jg. 49, H. 2, 237-262

Paulus, Paul B./Yang, Huei-Chuan (2000) : Idea generation in groups: a basis for creativity in organizations. In: Organizational Behavior and Human Decision Processes Jg. 82, H. 2, 76-87

Paulus, Paul B./Larey, Timothy S./Dzindolet, Mary T. (2000): Creativity in groups and teams. In: Turner (2000): 319-338

Pelz, Donald/Andrews, Frank (1966): Scientists in Organizations. Productive Climates for Research and Development. New York, London, Sydney: Wiley

Plowman, Lydia/Rogers, Yvonne/Ramage, Magnus (1995): What are workplace studies for? In: Marmolin/Sundblad/Schmidt (1995): 309-324

Powell, Walter W./Koput, Kenneth W./Smith-Doerr, Laurel (1996): Interorganizational col-laboration and the locus of innovation: networks of learning in biotechnology. In: Administrative Science Quarterly Jg. 41, H. 1, 116-145

Rasmussen, Jens/Brehmer, Berndt/Leplat, Jacques (Hrsg.) (1991): Distributed Decision Making: Cognitive Models for Cooperative Work. Chichester: John Wiley & Sons Ltd

Rauner, Felix (Hrsg.) (2005): Handbuch Berufsbildungsforschung. Bielefeld: Bertelsmann

Rawls, Anne Warfield (2008): Harold Garfinkel, Ethnomethodology and Workplace Studies. In: Organization Studies Jg. 29, H. 5, 701-732

Robson, Mike (2002): Problem-Solving in Groups. Burlington: Gower Publishing

Runco, Mark A. (1994): Problem Finding, Problem Solving, and Creativity. Norwood, NJ: Ablex

Runco, Mark A./Okuda, Shawn M. (1988): Problem discovery, divergent thinking, and the creative process. In: Journal of Youth and Adolescence Jg. 17, H. 3, 213-222

Scholl, Wolfgang (2005): Grundprobleme der Teamarbeit und ihre Bewältigung – ein Kausalmodell. In: Högl/Gemünden (2005): 33-66

Schreyögg, Georg (Hrsg.) (2001): Wissen in Unternehmen. Konzepte, Maßnahmen, Methoden. Berlin: Erich Schmidt

Schwartzman, Helen B. (1989): The Meeting: Gatherings in Organizations and Communities. New York, London: Plenum Press

Schwartzman, Helen B. (1993): Ethnography in Organizations. Newbury Park, CA: Sage

Schützeichel, Rainer (Hrsg.) (2007): Handbuch für Wissenssoziologie und Wissensforschung. Konstanz: UVK

Scribner, Sylvia/Di Bello, Lia/Kindred, Jessica B./Zazanis, Elena (1991): Coordinating Two Knowledge Systems: A Case Study. New York: Laboratory for Cognitive Studies of Work, CUNY

Shalley, Christina E. (1995): Effects of coaction, expected evaluation, and goal setting on creativity and productivity. In: The Academy of Management Journal Jg. 38, H. 2, 483-503

Shaw, Marvin E. (1954): Group structure and the behaviour of individuals in small groups. In: Journal of Psychology Jg. 38, H. 1, 139-149

Shaw, Marvin E. (1964): Communication networks. In: Berkowitz (1964): 111-147

Siebenhüner, Bernd (2007): Methoden und Methodenprobleme der Innovationsforschung. In: Hof/Wengenroth (2007): 103-115

Silverman, David (Hrsg.) (1997): Qualitative Research. London: Sage

Simpson, Bob (2001): Swords into ploughshares: manipulating metaphor in the divorce process. In: Gellner/Hirsch (2001): 97-116

Sternberg, Robert E./Lubart, Todd I. (1991): An investment theory of creativity and its development. In: Human Development Jg. 34, H. 1, 1-31

Sternberg, Robert J./Davidson, Janet E. (Hrsg.) (1995): The Nature of Insight. Cambridge: MIT Press

Sternberg, Robert E./Lubart, Todd I. (1999): The concept of creativity: prospects and paradigms. In: Sternberg (1999): 3-15

Sternberg, Robert E. (Hrsg.) (1999): Handbook of Creativity. New York: Cambridge University Press

Sternberg, Robert E./O'Hara, Linda A. (1999): Creativity and intelligence. In: Sternberg (1999): 251-272

Suchman, Lucy (1987): Plans and Situated Actions: The Problem of Human-Machine Communication. Cambridge: Cambridge University Press

Suchman, Lucy (1992): Technologies of accountability. of lizards and aeroplanes. In: Button (1992): 113-126

Swan, Jacky/Scarbrough, Harry (2005): The politics of networked innovation. In: Human Relations Jg. 58, H. 7, 913-943

Tjosvold, Dean/McNeely, Leonard T. (1988): Innovation through communication in an educational bureaucracy. In: Communication Research Jg. 15, H. 5, 568-581

Turner, Jon/Kraut, Robert (Hrsg.) (1992): Proceedings of the Conference on Computer Supported Cooperative Work. Toronto. New York: ACM Press

Turner, Marlene E. (Hrsg.) (2000): Groups at Work: Theory and Research. Hillsdale, NJ: Lawrence Erlbaum

Van de Ven, Andrew H. (1986): Central problems in the management of innovation. In: Management Science Jg. 32, H. 5, 590-607

Van de Ven, Andrew H./Rogers, Everett M. (1988): Innovations and organizations: critical perspectives. In: Communication Research Jg. 15, H. 5, 632-651

Vartiainen, Matti (2006): Mobile virtual work – concepts, outcomes and challenges. In: Andriessen/Vartiainen (2006): 13-44

Wanous, John P./Youtz, Margaret A. (1986): Solution diversity and the quality of group decisions. In: Academy of Management Journal Jg. 29, H. 1, 149-159

Warneken, Bernd-Jürgen (2001): Arbeiterkultur, Arbeiterkulturen, Arbeitskulturen. In: Brednich (2001): 26-35

Wehner, Theo/Dick, Michael (2001): Die Umbewertung des Wissens in der betrieblichen Lebenswelt: Positionen der Arbeitspsychologie und betroffener Akteure. In: Schreyögg (2001): 89-117

Welz, Gisela (2003): The cultural swirl: anthropological perspectives on innovation. In: Global Networks Jg. 3, H. 3, 255-270

Wyssussek, Boris (Hrsg.) (2004): Wissensmanagement komplex: Perspektiven und soziale Praxis. Berlin: Erich Schmidt Verlag

Kommunikationsbarrieren und Pfadabhängigkeiten – Die ambivalente Wirkung unterschiedlicher Näheformen auf kollaborative Wissensarbeit

Ricarda Bouncken

1 Problem kognitiver Pfadabhängigkeiten

In der letzten Dekade rückten zwei eng miteinander verbundene Themen immer mehr in den Vordergrund und das sogar in verschiedenen akademischen Disziplinen. Die Verbundenheit der Konzepte wurde dabei nur oberflächlich betrachtet. Es geht um Wissen und das Konzept von Nähe. Gerade in der Betriebswirtschaftslehre ging es um die bessere Förderung von Wissen und des Managements von Wissen in Unternehmen. Dabei kam Nähe mit in die Betrachtung, weil Unternehmen oft an verschiedenen Standorten agieren und externes Wissen integrieren wollen. Nähe selbst wurde dabei im Regelfall nur geographisch betrachtet. Dieser Beitrag setzt hier an und betrachtet zunächst unterschiedliche Formen von Nähe in ihrem Zusammenhang zur Wissensarbeit.

Bei der Betrachtung von Nähe und dem Konzept der Wissensarbeit offenbart sich sehr schnell ein Phänomen, das die Erzeugung von Wissen sehr stark befördern, aber auch behindern kann: kognitive Pfadabhängigkeiten durch gemeinsame mentale Modelle der Realitätsinterpretation. Dieses Phänomen wurde bisher in der Forschung zu Shared Mental Models diskutiert, aber kaum im Kontext von Unternehmen und Nähe rezipiert. Weiteres Ziel dieses Beitrags ist daher, hier anzusetzen und einen ersten Entwurf für den Zusammenhang von kognitiven Pfadabhängigkeiten durch gemeinsame mentale Modelle der Realitätsinterpretation und Nähe zu geben.

2 Nähe und Wissensarbeit

2.1 *Nähe und Näheformen im Kontext der Wissensarbeit*

Als Grundlage zu Überlegungen zur Wissensarbeit, letztlich zur intra- und interindividuellen Wissenserzeugung, einschließlich des Wissenstransfers, existieren viele und ebenso konträre wissenschaftstheoretische Auffassungen und Modelle. Konzepte der Nähe wie auch des Wissens sind dabei mehrdimensional und können durch verschiedene Formen konzeptualisiert werden. Generelle Aussagen dazu, welche Bedeutung Nähe zwischen Personen bei der Wissensarbeit zukommt, haben so einen zu pauschalistischen Charakter. Aussagen hängen davon ab, um welche Form der Nähe (beispielsweise physisch, kognitiv, emotional oder psychisch) es sich handelt sowie auch von der Form der Wissensarbeit. Die nachfolgenden kurzen Ausführungen, die später modellhaft weiterentwickelt werden könnten, sollen dies ansatzweise veranschaulichen.

Ausgangspunkt der folgenden Überlegungen zur Wissensarbeit sind zwei Modelle der Wissenskonversion beziehungsweise -generierung: das sehr bekannte Modell von Nonaka (1991) mit den Formen Kombination, Internalisierung, Externalisierung und Sozialisation und das von Bouncken (2003) mit den Formen Kombination, Diffusion und Autopoiesis. Vier Formen der Nähe werden hier unterschieden: physisch, kognitiv, emotional und psychisch. Die Tabelle 1 gibt einen groben Überblick wie die Wissensarbeit und die Näheformen zusammenhängen.

Nonaka, Byosiere und Borucki fokussieren die branchenunabhängige Entwicklung von Wissen vor dem Hintergrund der Differenzierung und Konversion zwischen implizitem und explizitem Wissen (Nonaka/Byosiere/Borucki 1994: 339 f.). Vier Mechanismen bilden die Grundlage für die Entstehung von neuem Wissen und damit von Lernen in Organisationen. Die Verknüpfung von jeweils expliziten Wissensbestandteilen wie Technologien, Berichten und so weiter bezeichnen Nonaka et al. mit Kombination. Den Vorgang der Explikation oder Artikulation von implizitem Wissen und dessen Reflexion bezeichnen sie mit Externalisation. Werden explizite Wissensbestandteile (geschriebenes oder dokumentiertes Wissen wie etwa Unternehmensgrundsätze) von Individuen aufgenommen, interpretiert und mehr unbewusst gelebt, so handelt es sich um den Prozess der Internalisierung. Indem implizites Wissen mit anderem implizitem kombiniert wird, können neue Wissensbestände entstehen. Dieser Vorgang, typischerweise angeregt durch Beobachtung, Imitation und gemeinsame Übung, bezeichnen sie als Sozialisation. Die Sozialisation integriert damit auch den Wissenserwerb über die Verbesserung motorischer und sensorischer Potenziale. Die Grundlage für die Sozialisierung bildet das Üben und das Lernen durch Beobachtung.

Nonaka et al. (1994) gehen davon aus, dass die Konversion des expliziten und impliziten Wissens jeweils zwischen Individuen erfolgt, so dass die vier Ausprägungen den Raum der Möglichkeiten erschöpfen. Das Konzept Sozialisation beispielsweise unterstellt, dass ein Individuum vom anderen etwas übernimmt. Es könnte stattdessen aber auch von beiden gemeinsam geübt oder konstruiert werden. Demnach ist zu hinterfragen, ob bei dem gemeinsamen Erarbeiten von impliziten oder expliziten Wissensinhalten in Organisationen oder auch bei der beiderseitigen gleichberechtigten Vereinbarung über die Gültigkeit von Wissen oder Regeln, die angegebene Vierteilung ausreicht oder ob eine fünfte Kategorie der gemeinsamen Konstruktion von Wissen zu bilden ist. Auf diese wird im Modell von Bouncken (2003) unter dem Begriff Autopoiesis abgestellt. Kombination, letztlich verstanden als Arbeitsteiligkeit von mentalen Modellen, ermöglicht, dass nicht alle Organisationsmitglieder beziehungsweise Subeinheiten alles wissen müssen. Der Zugriff auf das organisationale Wissen der anderen Subeinheiten erschafft eine Arbeitsteiligkeit der mentalen Modelle. Diffusion von mentalen Modellen postuliert, dass Organisationen nicht immer alles eigenständig neu konstruieren müssen: Menschen können voneinander lernen. Autopoiesis präsentiert die gemeinsame Neukonstruktion von organisationalen mentalen Modellen. Hiermit werden das originär Gemeinsame und dessen Entwicklung angegangen.

Bei der Kombination als eine Form der Wissensgenerierung im Modell von Nonaka (1991) wird physische Nähe diskutiert und zwar als nicht zwingend zum Wissenstransfer erforderlich. Nähe gilt explizit nicht als Voraussetzung für diese Form der Wissenskonversion. Anders ist es bei anderen Formen der Wissensgenerierung wie Sozialisierung im Modell von Nonaka (1991) oder Autopoiesis im Modell von Bouncken (2003). Beide Formen benötigen einen hohen Grad der physischen Nähe beziehungsweise quasi-physische Nähe über möglichst reichhaltige mediale Bild- und Tonübermittlung. Nur so kann der interpersonale Transfer von implizitem Wissen (Sozialisierung) beziehungsweise die gemeinsame Neukonstruktion von Wissen (Autopoiesis) erfolgen. Bei Nonaka (1991) wird dabei nicht explizit diskutiert, welche Bedeutung emotionale und psychische Nähe auf diese Form der Wissensgenerierung, die Sozialisierung, hat. Explizit und ausführlicher sind die Ausführungen von Bouncken (2003), die unter anderem eine gemeinsame Intentionalität bei der Autopoiesis – der gemeinsamen Neukonstruktion von Wissen – voraussetzt. Kollektive Intentionalität ist ein von Searle geprägter Begriff, der den gemeinsamen Referenzpunkt in Kollektiven definiert (Searle 1997). Searle führt diesen Begriff intensiv aus und postuliert bereits evolutionsbedingte Belege für die Existenz kollektiver Intentionalität. Diese gemeinsame Intentionalität kann mit kognitiver, emotionaler oder psychischer Nähe zusammenhängen. Wie diese entstehen, wurde aber bisher nicht geklärt und stellt zukünftigen Forschungsbedarf, insbesondere empirischen, dar.

Sehr verkürzt lässt sich postulieren, dass Nähe unterschiedlicher Form generell die Wissensarbeit verbessert, weil die wechselseitige Informationsübermittlung auf verschiedenen Kanälen und mit höherer gemeinsamer Emotionalität und Intentionalität besser die jeweiligen Verstehensprozesse der Wissensarbeiter unterstützt. Jedoch kann eine zu große Informationsfülle, die bei hoher physischer Nähe auftreten kann, auch die Interpretationsfähigkeit der beteiligten Wissensarbeiter überfordern. Dies ist zum Beispiel der Fall, wenn Personen mit anderer kultureller Sozialisation miteinander kommunizieren: unterschiedliche Verhaltensformen und -erwartungen, die zum Beispiel bei intensiver Kommunikation in Ko-Präsenz offenbar werden, können zu Fehlinterpretationen führen und Informationsflut erzeugen. Darüber hinaus können bei großer Nähe, insbesondere emotionaler und kognitiver Nähe, auch Lock-in Effekte auftreten. Durch die hohe damit verbundene Homogenität und Innenorientierung werden wichtige andere Informationen meist von außen nicht mehr aufgenommen und verarbeitet. Diese Problematik wurde auch als Group-Think Phänomen bei Janis (1972; 1982) angesprochen. Die Lock-in Effekte führen zu einer zu starken Orientierung am Team. Sie verhindern die Integration von Informationen von außen und behindern das Problemlösungspotenzial der Gruppen und somit ihren Erfolg bei der Wissensarbeit. Auch wenn die Effekte verschiedener Formen von Nähe auf die Effektivität von Wissensarbeit noch zu untersuchen sind, bleibt also festzuhalten, dass es positive wie negative Effekte geben wird.

Tabelle 1: *Zusammenhang ausgewählter Formen der Wissensarbeit und ausgewählter Formen der Nähe*

	physisch	kognitiv	emotional	psychisch
Kombination	nicht zwischen Personen erforderlich	Verstehensprozesse	nur bedingt und sehr mittelbar erforderlich	nur bedingt und sehr mittelbar erforderlich
Internalisierung/ Externalisierung	förderlich, nicht immer zwingend	förderlich	förderlich	förderlich
Sozialisierung	nahezu zwingend	sehr förderlich	förderlich	sehr förderlich
Diffusion	förderlich	sehr förderlich	förderlich	förderlich
Autopoiesis	nahezu zwingend	sehr förderlich	sehr förderlich	sehr förderlich

2.2 Aktueller Hintergrund: Von der virtuellen Arbeit zur Kopräsenz

In der heutigen Wissensgesellschaft findet man zwei Extrema – einerseits die Betonung von Nähe bei der Wissensarbeit und andererseits gezielte, primär physische Distanz durch verteilte, auch virtuelle, Arbeit. Erstens werden zur Verbesserung der Koordination von Aufgaben vermehrt direkte Kommunikation und Zusammenarbeit wie beispielsweise durch die Arbeit in Teams sowie durch die Nutzung von Meetings eingesetzt. Zweitens führt die Nutzung von Informationstechnologien und inkorporiertem Wissen bei der verteilten Wissenserzeugung in nationalen und internationalen Unternehmen zur physischen Distanz, die dann auch emotionale sowie kognitive und psychische Distanz zur Folge haben kann.

Teams können zwar auch physisch virtuell oder partiell virtuell arbeiten, doch entstehen weitere Formen der Nähe durch die gemeinsame Arbeit. Nähe ist nicht auf die physische Nähe begrenzt, zum Beispiel treten gemeinsame Intentionalität und geteiltes Erleben von Emotionen bei direkter Interaktion auf. Diese ist auch in Meetings möglich, die primär zum Informations- und Wissenstransfer dienen, doch hier dominieren unter Umständen divergente Interessen, die gemeinsame Intentionalität und geteiltes Erleben von Emotionen. Mit der Zunahme an globaler Interaktion und dem Zugewinn an Erfahrungen in interkultureller Arbeit kann aber auch Nähe wachsen und zudem lassen sich durch die Diversität der Wissensarbeiter auch Lock-in Effekte vermeiden.

Darüber hinaus ist eine wissensbasierte Wirtschaft auch von internationaler Zusammenarbeit gekennzeichnet. Die damit verbundene verteilte Arbeit und die interkulturelle Arbeit können über Distanz bestimmte Formen der Wissensarbeit behindern, aber auch durch Diversität Wissensarbeit befördern. Es handelt sich jedoch um ein sehr komplexes Wirkungsgefüge. Generell kann davon ausgegangen werden, dass zwischen den Näheformen und der Entwicklung einer wissensbasierten Wirtschaft komplementäre und konkurrierende Beziehungen bestehen.

3 Ansatzpunkte zur Überwindung von Barrieren bei der Wissensarbeit

Wissensarbeit ist typischerweise nicht einfach und wird durch Barrieren behindert. Barrieren können unterschiedliche Formen annehmen und hängen mit der Form der Distanz zusammen. Hier werden Barrieren in Bezug auf die groben Kategorien: Nicht-Wissen, Nicht-Können und Nicht-Wollen unterschieden. Nicht-Wissen lässt sich generell durch bessere und reichhaltigere Information und letztlich Wissensarbeit reduzieren. Allerdings können hier Informationspathologien vorkommen. Der Begriff geht zurück auf Wilensky, der sich vorrangig mit der informatorischen Fundierung von Führungsentscheidungen auseinandersetzt (Wilensky 1967). Zu unterscheiden sind strukturelle, doktrinbedingte und psychologische Informationspathologien. Innerhalb der strukturellen Pathologien führen Hierarchie, Spezialisierung und Zentralisierung zu einer Verzerrung und Blockade von Informationen, so dass die Entscheidungsträger keinen ausreichenden Informationsstand besitzen und erlangen können. Während strukturelle Informationspathologien den Informationsfluss behindern, können Doktrinen insbesondere eine Informationsverzerrung und -umdeutung bewirken. Dieses präsentiert sich im Informationsverhalten, in dem bestimmte Informationsquellen und -arten bevorzugt werden und so eine verfälschte Informationsbasis entsteht. Dabei bevorzugt das Individuum konsonante Informationen und kognitive Strukturen gegenüber dissonanten (Pautzke 1989: 145).

Das Nicht-Können lässt sich im Regelfall durch Qualifizierung, beispielsweise Trainings bis hin zur gemeinsamen Arbeit, und damit auch Wissensarbeit vermindern. Das Nicht-Wollen beruht letztlich oft auf Nicht-Können und Nicht-Wissen. Nicht-Wollen wird zudem durch eine Negativbewertung aufgrund emotionaler und kognitiver Hintergründe verstärkt. Nicht-Wollen lässt sich insofern durch Information und Qualifizierung reduzieren. Darüber hinaus kann diese Barriere über Einsicht, Reflektion und Sensibilisierung reduziert werden.

Ein Weg zur Überwindung ist, die Distanz selbst mittels institutioneller, organisatorischer und technischer Arrangements zu verändern und zu reduzieren. Physische Distanz bei verteilter Arbeit lässt sich mittels technischer Arrangements zum Beispiel durch reichhaltigere Medien bis hin zur direkten Interaktion vermindern. Zur Verringerung der physischen Distanz können dann gezielt organisationale Arrangements eingesetzt werden, beispielsweise Teams und Teammeetings. Diese lassen sich zur Verminderung der kognitiven und emotionalen Distanz noch mit Maßnahmen etwa der Moderation, des Teambuildings vor allem auch der Förderung der privaten Kommunikation ergänzen.

4 Pfadabhängigkeiten im Kontext der Wissensarbeit

4.1 Entstehen von kognitive Pfadabhängigkeiten durch gemeinsame mentale Modelle der Realitätsinterpretation

Kognitive Pfadabhängigkeiten können durch gemeinsame mentale Modelle entstehen. Gemeinsame mentale Modelle werden unter anderem in der Literatur zur Informationsteilung in Teams diskutiert. Diese Forschungsrichtung untersucht das Pooling von Informationen und den Grad an geteilten Informationen vor Kommunikationsprozessen in Teams und erläutert den Vorteil geteilter Informationen in Form verbesserter Entscheidungen und besserer Erinnerung (Stasser/Titus 1985; Stasser/Titus 1987; Stasser/Taylor/Hanna 1989; Stasser/Steward 1992). Bei Teammitgliedern mit gleichem Status und gleicher Informationsbelastung sowie bei der gleichen Bedeutung von geteilten und nicht geteilten Modellen zeigen sich diese Modelle aussagekräftig (Mohammed/Dumville 2001: 92 f.).

Zum Konzept der geteilten Modelle (Shared Mental Models) findet sich jedoch noch keine einheitliche Begrifflichkeit und Erklärung (Cannon-Bowers/Salas 2001). Allerdings liegt von Cannon-Bowers, Salas und Converse eine Definition vor: Shared Mental Models gelten als: „knowledge structures held by members of a team that enable them to form accurate explanations and expectations for the task, and in turn, to coordinate their actions and adapt their behavior to demands of the task and other team members" (Cannon-Bowers/Salas/Converse 1993: 228). Divergenzen zum Begriff existieren hinsichtlich der Art und des Ausmaßes des Gemeinsamen. Cannon-Bowers und Salas unterscheiden bei den Arten aufgabenspezifisches Wissen, aufgabenverwandtes Wissen, Wissen über Teammitglieder und Einstellungen (Cannon-Bowers/Salas 2001: 196 f.). Darüber hinaus kann zwischen prozeduralem, strategischem und deklarativem Wissen differenziert werden (Mohammed/Dumville 2001: 90).

Unter Shared Mental Models werden sowohl gemeinsame Wissensbestände innerhalb der Gruppe als auch verteilte (distributed) Wissensbestände und damit überlappende und komplementäre Wissensbestände subsumiert (Klimoski/ Mohammed 1994; Cooke et al. 2000). Folglich lassen sich Adjektive wie überlappendes, gleiches, identisches, kompatibles, komplementäres oder verteiltes Wissen im Hinblick auf Shared Mental Models identifizieren (Cannon-Bowers/Salas 2001: 198). Kollektive Modelle werden zum Beispiel angenommen, wenn in einer Gruppe über 50 Prozent der Personen diesen Sachverhalt teilen (Martin 1992). Um den Grad an Gemeinsamkeit zu messen, bedarf es Überlegungen über das Bezugsobjekt. Zum einen kann die Struktur des Wissens, zum anderen der Inhalt des Wissens in der Gruppe untersucht werden (Cannon-Bowers/Salas 2001: 199). Messungen generell, aber vor allem die der Struktur gelten als schwierig und bedürfen weiterer Forschung (Cannon-Bowers/Salas 2001: 199 f.). Als ein Beispiel für die Messung des Inhaltes gemeinsamer mentaler Modelle kann das Vorgehen von Carley gelten. Um festzustellen, inwieweit eine Gruppe über gemeinsame mentale Modelle verfügt, wird der Gehalt an Gemeinsamkeit anhand von geteilten Begriffssystemen untersucht. Dabei wird die Anzahl der geteilten Begriffe der Begriffssysteme gezählt (Carley 1997: 543). Hierdurch lassen sich allerdings nur explizite Facetten oder die Ausdrucksformen impliziten gemeinsamen Wissens identifizieren. Darauf basierend unterscheidet Carley zwei Gruppen von Teams. Teams mit einem größeren Anteil gemeinsamer Modelle agieren erfolgreicher als Teams mit einem kleinen Anteil gemeinsamer mentaler Muster (Carley 1997: 548 f.). Auch wenn dies nur ein limitiertes Ergebnis zu mentalen Modellen ist, offenbart es doch die Bedeutung und eine Perspektive zu organisationalem Wissen.

Gemeinsame mentale Modelle der Realitätsinterpretation werden durch Nähe unterschiedlicher Formen gefördert. Bezüge zur Entwicklung von gemeinsamen

Modellen lassen sich aus der Forschung zur Collective Cognition (Gibson 2001) sowie dem Modell zur Entstehen gemeinsamen Wissens (Autopoiesis) von Bouncken (2003) (siehe Abbildung hinten) ableiten. Aus der Forschung zur Collective Cognition lassen sich vier Phasen identifizieren, die Gibson in einen Zusammenhang stellt: Akkumulation, Interaktion, Examination und Akkomodation (Gibson 2001: 123 ff). Die Prozessphasen folgen teilweise linearen und sequentiellen, aber häufig auch rückgekoppelten und zirkulären Abläufen (Gibson 2001: 124). In der ersten Phase (Akkumulation) akquirieren die Gruppen Wissen und Informationen. Beides wird gefiltert, so dass nur Teile der Information innerhalb der Interaktion wirken. Diese Filterung erfolgt durch Kommunikation zwischen den Individuen in der Gruppe hinsichtlich ihrer Wahrnehmung der Ziele der Gruppe (Gibson 2001: 124). Um das Wissen zu nutzen, bedarf es in der Interaktionsphase der Erinnerung der Informationen, die in vorherigen Interaktionen benötigt wurden (Gibson 2001: 124). Dabei hilft ein Transactive Memory System, weil es die Abrufbarkeit von personenbezogenem Wissen verbessert. Das System selbst beinhaltet Wissen darüber, welche andere Person welches Wissen besitzt und wird in der Praxis wirksam, wenn eine Person sich fragt, wen sie mit diesem Wissen kennt oder jemanden kennt, der einen entsprechenden Wissensträger benennen kann. Folglich sind Verbindungen zwischen den Personen für die Nutzung des Wissens in der Interaktionsphase entscheidend. Damit beeinflusst die Gruppenstruktur die Verarbeitung des Wissens (Gibson 2001: 126). Dieser Einfluss wird sowohl in der Forschung zum Transactive Memory, als auch in der zu Shared Mental Models hervorgehoben (Banks/Millward 2000; Rentsch/Klimoski 2001; Salas/Cannon-Bowers 2001; Smith-Jentsch et al. 2001). Die Examinationsphase betrifft die Überprüfung und die Zuordnung des Wissens auf dem Wege der Zusammenarbeit (Gibson 2001: 126). Dabei können bestimmte Informationen betont werden und dadurch mehr Relevanz in der Gruppe erhalten. Die Betonung ist auch eine Folge von unterschiedlichen Rollen in Organisationen (Gibson 2001: 126). In der Akkomodationsphase erfolgt eine Integration der Einstellungen, Wahrnehmungen und Beurteilungen der Gruppenmitglieder, aus denen Entscheidungen und Handlungen resultieren können, die eine gewisse unbewusste gemeinsame Sichtweise repräsentieren (Gibson 2001: 126 f.).

4.2 Autopoietische Entwicklung gemeinsamer mentaler Modelle

Bouncken (2003) beschreibt die autopoietische Entwicklung gemeinsamer mentaler Modelle in Form der Neukonstruktion von mentalen Modellen und Handlungsschemata und betont die Bedeutung kontextgebundener Interaktions- und Kommunikationsprozesse zu ihrem Entstehen. Sie führen zu wechselseitigen Typisierungen des Kontextes und der Personen, die sich neu entwickeln können, beziehungsweise durch Interaktionen und Kommunikationen konstruiert werden. Eine hohe Bedeutung entfaltet dabei die Kommunikationsdynamik. Sprachakte beziehen sich nicht nur auf Sprachakte, sondern auch auf den Kontext. Darüber hinaus ist der Bezug von Sprachakten aufeinander durch die Mehrdeutigkeit und Unbestimmtheit von Sprache nicht immer so, wie die Kommunikationspartner es gemeint haben. Die Kommunikation besitzt eine eigene Dynamik. Dazu kommt die Linearität von Sprache. Hierdurch lassen sich holistische Wahrnehmungen und Interpretationen nicht deckungsgleich übertragen. Diese Charakteristika der Sprache ermöglichen Raum für (gegebenenfalls neue) Interpretationen. Die auftretenden Verständigungsprobleme limitieren zwar die Diffusion von Bedeutungen und die Bestätigung von etwas Organisationalem, aber ermöglichen die Neukonstruktion von mentalen Modellen und Handlungsschemata, indem neue Bedeutungen geschaffen werden. Eine Verständigung lässt sich verbessern, indem Kommunikations- und Interaktionsbeziehungen im Unternehmen ermöglicht werden, die enge Kontakte sowie verbale und non verbale Beziehungen umfassen. Darüber hinaus ist den Organisationsmitgliedern zu verdeutlichen, dass sie jeweils unterschiedliche Perspektiven der Welt, unterschiedliches Wissen und unterschiedliche Begriffsverwendungen haben. Durch eine Orientierung am Hintergrundwissen kann die Verständigung verbessert werden. Wenn vorher unterschiedliche Muster vorgelegen haben, geht damit oft auch eine Neukonstruktion von gemeinsamen Mustern einher. Die Neukonstruktion der mentalen Modelle und Handlungsschemata erfolgt durch Uminterpretation der Handlungen des Anderen und der Kommunikationsakte, durch Uminterpretation des Handlungskontextes und/oder durch intendierte oder nicht intendierte Handlungsfolgen, die rekursiv die mentalen Modelle und Handlungsschemata beeinflussen.

Eine Grundlage für die Entwicklung gemeinsamer Modelle stellt auch die kollektive Intentionalität dar. Sie verdeutlicht, dass Personen gemeinsame Werte und Ziele überhaupt wahrnehmen, aufnehmen, zum Referenzpunkt machen und verfolgen müssen. Dabei ist keine Übereinstimmung von Zielen bei den Handlungen und Kognitionen erforderlich. Auch die Übereinstimmung über den Einsatz von Mitteln ist möglich. Gemeinsame Interpretationsmuster und Funktionszuschreibungen bilden sich allerdings durch soziale Interaktionen, die Übereinstimmungen und Verstehen umfassen. Kontextgebundene Interaktionen mit wechselseitigen Typisierungen des Kontextes und der Personen bilden die Grundlage für die Entwicklung, Manifestierung und Weiterentwicklung von Interpretations- und Handlungsschemata. Einflüsse auf die rekursive Stabilisierung und die rekursive Veränderung können innerhalb der Organisation begründet sein und von außen auf die Organisation einwirken.

Eine hohe Bedeutung auf die Entwicklung gemeinsamer Modelle haben Artefakte der Organisation. Artefakte können vielfach sehr unterschiedlich verwendet
werden; sie sind offen für verschiedene Einsatzmöglichkeiten. Über die physi-
kalischen Eigenschaften der Artefakte hinaus bestimmen Bedeutungszuweisun-
gen und Funktionszuweisungen die Art, wie Artefakte verwendet werden. Diese
Bedeutungs- und Funktionszuschreibungen müssen aber erst etabliert werden.
Damit ist es erforderlich, dass gewisse gemeinsame mentale Modelle und Handlungsschemata in Organisationen konstruiert werden. Sie sind wiederum offen für
rekursive Stabilisierung und Veränderung. Die Konstrukteure von Artefakten in
Organisationen müssen somit immer auch Regeln und Interpretationsmuster bilden, damit die Artefakte aufgabengemäß verwendet werden können. Hierdurch
wird die Offenheit der Artefakte für unterschiedliche Verwendungen begrenzt. Allerdings können die Nutzer von Artefakten diese auch anders verwenden, wenn sie
unzureichende Kenntnis über die Verwendungsregeln haben, eine Regelverletzung
vornehmen oder einen neuen Anwendungskontext finden. Hierdurch können die
Bedeutungen von Artefakten rekursiv verändert werden. Die Nutzer von Artefakten können im Unternehmen wirken oder außerhalb des Unternehmens (Kunden,
verbundene Wertschöpfungsketten) sein. So bestimmen auch externe Einflüsse die
rekursive Stabilisierung und Veränderung der Interpretation von Artefakten und
damit die gemeinsamen Modelle.

4.3 Vor und Nachteile von Pfadabhängigkeiten

Prinzipiell sollte nicht davon ausgegangen werden, dass kognitive Pfadabhängigkeiten und gemeinsame Modelle zwingend negativ wirken und daher unbedingt
aufgebrochen werden müssen. Es ergeben sich auch positive Wirkungen, die nun
zunächst besprochen werden.

Shared Mental Models können unterschiedlichen Nutzen haben (Cannon-
Bowers/Salas 2001: 196, 200). So ermöglichen Shared Mental Models teilweise
Koordinationen in Teams ohne Kommunikation. Darüber hinaus können gemeinsame mentale Modelle den Teammitgliedern gestatten, Sachverhalte vergleichbar
zu interpretieren, so dass sie ähnliche Entscheidungen fällen und Handlungen
durchführen (Cannon-Bowers/Salas 2001: 196). Dies betrifft nicht nur spezifi-
sche Leistungen, sondern die generelle Fähigkeit von Teams (Cannon-Bowers/
Salas 2001: 200). Das Verständnis über die gemeinsamen mentalen Modelle eines
Teams soll darüber hinaus zu einer besseren Prognose über den Erfolg eines Teams
befähigen (Cannon-Bowers/Salas 2001: 196). Bei der Bewertung des Nutzens von
Shared Mental Models auf den Erfolg von Teams lassen sich zwei Kategorien von
Maßgrößen differenzieren. Einerseits geht es um das so genannte *Teamwork* und

damit die persönliche Zusammenarbeit zwischen den Mitgliedern (Smith-Jentsch et al. 2001: 180). Anderseits wird die aufgabenorientierte Zusammenarbeit, das *Taskwork* betrachtet (Mohammed/Dumville 2001: 91). Beides wirkt positiv auf Teamprozesse und diese wiederum auf den Erfolg von Teams (Mathieu et al. 2000). Darüber hinaus untersuchen unterschiedliche Studien verschiedene, teils einzelne Einflussfaktoren auf den Erfolg von Teams und auf den Aufbau von Shared Mental Models. Teamwork verstehen Smith-Jentsch et al. als das Verständnis eines Individuums über die Eigenschaften der Zusammenarbeit, die zum Erfolg des Teams beiträgt (Smith-Jentsch et al. 2001: 180). Durch die Wahl der richtigen Worte und Bezeichnungen sowie deren Klarheit und Ausdrucksstärke, wird die Kommunikation effektiver gestaltet (Smith-Jentsch et al. 2001: 180). So beeinflussen die mentalen Modelle über Teamwork, wie die Individuen bestimmte Beobachtungen über Verhaltensweisen im Team innerhalb ihrer mentalen Modelle speichern (Smith-Jentsch et al. 2001: 180). Diese Muster werden als transferierbar zwischen den Teammitgliedern angesehen, so dass sie auch über die Mitgliedschaft einzelner Teammitglieder bestehen bleiben können (Smith-Jentsch et al. 2001: 180). Die Untersuchung von Smith-Jentsch ist in der US-Marine angesiedelt. Um zu untersuchen, inwieweit individuelle mentale Modelle mit denen der anderen identisch sind, wurden die Dauer der Zugehörigkeit, der Rang und der Erfahrungshorizont in der amerikanischen Navy analysiert (Rentsch/Heffner/Duffy 1994: 181f.).

Die negative Seite der gemeinsamen Modelle tritt auf, wenn Teams und Gruppen eine zu starke Innenorientierung aufweisen und ihre Entscheidungsqualität leidet. Diese Problematik wird unter dem Begriff der Lock-in Effekte, speziell Groupthink gefasst. Für das Entstehen der Probleme lassen sich verschiedene Gründe in der Literatur finden. Groupthink ist vor allem dann beobachtbar, wenn die Teambeiträge eher an kameradschaftlicher Anerkennung ausgerichtet sind, als an der Erzielung guter Lösungen für ihre Probleme (Janis 1982: 14). Dass bei Gruppen mit hoher Kohärenz der Gruppenerhalt im Rang vor der Qualität des Ergebnisses steht, zeigen auch Cohen und Bailey (Cohen/Bailey 1997: 281). Dabei betrifft es insbesondere Entscheidungsträger in Gruppen, die in höheren Hierarchieebenen angesiedelt sind (Singh 1986: 568; Priem 1990: 470 f.). Darüber hinaus weisen die Teams mit Group-Think Problemen eine längere Zusammenarbeit und entsprechende Sozialisierung auf (Singh 1986: 568; Priem 1990: 470 f.; Park 2000). Dieser Sozialisierungsprozess umfasst auch die in der Gruppe entwickelten und etablierten Annahmen, die eine hohe gemeinsame soziale Konstruiertheit aufweisen. Hinsichtlich des Ergebnisses der sinnvollen Interpretation des Anderen und der Bedeutungen kommt es jedoch auf ein Verstehen (siehe auch kognitive Nähe) an, das sich jedoch bei fortlaufender enger Interaktion positiv entwickelt. Einflüsse auf das Verstehen werden innerhalb der Kommunikationstheorie sowie der linguistischen Theorie diskutiert (Schulz von Thun 1999; Shannon/Weaver 1949; Watzlawick/Beavin/Jackson 1974).

Außerdem ist in den Teams ein hohes Wir-Gefühl, eine hohe Solidarität und die Identifizierung der Mitglieder mit ihrer Gruppe festzustellen (Janis 1982: 9). Diese *Group Cohesiveness* hat dynamische Rückkopplungsschleifen, indem die Partizipation des Teams an den Aktivitäten, Normen, Aufgaben- und Rollenvergaben zu einem erhöhten Sicherheits- und Selbstwertgefühl der Mitglieder führt, und dies wieder zu einer Stärkung der *Group Cohesiveness* (Janis 1982). Das Entstehen des Phänomens Groupthink beruht folglich primär auf einem sich bestätigendem Wirkungskreislauf, bei dem die Entstehungsursachen ein Ergebnis (*Group Cohesiveness*) produzieren, das wiederum den Handlungen und Kognitionen der Mitglieder unterliegt und zu einer Verstärkung der Group Cohesiveness führt. Dieser Kreislauf muss zur Vermeidung von Group-Think unterbrochen werden. Ferner wirken Kontextbedingungen in Gestalt struktureller Defekte und des provokanten situativen Kontextes positiv auf das Entstehen von Group Think (Janis 1982: 277 f.). Diese können mittels organisationaler, institutioneller und technischer Arrangements auch aufgebrochen werden. Strukturelle Defekte treten auf, wenn die Gruppe isoliert arbeitet, so dass sich keine Gelegenheit für die Mitglieder bietet, Informationen von externen Experten zu erhalten und andere Kritik aufzunehmen. Außerdem sind strukturelle Defizite wahrscheinlich, wenn es keine Tradition unparteiischer Führung gibt. So kann ein Teamleiter durch seine Macht, sein Charisma oder sein Prestige die Mitglieder zur Aufnahme seiner Annahmen und Denkmodelle bewegen. Auch fördert die Homogenität der Mitglieder das Auftreten von strukturellen Defekten durch das Fehlen von Normen hinsichtlich des methodischen Zugangs bei Entscheidungen. Ein provokanter situativer Kontext liegt nach Janis vor, wenn die Entscheidungen unter Stress zu fällen sind und die Gruppenmitglieder auf ihren Führer vertrauen. Ein Beispiel für Stress im Unternehmen ist die Abhängigkeit von der Höhe des aktuellen finanziellen Erfolges (Priem 1990: 475). Die enge Vernetzung der Beteiligten führt zu einem starken Gemeinschaftsempfinden und einer Akzeptanz von impliziten Annahmen. Der Gedanke einer eher emotionalen Annäherung zwischen den Personen einer Gruppe findet sich auch in anderen theoretischen und empirischen Studien zur Gruppenkohäsion, die daraus eine Stärkung des kollektiven Gruppengefühls ableiten (Shaw 1981: 213; O'Reilly/Caldwell/Barnett 1989; Mullen/Anthony/Salas 1994: 210; Levy 1998: 62). Die Annahme einer kollektiven Ausrichtung und Verinnerlichung lässt sich von verschiedener Seite theoretisch und empirisch belegen (Bettenhausen 1991; Ensley/Pearce 2001; Dyne 2000; Gibson 2001; Martin 1992; Park 2000). Einige Studien folgern, dass sich die Mitglieder blind verstehen und ein bestimmtes Verhalten im Sinne der Gruppe verinnerlicht haben (Cannon-

Bowers/Salas 2001: 196; Cummings 1981; Foushee et al. 1986; Hutchins 1990; Hutchins 1995; Hutchins/Klausen 1996; Ryle 1949; Weick/Roberts 1993). Wenn negative Effekte von Group-Think vorliegen und gemeinsame mentale Modelle der Realitätsinterpretation aufgebrochen werden sollen, lassen sich Teams mit höherer Diversität der Mitglieder und mit wechselnden Mitgliedschaften aufbauen. Diversität kann sehr unterschiedlich angelegt sein: denkbar sind Merkmale wie Alter, Geschlecht, fachlicher Hintergrund, Nationalität und kulturelle Werte. Darüber hinaus sollte in Teams ein gezieltes Aufbrechen von Routinen durch Routinen des Infragestellens verfolgt werden. Typischerweise kann ein Advokat des Teufels dazu verwendet werden. Durch solche Strategien lassen sich dann die negativen Effekte, Lock-ins bei gemeinsamen mentalen Modellen der Realitätsinterpretation reduzieren.

5   Die förderliche und hemmende Wirkung von Nähe

Der Beitrag war motiviert durch das Forschungsdefizit zum Thema Wissen und Wissensarbeit im Kontext von Nähe beziehungsweise Distanz zwischen den Wissensarbeitern. Es zeigte sich, dass die unterschiedlichen Formen von Nähe ungleiche Wirkungen im Zusammenhang mit der Wissensarbeit haben. Sehr oft wird Nähe verkürzt in Form von physischer Nähe begriffen. Daneben entfaltet jedoch kognitive, emotionale und psychische Nähe förderliche, aber auch hemmende Wirkung bei der Wissensarbeit. Eine wichtige Rolle kommt dabei kognitiven Pfadabhängigkeiten in Form von gemeinsamen mentalen Modellen zu. Diese Modelle können, wenn Sie nicht gezielt über Diversitäten von Gruppen oder Gestaltungsinstrumente wie des Teufels Advokat weiterentwickelt werden, eine hemmende Wirkung für die Wissenserzeugung entfalten. In der Wissensarbeit muss insofern den unterschiedlichen Formen von Nähe und Distanz und besonders gemeinsamen mentalen Modellen mehr Beachtung geschenkt werden. Empirische Studien zu Wirkungsweisen und Wirkungsverläufen im Zeitablauf finden sich bisher nicht und sind dringend anzugehen.

Literatur

Banks, Adrian P./Millward, Lynne J. (2000): Running shared mental models as a distributed cognitive process. In: Journal of Psychology Jg. 91, H. 4, 513-523
Bettenhausen, Kenneth L. (1991): Five years of group research: what we have learned and what needs to be adressed. In: Journal of Management Jg. 17, H. 2, 345-381

Bouncken, Ricarda B. (Hrsg.) (2003): Organisationale Metakompetenzen. Theorie, Wirkungszusammenhänge, Ausprägungsformen und Identifikation. Wiesbaden: Deutscher Universitäts-Verlag

Cannon-Bowers, Janis A./Salas, Eduardo (2001): Reflections on shared cognition. In: Journal of Organizational Behavior Jg. 22, H. 2, 195-202

Cannon-Bowers, Janis A./Salas, Eduardo/Converse, Sharolyn A. (1993): Shared mental models in team decision making. In: Castellan (1993): 221-246

Carley, Kathleen M. (1997): Extracting team mental models through textual analysis. In: Journal of Organizational Behavior Jg. 18, H. 3, 533-558

Castellan, N. John Jr. (Hrsg.) (1993): Individual and Group Decision Making. Hillsdale NJ: Lawrence Erlbaum

Cohen, Susan G./Bailey, Diane E. (1997): What makes teams work: group effectiveness research from the shop floor to the executive suite. In: Journal of Management Jg. 23, H. 3, 239-290

Cooke, Nancy J./Salas, Eduardo/Cannon-Bowers, Janis A./Stout, Rene'e J. (2000): Measuring teams knowledge. In: Human Factors Jg. 42, H. 1, 151-173

Cummings, Thomas G. (1981): Designing effective work groups. In: Nystrom/Starbuck (1981): 250-309

Dyne, Linn Van (2000): Collectivsm, propensity to trust and self-esteem as predictors of organizational citizenship in a non-work setting. In: Journal of Organizational Behavior Jg. 21, H. 1, 3-24

Engeström, Yrio/Middleton, David (Hrsg.) (1996): Cognition and Communication at Work. Cambridge: Cambridge University Press

Ensley, Michael D./Pearce, Craig L. (2001): Shared cognition in top management teams: implications for new venture performance. In: Journal of Organizational Behavior Jg. 22, H. 2, 145-160

Foushee, H. Clayton/Lauber, John K./Baetge, Michael M./Acomb, Dorothea B. (1986): Crew Factors in Flight Operations III. The Operational Significance of Exposure to Short-Haul Air Transport Operations. NASA Technical Memorandum 88322. Moffet Field, CA

Galegher, Jolene/Kraut, Robert E./Edigo, Carmen (Hrsg.): Intellectual Teamwork: Social and Technological Foundations of Cooperative Work. Hillsdale, NJ: Lawrence Erlbaum

Gibson, Cristina B. (2001): From knowledge accumulation to accomodation: Cycles of collective cognition in work groups. In: Journal of Organizational Behavior Jg. 22, H. 2, 121-134

Hutchins, Edwin (1990): The technology of team navigation. In: Galegher/Kraut/Edigo (1990): 191-220

Hutchins, Edwin (Hrsg.) (1995): Cognition in the Wild. Cambridge: MIT Press

Hutchins, Edwin./Klausen, Tove (1996): Distributed cognition in an airline cockpit. In: Engeström/Middelton (1996): 15-34

Janis, Irving L. (1972): Victims of Groupthink. Boston: Houghton Mifflin

Janis, Irving L. (1982): Groupthink. Psychological Studies of Policy Decisions and Fiascos. Boston: Houghton Mifflin

Klimoski, Richard/Mohammed, Susan (1994): Team mental model: construct or metaphor? In: Journal of Management Jg. 20, H. 2, 403-437

Levy, Paul E. (1998): The role of perceived system knowledge in prediction apraisal reactions, job satisfaction, and organizational commitment. In: Journal of Organizational Behavior Jg. 19, H. 1, 53-66

Martin, Joanne (1992): Cultures in Organizations: Three Perspectives. New York: Oxford University Press

Mathieu, John E./Goodwin, Gerald F./Heffner, Tonia S./Salas, Eduardo/Cannon-Bowers, Janis A. (2000): The influence of shared mental models on team process and performance. In: Journal of Applied Psychology Jg. 85, H. 2, 273-283

Mohammed, Susan/Dumville, Brad C. (2001): Team mental models in a team knowledge framework: expanding theory and measurement across disciplinary boundaries. In: Journal of Organizational Behavior Jg. 22, H. 2, 89-106

Mullen, Brian/Anthony, Tara/Salas, Eduardo (1994): Group cohesiveness and quality of decision making: an integration of tests of the groupthink hypothesis. In: Small Group Research Jg. 25, H. 2, 189-204

Nonaka, Ikujiro (1991): The knowlegde-creating company. In: Harvard Business Review Jg. 69, H. 6, 96-104

Nonaka, Ikujiro/Byosiere, Philippe/Borucki, Chester C. (1994): Organizational knowledge creation theory: a first comprehensive test. In: International Business Review Jg. 3, H. 4, 337-351

Nystrom, Paul C./Starbuck, William H. (Hrsg.) (1981): Handbook of Organizational Design Vol. 2. New York: Oxford University Press

O'Reilly, Charles A. III./Caldwell, David F./Barnett, William P. (1989): Work group demography, social integration and turnover. In: Administrative Science Quarterly Jg. 34, H. 1, 21-38

Park, Won-Woo (2000): A comprehensive empirical investigation of the relationships among variables of the groupthink model. In: Journal of Organizational Behavior Jg. 21, H. 8, 873-888

Pautzke, Gunnar (1989): Die Evolution der organisatorischen Wissensbasis: Bausteine zu einer Theorie des organisatorischen Lernens. München: Kirsch Verlag

Priem, Richard L. (1990): Top management group factors, consensus, and firm performance. In: Strategic Management Journal Jg. 11, H. 6, 469-478

Rentsch, Joan R./Heffner, Tonia S./Duffy, LorRaine T. (1994): What you know is what you get from experience. In: Group and Organization Management Jg. 19, H. 4, 450-474

Rentsch, Joan R./Klimoski, Richard J. (2001): Why do 'great minds' think alike?: antecedents of team member schema agreement. In: Journal of Organizational Behavior Jg. 22, H. 2, 107-120

Ryle, Gilbert (1949): The Concept of Mind. Chicago: The University of Chicago Press

Searle, John R. (1997): Die Konstruktion der gesellschaftlichen Wirklichkeit. Zur Ontologie sozialer Tatsachen. Reinbeck bei Hamburg: Rowohlt

Salas, Eduardo/Cannon-Bowers, Janis A. (2001): Shared cognition – special issue preface. In: Journal of Organizational Behavior Jg. 22, H. 2, 87-88

Schulz von Thun, Friedemann (1999). Miteinander Reden 1. Hamburg: Rowohlt

Shannon, Claude E./Weaver, Warren (1949): The Mathematical Theory of Information. Urbana: University of Illinois Press

Shaw, Marvin E. (1981): Group Dynamics. The Psychology of Small Group Behavior. New York: McGraw Hill

Singh, Jitendra V. (1986): Performance, slack and risk taking in organizational decision making. In: Academy of Management Journal Jg. 29, H. 3, 562-585

Smith-Jentsch, Kimberly A./Campbell, Gwendolyn E./Milanovich, Dana M./Reynolds, Angelique M. (2001): Measuring teamwork mental models to support training needs assessment, development and evaluation: two empirical studies. In: Journal of Organizational Behavior Jg. 22, H. 2, 179-194

Stasser, Garold/Steward, Dennis D. (1992): The discovery of hidden profiles by decision making groups: solving a problem versus making a judgement. In: Journal of Personality and Social Psychology Jg. 63, H. 4, 426-434

Stasser, Garold/Taylor, Laurie A./Hanna, Coleen (1989): Information sampling in structured and unstructured discussions of three- and six-groups. In: Journal of Personality and Social Psychology Jg. 57, H. 1, 67-78

Stasser, Garold/Titus, William (1985): Pooling of unshared information in group decision making: biased Information sampling during discussion. In: Journal of Personality and Social Psychology Jg. 48, H. 6, 1467-1478

Stasser, Garold/Titus, William (1987): Effects of information load and percentage of shared information on the dissemination of unshared information during group discussion. In: Journal of Personality and Social Psychology 53, H. 1, 81-93

Watzlawick, Paul/Beavin, Janet H./Jackson, Don D. (1974): Menschliche Kommunikation. Formen, Störungen, Paradoxien. Bern, Stuttgart, Wien: Hans Huber Verlag

Weick, Karl E./Roberts, Karlene H. (1993): Collective minds in organizations: heedful interrelating on flight decks. In: Administrative Science Quarterly Jg. 38, H. 3, 357-381

Wilensky, Harold L. (1967): Organizational Intelligence – Knowledge and Policy in Governance and Industry. New York, London: Basic Books

Abbildung 1: Entwicklung der gemeinsamen mentalen Modelle

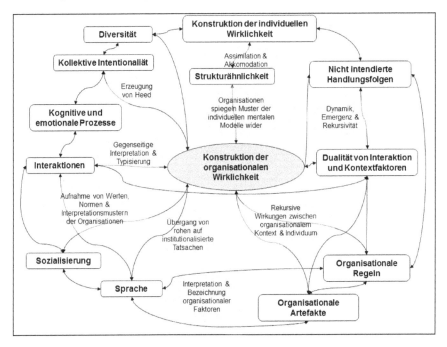

Raum als Wissenskategorie[1] – Raumkonzepte und -praktiken in Prozessen der Wissenserzeugung

Gertraud Koch

1 Raumwissen

Mit dem knowledge turn in der Raumforschung hat sich die Auffassung durchgesetzt, dass Wissen und Raum in einem Verhältnis der Ko-Evolution stehen. Beide unterliegen also einer eigenlogischen Entwicklung beider Bereiche unter wechselseitiger Beeinflussung (Matthiesen 2007a). Voraussetzung einer solchen Ko-Evolution ist die gegenseitige Wahrnehmung und Bezugnahme. Auf der einen Seite wird Wissen in seinen verschiedenen Repräsentations- und Institutionalisierungsformen heute als strukturierende Kraft des Raumes begriffen. Auf der anderen Seite wird Raumentwicklung in ihren Zusammenhängen von räumlich zu verortenden Wissensbeständen, -unterschieden und -prozessen erforscht. Damit Raumentwicklung auf das Paradigma des Wissens beziehungsweise der Wissensgesellschaft bezogen werden kann, ist Raum auch selbst verstärkt zu einer Kategorie des Wissens geworden, welche die sozialräumlichen Gestaltungspraktiken unterschiedlicher Akteure leitet. Abstrakte Ideen, Konzepte und Deutungen des Raums spielen dabei ebenso eine wichtige Rolle wie Wissen, welches sich konkret auf spezifische Räume bezieht oder sich als praktische Kompetenz artikuliert, Räume zu explorieren, anzueignen oder zu gestalten. Eine so fokussierte wissensanthropologische Perspektive auf Raum kann insofern einen komplementären Beitrag zum knowledge turn liefern und die Einsichten der wissensorientierten Raumforschung in der Stadt- und Regionalforschung ergänzen, die die Verräumlichung von Wissensentwicklungen beziehungsweise die Auswirkung von Wissensprozessen auf die Entwicklung von Räumen untersucht.

Die Problematisierung des Raums als Wissenskategorie ist eine kaum vermeidliche Konsequenz, wenn man Wissensarbeit in ihren räumlichen Bezügen erforschen will und die soziale Konstruiertheit des Raumes, wie sie in den Sozi-

---

1   Oliver Ibert und Hans-Joachim Kujath danke ich für ihre konstruktive Lesart eines ersten Entwurfs, die erst die vorliegende Fassung ermöglicht hat. Ulf Matthiesen bin ich für Kritik einer früheren Version und für eine Reihe an Hinweisen dankbar, die substanziell zur Schärfung der hier entwickelten Gedanken beigetragen haben, die dabei jedoch weiterhin und zwangsläufig als konzeptuelle Überlegungen eine gewisse Vorläufigkeit haben.

alwissenschaften state of the art ist, zugrunde legt. Sie erweitert den Blick über die Erzeugungsbedingungen des Wissens und problematisiert Wissen selbst als ein Konstrukt, als ein Modell oder als ein Schema, welches Handeln leitet (vgl. Faßler 2007, 2008b), dort wo es um wertschöpfende Wissensarbeit und damit verbundene Nähe-Distanz-Praktiken geht. Wissen wird dabei als Konzept in seinen historischen und sozialen Bindungen wie auch den Machtverhältnissen problematisiert, in die Wissen immer eingeordnet ist. Welches Wissen über Raum liegt den Strategien der wertschöpfenden Wissensarbeit zugrunde, und welche Handlungsmuster gehen daraus hervor? Wie wird dieses Wissen produziert? Welchen Entstehungszusammenhängen und -logiken unterliegt das Wissen über Raum? Schließlich auch: Wie wird Raum gewusst und erfahren?

Es geht hier also auch weniger um einen weiteren Beitrag zu dem inzwischen viel zitierten „spatial turn" in den Sozial- und Geisteswissenschaften, welcher in neueren Deutungen ohnehin schon in seiner Substanz kritisch hinterfragt wird, weil er trotz langjähriger Verweisung nicht in allen disziplinären Zusammenhängen deutliche Konturen gewinnen konnte (vgl. Döring/Thielmann 2008a). Vielmehr geht es darum zu fragen, wie das in wissenschaftlichen und anderen Kontexten erzeugte Wissen über Raum in der wertschöpfenden Wissensarbeit aufgegriffen und genutzt und dabei explizit oder implizit handlungsleitend wird. Auch zu fragen wäre, aus welchen Quellen sich dieses Raumwissen überhaupt speist, sowie nach welchen Prinzipien sich das Wissen über Raum bildet. Die hier vorgeschlagene wissensanthropologische Perspektive (Barth 2000, 2002) von Raum als Wissenskategorie argumentiert von den Arbeitsprozessen her,[2] also der Anwendung von Wissen in konkreten Situationen. Sie fragt dementsprechend nach dem Raumwissen von Wissensarbeitern, nach den Logiken und Prozessen, in denen dieses Wissen zur Anwendung gebracht und schließlich im Raum wirksam wird. Dabei sind unterschiedliche Typen des Raumwissens zu unterscheiden.

1.1 Raumorientierung

Raumorientierung ist ein grundlegendes menschliches Verhalten, welches aber kulturell vermittelt wird und damit auch spezifische Züge trägt beziehungsweise Variationen aufweist. Prinzipien der Selbstverortung in räumlichen Zusammenhängen werden sprachlich angeeignet und leiten fortan die Raumorientierung, wie umfangreiche sozio-linguistische Studien zum Zusammenhang von Raum und Sprache ergeben haben. Sie zeigen, dass Sprachfamilien mit absoluten Raumsys-

---

2   Sie unterscheidet sich in dieser Handlungsorientierung von solchen Konzepten, die das Zusammenwirken bzw. die Ko-evolution von Raum und Wissen konzeptualisieren, wie etwa die von Ulf Matthiesen (2007 b).

temen (nach den Himmelsrichtungen) so andere Orientierungsfähigkeiten anlegen als Sprachen mit positionalen, vom Betrachter ausgehenden Raumkonzepten (rechts/links), folglich von einer sozio-linguistischen Relativität in der Raumorientierung auszugehen ist (Levinson 2003). Für die Erforschung von Nähe-Distanz-Verhältnissen in der wertschöpfenden Wissensarbeit, sind diese Unterschiede in der Raumkognition sehr wohl bedeutsam, allerdings empirisch-analytisch kaum zu fassen, und können damit in dem hier verfolgten Zusammenhang auch nicht Gegenstand der Untersuchung werden.

1.2 Kulturelle Schemata des Raumes und Konstruktionsprinzipien sozialräumlicher Relationen

Bedeutender als die empirisch schwer fassbare sozio-linguistische Prägung der Raumorientierung sind für die Analyse von Nähe-Distanzverhältnissen jene Kognitionen des Raums, die auf diesen sozio-linguistischen Prägungen aufsetzen. Das sind die im Zuge der Sozialisation erworbenen, sich mit der Erfahrung erweiternden beziehungsweise verändernden kulturellen Schemata, also die sich sprachlich artikulierenden Vorstellungen von den raum-zeitlichen Verhältnissen, sowie die damit verbundenen Sinn- und Deutungshorizonte. Diese kulturellen Schemata des Raums beziehungsweise der raum-zeitlichen Bezüge sind handlungsleitend, aber keinesfalls als Handlungen präjudizierend anzusehen. Sie stellen einen wichtigen Zugang zu dem Raumwissen der Akteure in der wertschöpfenden Wissensarbeit dar und erbringen dort aufschlussreiche Einsichten, wo sie in ihrem Bezug zu den Raumpraktiken betrachtet werden, die mit diesen Schemata in Verbindung stehen.[3] In der Moderne sind raum-zeitliche Zusammenhänge in Bewegung geraten und auch deren Sinn- und Deutungshorizonte Gegenstand der sozialen Aushandlung geworden (Kaschuba 2004). Dies schlägt sich in Praxisfeldern aber auch in gegenwärtigen sozialräumlichen Theorien nieder. Bob Jessop, Neil Brenner und Martin Jones (2008) identifizieren „terretories", „places", „scales" und „networks" hier als zentrale Kategorien und „as mutually constitutive and relationally intertwined dimensions of socio-spatial relations". Der Verweis der Autoren auf die

---

3   Strauss/Quinn (1997) zeigen beispielsweise für die kulturellen Schemata der Heirat, dass aus diesen nicht folgerichtig auf die damit verbundenen sozialen Praktiken geschlossen werden kann. Vielmehr stellen sie teils Diskrepanzen zwischen beiden fest, die in der Beständigkeit solcher kultureller Deutungsmuster bedingt ist. Sie hinken den sozialen Veränderungen hinterher, repräsentieren teils vergangene Idealbilder. Während Menschen sich im Lebensalltag rasch auf Veränderungen einstellen müssen, um diese zu bewältigen, folglich ihre Praktiken anpassen, bedürfen mit diesem Auseinanderfallen von Praxis und Deutungsmuster die kulturellen Schemata der Veränderung und werden Gegenstand sozialer Aushandlungsprozesse über deren Neuauslegung.

Gleichzeitigkeit und die Verstrickung dieser verschiedenen Formen ist dabei zentral. Zugleich ist diese Klassifizierung nicht erschöpfend, gerade in spätmodernen Verhältnissen sicher zunehmend ergänzungsbedürftig. Aus kulturanthropologischer Perspektive lassen sich hier zumindest schon die „scapes" (Appadurai 1990, 1991) hinzufügen und auch auf die zunehmende mediale Verfasstheit der Räume verweisen (Faßler 2006, Faßler 2008a, Koch 2009).[4] Fredrik Barth formuliert auch die Notwendigkeit, nach möglichen Quellen in der Umwelt zu suchen, aus denen solche Schemata entwickeln werden können.

1.3 Raum als Erfahrung – Raumphänomenologie

Hier spielen die Anmutungsqualitäten und die Materialität von Räumen in ihren sozialen Bezügen eine wichtige Rolle, welche im Sinne der Phänomenologie über die subjektive Präsenz in dem Raum erfahren wird. Sie können somit durch die Präsenz im Raum und die Bewegung durch den Raum erschlossen werden, hängen also wesentlich auch von den Formen ab, in denen dies geschieht – zu Fuß, per Autor, per Bahn oder per Flugzeug. Zunehmend werden Räume heute aber auch medial erfahren beziehungsweise sind Alltagsräume mit vielfältigen Medien angereichert, die neue Möglichkeiten der Raumwahrnehmung bedingen. Fernsehen, Presse und Internet schaffen neue Möglichkeiten der Wahrnehmung von Räumen, die deswegen mit ihren neuen Möglichkeiten der Wirklichkeitskonstruktion nach Auffassung des US-amerikanischen Technikphilosophen Don Ihde (1990, 1993) deswegen auch einer post-phänomenlogischen Perspektive bedürfen. Solche sich auf historisch gewachsene, materielle, sozio-ökonomische Ausstattungen des Raumes beziehende Anmutungsqualitäten werden heute verstärkt im Kontext der kultur- und sozialwissenschaftlichen Stadtforschung thematisiert.[5] Sie beziehen sich auf wirtschaftliche und soziale Entwicklungen, die sich im Laufe der Geschichte ereignet und in Form von Gebäuden, Infrastrukturen, Bevölkerungszusammensetzung und anderem mehr in einen Raum eingeschrieben haben. Räumliche Ord-

---

4   Dementsprechend beschreiben sie ganz unterschiedliche Nähe-Distanz-Relationen und -intensitäten (Matthiesen/Mahnken 2009). In der Literatur gibt es eine Vielzahl an Ansätzen, die solche symbolischen Konstruktionen von Räumen in Verbindung mit neuen Formen der Vergemeinschaftung in unterschiedlicher Temporalität beschreiben, dabei je spezifische (neue) Prinzipien identifizieren, über die Nähe-Beziehungen konstruiert werden. Nationen als imagined communities (Anderson 1983), Normierungen und Maßsysteme als technological zones (Barry 2006), communities of practice als thematisch und temporär gebundene Praxis- und Projektgemeinschaften (Lave/Wenger 2002 [1991]; Wenger 2002 [1998]) und andere mehr.

5   *Habitus einer Stadt* (Lindner 2003) oder *Geschmackslandschaften* (Musner 2009) aber auch in etwas anderer Akzentuierung mit dem Begriff der *Eigenlogik* (Berking/Löw 2008), vergleiche hierzu das Studienprojekt „Sensing the street" unter Leitung von Rolf Lindner am Institut für Europäische Ethnologie der Humboldt Universität zu Berlin.

nungen, die sich im Zuge von Aushandlungsprozessen zwischen städtischen Akteuren herausbilden (Bourdieu 1982; Bourdieu 1997) gehören hier ebenso dazu, wie synästhetische und olfaktorische Aspekte des Raums. Die erfahrungsgeleiteten Wissensdimensionen des Raums setzen sich durch das Wahrnehmen und Wirken von vielen unterschiedlichen Akteuren, Handlungen und Entitäten in einem sozialräumlichen Zusammenhang in ihrer Komplexität zusammen.

1.4 Repräsentations- und Vermittlungsformen von Raumwissen

Wissen über den Raum ist in historischen Prozessen entstanden und hat sich spätestens seit der Vermessung der Welt kulturgeschichtlich stetig erweitert und ausdifferenziert, sowohl was die Kenntnisse über die konkreten Räume auf der Erde betrifft, als auch im Hinblick auf die kulturellen Schemata raum-zeitlicher Bezüge. Damit dies geschehen konnte, sind eine Vielzahl von unterschiedlichen Repräsentationsformen des Wissens über den Raum entwickelt worden, welche erst ermöglichen dieses Wissen weiterzugeben und auch weiterzuentwickeln. Die Vermittlungsprozesse von Wissen sind nach Barth (2002) eine der wesentlichen Punkte, an denen kultureller Wandel entsteht und sich damit auch beobachten lässt. Während Barth hier insbesondere den intergenerativen Wandel im Blick hatte, sind in der spätmodernen Welt Vermittlungsprozesse aufgrund des raschen Wissenszuwachses in vielen Kontexten und für viele Menschen jeden Alters von Bedeutung. Die verschiedenen Repräsentationsformen des Wissens über Räume eröffnen unterschiedliche Zugänge zum und Perspektiven auf den Raum. Kartographische Abbildungen unterscheiden sich von solchen in Geo-Ortungssystemen oder dreidimensionalen Raumrepräsentation wie auch einfachen Wegweisern. Neue Repräsentationsformen des Raums, wie etwa die Kartographie, haben in historischer Perspektive zur Verbreitung von Raumwissen und auch neuen Raumpraktiken geführt.

Diese verschiedenen Wissensformen des Raums gehen einher mit spezifischen Kompetenzen in der Orientierung in und den Reflexionsmöglichkeiten über Räume.[6] Gestaltung und Gestaltbarkeit organisiert sich entlang von jenen Dimensionen, die jede der vier Wissenskategorien des Raums konstituieren und bestimmbar machen, also die Erzeugungsprinzipien, denen diese Wissenstypen des Raums folgen, mit denen sie verändert und gestaltet werden können. Diese für die vier Wissenskategorien je charakteristischen Konstitutionsprinzipien des Raums

---

6   Vergleiche hierzu auch Pierre Bourdieus Theorie der sozialen Räume, die ebenfalls eine nicht hintergehbare Verschränkung beider Kategorien annimmt, so dass nie eines, das Soziale oder der Raum, als Variable des Anderen, also alleiniger analytischer Ausgangspunkt, sein kann (Schultheis, 2004)

sind identisch mit den zur Verfügung stehenden Möglichkeiten, über räumliche Verhältnisse und damit auch Nähe-und-Distanz-Beziehungen beschrieben beziehungsweise gestaltet werden können. Denn raumkonstitutive Prozesse bedeuten immer auch, dass Inklusionen und Exklusionen organisiert, also Nähe und Distanz erzeugt werden. Die Raumpraktiken in der wertschöpfenden Wissensarbeit erschließen sich somit über die Analyse dieser vier Wissensformen des Raumes in ihrem Zusammenwirken.

2 Raumpraktiken: Nähe-Distanz-Konstrukte als Grenzregimes

Für das Verständnis von Nähe-Distanz-Verhältnissen beziehungsweise deren Erzeugung in der wertschöpfenden Wissensarbeit ist es deswegen notwendig, die Prinzipien zu verstehen, über die Räume in sozialer Praxis als solche markiert werden, wie gesetzte Begrenzungen konstruiert, erhalten, verfestigt, verteidigt aber auch durchlässig gemacht, umgangen, übersprungen und umgeformt werden. Nähe und Distanz sind zwar unauflösbar schon in den Begriff des Raums eingeschrieben, können in gewisser Weise auch als eine fließende Unterscheidung idealtypischer Pole eines Kontinuums verstanden werden[7]. Sie sind aber mit Blick auf die vielfältigen Umgangsmöglichkeiten und -formen kaum eindeutig festgelegte, statische Gebilde, sondern hochgradig variable, situativ gedeutete, in spezifischen Kontexten situierte Metaphern. Eine wissensanthropologische Betrachtung der Kategorie Raum in der Wissensökonomie wird also analysieren, wie die vier oben skizzierten Wissenskategorien des Raums von Akteuren der Wissensökonomie situativ aufgegriffen werden und nach welchen Prinzipien dabei Nähe- und Ferneverhältnisse konstruiert werden. Sie wird auch nach den Deutungs- und Sinnhorizonten fragen, die mit Nähe und Distanz verbunden werden und die Umgangsweisen damit beeinflussen. Eine wesentliche Rolle werden dabei auch zeitliche Bezüge spielen, weil diese die räumlichen Bezüge mit konfigurieren.

Für die wertschöpfende Wissensökonomie ist die Frage nach der Bedeutung räumlicher Nähe beziehungsweise Distanz im Zusammenhang mit der Wissenserzeugung von besonderem Interesse, weil Nähe-Distanz-Dimensionen eine entscheidende Bedeutung für die Wissensgenese zugeschrieben werden. Die Nähe von Akteuren gilt dabei als notwendig, um Ungewissheit und Opportunitätskosten zu reduzieren, während Distanz als erforderlich für neue Impulse, Kreativität und unerwartete Re-Kombinationen angesehen wird (ein Überblick hierzu wird gegeben bei Boschma 2005). Diese Position folgt mehr oder minder dem Grund-

---

7 Taxonomien des Fremden (zum Beispiel Adler/Niedermüller/Schwanhäußer 1999) wie des Nahen sind deswegen auch von Bedeutung.

gedanken, dass es eine für die Wissens-Produktivität ideale Mischung von Nähe-
Distanz-Relationen gibt. Die Betrachtung dieser „Leit-Nähen" ist dabei zwar auf
der Ebene von Akteuren angesiedelt[8], wird bei Boschma jedoch nicht akteurszen-
triert betrachtet. Dazu müsste das Handeln der Akteure in den Fokus der Analyse gerückt werden. In einer Analyseperspektive ist weniger die Ko-präsenz der
Akteure in spezifischen Settings bemerkenswert als vielmehr die Agency, über
die ko-präsente Situationen hergestellt und dabei auch Nähe-Distanz-Relationen
organisiert werden. Denn erst diese Praktiken der Herstellung von Nähe und Distanz sind es, die de facto den Rahmen von Wissensaustausch und -transformatio-
nen abstecken. Dabei entstehen symbolisch organisierte Räume beziehungsweise
relationale Nähe oder Distanz „quer" zu den konkreten geographisch gebundenen
und (ebenfalls sozial konstruierten) ko-präsenten Praxisräumen.

Der skandinavische Sozialanthropologe Fredrik Barth hat 1969 in einem
grundlegenden, bis heute vielfach zitierten Aufsatz soziale Konstruktionsprozesse
von ethnischen Gemeinschaften skizziert. Barth zeigt, dass Unterschiede und Gemeinsamkeiten keiner bestimmten Ontologie folgen, sondern relational als ein in
sozialer Praxis hergestelltes Konstrukt bestimmt werden und somit eine Vielfalt an
Formen annehmen können (vgl. auch Cohen 2000 [1985]). Aufschlussreich sind
hierbei seine Betrachtungen verschiedener Ontologien von solchen Nähe-Distanz-
Konstrukten. Wer diese allein auf die Muster der Unterscheidung hin betrachtet,
übersieht, wie sie vor allem auch dazu eingesetzt werden, Umgang zwischen den
Gruppen zu ermöglichen und deren Austausch zu regeln. Die dabei entstehenden
Konstruktionen von Nähe und Distanz sind allerdings keinesfalls deckungsgleich
mit deren Begründungen, die vielmehr als weitgehend kontingent anzusehen sind.
Ähnlich wie in einem Supermarkt aus dem vielfältigen Angebot in den Regalen
einzelne Waren für den Einkaufskorb ausgewählt werden – so die Metaphorik bei
Barth, werden auch aus der enormen Varietät symbolischer Formen und Praktiken
nur einzelne zur Begründung der Unterscheidung beziehungsweise Grenzziehung
selektiert. Diese dienen fortan als Marker der Unterschiede, werden sowohl zur raschen Charakterisierung als auch Abgrenzung herangezogen. Die Begründungen
sind wiederum auch nicht deckungsgleich mit den Motivationen, aus denen heraus
Distanzen konstruiert werden. Die Motive verblassen zudem häufig im Laufe der
Geschichte, wohingegen die Zuschreibungen tradiert werden und ausgesprochen

---

8   Dies ist als Vorgehensweise der Wissensforschung schlüssig, wenn man von einem handlungs-
orientierten Wissensbegriff ausgeht, nach dem Wissen an Individuen gebunden ist und nur in
Aktion beobachtet werden kann. Von dieser Perspektive aus ist in solchen Akteurs-zentrierten
Zugängen dann weiterführend die Integration auch anderer analytischer Ebenen zu problema-
tisieren. Entsprechend Giddens' Theorie der Strukturation sind dies die organisationalen und
gesellschaftlichen Rahmungen dieser Praktiken. Genauso wichtig sind auch Machtfaktoren, die
jeglichen interpersonalen Interaktionen wie auch Wissensprozessen inhärent sind.

beständig sein können. Entscheidende Fragen solcher Grenzkonstrukte sind dabei die Hierarchisierung, Wertung und Marginalisierung, die darüber vorgenommen und gedeutet werden (Barth 1969). Dreißig Jahre später erweitert Barth diese Überlegungen hin zur Berücksichtigung auch der kognitiven Schemata nach denen Grenzziehungen vorgenommen und als Nähe-Distanz-Relationen arrangiert werden. „In such a perspective it becomes an empirical question what concepts and mental operations are used by groups of people to construct their world – in this case, whether a concept of boundaries is deployed by them to think about territories, social groups or categorical distinctions" (Barth 2000).[9]

Zusammenfassend lässt sich aus den in diesem Abschnitt angestellten Überlegungen für die weitere Erforschung der wertschöpfenden Wissensarbeit somit feststellen, dass die hier arrangierten Nähe-Distanz-Verhältnisse im Sinne eines Grenzmanagements zu verstehen sind. Das Schaffen von Distanz ist in diesem Sinne nicht nur als Abgrenzung zu interpretieren, sondern zudem als ein Modus zu analysieren, in dem gerade auch spezifische Formen des Austauschs geregelt werden können. Sie definieren ebenso wie die „Leitnähen" Austauschformen beziehungsweise Haltungen zum Austausch. Neben den kognitiven Schemata, die diesen Nähe-Distanz-Verhältnissen zugrunde liegen, sind allerdings außerdem die tatsächlichen Praktiken wichtig, die abweichen oder auch gegenläufig sein können. Zudem sind die Begründungen der Nähe-Distanz-Verhältnisse von den tatsächlichen Motiven ihrer Herstellung zu unterscheiden.

3   Kulturelle Schemata des Raums in Prozessen der Wissensarbeit und der Wertschöpfung

Die wissenschaftlichen (und nichtwissenschaftlichen) Begrifflichkeiten zur Beschreibung von Nähe- und Distanzverhältnissen verwenden vielfältige Ausdrucksformen, und bezeichnen dabei jeweils spezifische Qualitäten in der Organisation von Nähe und Distanz: Agglomerate, Communities of Practice, Vertrauen, Kultur, Grenzen, Differenzen, Diversität, Wir und Andere, Eigenes und Fremdes, lokal und global, soziales Kapital und andere mehr. Die Varietät der Begriffe korrespondiert mit der Vielfalt der kulturellen Schemata, entlang derer Nähe und Distanz konstruiert werden.

---

9   Barth verweist dabei auf die generelle Schwierigkeit der Forschung solche fremden Konzepte der Herstellung von Distanz überhaupt nachvollziehen zu können: „It may hold a premise of access to other human conceptual worlds; but it seems to place us in a hall of mirrors when trying to represent categories and concepts different from our own by means of our own language and concepts" (Barth 2000: 34 f.)

Wenn verschiedene Schemata der Nähe-Distanz-Organisation gleichzeitig existieren und angewendet werden, ist für die wertschöpfende Wissensarbeit zu erwarten, dass hier weniger einfache Muster von Nähe-Distanz-Verhältnissen vorliegen als vielmehr ein komplexes Geflecht sich überlagernder und verschiedener Nähe-Distanz-Konzepte, ineinandergreifender Logiken, Praktiken und Strukturen. Ein solches Überlappen indiziert Meric Gertler (2002a) in seiner Studie zu Innovation in der Maschinenbauindustrie. Er zeigt wie nationale Governancestrukturen des Arbeitsmarkts, der Wirtschaft und des Finanzwesens in Deutschland im Vergleich zu den USA und Kanada eine hohe Interaktionsdichte von verschiedenen Akteuren (Gewerkschaften, Arbeitgeber, Wirtschaftskammern, juristischen Körperschaften) bedingen und zudem aufgrund der hohen Bindung von Arbeitnehmern an die Unternehmen durch den deutschen Kündigungsschutz eine spezifische Innovationsstrategie befördern, die auf Qualität und langfristigen „return on investment" setzt. Diese begrenzt in dieser Spezifik allerdings auch die Kompatibilität mit den Anforderungen der nordamerikanischen Kunden und folglich den Absatz dieser Produkte. Regionale und organisationale Spezifiken sieht Gertler von diesen nationalen Governancestrukturen damit nicht außer Kraft gesetzt aber überlagert.

Deutlicher noch wird ein solches Ineinandergreifen der unterschiedlichsten Nähe-Distanz-Strukturen und -Praktiken in ethnografisch-historischen Detailanalysen der globalisierten Produktion, Vermarktung und Konsumtion mit einhergehenden Abgrenzungsstrategien und Kooperationen, den Notwendigkeiten der strukturellen wie auch symbolischen Einbettung von Ideen, Waren und Menschen in der Verbindung von Lokalem, Translokalem und Globalem. Produktethnographien wie „The Travels of a T-Shirt" (Rivoli 2005) oder Fernando Ortiz' „Tabacco and Sugar" (Ortiz 1995 [1940]) zeigen wie essentiell aber auch wie vielfältig und wie kontingent die Nähe und Distanz-Relationen in Wertschöpfungsketten sind. Diese Produkte sind zwar weniger als Ergebnis der hier interessierenden Wissensarbeit zu bezeichnen, auch wenn Wissen und Wissenstransformationen eine wichtige Rolle bei ihrer Produktion und Vermarktung spielen. Unabhängig davon aber werden schon für diese einfachen Konsumgüter, T-Shirt, Zucker und Tabak, vielfältige Einflussfaktoren und Wechselwirkungen zwischen diesen deutlich. Globale Zusammenhänge, wie etwa die internationale Wettbewerbssituation oder die Rohstoffpreise, werden durch lokale Entwicklungen, wie die Entdeckung neuer Rohstoffpflanzen für Zucker oder die Entwicklung neuer Gewinnungsverfahren grundlegend verändert. Zumindest potenziell ist dies der Fall, denn andere Einflüsse wie die Veränderung von Konsumgewohnheiten oder der Produktqualitäten können diese Effekte wieder zunichte machen, so dass auf globaler Ebene wenig Veränderung feststellbar ist, stattdessen die Konsequenzen vor allem translokal, in Kuba und in Europa, spürbar werden und hier Wirkung auf Qualifikationen

der Arbeitskräfte, Lohnentwicklung und Produktionsbedingungen sowie die soziale Einbettung des Produktionszweiges wie auch des Produkts haben. Vielfältige
Faktoren auf Mikro-, Meso- und Makroebene sind so in unterschiedlichen Nähe-
Distanz-Verhältnissen örtlicher aber auch relationaler Art aufeinander bezogen.
Dabei sind es im Fall von Zucker und Tabak gerade die Transkulturalisierungen,
also die Mischung der verschiedenen symbolischen Formen und Praktiken in Europa und Kuba, die eine Voraussetzung für den Erfolg des jeweiligen Produktes
in seinen unterschiedlichen Phasen der Produktgeschichte dargestellt haben. Solche Produktethnographien haben allerdings jenseits der Fallbeschreibung keinen
systematisierenden oder theoretisierenden Anspruch. In dichten Beschreibungen
(Geertz 1975) machen sie vor allem die Vieldimensionalität notwendiger Transformationen und die Wirksamkeit verschiedener Nähe-Distanz-Konzepte sichtbar.
Bemerkenswert ist dabei, dass gerade auch die mit der Nähe verbundenen Reibun-
gen, also die Verhandlungen der in Nahbeziehungen bestehenden Unterschiede
eine weitere Brechung innerhalb all zu einfach gedachter Nähe-Distanz-Logiken
bezeichnen und zugleich als ein wesentlicher Motor für Entwicklungen angesehen
werden können.[10]

Die Komplexität wird noch dadurch gesteigert, dass auch das Konzept des
Raums und dessen Wahrnehmung dabei der Veränderung unterliegt. Bei Men-
schen, die viel unterwegs sind, verändern sich sowohl Raumhorizonte als auch
Raumerleben, so die Einschätzung des Migrationsforschers Ludger Pries (2007).
Raum wird nicht mehr um einen Lebensort arrangiert wahrgenommen, sondern
wird als pluri-lokaler Verflechtungszusammenhang begriffen, wenn Menschen
als kosmopolitische Arbeiter, Flüchtlinge oder Reisende im Modus der Trans-
Migrantion von Ort zu Ort über den Globus unterwegs sind (vgl. auch Mau 2007;
Mau/Mewes 2007). Die Menschen im Nachbardorf der Ankunftsregion können
dabei ferner sein, als die in verschiedenen diasporischen Zusammenhängen le-
benden Mitglieder der eigenen religiös-ethnischen Gemeinschaft oder auch die
Kollegen eines international verteilt arbeitenden Projektes (zum Beispiel Ó Riain
2000). Integration von Migranten wird von Pries (2007) als Raumentwicklung
skizziert, weil sich die Sozialräume dabei zwangsläufig verändern, auf verschiedenen sozialräumlichen Ebenen zugleich, der lokalen, der nationalen und der
transnationalen, rekonfiguriert werden. Von dem Transnationalismusforscher Ar-

---

10 Bilder des Ineinandergreifens von Global Pipelines und lokal verankerten Agglomeraten (Malm-
berg/Maskell 2006), sind in ihrer Verweisung auf notwendige Transformationen so weniger Erklärungen als Anlass für neue Fragen zu Bedeutung und Verhältnis von Nähe und Distanz im Innovationsgeschehen. Fragen danach, warum „global flows" überhaupt zu solchen werden, wieso
und von wem diese aufgegriffen werden und wie und unter welchen Umständen sie mit lokalem
Wissen in Verbindung gebracht werden können, sind hier zu stellen (vgl. Moore 2004).

jun Appadurai (1990) werden solche Rekonfigurationen des Raums – in Unterscheidung von konkreten sozio-geographischen Verortungen – durch den Begriff der „Scapes" in ihrer neuen Qualität bezeichnet. Sie sind insbesondere durch die Mobilität von Menschen, Ideen, Finanzen, Medien und Technologien ausgelöst, welche keineswegs synchron laufen, sondern von „disjuncture" and „difference" geprägt sind und dadurch neue Nachfragen und lokal spezifische Märkte entstehen lassen. Fragmentierte Bindungen, wechselnde Zugehörigkeiten beziehungsweise Selbstverortungen und die Überlagerung verschiedenster Erfahrungshorizonte, wie sie gerade an den dynamischen Orten, insbesondere den Mega-Cities[11] mit ihrer „super-diversity" (Vertovec 2007) oder auch in internationalen Arbeitszusammenhängen führen, gehen damit einher. Sie setzen neue Bedingungen wie auch Anforderungen im Grenzmanagement zu „fremden" Ideen, Menschen und Dingen (Vertovec/Wessendorf 2009), die ja nun selbstverständlicher Teil der alltäglichen Erfahrung und des Umgangs in der Moderne vor allem in städtischen Umgebungen geworden sind.

Diesen Abschnitt zusammenfassend lässt sich somit für die Erforschung von Nähe-Distanz-Verhältnissen in der wertschöpfenden Wissensarbeit davon ausgehen, dass eine Vielfalt an kulturellen Schemata des Raumes herangezogen werden, um Nähe und Distanz im Sinne eines Grenzmanagements zu organisieren. Bei einer Vielfalt an Schemata des Raumes, die auf ganz unterschiedliche Qualitäten von Nähe und Distanz referenzieren, ist kaum zu erwarten, dass sich in der wertschöpfenden Wissensarbeit einfache Muster der Nähe-Distanz-Organisation finden lassen. Vielmehr ist mit einem komplexen Geflecht von Nähe-Distanz-Verhältnissen zu rechnen, die miteinander interferieren und so auch eine gewissen Kontingenz bedingen. Damit wird es notwendig auch nach den Prinzipien zu fragen, wie diese wechselseitig interferierenden Nähe-Distanz-Verhältnisse möglicherweise stabilisiert werden, sowie das Reibungspotenzial in Nähe-Verhältnissen nicht aus den Augen zu verlieren. Zudem sind die kulturellen Schemata, die das Arrangieren von Nähe-Distanz-Relationen leiten, selbst der Veränderung unterworfen. Sie verändern sich mit den Raumpraktiken und den Raumerfahrungen der Akteure in der Wissensarbeit. Dies ist nicht im Sinne einer aktiv reflektierten Strategie zu erwarten, sondern eher im Sinne einer längerfristigen, eben erfahrungsbedingt und -geleiteten Entwicklung, so wie Mentalitäten sich insgesamt eher langsamer wandeln.

---

11 In London werden etwa 300 verschiedene Sprachen gesprochen.

**4   Raumkonzepte und Wissenserzeugung: Forschungsperspektiven und
vorläufige Schlussfolgerungen**

Räumliche Bezüge der Wissenserzeugung sind seit einiger Zeit ein Aufmerksam-
keitsschwerpunkt der Innovationsforschung. Hierbei hat sich gezeigt, dass Nähe
und Distanz gleichermaßen wichtige Funktionen in Innovationsprozessen haben.
Wissen über Raum ist damit wichtig für Innovatoren geworden, etwa wenn es um
Standort- oder Kooperationsentscheidungen und ähnlichem mehr geht. Raumwissen von Akteuren in Innovationsfeldern ist somit eine relevante Größe in solchen
Entwicklungen. Damit ist die Frage aufgeworfen, wie Raum in besonders innovativen Feldern gewusst wird und wie dieses Wissen zur Anwendung gebracht
wird. Die wertschöpfende Wissensarbeit gilt dabei als ein paradigmatisches Feld
zukünftiger Arbeitsformen und scheint somit in besonderer Weise geeignet, um
Prinzipien in der räumlichen Organisation von Innovationen zu erforschen. Nähe
und Distanz als relationales Begriffspaar, welche konzeptuell mit dem Raumbe-
griff verschränkt sind und analytisch über die verschiedenen Wissensarten des
Raumes zu erschließen ist, können dabei ganz unterschiedliche Auswirkungen
haben. Nähe und Distanz können jeweils Vorteil wie Nachteil sein, können Füh-
lungsvorteile oder Verlust des Wettbewerbsvorteils bedeuten, können produktive
Irritationen aber auch Ignoranz auslösen.

Die vielfältigen metaphorischen Bedeutungen beider Begriffe lassen zudem
eine Vielzahl an weiterer Einschätzungen und Qualitäten zu. Michael Storper
(2002) etwa versucht Nähe im Sinne von „conventions" und auch unter Bedingungen von „confidence" zu definieren. Er sieht hierfür Wissen übereinander als eine
Voraussetzung an, welches durch verschiedene Modi des Informationsaustausches
wächst, zudem in der Breite (allgemeines Wissen) und der Tiefe (spezifische Wis-
sensdomäne) angelegt sein kann.[12] Storper versucht hier anhand von plausiblen
Überlegungen die Grundlagen zu benennen, auf denen Nähe entsteht, und damit
ein wissenschaftliches Verständnis für Nähe zu entwickeln. Es deutet sich in diesem Versuch und vor dem Hintergrund der oben angestellten Überlegungen aller-

---

12   Dabei verweist er auch auf riskante Dimensionen solcher dichten Informationszusammenhänge,
      wenn sie zu Sanktionen und Ausgrenzung aus der Community führen. Die Wissensformen ver-
      bindet er mit unterschiedlichen geographischen Verortungen, welche nach meiner Einschätzung
      im Detail diskussionswürdig sind. „Depth has a complicated geography, in that professional
      interactions, in some cases have channels involving strong specific long-distance relations and
      weak local ones, above all in specialized or highly formalized (cosmopolitan) professions. Still,
      even in such circles, local relations often involve forms of depth not achieved in long-distance,
      infrequent contacts. Breadth has a more uniformly localist dimension: we are more likely to have
      information on someone's reputation, and to be able to validate it by interpreting it against a con-
      text which we are intimately familiar, in a local context" (Storper 2002: 142, Klammersetzung
      im Original).

dings auch an, dass mit diesem Facettenreichtum und den wechselnden Qualitäten der beiden relationalen Begriffe eine solche Definition nicht widerspruchsfrei und abschließend gelingen kann. Es wird so nicht eine feststehende wissenschaftliche Definition der Begriffe Nähe und Distanz am Anfang einer Forschung zu deren Bedeutung in der wertschöpfenden Wissensarbeit stehen können. Vielmehr wird ein solches Forschungsvorhaben nur in einem Spannungsfeld von einem als Ausgangspunkt entwickelten relationalen Begriffsverständnis von Nähe und Distanz sowie den in den jeweiligen Praxisfeldern vorgefundenen Verständnissen im Sinne der doppelten Hermeneutik von Anthony Giddens (1990) arbeiten können. Diese Verständnisse von Nähe und Distanz in den Praxisfeldern sind so Gegenstand des Forschungsprozesses, in dem die kulturellen Schemata des Raumwissens, die Raumerfahrungen beziehungsweise die Raumphänomenologie, die verschiedenen Repräsentationsformen des Raumes und die jeweils damit in Verbindung stehenden konkreten Raumpraktiken aufschlussreich sind.

Eine solche Offenheit gegenüber den Konzepten von Nähe und Distanz in den jeweiligen Untersuchungsfeldern ist immer mit einem qualitativen Zugang und hier auch mit der Schwierigkeit verbunden, eine sinnvolle Eingrenzung der Felder vorzunehmen. Eine zentrale Aufgabe ist es so, geeignete Untersuchungsausschnitte für das jeweils untersuchte Feld zu definieren, um die verschiedenen kulturellen Schemata und Praktiken zu identifizieren, welche das Handeln der Akteure in der wertschöpfenden Wissensarbeit leiten. In der oben erwähnten Analyse von Gertler (2002a) wird exemplarisch deutlich, dass es hierbei darum geht, paradigmatische Orte für die Forschung zu identifizieren, an denen sich Raumwissen beziehungsweise Nähe-Distanz-Konstrukte in situ beobachten lassen. Bei Gertler sind dies unter anderem die Aufsichtsräte, in denen die deutschen Governancestrukturen der Arbeit greifbar werden, über die die Austauschsbeziehungen verschiedener am Innovationsgeschehen beteiligter Akteursgruppen, Managern, Gewerkschaftern, Politikern, Bankern und so weiter, institutionalisiert sind.[13] Mit den ebenfalls oben erwähnten Produktethnographien wird ein alternatives Prinzip

---

13 Gertler sieht diesen Zusammenhang als einen Beweis dafür, dass es weniger Kultur beziehungsweise kulturelle Unterschiede sind, die den Absatz der deutschen Produkte auf dem nordamerikanischen Markt erschweren. Stattdessen definiert er diese strukturellen Momente als Ursache für die verschiedenen Erwartungshaltungen und Missverständnisse von deutschen Produzenten und amerikanischen Konsumenten. Aus einer kulturanalytischen Sicht wäre dieser Deutung der Ergebnisse zu widersprechen und auf die Verkürzung in der Schlussfolgerung von Gertler zu verweisen, die auch deswegen erstaunt weil er das Zusammenwirken der Strukturen mit keinesfalls schon durch diese determinierten Praktiken und Deutungshorizonten zuvor gerade erst aufgezeigt hat, also die Kulturalität des bundesdeutschen Produktionsregimes im Maschinenbau beschrieben hat. Kultur wird dort fassbar, wo das Zusammenwirken von strukturellen Faktoren, die Herausbildung von Praktiken wie auch von spezifischen Normen und Deutungshorizonten in Beziehung gesetzt werden, also in der Wechselwirkung von Struktur, Handeln und Deutung.

der Forschungsorganisation deutlich. Hier erfolgt der Zugang mit einer multi-sited ethnography, also dem Erforschen der über den Globus hinweg an verschiedenen Orten stattfindenden Produktgeschichte in ihren verschiedenen räumlich verteilten Produktions-, Distributions- und Konsumtionsphasen – eine unter forschungspragmatischen Gesichtspunkten wesentlich komplexer angelegte Herangehensweise.

In beiden Forschungszugängen geht es um so genannte „zones of trans" (Matthiesen/Mahnken 2009), also von Orten, in denen unterschiedliche Wissensbestände ko-präsent sind und miteinander in Austausch oder Verhandlung treten. Es sind im metaphorischen Sinne „Orte der Grenzverhandlungen", in denen also Nähe- und Distanzformen geregelt und damit auch sichtbar werden. In diesen Übergangszonen sind neben den Abgrenzungen, den faktischen und imaginierten Distanzverhältnissen auch die Durchlässigkeiten, die Anschlussfähigkeiten und die Konstruktionsprinzipien von Nähe und Distanz sichtbar. Passender noch zur Beschreibung dieser Verhandlungssituation könnte sich die jüngst von der amerikanischen Kulturanthropologin Anna Lowenhaupt Tsing (2005) in die Diskussion gebrachten „Zones of Awkward Engagement" erweisen, welche eben gerade auch durch die Konflikte um Deutungshoheiten und die unterschiedlichen Machtpotenziale der Akteure gekennzeichnet sind.[14]

Ansatzpunkt einer wissensanthropologischen Perspektive in der Frage, welche Bedeutung Nähe-Distanz-Verhältnisse in der wertschöpfenden Wissensarbeit für Prozesse der Wissenserzeugung haben, kann somit das Raumwissen der Akteure sein, die direkt oder indirekt an diesen Prozessen mitwirken.

Literatur

Adler, Harry/Niedermüller, Peter/Schwanhäußer, Anja (1999): Zwischen Räumen. Studien zur sozialen Taxonomie des Fremden. Berliner Blätter. Ethnographische und ethnologische Studien Heft 19. Berlin: Gesellschaft für Ethnographie

Anderson, Benedict/O'Gorman, Richard (1983): Imagined Communities. Reflections on the Origin and Spread of Nationalism. London: Verso

Appadurai, Arjun (1990): Disjuncture and difference in the global cultural economy. In: Public Culture Jg. 2, H. 2, 1-24

Appadurai, Arjun (1991): Global ethnoscapes. notes and queries for a transnational anthropology. In: Fox (1991): 191-210

---

14 Interessant ist in diesem Zusammenhang der Forschungsansatz von Susanne Wessendorf (2010), die im super-diversen Londoner Stadtviertel untersucht, wie sich in der enormen Vielfalt unterschiedlichster global flows an Menschen, Gütern und Ideen, und der deswegen fehlenden Möglichkeit hier auf bekannte Stereotypisierungen und Konzepte kultureller Zuordnung zurückzugreifen, Grenzzonen neu entwickeln.

Barry, Andrew (2006): Technological zones. In: European Journal of Social Theory Jg. 9, H. 2, 239-253

Barth, Fredrik (1969): Ethnic Groups and Boundaries. London: Allen and Unwin

Barth, Fredrik (2000): Boundaries and connections. In: Cohen (2000): 17-36

Barth, Fredrik (2002): An anthropology of knowledge. In: Current Anthropology Jg. 43, H. 1, 1-11

Berking, Helmuth/Löw, Martina (2008): Die Eigenlogik der Städte. Neue Wege für die Stadtforschung. Frankfurt/Main, New York: Campus

Boschma, Ron A. (2005): Proximity and innovation. A critical assessment. In: Regional Studies Jg. 39, H. 1, 61-74

Bourdieu, Pierre (1982): Die feinen Unterschiede. Kritik der gesellschaftlichen Urteilskraft. Frankfurt/Main: Suhrkamp

Bourdieu, Pierre (1997): Ortseffekte. In: Bourdieu et al. (1997): 159-167

Bourdieu, Pierre/Balazs, Gabrielle/Beaud, Stéphane/Broccolichi, Sylvain/Champagne, Patrick/ Christin, Rosine/Lenoir, Remi/OEuvrard, Francoise/Pialoux, Michel/Sayad, Abdelmalek/ Schultheis, Franz/Soulié, Charles (1997): Das Elend der Welt. Zeugnisse und Diagnosen alltäglichen Leidens an der Gesellschaft. Konstanz: UVK

Burawoy, Michael (Hrsg.) (2000): Global Ethnography. Forces, Connections and Imaginations in a Postmodern World. Berkeley, Los Angeles, London: University of California Press

Cohen, Anthony P. (2000 [1985]): The Symbolic Construction of Community. London, New York: Routledge

Cohen, Anthony P (2000): Signifying Identities. London, New York: Routledge

Döring, Jörg/Thielmann, Tristan (2008a): Einleitung: Was lesen wir im Raume? Der Spatial Turn und das geheime Wissen der Geographen. In: Döring/Thielmann (2008b): 7-45

Döring, Jörg/Thielmann, Tristan (Hrsg.) (2008b): Spatial Turn. Das Raumparadigma in den Kultur- und Sozialwissenschaften. Bielefeld: Transcript

Faßler, Manfred (2006): Communities of projects. In: Reder (2006): 141-169

Faßler, Manfred (2007): Wissenserzeugung. Forschungsfragen zu Dimensionen Intensiver Evolution. In: Koch/Warneken (2007): 21-67

Faßler, Manfred (2008a): Cybernetic localism: space, reloaded. In: Döring/Thielmann (2008b): 185-219

Faßler, Manfred (2008b): Der infogene Mensch. Entwurf einer Anthropologie. München: Wilhelm Fink

Fox, Richard G. (Hrsg.) (1991): Recapturing Anthropology. Working in the Present. Santa Fe, NM: School of American Research Press

Geertz, Clifford (1975): Local Knowledge. Further Essays in the Interpretive Anthropology. New York, Basic Books

Gertler, Meric S. (2002a): Technology, culture and social learning: regional and national institutions of governance. In: Gertler (2002b): 111-134

Gertler, Meric S. (Hrsg.) (2002b): Innovation and Social Learning. Institutional Adaption in an Era of Technological Change. Hampshire: Palgrave Macmillan

Giddens, A. (1990): The Consequences of Modernity. Stanford: Stanford University Press.

Ihde, Don (1990): Technology and the Lifeworld. Bloomington: Indiana University Press

Ihde, Don (1993): Postphenomenology. Evanston: Northwestern University Press

Jessop, Bob/Brenner, Neil/Jones, Martin (2008): Theorizing sociospatial relations. Environment and Planning D: Society and Space Jg. 26, H. 3, 389-401

Kaschuba, Wolfgang (2004): Die Überwindung der Distanz. Zeit und Raum in der europäischen Moderne. Frankfurt/Main: Fischer

Koch, Gertraud (2009): Second Life – ein zweites Leben? Alltag und Alltägliches einer virtuellen Welt. In: Zeitschrift für Volkskunde Jg. 105, H. 2, 215-232

Koch, Gertraud/Warneken, Bernd Jürgen (Hrsg.) (2007): Region – Kultur – Innovation. Wege in die Wissensgesellschaft. Wiesbaden: VS Verlag

Lave, Jean/Wenger, Etienne (2002 [1991]): Situated Learning. Legitimate Peripheral Participation. Cambridge: Cambridge University Press

Levinson, Stephen C. (2003): Space in Language and Cognition Explorations in Cognitive Diversity. Cambridge: Cambridge University Press

Lindner, Rolf (2003): Der Habitus der Stadt. Ein kulturgeographischer Versuch. In: PMG. Zeitschrift für Geo- und Umweltwissenschaften Jg. 147, H. 2, 46-53

Lowenhaupt Tsing, Anna (2005): Friction. An Ethnography of Global Connection. Princeton, Oxford: Princeton University Press

Malmberg, Anders/Maskell, Peter (2006): Localized learning revisited. In: Growth and Change Jg. 37, H. 1, 1-18

Matthiesen, Ulf (2007a): Wissensformen und Raumstrukturen. In: Schützeichel (2007): 648-661

Matthiesen, Ulf (2007b): Wissensmilieus und Knowledge Scapes. In: Schützeichel (2007): 679-693

Matthiesen, Ulf/Mahnken, Gerhard (2009): Das Wissen der Städte. Neue stadtregionale Entwicklungsdynamiken im Kontext von Wissen, Milieus und Governance. Wiesbaden: VS Verlag

Mau, Steffen (2007): Transnationale Vergesellschaftung. Die Entgrenzung sozialer Lebenswelten. Frankfurt, New York: Campus

Mau, Steffen/Mewes, Jan (2007): Transnationale soziale Beziehungen. Eine Kartographie der bundesdeutschen Bevölkerung. In: Soziale Welt Jg. 58, H. 2, 207-226

Mein, Georg/Rieger-Ladich, Markus (2004): Soziale Räume und kulturelle Praktiken – Über den strategischen Gebrauch von Medien. Bielefeld: Transcript

Moore, Henrietta L. (2004): Global anxieties. concept-metaphors and pre-theoretical commitments in anthropology. In: Anthropological Theory Jg. 4, H. 1, 71-88

Musner, Lutz (2009): Der Geschmack von Wien. Kultur und Habitus einer Stadt. Frankfurt/Main: Campus

Ó Riain, Seán (2000): Net-working for a living. Irish software-developers in a global workplace. In: Burawoy (2000): 175-202

Ortiz, Fernando (1995 [1940]): Cuban Counterpoint. Tabacco and Sugar. Durham: Duke University Press

Pries, Ludger (2007): Die Transnationalisierung der sozialen Welt. Sozialräume jenseits von Nationalgesellschaften. Frankfurt/Main: Suhrkamp

Reder, Christian (Hrsg.) (2006): Lesebuch Projekte. Vorgriffe, Ausbrüche in die Ferne. Wien, New York: Springer

Rivoli, Pietra (2005): The Travels of a T-shirt in the Global Economy. An Economist Examines the Markets, Power and Politics of World Trade. Hoboken, New Jersey: John Wiley & Sons

Schultheis, Frank (2004): Das Konzept des sozialen Raums: Eine zentrale Achse in Pierre Bourdieus Gesellschaftstheorie. In: Mein/Rieger-Ladich (2004): 15-26

Schützeichel, Rainer (2007): Handbuch für Wissenssoziologie und Wissensforschung. Konstanz: UVK

Storper, Michael (2002): Institutions of the learning economy. In: Gertler (2002b): 135-158

Strauss, Claudia/Quinn, Naomi (1997): A Cognitive Theory of Cultural Meaning. Cambridge: Cambridge University Press

Vertovec, Steven (2007): Super-diversity and its implications. In: Ethnic and Racial Studies Jg. 30, H. 6, 1024-1054

Vertovec, Steven/Wessendorf, Susanne (2009): Assessing the Backlash Against Multiculturalism in Europe. Working paper 04-09. Göttingen: Max-Planck-Institut zur Erforschung multi-religiöser und multi-ethnischer Gesellschaften

Wenger, Etienne (2002 [1998]): Communities of Practice. Learning, Meaning and Identity. Cambridge: Cambridge University Press

Wessendorf, Susanne (2010): Commonplace Diversity. Social Interactions in a Super-diverse Context. Working paper 10-11. Göttingen: Max-Planck Institut zur Erforschung multi-religiöser und multi-ethnischer Gesellschaften

Zirkuläre Wissensdiskurse – Einige Einsprüche gegen gewisse Gewissheiten[1]

Manfred Moldaschl

Warum fällt der Apfel vom Baum? Weil er (der Apfel oder der Baum) weiß, dass er reif ist? Das Fallobst, welches Isaac Newton angeblich das Fallgesetz entdecken beziehungsweise die Gravitationstheorie entwickeln ließ, hat damit als Inspirationsquelle unvergängliche Bedeutung erlangt. Es mag auch in Bezug auf die ausufernden Wissensdiskurse seine metaphorische Leistung unter Beweis stellen. Die Chiffrierung des Neuen in der Ökonomie über den Begriff des Wissens birgt einige Risiken. Es legt falsche Fährten, unterstellt als geklärt, was eigentlich fraglich und frag*würdig* ist. Es lässt dafür andere Fragen unbeantwortet, und wichtige, womöglich wichtigere, auch ungestellt. Gegen einige der verbreiteten Mythen, von denen weiteres Denken ausgeht und die selbst kaum problematisiert werden (frequently unquestionned answers, FUAs) werde ich hier einige Einsprüche formulieren und Vorschläge machen, welche Fragen noch gestellt werden sollten (frequently unput questions, FUQs).

1 Von der Arbeits- zur Wissensgesellschaft?

In einer „Arbeitsgesellschaft", da scheint man sich einig, leben wir nicht mehr. Obwohl besonders die Qualifizierteren nicht weniger, sondern oft mehr arbeiten, obwohl sich das Modell der Erwerbsarbeit weiter in jeden noch nicht modernisierten Winkel des Globus ausbreitet, und obwohl der Anteil jener, die von Kapitaleinkommen leben können, nicht signifikant steigt. Mit dem Wegfall fixer Arbeitszeitregimes haben sich ferner die Arbeitszeiten, hat sich das Verhältnis von Arbeit und „Freizeit" entgrenzt – es wird an jedem Ort und jederzeit gearbeitet oder bereitgestanden. Mehrarbeit wird dabei immer weniger erfasst („Vertrauensarbeitszeit"). Freilich, die aktuellen Mythen beziehen sich nicht auf die Menge der Arbeit (die angesichts des steigenden Sockels von Massenarbeitslosigkeit in manchen Ländern „auszugehen" scheint), sondern auf deren Bedeutung.

---

1 Dieser Beitrag basiert auf einem ausführlicheren Artikel für Leviathan – Berliner Zeitschrift für Sozialwissenschaft.

Nicht mehr Arbeit, sondern Wissen soll die treibende Kraft und zugleich das identitätsstiftende Medium der Sozialintegration werden oder schon geworden sein. Behauptet wird ein Bedeutungsverlust des „Faktors Arbeit" gegenüber dem „Faktor Wissen" (zum Beispiel Willke 2007). Das ist, als behaupte man einen Bedeutungsverlust des Managements gegenüber der Strategie, des Produkts gegenüber der Produktion, oder des Baums gegenüber der Birne. Intellektuelles Kapital, Ideen und Innovationen wachsen nicht auf Bäumen. Sie werden *in Arbeitsprozessen generiert* (gelegentlich auch in Bildungsprozessen).

Der „Wissensdiskurs" hat den Begriff der *Arbeit* aus dem Reservoir der relevanten Gesellschaftskategorien eskamotiert. Dafür steht auch der Gebrauch des Begriffs *Wissensgesellschaft*. Er suggeriert, man könne den Charakter und die Funktionsweise postindustrieller Gesellschaften (sind wir das?) über die Rolle und Bedeutung des Wissens verstehen. Es gab freilich unzählige Vorschläge, das, was in westlich-kapitalistischen Ökonomien und Gesellschaften als „anders" gegenüber der nur unscharf definierten „Industriegesellschaft" erschien, auch anders zu benennen als über die Chiffre Wissen: Postindustrielle Gesellschaft, Informations-, Kommunikations-, Netzwerkgesellschaft (Castells), Dienstleistungs-, Wohlstands- und Überflussgesellschaft (Galbraith), Freizeit- und Erlebnisgesellschaft (Schulz), Organisationsgesellschaft (Schimank), Wissenschaftsgesellschaft (Kreibich), oder die Risikogesellschaft (Beck), um nur einige zu nennen. Der kanadische Wissenschaftshistoriker Benoit Godin (2003) hat bereits für die Zeit vor diesen Etikettierungen, zwischen 1950 und 1984, im angelsächsischen Sprachraum fünfundsiebzig Begriffe zur Charakterisierung des Spezifikums sozio-ökonomischer Transformation ausgemacht, zum Beispiel „neocapitalism", „information economy" oder „management society". Die These beziehungsweise die Diagnose, wir befänden uns in einer Transformation von der Arbeits- zur Wissensgesellschaft (oder hätten sie gar schon hinter uns) ist etwa so sinnvoll wie die These, wir verwandelten „uns" von einer Autofahrer- in eine Skifahrergesellschaft.

Fazit: Die Rede von der Wissensgesellschaft ist ein Reduktionismus, eine eklatante Vereinseitigung, die nur im aktiven Kontrastieren mit anderen Vereinseitigungen ihren Nutzen haben kann. Die eine Vereinseitigung macht auf die andere aufmerksam. Das überbordende Angebot diagnostischer Gesellschaftsbegriffe verdeutlicht zugleich die Notwendigkeit, genauer zu begründen, ob und warum Fragen der regionalen Restrukturierung und Transformation zentral über die Frage, nein, die Sprache der Wissensteilung und -distribution zu rekonstruieren sein sollen.

2 Die Wissensökonomie – sind wir schon drin?

Was ist „in Zeiten der Wissensökonomie" oder der „upcoming knowledge society", wie es so gern in Parenthese heißt, nicht alles für „notwendig" erklärt worden: mehr Bildung, weniger staatliche und mehr private Bildung, andere Bildung, eine Bologna-Reform, lebenslanges Lernen und die Abschaffung der Berufe, mehr Innovation, weniger Regulation, ja sogar weniger Wissen (weil man es sich nun überall herunterladen kann, oder weil es den Bachelor gibt), und so fort. Dass es die „Wissensökonomie" beziehungsweise die knowledge economy gebe, scheint so gewiss, dass es schlicht vorausgesetzt und nicht selbst zum Thema gemacht werden muss. Eine typische frequently, nein, *permanently unquestionned answer.* Nur notorische Skeptiker sichern sich gelegentlich noch mit Anführungszeichen ab. Gleichwohl (oder deshalb?) gibt es bislang keine entwickelte Ökonomik und kein einziges ernsthaftes Lehrbuch zu dieser Ökonomie, nicht einmal eine systematische Geschichte wissensökonomischer Diskurse (auch die 70 Seiten unserer eigenen können allenfalls eine erste Übersicht bieten, vgl. Moldaschl/Stehr 2010a). Selbst dort, wo Begriff und Datenlage als fragwürdig erkannt werden, bleibt der Begriff im Gebrauch, wie bei Rohrbach (2008):

> „Entweder wird der Wissenssektor als das Aggregat von Industrien gekennzeichnet, die Wissen ‚produzieren' (Machlup) oder ‚handhaben' (Castells) oder solche, die intensive Nutzung moderner IuKT und Forschung und Entwicklung (FuE) machen (OECD). Sie verfehlen damit eine analytisch klare Abgrenzung von Wissensgegenüber Nichtwissensaktivität" (ebd.: 52).

Lediglich Foray (2004) hat einen relativ schmalen Band zur *Economics of Knowledge* vorgelegt. Der aber ist problemorientiert, beschreibt im Grunde nur, welche Probleme eine solche Ökonomik zu lösen hätte. Eine Geschichte der Diskurse liefern auch die Sammelbände nicht, die hierzu vorgelegt wurden (zum Beispiel Held/Kubon-Gilke/Sturn 2004; Pahl/Meyer 2007; Rooney/Hearn/Ninan 2008).

Die frühe Geschichte dessen, was in den Glauben an die Wissensökonomie mündete, wurde im Grunde von Wien geschrieben, von Exil-Wienern. Die Arbeiten von Friedrich von Hayek und Fritz Machlup, auch von Peter Drucker, gelten als maßgebliche Beiträge zur These der Wissensökonomie als einer historischen Entwicklungsstufe der Wirtschaft. Freilich haben auch sie Vorgänger, wie den Interims-Wiener Joseph Schumpeter. In seiner Theorie der wirtschaftlichen Entwicklung (1987 [1911]) werden „*neue Kombinationen des Wissens*" zum entscheidenden Movens des Wettbewerbs und des Wachstums erklärt. Er gehört zu den Anregern jener evolutionären, institutionalistischen oder eben Schumpeterianischen Theorien, die sich als paradigmatischer Gegenentwurf zur neoklassischen

Ökonomik mit dem Verhältnis von Wissen, Innovation und Wachstum befassen. Da es um ein Thema grundlegender wirtschaftswissenschaftlicher Bedeutung geht, können aber praktisch alle maßgeblichen Ökonomen als Vorläufer ausgemacht werden. So schon Alfred Marshall (1916 [1890]: 115): „Capital consists in a great part of knowledge and organization". Von Marx ganz zu schweigen. Irgendwas hat jeder zum Wissen gesagt. Edith Penrose (1995 [1959]: 77) meint, alle seien sich mehr oder weniger der Bedeutung des Wissens in der Wirtschaft bewusst gewesen, hätten es aber wohl „too slippery" gefunden, um es in ihre Modellierungen aufzunehmen.

Und heute? Ist es nicht mehr slippery? Oder sind die Ökonomen nur rutschfreudiger geworden? Haben wir bessere Methoden oder Modelle? Oder hat die Bedeutung des Wissens zwischenzeitlich die aller anderen Ressourcen überflügelt? Meines Erachtens trifft nichts davon wirklich zu. Allenfalls ein bisschen, graduell, wenn man an Alfred Marshall und dem Ende des 19. Jahrhunderts Maß nimmt.

Auf der *faktischen Ebene* ist die moderne Ökonomie ungeachtet aller ökolibertären Wachstumshoffnungen nicht von einer *tangible economy* zu einer *weightless economy* geworden, deren Wachstum sich vom Ressourcenverbrauch gnädig entkoppelt und uns somit ein gemütliches „Weiter so" ermöglicht hätte. Weightless ist eher die These selbst. Nahezu alle Rohstoffverbrauchszahlen weltweit zeigen nach oben, und das beschleunigt, nicht bloß stetig. Dies nicht nur aufgrund des Einflusses der BRIC-Staaten[2] und anderer in „nachholender Entwicklung" befindlicher Länder, sondern ebenso in den entwickelten.[3] Was zugenommen hat, ist – in den zuerst industrialisierten Ländern – der Anteil der Wertschöpfung und der Tätigkeiten, die nicht unmittelbar der materiellen Güterproduktion *zugerechnet* werden. Auf die Zahlen und Details dieser Zurechnung, auf die Verrechnung grenzüberschreitender Materialströme und Montageanteile, lassen wir uns hier besser gar nicht erst ein.

---

2   Brasilien, Russland, Indien, China
3   Die weltweite Aluminiumförderung stieg allein zwischen 1995 und 2002 von 20 auf 30 Mio. Tonnen. Seit 1950 hat sie sich *verfünfzehnfacht* (USGS 2007). In Großbritannien zum Beispiel stieg der Aluminiumverbrauch zwischen 1985 und 1995 von 497.000 auf 636 000 Tonnen, der Stahlverbrauch von 14,3 auf 15,1 Mio. Tonnen, der Papierverbrauch (Stichwort papierloses Büro) von 41 auf 93 Mio. Tonnen. In Deutschland nahm der Aluminiumverbrauch 2003-2007 von 2,9 auf 3,9 Mio. Tonnen zu (BGS 2009). Machlups berühmte Tabelle zum „stürmischen" Wachstum der *Knowledge Industry in the United States, 1960-1980 (Rubin/Taylor Huber/Lloyd Taylor* 1986) belegt bei näherem Hinsehen ein nominales Wachstum ihres Anteils am Bruttosozialprodukt zwischen 1958 und 1980 von 0,8 Prozent pro Jahr, ein reales von 0,09 Prozent, in 20 Jahren real also 1,8 Prozent.

Auf der *Modellebene* ist die wohl bedeutendste Entwicklung, dass in die Gleich-
gewichtsmodelle der neoklassischen Ökonomik Erklärungsvariablen für das zuvor
als „exogen" behandelte Wachstum eingingen, entweder (technische) Innovation
oder Humankapital (wie in der New Growth Theory). Realitätsnähere Erklärungen
für die Rolle der Wissensproduktion für Wachstum sowie nationale, regionale und
betriebliche Wettbewerbsfähigkeit liefern Ansätze der evolutorischen Ökonomik,
die aber auch zahlreiche andere Faktoren einbeziehen, institutionelle der Politik,
der Kultur, der Betriebsstruktur, et cetera. (vgl. etwa Pyka/Scharnhorst 2009),
ähnlich wie der Ansatz der Cultural Political Economy (Jessop/Fairclough/Wodak
2008). „Das Wissen" oder „Humankapital" erscheinen damit aber als Variablen,
die für sich genommen gar nichts erklären.

    Fazit: Man kann jede wirtschaftliche Aktivität in wissensökonomischen Be-
griffen beschreiben. Ein Unternehmen, welches eine Person einarbeitet, in ihre
Qualifizierung investiert und hierbei Opportunitätskosten in Kauf nimmt, behandelt ein Problem der Transformation von Arbeitsvermögen in Arbeit „wissensökonomisch". Nicht anders als die Manufaktur in den Zeiten von Adam Smith, vor
ihnen die keltischen Schmiede mit ihren für die Römer so „durchschlagenden"
Stählen und Schmiedeverfahren, und davor die Banausoi, die von Sokrates penibel
zu ihrem Wissen befragten hellenischen Handwerker. Instanzen der Berufsbildung
haben dafür unzählige Anleitungen bereitgestellt, die man ebenfalls zu „wissensökonomischen Verfahren" umetikettieren könnte. Genau das tut man heute.

    Wenigstens nicht ganz abwegig ist das bei der Qualifizierung und Personal-
entwicklung beziehungsweise bei Verfahren wie Human Resource Management,
Human Resource Accounting, Intellectual Capital Reporting, Wissensbilanzierung, Performance Measurement, Strategischen Controlling, Human beziehungsweise Intellectual Capital Management, Intellectual Property Management beziehungsweise Patentmanagement, Marken- und der Unternehmensbewertung Due
Diligence, Strategisches Qualitätsmanagement (zum Beispiel EFQM), Kontinuierliche Verbesserungsprozess (KVP), Wissensmanagement, Strategische Kom-
petenzmanagement, Bildungscontrolling, Organizational Learning, und so fort.
Ansonsten ist das diskurskonjunkturelle und vermarktungsorientierte Wissens-
Labelling wenigstens für die UrheberInnen intellektuell vielleicht so lange nicht
schädlich, als sie sich der Selektivität dieser Sprechweise und der Pluralität anderer Beschreibungsmöglichkeiten bewusst bleiben, das Sprechen also nicht für die
Sache selbst halten.

3   Wissen als zentrale Ressource?

„Das Wissen" bildet den Grundstoff einer „wissensbasierten Wirtschaft" und schafft einen eigenen Arbeitstyp, die „Wissensarbeit", wobei es „sich" entwickelt, verbreitet, akkumuliert und teilt, „sich" mitunter aber auch heimtückisch einem interessierten Zugriff entzieht oder verflüchtigt, sofern es „sich" nicht doch noch zum Segen der „Wissensökonomie" mit anderem Wissen verbindet und damit kombinatorisch für wachstumsrettende Innovation sorgt. Andernfalls muss eben ein „Wissensmanagement" nachhelfen, damit der empfindliche Stoff verschleiß-frei gelagert und am Ort des Bedarfs zur rechten Zeit in der erforderlichen Menge und Qualität zugeführt werde. Solch reifizierender Sprachduktus durchzieht viele Texte in den sehr lose verknüpften Diskursen zur Wissensgesellschaft und ihrer Wissensökonomie. Man muss fürchten, dass diese Sprache auch den Geist der Texte widerspiegelt, also tatsächlich so gemeint ist, und nicht bloß instrumentell so formuliert wird, weil dies Anschluss an einen hegemonialen Diskurs böte. Es mag aber auch den einen oder anderen geben, der es bewusst zu schätzen weiß, wenn sich die Frage stellt, wie Wissen – nicht Arbeit – angemessen zu entlohnen ist. Für einen magischen Stoff wie den beschriebenen jedenfalls gibt es den Begriff des *Fetischs*. Und für einen Sprachgebrauch, der ein scheinbar Dingliches als symbolisches Abstraktum an die Stelle der bezeichneten lebendigen Verhältnisse setzt, gibt es den der *Verdinglichung*.

Die Fixierung auf den Begriff Wissen als neuen Rohstoff der Wissensgesell-schaft ist eine *frequently repeated misassumption* – ein Musterbeispiel verdingli-chenden Denkens, wie es Adorno als Kennzeichen der instrumentellen Vernunft charakterisiert hatte, und wie es schon die Physiokraten pflegten. Ihnen waren die Ressourcen selbst die schaffende Kraft, Grund und Boden der Quell des Wohl-stands. Sicher, wer ihn hat und andere darauf arbeiten lässt, um ihm den Zehn-ten oder sieben Zehnte vom Ertrag abzuziehen, dem erscheint es so. Tatsächlich aber wächst von selber nur das Gras. Geschaffen wird der Wert *durch Arbeit*, das Urbarmachen, Pflügen, Säen, Pflegen, Ernten, Dreschen, Sieben und Lagern, die Transformation von Rohstoff in Ressourcen. Nicht anders verhält es sich mit dem Wissen. Wissen mag die wichtigste Ressource der Wissensgesellschaft sein, aber Wissen ist nur eine *Bestandskategorie*. Und ein Wissensbestand erzeugt gar nichts, sowenig wie ein Haufen Erz oder ein Fass Rohöl. Worauf es ankommt, ist der *kreative Prozess*: menschliche Arbeit und Initiative, ermöglicht und begrenzt durch das sie einbettende Institutionengefüge. Selbst wenn es gar nicht primär um Wissenserzeugung geht, sondern um die Anwendung eines frei verfügbaren oder gekauften Wissens, so steckt der entscheidende kreative Akt noch immer in der (Re)Kontextualisierung des Wissens für den konkreten Anwendungsfall. Die Kontextualisierung von Wissen ist selbst eine Form der Wissensproduktion, und oft entsteht aus ihr, nebenbei und emergent, die Innovation (vgl. Tarde 2003 [1890], und hierzu Moldaschl 2010b).

Die Fruchtlosigkeit einer primär von Bestandskategorien ausgehenden Erklärung wirtschaftlicher Prozesse lässt sich etwa anhand der aktuellen Unternehmenstheorie demonstrieren. In der *Resource-based View of the Firm* gilt die Verfügung über immaterielle Ressourcen als der eigentliche Schlüssel zum Bestehen im dynamischen Wettbewerb. Wissen ist hier eine der relevanten Ressourcen, in der *Knowledge-based View* (zum Beispiel Grant 1996) die zentrale. Dauerhafte Wettbewerbsvorteile lassen sich diesen Ansätzen zufolge in einem kompetitiven Umfeld nur auf der Basis von Ressourcen erklären, die *nicht käuflich* sind, sondern die vom Unternehmen selbst in einem für Wettbewerber *intransparenten* Prozess erzeugt wurden. Die „complex and idiosyncratic nature of knowledge" (Venzin/ Krogh/Roos 1998: 30) sorge dafür, dass diese Ressourcen schwer imitierbar seien. Eine bloß geschickte Rekombination marktgängiger Ressourcen, aus der man Arbitragegewinne zieht, könne das nicht leisten. So sinnvoll diese Annahmen sind: überzeugende empirische Nachweise gelangen der Resource-based View und Knowledge-based View bis heute nicht. Sie konnten auch nicht gelingen, weil zwischen dem *Besitz* etwa von Wissen und dem *Ergebnis* seiner Anwendung die Anwendung selbst liegt, der sinnvolle, effektive oder eben unsinnige, ineffektive, vernutzende *Gebrauch*.

Nicht viel anders ergeht es dem Nachfolgeansatz, der Competence-based View (zum Beispiel Teece/Pisano/Shuen 1997). Sie erkennt an, dass es nicht reicht, Ressourcen zu haben. Man müsse sich als Unternehmen von anderen vor allem durch die Kompetenz abheben, relevante Ressourcen *kontinuierlich* zu generieren, zu regenerieren und rekombinieren (*dynamic capabilities*). Der Ansatz leidet aber an einer Tautologie und einer fundamentalen Paradoxie. Die Tautologie besteht darin, dass Wissen, Fähigkeiten und Fertigkeiten (skills) als zentrale Ressourcen gelten, zugleich aber auch als Kompetenzen zur Schaffung und Rekombination derselben (etwa Wissen, wie man Wissen generiert – das in beliebiger Rekursion). Die Paradoxie besteht darin, dass der Ansatz Kompetenzen vorrangig als *Routinen* konzeptualisiert, also als repetitive Praktiken, die aber für permanenten Wandel sorgen sollen. Totalflexible Routinen? Die nur semantische Auflösung eines praktischen Widerspruchs? Das Bemühen um eine einheitliche Erklärung und Technologie der Wandlungsfähigkeit von Organisationen führt das ansonsten mit institutionalistischem Denken und einigen Annahmen der Wissenssoziologie kompatible Vorhaben ad absurdum (dazu ausführlich Moldaschl 2007).

Daher gilt vielen das Konzept der *ambidexterity* (March 1991, Benner/Tushman 2003) als Ausweg. Ihm zufolge geht es darum, neben der beständigen *explo-*

ration neuen Wissens erworbenes Wissen möglichst extensiv zu nutzen (*exploitation*). Der Begriff Wissen steht hier für alles Relevante: Fähigkeiten, Routinen, geschaffene Strukturen, et cetera. Was wird gemessen? Prototypisch Gibson und Birkinshaw (2004): Wenn ein Unternehmen wie GlaxoSmithKline mit neuen Technologien, Organisationsformen und Allianzen experimentiert und zugleich maximalen Profit aus seinen aktuellen Medikamenten zu ziehen versucht, dann hat es eine „zweihändige" Wissensstrategie beziehungsweise ambidexterous capacity. Deren Ausmaß wird dann mit Performance korreliert (die ihrerseits bestimmt wird, indem man Manager nach ihrer Leistung fragt). Es kommt heraus: Wer nur eines macht, ist (nach eigenen Kriterien) weniger erfolgreich – und umgekehrt. Wem das schon als Ausweg gilt, der kann es noch preisgünstiger haben. Konlechner und Güttel (2009) konstatieren: „Firms that perform applied R&D can be conceived as ideal types of ambidextrous organizations" (ebd. S. 2). Wer also neben Produktion und Montage auch eine Forschungs- und Entwicklungsabteilung hat, wird automatisch als ambidexterous geadelt.

Der Großteil jener Verfahren, die man wirklich mit allerbester Begründung als *wissensökonomisch* bezeichnen dürfte – Intellectual Capital Reporting beziehungsweise Wissensbilanzierung – unterliegen mit wenigen Ausnahmen demselben Missverständnis wie die Resource-based View und die Knowledge-based View: Sie messen (historische) Bestände, nicht die Fähigkeit, sie hervorzubringen und zu erneuern (dazu Moldaschl 2010a).

Das hat viel zu tun mit dem eingebauten Management-Denk, der instrumentellen Verfügungsperspektive, die offenbar auch von vielen Wissenschaftlern in diesem Feld eingenommen wird. Es ist geprägt von der Annahme, dass erst *das Management* aus der verfügbaren und zu verfügenden Ressource realen Wert schaffe, sie „ergiebig" mache. Arbeit als Produktionsfaktor versus Arbeit als schöpferischer Prozess – trotz eines anderslautenden Credos erweisen sich die genannten Ansätze als Ausgeburten des erstgenannten Paradigmas, für das auch die deutsche Betriebswirtschaftslehre und hier wiederum idealtypisch Gutenbergs Grundlegung von 1951 steht (Gutenberg 1969 [1951]). Den „dispositiven Faktor", das Management, bezeichnet er im ersten Band seiner „Grundlagen der Betriebswirtschaftslehre" (ebd: 130) als „die eigentlich treibende Kraft" und „den Motor" der wertschöpfenden Kombination von Produktionsfaktoren. Er meint damit nicht den Menschen, sondern das Management; ebenso, wenn er vom „psycho-physischen Subjekt" spricht (ebd: 28 f.). Diese Idee trägt heute mit zur Akzeptanz des Phänomens bei, dass Unternehmensvorstände oft das Hundertfache eines Jahreseinkommens anderer Arbeitnehmer erhalten, bis zum Tausendfachen – im Falle Ihres Scheiterns – als Abfindung.

Fazit: Vielwisserei lehrt nicht, *verständig* zu sein, das lehrte schon Heraklit. Und Sokrates wird der Satz zugeschrieben: Gut zu wirtschaften ist *die Mehrung* des Wissens vom richtigen *Gebrauch* der Dinge. Es ist verführerisch, die Vielheit zur Einheit zu erklären, sie vermeintlich konsistent *manageable* zu machen, indem man sie unter einen *Begriff* subsumiert. Das Inhaltliche aber sollte Vorrang haben gegenüber dem Formalen und den Abstraktionen, das Generative gegenüber dem Generierten, und den Ermöglichungsbedingungen kreativen Handelns sollte man mehr Aufmerksamkeit widmen als der Klassifikation von Wissenstypen und Standortanforderungen. Genau davon scheint die *hydraulische Bildungspolitik* in Deutschland nicht beseelt. In der letzten Dekade war sie geprägt vom Bemühen, die mit der Wissensexpansion wachsende Einfüllzeit des Wissens durch Beschleunigung des Einfülldrucks wieder zu verkürzen, wofür in Deutschland die Kürzel G8 und BA stehen (das beschleunigte Gymnasium und der „Bachelor" mit der grob irreführenden Spezifikation „Artium").

4   Alles Wissensarbeit?

Implizite Gewissheit scheint es auch hinsichtlich der Existenz einer so genannten Wissensarbeit zu geben. Sie soll die dominante Arbeitsform der Wissensgesellschaft sein – eine weitere *frequently unquestionned answer* (FUA). In einer Wirtschaft wie unserer gegenwärtigen werden ihr bis zu 80 Prozent des Arbeitsvolumens zugerechnet: von der Ausgabe der Briefmarke am Postschalter und dem Zwiebelschneiden in der Kantine, die aus dem Produktionsunternehmen in den Service-Sektor outgesourct wurde, bis zur kosmologischen Grundlagenforschung. Und dies mit der Perspektive, *der Rest* des Produktionssektors werde auf den Umfang der heutigen Landwirtschaft schrumpfen (etwa 2 Prozent), womit praktisch jede Arbeit zur Wissensarbeit würde. Schon aus diesen Gründen ist das Abstraktum „Wissensarbeit" nicht geeignet, für die enorme Vielfalt von Arbeitsinhalten und Kompetenzanforderungen eine angemessene Gemeinsamkeit zuzuschreiben, zumal diese Vielfalt mit der weiterhin zunehmenden Arbeitsteiligkeit der Gesellschaft weiter wächst.

Der Terminus taugt auch deshalb nicht, weil er auf dichotomem Denken beruht oder zu solchem verführt: „moderne" Wissensarbeit wird einer „traditionellen" Arbeit entgegengestellt, sei es unter der Chiffre „Industriearbeit", „körperliche Arbeit" oder einfach „Arbeit" mit diesen impliziten Bedeutungen: Maloche, rigider Takt, Staub und Denkpause. Früher hätte man zur Wissensarbeit „Büroarbeit" gesagt, aber der Begriff besagt nur etwas über Merkmale des Arbeitsorts, nichts über Inhalte. Die Probleme, die man sich früher mit der Unterscheidung von geistiger und körperlicher Arbeit eingehandelt hatte, sind nur scheinbar behoben, wenn sie im Begriff der Wissensarbeit implizit weitertransportiert werden. Zumal: Der Arbeit des Facharbeiters an der computergesteuerten Werkzeugmaschine konnte man geistige Anteile zuschreiben; aber ist sie „Wissensarbeit"? Falls ja: Mehr oder weniger als die des keltischen Schmieds? Zweifellos werden unter den Bedingungen der „Enttraditionalisierung" beziehungsweise der reflexiven Modernisierung viele Arbeitstätigkeiten wissenshaltiger. Begrenzt wird dies durch kompensatorische Maßnahmen unter anderem der Arbeitsteilung und der Technikgestaltung (Verlagerung von Wissen und entsprechenden Anforderungen in technische Systeme). Ist Wissensarbeit dann eine, die *überwiegend* in der Produktion und Verarbeitung von Wissen besteht? Dann wäre die Gymnasiallehrerin sicher keine Wissensarbeiterin. Sie produziert kein neues Wissen sondern vermittelt nur das ihr vorgegebene an Andere. Allenfalls könnte man sagen, sie „produziere" es bei Anderen. Das wäre eine sehr anspruchsvolle Definition, die ich auf meine eigenen Schulerfahrungen eher nicht anwenden möchte.

Führt ein Definitionsvorschlag von Helmut Willke (1998) weiter? Er geht davon aus, dass Erfahrung und Wissen in jeder menschlichen Tätigkeit relevant und damit praktisch jede „wissensbasiert" sei. Als Wissensarbeit grenzt er demgegenüber *professionelle* Tätigkeiten ab, in denen das erforderliche Wissen nicht *einmal* im Leben durch Erfahrung, Ausbildung und Professionalisierung erworben werde, sondern permanent. Von Wissensarbeit solle man sprechen, wenn

> „das relevante Wissen (1) kontinuierlich revidiert, (2) permanent als verbesserungsfähig angesehen, (3) prinzipiell nicht als Wahrheit, sondern als Ressource betrachtet wird und (4) untrennbar mit Nichtwissen gekoppelt ist, so dass mit Wissensarbeit spezifische Risiken verbunden sind" (Willke 1998: 21).

Einmal abgesehen von der Frage, ob es in unseren winzigen Wissensdomänen Nischen geben könnte, die nicht „untrennbar" mit dem Ozean des Nichtwissens „gekoppelt" sind, so ist klar, welche Berufsfelder Willke meint: „HighTech-Firmen, Forschungsinstitute, Projektorganisationen, Investmentbanken, Enquetekommissionen, Kliniken, Regierungsagenturen, Verlage, Redaktionen" (ebd.: 161); welche er unfreiwillig einschließt, auch: alle, denen heute lebenslängliches Lernen als Normativ diktiert oder als individuelle Wettbewerbsstrategie (employability) empfohlen wird. Der CNC-Facharbeiter also allemal. Beim Gymnasiallehrer müssten wir die Voraussetzungen ernsthaft prüfen.

Alvin Toffler (1995: 60) hatte es über die Eigentumsfrage versucht: „Die Wissensarbeiter der modernen Gesellschaft, das Kognitariat, verfügen selbst über ihre Produktionsmittel: Wissen, Information, Einschätzung. Das Kognitariat bildet bei uns bereits die Mehrheit der beschäftigten Bevölkerung." Eine eher alberne

Definition (was wäre der Journalist ohne Presse oder der Mediziner ohne Apparate, der Investmentbanker ohne seine Rechnernetzwerke?), die zudem zum selben Ergebnis führt wie die vorgenannten Ansätze: Schon vor 15 Jahren sollte mehr als die Hälfte der US-Bevölkerung dazugehören. Knapp 140 Jahre früher hatte ein damit schon implizit erwähnter Autor eine interessantere Definition gegeben, welche nicht auf die Rolle „des Wissens", sondern auf die der gesellschaftlichen Institution Wissenschaft abstellt. Es sei

„die Schöpfung des wirklichen Reichtums abhängig weniger von der Arbeitszeit und dem Quantum angewandter Arbeit als von der Macht der Agentien, die während der Arbeitszeit in Bewegung gesetzt werden und die selbst wieder [...] in keinem Verhältnis steht zur unmittelbaren Arbeitszeit, die ihre Produktion kostet, sondern vielmehr abhängt vom allgemeinen Stand der Wissenschaft und dem Fortschritt der Technologie." (Marx 1983 [1858]: 600)

Die Wissenschaft schafft jene ständig mächtigeren Agentien, deren Nutzung der Arbeit einen völlig neuen Charakter gibt. Zwar sieht man Marx' Bestimmung der modernen Arbeit an, wie sehr sie sich noch auf die Dominanz der Produktion bezieht, doch das Moment der aus bloßer Repetition befreiten Arbeit ist hier das Generalisierbare. Demgemäß besteht das Eigentliche der „modernen" Arbeit nicht darin, dass statt Materie nun Wissen bearbeitet würde, sondern darin, dass die Verarbeitung mehr oder weniger *Subjektivität* voraussetzt, produziert und verwertet, und zwar meist eine akademisch vorgefertigte. Das heißt, der kreative Umgang mit neuen materiellen und immateriellen Stoffen, welche aus der science in die science-based industries übersetzt werden müssen.

Davon findet sich einiges in Richard Floridas Idee einer neuen bürgerlichen Mittelklasse, der *creative class* (zum Beispiel 2002, 2003). Deren Arbeit bestünde vor allem darin, Probleme zu identifizieren und kreativ zu lösen. Zu dieser „Klasse" zählt er zum einen die typischen Professionellen, wie Wissenschaftler, Rechtsanwälte, Ärzte, Berater, Therapeuten, Softwareentwickler und Ähnliche, die schon Robert Reich zu „Symbolanalysten" zusammengefasst hatte, und typische Kreative wie Designer, Werbefachleute, Künstler. Florida argumentiert quasi schumpeterianisch: Nicht ihr Wissen, sondern ihre Kreativität sei maßgeblich; oder mit Bezug auf obige Unternehmenstheorien: ihre Fähigkeit, kreativen Gebrauch vom Wissen zu machen. Ähnlich argumentiert Miettinen (2009) aus der Sicht einer kulturhistorischen Psychologie, welche die kognitivistische Idee dominanter Wissenssteuerung ablehnt und die Bedeutung der kulturellen Artefakte (inklusive der ‚mächtigen Agentien') hervorhebt, mit denen Menschen umgehen.

Fazit: Man muss nicht Anhänger der linguistischen Relativitätstheorie sein, um anzunehmen, dass nachlässige Sprache zu nachlässigem Denken verführt. Man kann Arbeit daher – unter anderem – nach ihrer Wissenshaltigkeit unterscheiden und als mehr oder weniger *wissensintensiv* bezeichnen. Damit wird aber weder die Frage beantwortet, ob es sich dabei um vergleichbare Arbeit handelt, noch die Frage, was eigentlich an der qualifizierteren Arbeit interessiert. Das ist die eigentliche *frequently unput question*. Eine andere FUQ wäre: Wie lässt sich die Attraktivität solcher Thesen erklären, beziehungsweise, was kann man aus ihnen über die ihnen den Diskurs bestimmende Denkweisen lernen? Also frequently unanswered.

5   Von der Arbeits- zur Wissensteilung?

Die These, man müsse von der Logik der Arbeitsteilung zu einer Logik oder Analyse der Wissensteilung voranschreiten liegt nahe, wenn man zumindest einige der oben kritisierten Prämissen teilt, und/oder unterstellt, die Teilung von Wissen falle nicht mit jener der Arbeit in eins. Speziell das letztgenannte vertreten etwa Brödner, Helmstädter und Widmaier (1999a) sowie Helmstädter (1999), mit Bezug auf den von Hayek geprägten Begriff der Wissensteilung. „Wäre das wirtschaftlich wertvolle Wissen auf die von Hayek gemeinte Art des Erfahrungswissens beschränkt, könnte man davon ausgehen, dass sich […] die Wissensteilung simultan mit der Arbeitsteilung einfindet" (Helmstädter 1999: 34). Das aber sei nicht der Fall, weil ein immer größerer Teil des verwertungsrelevanten Wissens in explizierter Form vorliege und in Form von Bildungsprozessen verteilt werde. Und weil explizites Wissen nur selten handelbar sei, bestehe der zentrale Interaktionsmodus der Wissensteilung in Kooperation (Wissenszusammenführung und gemeinsamer Wissensanwendung; ebd.: 44). Eines der zentralen Argumente hierfür wiederum ist, dass Wissen, selbst wenn es handelbar ist, beim Verkauf beziehungsweise bei anderen Formen seiner Teilung oder Teilhabe, nicht weniger werde; anders als ein Kuchen. Dies wiederum zeige sich daran, wie sehr Bildungsprozesse durch öffentliche Institutionen geprägt seien. Mit dem Ausmaß der Investition in Bildung (oder Humankapital) verändere sich auch die Arbeitsteilung, insbesondere die Möglichkeit, das für die Industriearbeit typische Ausmaß tayloristischer Arbeitsteilung zu verringern (Brödner/Helmstädter/Widmaier 1999a: 17). Der zentrale Interaktionsmodus der Arbeitsteilung hingegen sei Konkurrenz.

Nicht nur, dass dem Prinzip oder (?) den Praktiken der Arbeitsteilung ein generalisierter Interaktionsmodus zugeschrieben wird, verwundert, sondern mehr noch die Gleichsetzung von Arbeitsteilung mit Konkurrenz. Schon bei Adam Smith bedeutet Arbeitsteilung wechselseitige Abhängigkeit. Das leistungssteigernde Prinzip der fortschreitenden Arbeitsteilung erfordert bei ihm auf der Ebene der Manufaktur parallele Aktivitäten der Koordination und der Kooperation;

auf gesellschaftlicher Ebene sorge dafür der Markt. Mit der Betriebsförmigkeit wird der Konkurrenzmechanismus ja gerade intern ausgeschaltet (und allenfalls selektiv reetabliert zum Beispiel in Form der Standortkonkurrenz). Und schon das Stichwort Bangalore mag verdeutlichen, wie sich in einem für die „Wissensarbeit" für typisch gehaltenen Feld die weltweite Konkurrenz um deren Teilung – Aufteilung und Teilhabe – verschärft. Was man zugestehen kann ist, dass in besonders wissensintensiven Bereichen des Innovationsgeschehens die „Ensemble-Leistung" (Pyka 1999) bedeutsamer wird. Die naturwissenschaftliche Grundlagenforschung, in der teils hunderte Forscher in einem Projekt zusammenwirken, liefert hierfür ein Beispiel. Für die organisationsübergreifende Zusammenarbeit bei der *Diffusion* von Innovationen gilt das auch: Sie ist ein sozial oft noch komplexerer Prozess als ihre Erzeugung.

Helmstädter meint, seine Annahme institutionenökonomisch begründen zu können, hat aber keine anderen als deren bisherige Argumente für die Entstehung von Institutionen, zum Beispiel Kosten der Informationsbeschaffung und Verfügung über rechtlich geschütztes Wissen (Patente). Dann aber wären nicht nur Strategische Allianzen und ähnliches, die er als für die Wissensökonomie typische Institutionen der Kooperation charakterisiert, so zu erklären, sondern *alle* Organisationen und Institutionen, alles, was nicht Markt ist. Dann sind alle Institutionen solche der Wissensteilung? Eine Tautologie?

Vielleicht erschließt sich das aus seiner Folgerung: „Den Innovationserfolg garantieren nicht die Humankapitalinvestitionen, die Aufwendungen für Forschung und Entwicklung, [...] sondern eine auf allen Ebenen funktionierende Wissensteilung, die sich in einer kollektiven Lernkultur ausdrückt" (Helmstädter 1999: 51). Methodisch leiste das Nonakas und Takeuchis Wissensmanagement (Nonaka/Takeuchi 1995), welches nun eben noch mit Institutionenökonomie zusammenzuführen und zu begründen sei. Die beiden Genannten würden dem wohl wenig abgewinnen. Der Folgerung aber kann man insoweit folgen, als sie nicht dem Denken in Bestandskategorien folgt. Dass man dazu Institutionenökonomik braucht, sehe ich nicht. Aber wenn man es auch mit ihr begründen kann, gerne.

Fazit: Die grundlegenden Fragen der Organisation von Arbeit (Teilung, Teilhabe, Koordination, Kooperation) sind dieselben geblieben, auch wenn für klassische Industriearbeit teils andere Antworten gegeben werden konnten als bezogen auf wissensintensive Arbeit innerhalb und außerhalb der materiellen Produktion. Insofern ist die These eines Wandels von der Arbeits- zur Wissensteilung *tautologisch*. Die entscheidende Frage lautet daher: Welche neuen Fragen müssen gestellt werden, die über jenes zur Genüge bekannte Wissen hinausweisen, Arbeit müsse dezentraler und selbstorganisierender eingerichtet werden?

6   Statt eines Meta-Fazits: weitere Fragen

Mit Bezug auf die oben erwähnte akademische Vorfertigung von Subjektivität
sehe ich ein enormes Problem in ihrer dominant disziplinären Formatierung. Probleme der Distanz bei der Kooperation (und der Teilhabe an Wissen) stellen sich
immer weniger in räumlicher Hinsicht, sondern sind vor allem sozialisatorischer
Natur. Besondere Barrieren schaffen überholte Formen wissenschaftlicher Arbeitsteilung und Ausbildung, die enorme mentale Pfadabhängigkeit schaffen. Die
exponentielle Zunahme des Wissens bedingt eine immer tiefere Spezialisierung
der Personen, Fachabteilungen, Unternehmen, Forschungseinrichtungen und Be-
ratungsaktivitäten. Zugleich steigt die Vielfalt der in einem Herstellungsprozess
eingesetzten Technologien stark an: Biotechnik, Mikroelektronik und Mikrosys-
temtechnik, Informatik, Optik, Werkstoff- und Verfahrenstechnik et cetera, meist
selbst schon in Form von Hybridtechniken (zum Beispiel Optoelektronik). Der
Zwang zu einem arbeitsteiligen Vorgehen verschärft sich, während die Mitglieder von Projektteams zugleich mehr von den Bedingungen des jeweils anderen
verstehen müssen: ein Dauerdilemma von *Spezialisierungszwang und gleichzeitig
wachsender Interdependenz* der Teilarbeiten. Die weithin immer noch dominant
disziplinäre Formatierung der professionellen Identitäten steht dem massiv entgegen. Das Einzige, was ich mir als Chance der Studien-Modularisierung im Rahmen des „Bologna-Prozesses" hatte vorstellen können, stärker transdisziplinäre
Bildung, ist wie so vieles dieser Reform ins Gegenteil umgeschlagen. Vielleicht
sollte man Fragen der Produktion mentaler Distanz gegenüber solchen der räumlichen stärker betonen.

Ausgehend von meiner These, dass im Zentrum des wissenschaftlichen Interesses an der Transformation von Arbeit das spannungsvolle *Verhältnis von Ressourcen und Gebrauch* stehen sollte, formuliere ich eine weitere: Viele aktuelle
Probleme der Arbeitsteilung bestehen in einer *qualitativ* unzureichenden Nutzung
des Arbeitsvermögens bei gleichzeitiger Tendenz zur quantitativen Übernutzung
(Vernutzung) gerade der qualifizierteren Beschäftigten. Zahlreiche Forschungsergebnisse der letzten fünfzehn Jahre zeigen, dass die Nutzungsformen von Ar-
beitskraft via neuer Organisationsformen bei weitem nicht mit dem gestiegenen
Bildungsstand in der Bevölkerung Schritt halten, auch nicht aus subjektiver Perspektive der Beschäftigten selbst (das kann man unter anderem der regelmäßigen
BiBB-BAuA-Beschäftigtenbefragung entnehmen, einer repräsentativen Panelstu-
die (Hall 2007)). Zugleich zeigen Studien im Bereich professioneller (akademisch
qualifizierter) Tätigkeiten, etwa in der zunehmend verbreiteten Projektarbeit, dass
hier die Entgrenzung von Arbeitszeit und Arbeitsort mit wachsender Überforde-
rung und zurückgehender Weiterbildungsbereitschaft bis hin zu Erscheinungsfor-

men des Burn-out-Syndroms einhergeht, mit der Folge einer – ökonomisch ge-sprochen – sinkenden Nutzbarkeit der übernutzten Ressource. Das wohl erstaunlichste Phänomen so genannter „Wissensgesellschaften" liegt meines Erachtens in ihren Bildungssystemen. Auf der einen Seite konkur-rieren Länder über die von ihnen geschaffenen Indikatorensysteme um den Ich-bin-besser-als-Du-Award, etwa beim Anteil der Teilnehmer beziehungsweise Ab-solventen des tertiären Sektors, und sind hierzu bereit, dessen Anforderungen zu senken. Zugleich lassen sie, freundlich gerechnet, zehn (zum Beispiel Deutsch-land) bis zwanzig Prozent (zum Beispiel USA) eines Bildungsjahrgangs in der Aussichtslosigkeit zurück, um mit ihnen dann ihre Arbeitslosen-, Sozialtransfer- und Kriminalstatistiken zu füllen. Und dies gegen alle bildungsökonomischen, neo-wachstumstheoretischen und sonstigen wissenschaftlichen Befunde, quasi gegen die institutionalisierte Vernunft „verwissenschaftlichter Politik". Kann das bitte jemand erklären?

Literatur

Benner, Mary J./Tushman, Michael L. (2003): Exploitation, exploration and process man-agement: The productivity dilemma revisited. In: Academy of Management Review Jg. 28, H. 2, 238-256

BGS, British Geological Survey (2009): European Mineral Statistics 2003-07. http://www.bgs.ac.uk/mineralsUk/commodity/europe/home.html

Brödner, Peter/Helmstädter, Ernst/Widmaier, Brigitta (1999a): Innovation und Wissen. In: Brödner/Helmstädter/Widmaier (1999b): 9-32

Brödner, Peter/Helmstädter, Ernst/Widmaier, Brigitta (Hrsg.) (1999b): Wissensteilung. Zur Dynamik von Innovation und kollektivem Lernen. München: Hampp

Florida, Richard (2002): The Rise of the Creative Class. New York: Basic Books

Florida, Richard (2003): The Flight of the Creative Class. New Global Competition for Talent. New York: Harper

Foray, Dominique (2004): Economics of Knowledge. Cambridge, MA: MIT Press

Freiling, Jörg/Gemünden, Hans Georg (2007) (Hrsg.): Dynamische Theorien der Kompe-tenzentstehung und Kompetenzverwertung. Jahrbuch Strategisches Kompetenzma-nagement 1. Mering: Rainer Hampp

Gibson, Cristina B./Birkinshaw, Julian (2004): The antecedents, consequences, and mediat-ing role of organizational ambidexterity. In: Academy of Management Journal Jg. 47, H. 2, 209-226

Godin, Benoit (2003): The knowledge-based economy: conceptual framework or buz-zword? Project on the history and sociology of S&T stastics. Working paper no 24. Montreal: UCS-INRS

Grant, Robert M. (1996): Toward a knowledge-based theory of the firm. In: Strategic Management Journal Jg. 17, Winter Special Issue, 109-122

Gutenberg, Erich (1969 [1951]): Grundlagen der Betriebswirtschaftslehre, Bd. 1: Die Produktion. 16. Auflage. Berlin, Heidelberg: Springer

Hall, Anja (2007): Tätigkeiten und berufliche Anforderungen in wissensintensiven Berufen. Empirische Befunde auf Basis der BIBB/BAuA-Erwerbstätigenbefragung 2006. Studien zum deutschen Innovationssystem Nr. 3-2007. Bundesministerium für Bildung und Forschung (BMBF)

Held, Martin/Kubon-Gilke, Gisela/Sturn, Richard (Hrsg.) (2004): Ökonomik des Wissens. Marburg: Metropolis

Helmstädter, Ernst (1999): Arbeitsteilung und Wissensteilung. In: Brödner/Helmstädter/ Widmaier (1999b): 33-55

Jessop, Bob/Fairclough, Norman/Wodak, Ruth (2008): The Knowledge-based Economy and Higher Education in Europe. London: Sense

Konlechner, Stefan W./Güttel, Wolfgang H. (2009): Kontinuierlicher Wandel durch Ambidexterity. Vorhandenes Wissen nutzen und gleichzeitig neues entwickeln. In: Zeitschrift Führung und Organisation Jg. 78, H. 1, 45-53

March, James (1991): Exploration and exploitation in organizational learning. In: Organization Science Jg. 2, H. 1, 71-87

Marshall, Alfred (1916 [1890]): Principles of Economics. London: Macmillan

Marx, Karl (1983 [1858]): Grundrisse der Kritik der Politischen Ökonomie, MEW 42. Berlin: Dietz

Miettinen, Reijo (2009): Dialogue and Creativity. Activity Theory in the Study of Science, Technology and Innovations. Berlin: Lehmanns Media

Moldaschl, Manfred (2007): Kompetenzvermögen und Untergangsfähigkeit. In: Freiling/ Gemünden (2007): 3-48

Moldaschl, Manfred (2010a): Betriebliche Wissensökonomie. Verfahren, Funktionen, Verirrungen. In: Moldaschl/Stehr (2010b): 203-258

Moldaschl, Manfred (2010b): Innovation in sozialwissenschaftlichen Theorien, oder: Gibt es überhaupt Innovationstheorien? Papers and Preprints No. 8/2010, Chemnitz University of Technology, http://www.tu-chemnitz.de/wirtschaft/bwl9/publikationen/ lehrstuhlpapiere/

Moldaschl, Manfred/Stehr, Nico (2010a): Eine kurze Geschichte der Wissensökonomie. In: Moldaschl/Stehr (2010b): 9-76

Moldaschl, Manfred/Stehr, Nico (Hrsg.) (2010b): Die Wissensökonomie und Innovation. Marburg: Metropolis

Nonaka, Ikujiro/Takeuchi, Hirotaka (1995): The Knowledge Creating Company. How Japanese Companies Create the Dynamics of Innovation. Oxford: Oxford University Press

Pahl, Hanno/Meyer, Lars (Hrsg.) (2007): Kognitiver Kapitalismus. Soziologische Beiträge zur Theorie der Wissensökonomie. Marburg: Metropolis

Penrose, Edith T. (1995 [1959]): The Theory of the Growth of the Firm. 2nd edition. Oxford: Oxford University Press

Pyka, Andreas (1999): Der kollektive Innovationsprozeß. Berlin: Duncker & Humblot

Pyka, Andreas/Scharnhorst, Andrea (Hrsg.) (2009): Innovation Networks. New Approaches in Modelling and Analyzing. Berlin, New York: Springer

Rohrbach, Daniela (2008): Wissensgesellschaft und soziale Ungleichheit. Wiesbaden: VS Verlag

Rooney, David/Hearn, Greg/Ninan, Abraham (Hrsg.) (2008): Handbook on the Knowledge Economy. 2nd edition. Cheltenham: Edward Elgar

Rubin, Michael R./Taylor Huber, Mary/Lloyd Taylor, Elizabeth (1986): The Knowledge Industry in the United States, 1960-1980. Princeton: University Press

Schumpeter, Joseph A. (1987 [1911]): Theorie der wirtschaftlichen Entwicklung. 7. Auflage. Berlin

Tarde, Gabriel de (2003): Die Gesetze der Nachahmung. Frankfurt/Main: Suhrkamp

Teece, David J./Pisano, Gary/Shuen, Amy (1997): Dynamic capabilities and strategic management. In: Strategic Management Journal Jg. 18, H. 7, 509-533

Toffler, Alvin (1995): Das Ende der Romantik. Interview. Spiegel special 3: 59-63

USGS, US Geological Survey (2007): US Geological Survey Minerals Resources. http://minerals.usgs.gov [Zugriff am 4.1.2010]

Venzin, Markus/von Krogh, Georg/Roos, Johan (1998): Future Research into Knowledge Management. In: Von Krogh/Roos/Kleine (1998): 26-66

von Krogh, Georg/Roos, Johan/Kleine, Dirk (Hrsg.) (1998): Knowing in Firms. Understanding, Managing and Measuring Knowledge. London: Sage

Willke Helmut (1998): Organisierte Wissensarbeit. In: Zeitschrift für Soziologie Jg. 27, H. 3, 161-177

Willke, Helmut (2007): Wissensgesellschaft. Kollektive Intelligenz und die Konturen eines kognitiven Kapitalismus. In: Pahl/Meyer (2007): 195-221

Verzeichnis der Autorinnen und Autoren

Die Herausgeber

Oliver Ibert, Prof. Dr., ist Leiter der Forschungsabteilung „Dynamiken von Wirtschaftsräumen" am Leibniz-Institut für Regionalentwicklung und Strukturplanung (IRS) in Erkner und Professor für das Fachgebiet Wirtschaftsgeographie an der Freien Universität Berlin.

Hans Joachim Kujath, Prof. Dr., ist Senior Researcher am Leibniz-Institut für Regionalentwicklung und Strukturplanung (IRS) in Erkner und Honorarprofessor am Institut für Stadt- und Regionalplanung der Technischen Universität Berlin.

Die Autorinnen und Autoren

Ricarda Bouncken, Prof. Dr., ist Inhaberin des Lehrstuhls für Strategisches Management und Organisation an der Universität Bayreuth.

Uwe Cantner, Prof. Dr., ist Inhaber des Lehrstuhls für Mikroökonomik an der Friedrich-Schiller-Universität Jena und Professor of Economics an der University of Southern Denmark in Odense.

Gabriela B. Christmann, PD Dr., ist Leiterin der Forschungsabteilung „Kommunikations- und Wissensdynamiken im Raum" am Leibniz-Institut für Regionalentwicklung und Strukturplanung (IRS) in Erkner.

Michael Fritsch, Prof. Dr., ist Inhaber des Lehrstuhls für Unternehmensentwicklung, Innovation und wirtschaftlichen Wandel an der Friedrich-Schiller-Universität Jena.

Robert Hassink, Prof. Dr., ist Inhaber der Professur für Wirtschaftsgeographie an der Christian-Albrechts-Universität zu Kiel.

Ilse Helbrecht, Prof. Dr., ist Inhaberin der Professur für Kultur- und Sozialgeographie an der Humboldt-Universität zu Berlin.

Dietrich Henckel, Prof. Dr., ist Inhaber des Lehrstuhls für Stadt- und Regionalökonomie und geschäftsführender Direktor des Instituts für Stadt- und Regionalplanung an der Technischen Universität Berlin.

Benjamin Herkommer, Dipl.-Ing., ist Projektmanager bei der REALACE GmbH in Berlin.

Oliver Ibert, Prof. Dr. ist Leiter der Forschungsabteilung „Dynamiken von Wirtschaftsräumen" am Leibniz-Institut für Regionalentwicklung und Strukturplanung (IRS) in Erkner und Professor für Wirtschaftsgeographie an der Freien Universität Berlin.

Gertraud Koch, Prof. Dr., ist Inhaberin des Lehrstuhls für Kommunikationswissenschaft & Wissensanthropologie an der Zeppelin-Universität Friedrichshafen.

Hans Joachim Kujath, Prof. Dr., ist Senior Researcher am Leibniz-Institut für Regionalentwicklung und Strukturplanung (IRS) in Erkner und Honorarprofessor am Institut für Stadt- und Regionalplanung der Technischen Universität Berlin.

Peter Meusburger, Prof. Dr., ist Seniorprofessor am Geographischen Institut der Universität Heidelberg.

Manfred Moldaschl, Prof. Dr. Dr., ist Inhaber des Lehrstuhls für Innovationsforschung und nachhaltiges Ressourcenmanagement an der Technischen Universität Chemnitz sowie geschäftsführender Gesellschafter der Reflexive Consulting and Research (REFCOR) München.

Oliver Plum, MA, ist wissenschaftlicher Mitarbeiter im Fachbereich Wirtschaftsgeographie der Christian-Albrechts-Universität zu Kiel.

Axel Stein, Dr., ist wissenschaftlicher Mitarbeiter der Forschungsabteilung „Dynamiken von Wirtschaftsräumen" am Leibniz-Institut für Regionalentwicklung und Strukturplanung (IRS) in Erkner

Franz Tödtling, Prof. Dr., ist Institutsvorstand des Instituts für Regional- und Umweltwirtschaft der Wirtschaftsuniversität Wien.

Michaela Trippl, Dr., ist Assistentin am Institut für Regional- und Umweltwirtschaft der Wirtschaftsuniversität Wien.

VS Forschung | VS Research
Neu im Programm Soziologie

GPSR Compliance
The European Union's (EU) General Product Safety Regulation (GPSR) is a set
of rules that requires consumer products to be safe and our obligations to
ensure this.

If you have any concerns about our products, you can contact us on

ProductSafety@springernature.com

In case Publisher is established outside the EU, the EU authorized
representative is:

Springer Nature Customer Service Center GmbH
Europaplatz 3
69115 Heidelberg, Germany